排污单位自行监测技术指南教程
——石油炼制、石油化学工业

生 态 环 境 部 生 态 环 境 监 测 司
中　　国　　环　　境　　监　　测　　总　　站　编著
中国石油集团安全环保技术研究院有限公司

中国环境出版集团 • 北京

图书在版编目（CIP）数据

排污单位自行监测技术指南教程：石油炼制、石油化学工业/生态环境部生态环境监测司，中国环境监测总站，中国石油集团安全环保技术研究院有限公司编著. —北京：中国环境出版集团，2021.7

ISBN 978-7-5111-4804-9

Ⅰ. ①排… Ⅱ. ①中…②中… Ⅲ. ①排污—环境监测—教材②石油炼制—排污—环境监测—教材③石油化工—排污—环境监测—教材 Ⅳ. ①X506②X74

中国版本图书馆 CIP 数据核字（2021）第 154633 号

出 版 人　武德凯
责任编辑　曲　婷
责任校对　任　丽
封面设计　宋　瑞

出版发行　中国环境出版集团
（100062　北京市东城区广渠门内大街 16 号）
网　　址：http://www.cesp.com.cn
电子邮箱：bjgl@cesp.com.cn
联系电话：010-67112765（编辑管理部）
发行热线：010-67125803，010-67113405（传真）

印　　刷　北京中科印刷有限公司
经　　销　各地新华书店
版　　次　2021 年 7 月第 1 版
印　　次　2021 年 7 月第 1 次印刷
开　　本　787×960　1/16
印　　张　34.5
字　　数　520 千字
定　　价　100.00 元

《排污单位自行监测技术指南教程》编审委员会

主　任　柏仇勇　陈善荣

副主任　蒋火华　景立新

委　员　董明丽　敬　红　王军霞　何　劲

《排污单位自行监测技术指南教程——石油炼制、石油化学工业》编写委员会

主　　编　王军霞　李巨峰　许鹏军　敬　红　许德刚

冉照宽　徐怡珊　唐智和　董明丽

编写人员　（以姓氏笔画排序）

王伟民　王　晨　王　瑜　龙　姿　冯亚玲

皮宁宁　达虹鞠　吕　卓　刘佳泓　刘通浩

严小娟　李文君　李莉娜　李　曼　李斌莲

李煜婷　杨伟伟　邱立莉　何　为　何　劲

张守斌　张　芳　张　莹　陈乾坤　陈敏敏

陈鹏飞　范海浩　欧阳振宇　罗财红　周　晶

赵　菲　闻　欣　姜晓雪　秦承华　夏　青

徐　静　栾　辉　唐　丹　黄忠辉　常　亮

董立鹏　董艳平　董智鹤　綦振华　翟小娟

序

生态环境是关系党的使命宗旨的重大政治问题，也是关系民生的重大社会问题。党中央、国务院高度重视生态环境保护工作，党的十八大将生态文明建设作为中国特色社会主义事业“五位一体”总体布局的重要组成部分。党的十九大报告全面阐述了加快生态文明体制改革、推进绿色发展、建设美丽中国的战略部署。习近平生态文明思想开启了新时代生态环境保护工作的新阶段，习近平总书记在全国生态环境保护大会上指出生态文明建设是关系中华民族永续发展的根本大计。党的十八大以来，党中央以前所未有的力度抓生态文明建设，全党全国推动绿色发展的自觉性和主动性显著增强，美丽中国建设迈出重大步伐，我国生态环境保护发生历史性、转折性、全局性变化。

生态环境部组建以来，统一行使生态和城乡各类污染排放监管与行政执法职责，提高污染排放标准，强化排污者责任，健全环保信用评价、信息强制性披露、严惩重罚等制度，形成了政府为主导、企业为主体、社会组织和公众共同参与的环境治理体系。生态环境监测是生态环境保护工作的重要基础，是环境管理的基本手段。我国相关法律法规中明确要求排污单位对自身排污状况开展监测，排污单位开展自行监测是法定的责任和义务。

为规范和指导排污单位开展自行监测工作，生态环境部发布了一系列排污单位自行监测技术指南。同时，为让各级生态环境管理部门和排污单位更好地应用技术指南，生态环境部生态环境监测司组织中国环境监测总站等单位编写了排污单位自行监测技术指南教程系列图书，将排污单位自行监测技术指南分类解析，既突出对理论的解读，又兼顾实践的应用，具有很强的指导意义。本系列图书既可以作为各级生态环境主管部门、各研究机构、企事业单位环境监测人员的工作用书和培训教材，还可以作为大众学习的科普图书。

自行监测数据承载了大量污染排放和治理信息，是生态环保大数据重要的信息源，是排污许可证申请与核发等新时期环境管理的有力支撑。随着生态环境质量的不断改善，环境管理的不断深化，排污单位自行监测制度也将不断完善和改进。希望本系列图书的出版能为推进排污单位自行监测管理水平、落实企业自行监测主体责任发挥重要作用，为深入打好污染防治攻坚战作出应有的贡献。

编　者

2021 年 3 月

前　言

自 1972 年以来，我国生态环境保护工作从最初的意识启蒙阶段，经历了环境污染蔓延和加剧期的规模化、综合化治理，主要污染物总量控制等阶段，逐渐发展到以环境质量改善为核心的环境保护思路上来。为顺应生态环境保护工作的发展趋势，进一步规范企事业单位和其他生产经营者排污行为，控制污染物排放，自 2016 年以来，我国实施以排污许可制度为核心的固定污染源管理制度，在政府部门监督/执法监测基础上，强化了排污单位自行监测要求，排污单位自行监测是污染源监测的重要组成部分。

排污单位自行监测是排污单位依据相关法律、法规和技术规范对自身的排污状况开展监测的一系列活动。《中华人民共和国环境保护法》第四十二条、《中华人民共和国大气污染防治法》第二十四条、《中华人民共和国水污染防治法》第二十三条、《中华人民共和国环境保护税法》第十条和《排污许可管理条例》第十九条都对排污单位的自行监测提出了明确要求，排污单位开展自行监测是法律赋予的责任和义务，也是排污单位自证守法、自我保护的重要手段和途径。

为规范和指导石油炼制、石油化学、合成树脂工业排污单位开展自行监测，2017 年 12 月、2018 年 7 月，生态环境部颁布了《排污单位自

行监测技术指南 石油炼制工业》《排污单位自行监测技术指南 石油化学工业》两项自行监测技术指南。为进一步规范排污单位自行监测行为，提高自行监测质量，在生态环境部生态环境监测司的指导下，中国环境监测总站和中国石油集团安全环保技术研究院有限公司共同编写了《排污单位自行监测技术指南教程——石油炼制、石油化学工业》。本书共分 15 章。第 1 章从我国污染源监测的发展历程及管理的框架出发，引出了排污单位自行监测在当前污染源监测管理中的定位及一些管理规定，并理顺了《排污单位自行监测技术指南 总则》与行业自行监测技术指南的关系。第 2 章主要介绍了排污单位开展自行监测的一般要求，从监测方案、监测设施、开展自行监测的要求、质量控制和质量保证、记录和保存五个方面进行了概述。第 3 章、第 4 章在分析目前石化行业概况和发展趋势的基础上对石油炼制、石油化学工业的生产工艺及产排污节点进行分析，并简要介绍了石化行业采用的一些常用污染治理技术。第 5 章、第 6 章对石油炼制、石油化学两项自行监测技术指南自行监测方案中各监测点位、监测指标、监测频次、监测要求等如何设定进行了解释说明，并分别选取了三个典型案例进行分析，为排污单位制定规范的自行监测方案提供了指导，在附录中给出了参考模板。第 7 章简要介绍了开展监测时，排污口、监测平台、自动监测设施等监测设施的设置和维护要求。第 8 章和第 10 章针对石油炼制、石油化学两项自行监测技术指南中废水、废气所涉及的监测指标如何采样、监测分析及注意事项进行了一一介绍。第 9 章和第 11 章对废水、废气自动监测系统从设备安装、调试、验收、运行管理及质量保证五个方面进行了介绍。

第 12 章简要介绍了根据石油炼制、石油化学两个自行监测技术指南开展厂界环境噪声、地表水、近岸海域海水、地下水和土壤等周边环境质量监测时的基本要求和注意事项。第 13 章从实验室体系管理角度出发，从人—机—料—法—环等环节对监测的质量保证和质量控制进行了简要概述，为提高自行监测数据质量奠定了基础。第 14 章是关于自行监测信息记录、报告和信息公开方面的相关要求，并就企业生产、运行等过程中的记录信息进行了梳理。第 15 章简要介绍了全国重点污染源监测数据管理与信息公开系统的总体架构和主要功能，为排污单位自行监测数据报送提供了方便。

本书在附录中列出了与自行监测相关的标准规范，以方便排污单位在使用时查询和索引。另外，还给出了一些记录样表和自行监测方案模板，为排污单位提供参考。

目　录

第 1 章　排污单位自行监测定位与管理要求

污染源监测作为环境监测的重要组成部分，与我国环境保护工作同步发展，40 多年来不断发展壮大，现已基本形成了排污单位自行监测、管理部门监督/执法监测、社会公众监督的基本框架。排污单位自行监测是国家治理体系和治理能力现代化发展的需要，是排污单位应尽的社会责任，是法律明确要求的义务，也是排污许可制度的重要组成部分。我国关于排污单位自行监测的管理规定有很多，从不同层级和角度对排污单位进行了详细规定。为了保证排污单位自行监测制度的实施，指导和规范排污单位自行监测行为，我国制定了排污单位自行监测技术指南体系。石油炼制、石油化学工业是其中的一个行业技术指南，是按照《排污单位自行监测技术指南　总则》（HJ 819—2017）的要求和有关管理规定制定的，用于指导石油炼制、石油化学工业排污单位开展自行监测活动。

本章围绕排污单位自行监测定位和管理要求，对排污单位自行监测在我国污染源监测管理制度中的定位、排污单位自行监测管理要求、排污单位自行监测技术指南定位及总体思路进行介绍。

1.1　我国污染源监测管理框架

1972 年以来，我国环境保护工作经历了环境保护意识启蒙阶段（1972—1978 年）、环境污染蔓延和环境保护制度建设阶段（1979—1992 年）、环境污染加剧和规模化治理阶段（1993—2001 年）、环保综合治理阶段（2002—2012 年）。①集中的污染治理，尤其是严格的主要污染物总量控制，有效遏制了环境质量恶化的趋势，但仍未实现环境质量的全面改善，“十三五”以来，我国环境保护的思路转向以环境质量改善为核心。

与环境保护工作相适应，我国环境监测大致经历了 3 个阶段：第一阶段是污染调查监测与研究性监测阶段；第二阶段是污染源监测与环境质量监测并重阶段；第三阶段是环境质量监测与污染源监督监测阶段。②

根据污染源监测在环境管理中的地位和实施情况，将污染源监测划分为 3 个阶段：严格的总量控制制度之前（“十一五”之前），污染源监测主要服务于工业污染源调查和环境管理“八项制度”；严格的总量控制制度时期（“十一五”和“十二五”），污染源监测围绕总量控制制度开展总量减排监测；以环境质量改善为核心的阶段（“十三五”以来），污染源监测主要服务于环境保护执法和排污许可制实施。

目前我国基本形成了排污单位自行监测、政府部门依法监管、社会公众监督的污染源监测管理框架（图 1-1），2021 年 3 月 1 日正式实施的《排污许可管理条例》，从法律层面确立了以排污许可制为核心的固定污染源监管制度体系，进一步完善了排污单位以自行监测为主线、政府监督监测为抓手，鼓励社会公众广泛参与的污染源监测管理模式。排污单位开展自行监测，按要求向生态环境主管部门报告，向社会公众进行公开，同时接受生态环境主管部门的监管和社会公众的监督。生态环境主管部门向社会公众公布相关信息的同时受理社会公众针对有关情况的举报。

---

①《中国环境保护四十年回顾及思考（回顾篇）》，曲格平在香港中文大学“中国环境保护四十年”学术论坛上的演讲。

② 中国环境监测总站原副总工程师张建辉接受网易北京频道与《环境与生活》杂志采访时的讲话。

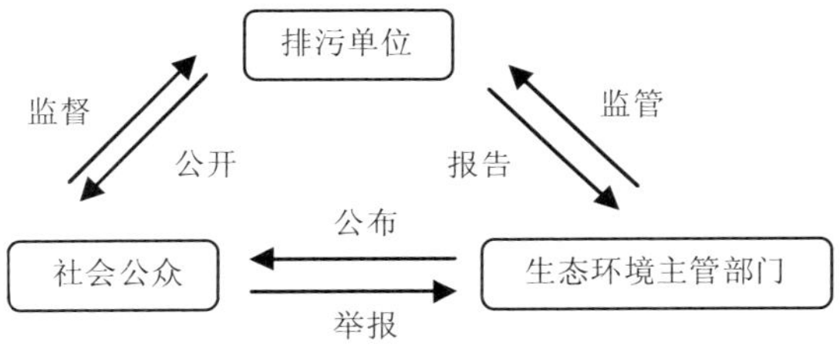

图 1-1　污染源监测管理框架

1.1.1　排污单位开展自行监测，并按照要求进行信息公开

近年来，我国大力推进排污单位自行监测和信息公开，《环境保护法》《大气污染防治法》《水污染防治法》《环境保护税法》《土壤污染防治法》《固体废物污染环境防治法》等相关法律中均明确了排污单位自行监测和信息公开的责任。

在具体的生态环境管理制度上，多项制度将排污单位自行监测和信息公开的责任进行落实和明确。2013 年，环境保护部发布了《国家重点监控企业自行监测及信息公开办法（试行）》，将国家重点监控企业自行监测和信息公开率先作为主要污染物总量减排考核的一项指标。2016 年 11 月，国务院办公厅印发了《控制污染物排放许可制实施方案》（国办发〔2016〕81 号），提出控制污染物排放许可制的一项基本原则："权责清晰，强化监管。排污许可证是企事业单位在生产运营期接受环境监管和环境保护部门实施监管的主要法律文书。企事业单位依法申领排污许可证，按证排污，自证守法。环境保护部门基于企事业单位守法承诺，依法发放排污许可证，依证强化事中事后监管，对违法排污行为实施严厉打击。"

1.1.2　生态环境主管部门组织开展执法/监督监测，实现测管协同

随着各项法律明确了排污单位自行监测的主体地位，管理部门的监测活动更加聚焦于执法和监督。《生态环境监测网络建设方案》（国办发〔2015〕56 号）要求：实现生态环境监测与执法同步。各级环境保护部门依法履行对排污单位的环

境监管职责，依托污染源监测开展监管执法，建立监测与监管执法联动快速响应机制，根据污染物排放和自动报警信息，实施现场同步监测与执法。

《生态环境监测规划纲要（2020—2035 年）》（环监测〔2019〕86 号）提出：构建“国家监督、省级统筹、市县承当、分级管理”格局。落实自行监测制度，强化自行监测数据质量监督检查，督促排污单位标准监测、依证排放，实现自行监测数据真实可靠。建立完善监督制约机制，各级生态环境部门依法开展监督监测和抽查抽测。

另外，各级生态环境主管部门根据生态环境监管需求，按照“双随机、一公开”的原则，组织开展执法监测，并将监测结果应用于执法活动。通过排污单位抽测和自行监测全过程检查，对排污单位自行监测数据质量和排放状况进行监督，对排污单位自行监测数据的质量提出意见，对排污单位自行监测工作的开展提出要求，对排污单位自行监测工作的改进进行指导，从而更好地推进排污单位自行监测。

1.1.3 社会公众参与监督，合力提升污染源监测质量

我国污染源量大面广，仅靠生态环境主管部门的监督远远不够，因此只有发动群众、实现全民监督，才能使违法排污行为无处遁形。2014 年修订的《环境保护法》更加明确地赋予了公众环保知情权和监督权：“公民、法人和其他组织依法享有获取环境信息、参与和监督环境保护的权利。各级人民政府环境保护主管部门和其他负有环境保护监督管理职责的部门，应当依法公开环境信息、完善公众参与程序，为公民、法人和其他组织参与和监督环境保护提供便利。”

排污单位通过各种方式公开自行监测结果，包括依托排污许可制度及平台、依托地方污染源监测信息公开渠道、通过本单位官方网站等。生态环境主管部门执法/监督监测结果也依托排污许可制度及平台、依托地方污染源监测信息公开渠道等方式进行公开。社会公众可通过关注各类监测数据对排污单位及管理部门进行监督，督促排污单位和管理部门提高数据质量。

1.2　排污单位自行监测的定位

1.2.1　开展自行监测是构建政府、企业、社会共治的环境治理体系的前提

（1）构建现代环境治理体系的重大意义和总体要求①

党的十九大报告中提出构建政府为主导、企业为主体、社会组织和公众共同参与的环境治理体系。2020 年 3 月，中共中央办公厅、国务院办公厅印发了《关于构建现代环境治理体系的指导意见》。生态环境治理体系和治理能力是生态环境保护工作推进的基础支撑。

2018 年 5 月，习近平总书记在全国生态环境保护大会上强调，要加快建立健全以治理体系和治理能力现代化为保障的生态文明制度体系，确保到 2035 年，生态环境领域国家治理体系和治理能力现代化基本实现，美丽中国目标基本实现；到本世纪中叶，生态环境领域国家治理体系和治理能力现代化全面实现，建成美丽中国。党的十九届四中全会将生态文明制度体系建设作为坚持和完善中国特色社会主义制度、推进国家治理体系和治理能力现代化的重要组成部分做出安排部署，强调实行最严格的生态环境保护制度，严明生态环境保护责任制度，要求健全源头预防、过程控制、损害赔偿、责任追究的生态环境保护体系，构建以排污许可制为核心的固定污染源监管制度体系，完善污染防治区域联动机制和陆海统筹的生态环境治理体系。

构建现代环境治理体系，是落实党的十九大和十九届二中、三中、四中全会精神，深入贯彻习近平生态文明思想和全国生态环境保护大会精神的重要举措，是持续加强生态环境保护、满足人民日益增长的优美生态环境需要、建设美丽中国的内在要求，是完善生态文明制度体系、推动国家治理体系和治理能力现代化

① 生态环境部党组. 构建现代环境治理体系　为建设美丽中国提供有力制度保障[J]. 旗帜，2020（6）：8-10.

的重要内容，还将充分展现生态环境治理的中国智慧、中国方案和中国贡献，对全球生态环境治理进程产生重要影响。

坚决落实构建现代环境治理体系，要把握构建现代环境治理体系的总体要求。以习近平新时代中国特色社会主义思想为指导，深入贯彻习近平生态文明思想，坚定不移地贯彻新发展理念，以坚持党的集中统一领导为统领，以强化政府主导作用为关键，以深化企业主体作用为根本，以更好动员社会组织和公众共同参与为支撑，实现政府治理和社会调节、企业自治良性互动，完善体制机制，强化源头治理，形成工作合力。

（2）对排污单位自行监测的要求

污染源监测是污染防治的重要支撑，需要各方共同参与。为适应环境治理体系变革的需要，自行监测应发挥相应的作用，补齐短板，提供便利，为社会共治提供条件。

应改变传统生态环境治理模式中污染治理主体监测缺位现象。长期以来，污染源监测以政府部门监督性监测为主，尤其在“十一五”“十二五”总量减排时期，监督性监测得到快速发展，每年对国家重点监控企业按季度开展主要污染物监测，但排污单位在污染源监测中严重缺位。2013 年，为了解决单纯依靠环保部门有限的人力和资源难以全面掌握企业污染源状况的问题，环境保护部组织编制了《国家重点监控企业自行监测及信息公开办法（试行）》，大力推进企业开展自行监测。2014 年以来，多部生态环境保护相关法律均明确了排污单位自行监测的责任和要求。但是，自行监测数据的法定地位以及如何在环境管理中应用并没有明确，自行监测数据在环境管理中的应用更是不足，并没有从根本上解决排污单位在环境治理体系中监测缺位的现象。新的环境治理体系，应改变这一现状，使自行监测数据得到充分应用，才能保持多方参与的生命力和活力。

为公众提供便于获取、易于理解的自行监测信息。公众是社会共治环境治理体系的重要主体，公众参与的基础是及时获取信息，自行监测数据是反映排放状况的重要信息。社会的变革为公众参与提供了外在便利条件，为了提高自行监测在环境治理体系中的作用，就要充分利用自媒体、社交媒体等各种先进、便利的条件，为公众提供便于获取、易于理解的自行监测数据和基于数据加工而成的相关信息，为公众高效参与提供重要依据。

1.2.2　开展自行监测是社会责任和法定义务

企业是最主要的生产者，是社会财富的创造者，企业在追求自身利润的同时，向社会提供了产品，满足了人民的日常所需，推进了社会的进步。当然，在当代社会，由于企业是社会中普遍存在的社会组织，其数量众多、类型各异、存在范围广、对社会影响大。在这种情况下，社会的发展不仅要求企业承担生产经营和创造财富的义务，还要求其承担环境保护、社区建设和消费者权益维护等多方面的责任，这也是企业的社会责任。企业社会责任具有道义责任的属性和法律义务的属性。法律作为一种调整人们行为的规则，其调整作用是通过设置权利义务而实现的。因而，法律义务并非一种道义上的宣示，其有具体的、明确的规则指引人的行为。基于此，企业社会责任一旦进入环境法视域，即被分解为具体的法律义务。

企业开展排污状况自行监测是法定的责任和义务。《环境保护法》第四十二条明确提出，“重点排污单位应当按照国家有关规定和监测规范安装使用监测设备，保证监测设备正常运行，保存原始监测记录”；第五十五条要求，“重点排污单位应当如实向社会公开其主要污染物的名称、排放方式、排放浓度和总量、超标排放情况，以及防治污染设施的建设和运行情况，接受社会监督”。《大气污染防治法》《水污染防治法》《环境保护税法》《土壤污染防治法》《固体废物污染环境防治法》等相关法律中也均有关于排污单位自行监测的相关要求。

1.2.3　开展自行监测是自证守法和自我保护的重要手段和途径

排污许可制度作为固定污染源核心管理制度，其明确了排污单位自证守法的权利和责任，排污单位可以通过以下途径进行“自证”。一是依法开展自行监测，保证数据合法有效，妥善保存原始记录；二是建立准确完整的环境管理台账，记录能够证明其排污状况的相关信息，形成一套完整的证据链；三是定期、如实向生态环境部门报告排污许可证执行情况。可以看出，自行监测贯穿自证守法的全过程，是自证守法的重要手段和途径。

首先，排污单位被允许在标准限值下排放污染物，排放状况应该透明公开且合规。随着管理模式的改变，管理部门不对企业全面开展监测，仅对企业进行抽查抽测。排污单位对排放状况进行说明时，就需要开展自行监测。

其次，一旦出现排污单位对管理部门出具的监测数据或其他证明材料被质疑的情况，或者对公众举报等相关信息提出异议时，就需要出具自身排污状况的相关材料进行证明，而自行监测数据是非常重要的证明材料。

最后，自行监测可以对自身排污状况定期监控，也可对周边环境质量影响进行监测，及时掌握实际排污状况和对周边环境质量的影响，了解周边环境质量的变化趋势和承受能力，可以及时识别潜在环境风险，以便提前应对，避免引起更大的、无法挽救的环境事故或对人民群众、生态环境和排污单位自身造成的巨大损害和损失。

1.2.4 开展自行监测是精细化管理与大数据时代信息输入与信息产品输出的需要

随着环境管理向精细化发展，强化数据应用、根据数据分析识别潜在的环境问题，做出更加科学精准的环境管理决策是环境管理面临的重大命题。大数据时代信息化水平的提升，为监测数据的加工分析提供了条件，也对数据输入提出了更高的需求。

自行监测数据承载了大量污染排放和治理信息，然而这些信息长期以来并没有得到充分的收集和利用，这是生态环境大数据中缺失的一项重要信息源。通过收集各类污染源长时间的监测数据，对同类污染源监测数据进行统计分析，可以更全面地判定污染源的实际排放水平，从而为制定排放标准、产排污系数提供科学依据。另外，通过监测数据与其他数据的关联分析，还能获得更多、更有价值的信息，为环境管理提供更有力的支撑。

1.2.5　开展自行监测是排污许可制度的重要组成部分

《控制污染物排放许可制实施方案》（国办发〔2016〕81 号）明确了排污单位应实行自行监测和定期发布报告。《排污许可管理条例》第十九条规定："排污单位应当按照排污许可证规定和有关标准规范，依法开展自行监测，并保存原始监测记录。原始监测记录保存期限不得少于 5 年。排污单位应当对自行监测数据的真实性、准确性负责，不得篡改、伪造。"

因此，自行监测既是有明确法律法规要求的一项管理制度，也是固定污染源基础与核心管理制度——排污许可制度的重要组成部分。

1.3　排污单位自行监测的管理规定

我国现行法律法规、管理办法中有很多涉及排污单位自行监测的规定，具体见表 1-1。

表 1-1　我国现行与排污单位自行监测相关的法律法规和管理办法

名称	颁布机关	实施时间	主要相关内容
《环境保护法》	全国人民代表大会常务委员会	2015 年 1 月 1 日	规定了重点排污单位应当安装使用监测设备，保证监测设备正常运行，保存原始监测记录，并进行信息公开
《环境保护税法》	全国人民代表大会常务委员会	2018 年 1 月 1 日（2018 年 10 月 26 日修正）	规定了纳税人按季申报缴纳时，向税务机关报送所排放应税污染物浓度值
《海洋环境保护法》	全国人民代表大会常务委员会	2000 年 4 月 1 日（2017 年 11 月 4 日修正）	规定了排污单位应当依法公开排污信息
《水污染防治法》	全国人民代表大会常务委员会	2008 年 6 月 1 日（2017 年 6 月 27 日修正）	规定了实行排污许可管理的企业事业单位和其他生产经营者应当对所排放的水污染物自行监测，并保存原始监测记录，排放有毒有害水污染物的还应开展周边环境监测，上述条款均设有对应罚则

名称	颁布机关	实施时间	主要相关内容
《大气污染防治法》	全国人民代表大会常务委员会	2016年1月1日（2018年10月26日修正）	规定了企业事业单位和其他生产经营者应当对大气污染物进行监测，并保存原始监测记录
《土壤污染防治法》	全国人民代表大会常务委员会	2019年1月1日	规定了土壤污染重点监管单位应制定、实施自行监测方案，并将监测数据报生态环境主管部门
《固体废物污染环境防治法》	全国人民代表大会常务委员会	2020年9月1日	规定了产生、收集、贮存、运输、利用、处置固体废物的单位，应当依法及时公开固体废物污染环境防治信息，主动接受社会监督。 生活垃圾处理单位应当按照国家有关规定，安装使用监测设备，实时监测污染物的排放情况，将污染排放数据实时公开。监测设备应当与所在地生态环境主管部门的监控设备联网
《刑法修正案（十一）》	全国人民代表大会常务委员会	2021年3月1日	规定了环境监测造假的法律责任
《关于深化环境监测改革　提高环境监测数据质量的意见》	中共中央办公厅、国务院办公厅	2017年9月21日	规定了环境保护部要加快完善排污单位自行监测标准规范；排污单位要开展自行监测，并按规定公开相关监测信息，对弄虚作假行为要依法处罚；重点排污单位应当建设污染源自动监测设备，并公开自动监测结果
《城镇排水与污水处理条例》	国务院	2014年1月1日	规定了排水户应按照国家有关规定建设水质、水量检测设施
《畜禽规模养殖污染防治条例》	国务院	2014年1月1日	规定了畜禽养殖场、养殖小区应当定期将畜禽养殖废弃物排放情况报县级人民政府环境保护主管部门备案
《环境保护税法实施条例》	国务院	2018年1月1日	规定了未安装自动监测设备的纳税人，自行对污染物进行监测且所获取的监测数据符合国家有关规定和监测规范的，视同监测机构出具的监测数据，可作为计税依据
《排污许可管理条例》	国务院	2021年3月1日	规定了持证单位自行监测责任，管理部门依证监管责任
《最高人民法院、最高人民检察院关于办理环境污染刑事案件适用法律若干问题的解释》	最高人民法院、最高人民检察院	2017年1月1日	规定了重点排污单位篡改、伪造自动监测数据或者干扰自动监测设施的视为严重污染环境，并依据《刑法》有关规定予以处罚

名称	颁布机关	实施时间	主要相关内容
《生态环境监测网络建设方案》	国务院办公厅	2015 年 7 月 26 日	规定了重点排污单位必须落实污染物排放自行监测及信息公开的法定责任，严格执行排放标准和相关法律法规的监测要求
《控制污染物排放许可制实施方案》	国务院办公厅	2016 年 11 月 10 日	规定了企事业单位应依法开展自行监测，安装或使用的监测设备应符合国家有关环境监测、计量认证规定和技术规范，建立准确完整的环境管理台账，安装在线监测设备的应与环境保护部门联网
《关于支持环境监测体制改革的实施意见》	财政部、环境保护部	2015 年 11 月 2 日	规定了企业应落实其主体责任，企业应依法自行监测或委托社会化检测机构开展监测，及时向环保部门报告排污数据，重点企业还应定期向社会公开监测信息
《环境监测管理办法》	国家环境保护总局	2007 年 9 月 1 日	规定了排污者必须按照国家及技术规范的要求，开展排污状况自我监测；不具备环境监测能力的排污者，应当委托环境保护部门所属环境监测机构或者经省级环境保护部门认定的环境监测机构进行监测
《关于加强化工企业等重点排污单位特征污染物监测工作的通知》	环境保护部办公厅	2016 年 9 月 20 日	规定了：①化工企业等排污单位应制定自行监测方案，对污染物排放及周边环境开展自行监测，并公开监测信息；②监测内容应包含排放标准的规定项目和涉及的列入污染物名录库的全部项目；③监测频次，自动监测的应全天连续监测，手工监测的，废水特征污染物每月开展一次，废气特征污染物每季度开展一次，周边环境监测按照环评及其批复执行，可根据实际情况适当增加监测频次
《污染源自动监控设施现场监督检查办法》	环境保护部	2012 年 4 月 1 日	规定了：①排污单位或运营单位应当保证自动监测设备正常运行；②污染源自动监控设施发生故障停运期间，排污单位或者运营单位应当采用手工监测等方式，对污染物排放状况进行监测，并报送监测数据

名称	颁布机关	实施时间	主要相关内容
《环境保护主管部门实施限制生产、停产整治办法》	环境保护部	2015年1月1日	规定了被限制生产的排污者在整改期间按照环境监测技术规范进行监测或者委托有条件的环境监测机构开展监测，保存监测记录，并上报监测报告
《关于实施工业污染源全面达标排放计划的通知》	环境保护部	2016年11月29日	规定了：①各级环保部门应督促、指导企业开展自行监测，并向社会公开排放信息；②对超标排放的企业要督促其开展自行监测，加大对超标因子的监测频次，并及时向环保部门报告；③企业应安装和运行污染源在线监控设备，并与环保部门联网
《企业事业单位环境信息公开办法》	环境保护部	2015年1月1日	规定了重点排污单位应当公开排污信息，列入国家重点监控企业名单的重点排污单位还应当公开其环境自行监测方案
《关于印发〈国家重点监控企业自行监测及信息公开办法（试行）〉和〈国家重点监控企业污染源监督性监测及信息公开办法（试行）〉的通知》	环境保护部	2014年1月1日	规定了企业开展自行监测及信息公开的各项要求，包括自行监测内容、自行监测方案，对手工监测和自动监测两种方式开展的自行监测分别提出了监测频次要求，自行监测记录内容，自行监测年度报告内容，自行监测信息公开的途径、内容及时间要求等
《关于加强污染源环境监管信息公开工作的通知》	环境保护部	2013年7月12日	规定了各级环保部门应积极鼓励引导企业进一步增强社会责任感，主动自愿公开环境信息。同时严格督促超标或者超总量的污染严重企业，以及排放有毒有害物质的企业主动公开相关信息，对不依法主动公布或不按规定公布的要依法严肃查处

1.4 《排污单位自行监测技术指南》的定位

1.4.1 排污许可制度配套的技术支撑文件

排污许可证制度是各国普遍采用的控制污染的法律制度。从美国等发达国家实施排污许可制度的经验来看，监督检查是排污许可制度实施效果的重要保障，污染源监测是监督检查的重要组成部分和基础；自行监测是污染源监测的主体形式，其管理备受重视，并作为重要的内容在排污许可证中载明。

我国当前推行的排污许可制度明确了企业应“自证守法”，其中自行监测是排污单位自证守法的重要手段和方法。只有在特定监测方案和要求下的监测数据才能够支撑排污许可“自证”的要求。因此，在排污许可制度中，自行监测要求是必不可少的一部分。

重点排污单位自行监测法律地位得到明确，自行监测制度初步建立，而自行监测的有效实施还需要有配套的技术文件作为支撑，《排污单位自行监测技术指南》是基础而重要的技术指导性文件。因此，制定《排污单位自行监测技术指南》是落实相关法律法规的需要。

1.4.2 对现有标准和管理文件中关于排污单位自行监测规定的补充

对每个排污单位来说，生产工艺产生的污染物、不同监测点位执行排放标准和控制指标、环评报告要求的内容都有不同情况及独特内容。虽然各种监测技术标准与规范已从不同角度对排污单位的监测内容作出了规定，但不够全面。

为提高监测效率，应针对不同排放源污染物排放特性确定监测要求。监测是污染排放监管必不可少的技术支撑，具有重要的意义，但是监测是需要成本的，所以应在监测效果和成本间寻找合理的平衡点。“一刀切”的监测要求必然会造成部分排放源监测要求过高，从而造成浪费；或者对部分排放源要求过低，从而达不到监管需求。因此，需要专门的技术文件，从排污单位监测要求进行系统分析和设计，使监测更精细化，从而提高监测效率。

1.4.3 对排污单位自行监测行为指导和规范的技术要求

我国自2014年起开始推行《国家重点监控企业自行监测及信息公开办法(试行)》，从实施情况来看存在诸多问题，需要加强对排污单位自行监测行为的指导和规范。

污染源监测与环境质量监测相比，涉及的行业较多，监测内容更复杂。我国目前仅国家污染物排放标准就有近200项，且数量还在持续增加；省级人民政府依法制定并报生态环境部备案的地方污染物排放标准也有100多项，数量也在不断增加。排放标准中的控制项目种类繁杂，水气污染物均在100项以上。

由于国家发布的有关规定必须有普适性和原则性的特点，因此排污单位在开展自行监测过程中如何结合企业具体情况合理确定监测点位、监测项目和监测频次等实际问题时存在诸多疑问。

生态环境部在对全国各地自行监测及信息公开平台的日常监督检查及现场检查等工作中发现，部分排污单位自行监测方案的内容、监测数据的质量稍差，存在排污单位未包括全部排放口、监测点位设置不合理、监测项目仅开展主要污染物、随意设置排放标准限值、自行监测数据弄虚作假等问题。为解决排污单位自行监测过程中遇到的问题，需要进一步加强对排污单位自行监测的工作指导和行为规范，建立和完善排污单位自行监测相关规范内容，因此有必要制定自行监测技术指南，将自行监测要求进一步明确和细化。

1.5 行业技术指南在自行监测技术指南体系中的定位和制定思路

1.5.1 自行监测技术指南体系

排污单位自行监测指南体系以《排污单位自行监测技术指南　总则》（HJ 819—

2017）（以下简称《总则》）为统领，包括一系列重点行业的分行业排污单位自行监测技术指南，共同组成排污单位自行监测技术体系，具体如图 1-2 所示。

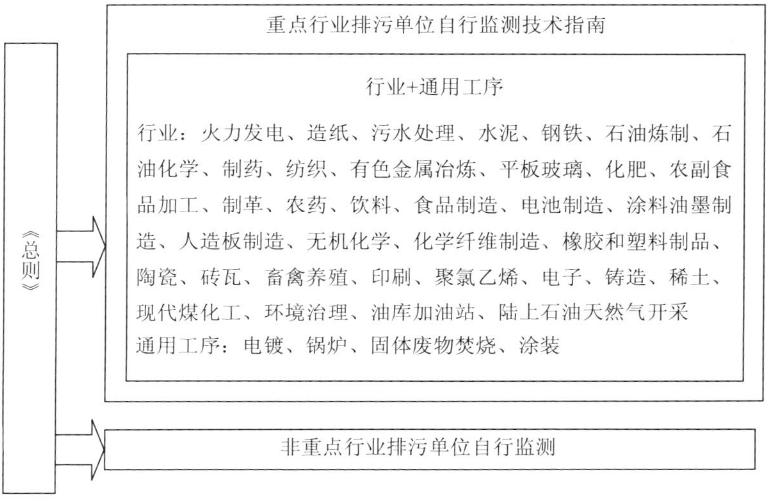

图 1-2　排污单位自行监测技术指南体系

《总则》在排污单位自行监测指南体系中属于纲领性文件，起到统一思路和要求的作用。第一，对行业技术指南总体性原则进行规定，是行业技术指南的参考性文件；第二，对于行业技术指南中必不可少但要求比较一致的内容，可以在《总则》中体现，在行业技术指南中加以引用，既保证一致性，也减少重复；第三，对于部分污染差异大、企业数量少的行业，单独制定行业技术指南意义不大，这类行业排污单位可以参照《总则》开展自行监测。技术指南未发布的行业，也应参照《总则》开展自行监测。

1.5.2　行业排污单位自行监测技术指南是对总则的细化

行业技术指南是在《总则》的统一原则要求下，考虑该行业企业所有废水、废气、噪声污染源的监测活动，在指南中进行统一规定。行业排污单位自行监测技术指南的核心内容包括以下两个方面：

①监测方案。在指南中明确行业的监测方案。首先明确行业的主要污染源、各污染源的主要污染因子，针对各污染源的各污染因子提出监测方案设置的基本要求，包括点位、监测指标、监测频次、监测技术等。

②数据记录、报告和公开要求。根据行业特点，参照各参数或指标与校核污染物排放的相关性，提出监测相关数据记录要求。

除了行业技术指南中规定的内容，还应执行《总则》的要求。

1.5.3 石油炼制、石油化学工业自行监测技术指南制定原则与思路

1.5.3.1 以《总则》为指导，根据行业特点进行细化

石油炼制、石油化学工业自行监测技术指南中的主体内容是以《总则》为指导，根据《总则》中确定的基本原则和方法，在对石油炼制、石油化学工业产排污环节进行分析的基础上，结合石油炼制、石油化学工业企业的排污特点，将石油炼制、石油化学工业监测方案、信息记录的内容具体化和明确化。

1.5.3.2 以污染物排放标准为基础，全指标覆盖

污染物排放标准规定的内容是行业自行监测技术指南制定过程中的重要基础。在污染物指标确定时，行业技术指南主要以当前实施的、适用于石油炼制、石油化学工业的污染物排放标准为依据。同时，根据实地调研以及相关数据分析结果，对实际排放的或地方实际监管的污染物指标，进行适当的考虑，在标准中列明，但标明为选测，或由排污单位根据实际监测结果判定是否排放，若实际生产中排放，则应进行监测。

1.5.3.3 以满足排污许可制度实施为主要目标

石油炼制、石油化学工业自行监测技术指南的制定以能够满足石油炼制、石油化学工业排污许可制度实施为主要目标。

由于石油炼制、石油化学工业不同企业实际存在的废气排放源差异较大，有些类型的废气源仅在少数石油炼制、石油化学企业中存在，石油炼制、石油化学工业排污许可证申请与核发技术规范中将常见的废气排放源纳入管控。石油炼制、石油化学工业自行监测技术指南中对常见废气排放源监测点位、指标、频次进行了规定。

排污许可制度对主要污染物提出排放量许可限值，其他污染物仅有浓度限值要求。为了支撑排污许可证制度实施对排放量核算的需求，有排放量许可限值的污染物，监测频次一般高于其他污染物。

第 2 章　自行监测的一般要求

按照开展自行监测活动的一般流程，排污单位应查清本单位的污染源、污染物指标及潜在的环境影响，制定监测方案，设置和维护监测设施，按照监测方案开展自行监测，做好质量保证和质量控制，记录和保存监测数据，依法向社会公开监测结果。

本章围绕排污单位自行监测流程中的关键节点，对其中的关键问题进行介绍。制定监测方案时，应重点保证监测内容、监测指标、监测频次的全面性、科学性，确保监测数据的代表性，这样才能全面反映排污单位的实际排放状况；设置和维护监测设施时，应能够满足监测要求，同时为监测的开展提供便利条件；自行监测开展过程中，应该根据本单位实际情况自行监测或者委托有资质的单位开展监测，所有监测活动要严格按照监测技术规范执行；开展监测的过程中，应做好质量保证和质量控制，确保监测数据质量；监测信息记录与公开时，应保证监测过程可溯，同时按要求报送和公开监测结果，接受管理部门和公众的监督。

2.1　制定监测方案

2.1.1　自行监测内容

排污单位自行监测不仅限于污染物排放监测，还应该围绕本单位污染物排放状况、污染治理情况、对周边环境质量影响监测状况来确定监测内容。但考虑到排污单位自行监测的实际情况，排污单位可根据管理要求，逐步开展。

2.1.1.1　污染物排放监测

污染物排放监测是排污单位自行监测的基本要求，包括废气污染物、废水污染物和噪声污染。废气污染物主要来源于有组织废气污染物排放和无组织废气污染物排放。废水污染物主要来源于直接排入环境的企业，包括直接排放企业和排入公共污水处理系统的间接排放企业。

2.1.1.2　周边环境质量影响监测

排污单位应根据自身排放对周边环境质量的影响开展周边环境质量影响状况监测，从而掌握自身排放状况对周边环境质量影响的实际情况和变化趋势。

《大气污染防治法》第七十八条规定，排放前款规定名录中所列有毒有害大气污染物的企业事业单位，应当按照国家有关规定建设环境风险预警体系，对排放口和周边环境进行定期监测，评估环境风险，排查环境安全隐患，并采取有效措施防范环境风险。《水污染防治法》第三十二条规定，排放前款规定名录中所列有毒有害水污染物的企业事业单位和其他生产经营者，应当对排污口和周边环境进行监测，评估环境风险，排查环境安全隐患，并公开有毒有害水污染物信息，采取有效措施防范环境风险。

目前我国已发布第一批有毒有害大气污染物名录和有毒有害水污染物名录。第一批有毒有害大气污染物包括二氯甲烷、甲醛、三氯甲烷、三氯乙烯、四氯乙烯、乙醛、镉及其化合物、铬及其化合物、汞及其化合物、铅及其化合物、砷及其化合物。第一批有毒有害水污染物包括二氯甲烷、三氯甲烷、三氯乙烯、四氯乙烯、甲醛、镉及其化合物、汞及其化合物、六价铬化合物、铅及其化合物、砷及其化合物。因此，排污单位可根据本单位实际情况，自行确定监测指标和内容。

对于污染物排放标准、环境影响评价文件及其批复或其他环境管理制度有明确要求的，排污单位应按照要求对其周边相应的空气、地表水、地下水、土壤等环境质量开展监测。对于相关管理制度没有明确要求的，排污单位应依据《大气污染防治法》《水污染防治法》的要求，根据实际情况确定是否开展周边环境质量影响监测。

2.1.1.3 关键工艺参数监测

污染物排放监测需要专门的仪器设备、人力物力，经济成本较高。污染物排放状况与生产工艺、设备参数等相关指标有一定的关联性，而这些工艺或设备相关参数的监测，有些是生产控制中必须监测的，有些虽然不是生产过程中必须监测的指标，但开展监测相对容易，成本较低。因此，在部分排放源或污染物指标监测成本相对较高、难以实现高频次监测的情况下，可以通过对与污染物产生和排放密切相关的关键工艺参数进行测试以补充污染物排放监测数据。

2.1.1.4 污染治理设施处理效果监测

有些排放标准对污染治理设施处理效果有限值要求，这就需要通过监测结果进行处理效果的评价。另外，有些情况下，排污单位需要掌握污染处理设施的处理效果，从而可以更好地调试生产和污染治理设施。因此，若污染物排放标准等环境管理文件对污染治理设施有特别要求的，或排污单位认为有必要的，应对污染治理设施处理效果进行监测。

2.1.2 自行监测方案内容

排污单位应当对本单位污染源排放状况进行全面梳理，分析潜在的环境风险，根据自行监测方案制定能够反映本单位实际排放状况的监测方案，以此作为开展自行监测的依据。

监测方案内容包括单位基本情况、监测点位及示意图、监测指标、执行标准及其限值、监测频次、采样和样品保存方法、监测分析方法和仪器、质量保证与质量控制等。

所有按照规定开展自行监测的排污单位，在投入生产或使用并产生实际排污行为之前，应完成自行监测方案的编制及相关准备工作。一旦发生排污行为，就应按照监测方案开展监测活动。

当有以下情况发生时，应变更监测方案：执行的排放标准发生变化；排放口位置、监测点位、监测指标、监测频次、监测技术任意一项内容发生变化；污染源、生产工艺或处理设施发生变化。

2.2　设置和维护监测设施

开展监测必须有相应的监测设施，为了保证监测活动的正常开展，排污单位应按照规定设置满足监测所需要的设施。

2.2.1　监测设施应符合监测规范要求

开展废水、废气污染物排放监测，应保证监测数据不受监测环境的干扰，因此，废水排放口、废气监测断面及监测孔的设置都有相应的要求，要保证水流、气流不受干扰且混合均匀，采样点位的监测数据能够反映监测时点污染物排放的实际情况。

我国废水、废气监测相关标准规范中规定了监测设施必须满足的条件，排污单位可根据具体的监测项目，对照监测方法标准和技术规范确定监测设施的具体设置要求。有些地方出台了相关的标准规范，如北京市出台了《固定污染源监测点位设置技术规范》（DB 11/1195—2015），对固定污染源监测点位监测设施设置规范进行了全面规定，这也可以作为排污单位设置监测设施的重要参考。但总体来说，相关标准规范对监测设施的规定还是比较零散、不够系统的。

2.2.2 监测平台应便于开展监测活动

开展监测活动时需要一定的空间，有时还需要可供仪器设备使用的直流供电，因此排污单位应设置方便开展监测活动的平台，包括以下要求：一是到达监测平台要方便，可以随时开展监测活动；二是监测平台的空间要足够大，能够保证各类监测设备摆放和人员活动；三是监测平台要备有需要的电源等辅助设施，确保监测活动开展所必需的各类仪器设备和辅助设备能够正常工作。

2.2.3 监测平台应能保证监测人员的安全

开展监测活动的同时，必须保证监测人员的人身安全，因此监测平台要设有必要的防护设施。一是高空监测平台，周边要有能够保障人员安全的围栏，监测平台底部的空隙不应过大；二是监测平台附近有造成人体机械伤害、灼烫、腐蚀、触电等危险源的，应在平台相应位置设置防护装置；三是监测平台上方有坠落物体隐患时，应在监测平台上方设置防护装置；四是排放剧毒、致癌物及对人体有严重危害物质的监测点位，应储备相应安全防护装备。所有围栏、底板、防护装置使用的材料要符合相关质量要求，能够承受预估的最大冲击力，从而保障人员的安全。

2.2.4 废水排放量大于 100 t/d 的，应安装自动测流设施并开展流量自动监测

废水流量监测是废水污染物监测的重要内容，从某种程度上来说，流量监测比污染物浓度监测更重要。流量监测易受环境影响、监测结果存在一定的不确定性是国际上普遍存在的技术问题。但总体来看，流量监测技术日趋成熟，能够满足各种流量监测需要，也能满足自动测流的需要。废水流量的监测方法有多种，根据废水排放形式，分为电磁流量计和明渠流量计两种。其中，电磁流量计适用于管道排放，对流量范围的适用性较广。明渠流量计中，三角堰适用于流量较小

的情况，监测范围低至 1.08 m^3/h，即能够满足 30 t/d 的排放量。根据环境统计数据，废水排放量大于 30 t/d 的企业有 7.5 万家，约占企业总数的 79%；废水排放量大于 50 t/d 的企业有 6.7 万家，约占企业总数的 71%；废水排放量大于 100 t/d 的企业有 5.7 万家，约占企业总数的 60%。从监测技术稳定性和当前基础来看，建议废水排放量大于 100 t/d 的企业采取自动测流的方式。

2.3　开展自行监测

2.3.1　开展自行监测的一般要求

排污单位应依据最新的自行监测方案安排监测计划，开展相应的监测活动。对于排污状况或管理要求发生变化的，排污单位应变更监测方案，并按照新的监测方案开展监测活动。

开展监测活动的技术依据是监测技术规范。除了监测方法中的规定，我国还有一些系统性的监测技术规范对监测全过程进行规定，或者专门针对监测的某个方面进行技术规定。为了保证监测数据准确可靠，能够客观反映实际情况，无论是自行开展监测，还是委托其他社会化检测机构，都应该按照国家发布的环境监测技术规范、监测方法标准来开展。

开展监测活动的机构和人员由排污单位根据实际情况决定。排污单位可根据自身条件和能力，利用自有人员、场所和设备自行监测，排污单位自行实施监测时不需要通过国家的实验室资质认定，目前国家层面不要求检测报告必须加盖中国质量认证（CMA）印章。个别或者全部项目不具备自行监测能力时，也可委托其他有资质的社会化检测机构代其开展。

无论是排污单位自行监测，还是委托社会化检测机构开展监测，排污单位都应对自行监测数据的真实性负责。如果社会化检测机构未按照相应技术规范、监测方法的标准开展监测，或者存在造假等行为，排污单位可以依据合同追究所委托的社会化检测机构的责任。

2.3.2 监测活动开展方式分类

监测活动开展是自行监测的核心。在监测组织方式上，开展监测活动可以依托自有人员、设备、场地自行开展监测，也可以委托有资质的社会化检测机构开展监测。在监测技术手段上，无论是自行监测还是委托监测，都可以采用手工监测和自动监测的方式。排污单位自行监测活动开展方式选择流程如图 2-1 所示。

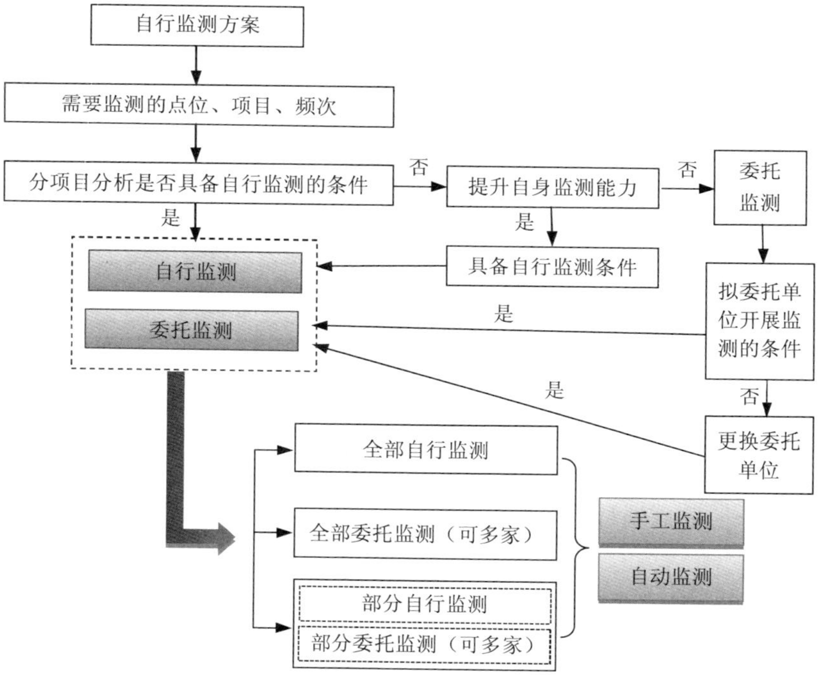

图 2-1　排污单位自行监测活动开展方式选择流程

排污单位首先根据自行监测方案明确监测点位、监测项目、监测频次，在此基础上根据不同监测项目的监测要求分析本单位是否具备开展自行监测的条件。具备监测条件的项目，可选择自行监测；不具备监测条件的项目，排污单位可根据自身实际情况，决定是否提升自身监测能力，以满足自行监测的条件。如果通过筹建实验室、购买仪器、聘用人员等方式可达到开展自行监测条件的，可以选择自行监测。若排污单位委托社会化检测机构开展监测，需要按照不同监测项目检查拟委托的社会化检测机构是否具备承担委托监测任务的条件。若拟委托的社会化检测机构符合条件，则可委托社会化检测机构开展监测；若不符合条件，则应更换具备条件的社会化检测机构承担相应的监测任务。由此来说，同一排污单位有 3 种可选方式：全部自行监测、全部委托监测、部分自行监测部分委托监测。同一排污单位、不同监测项目，可委托多家社会化检测机构开展监测。

无论是自行监测还是委托监测，都应当按照自行监测方案要求，确定各监测点位、监测项目的监测技术手段。对于明确要求开展自动监测的点位及项目，应采用自动监测的方式，其他点位和项目可根据排污单位实际情况，确定是否采用自动监测的方式。若采用自动监测的方式，应该按照相应技术规范的要求，定期采用手工监测方式进行校验。不进行自动监测的项目，应采用手工监测方式开展监测。

2.3.3 监测活动开展应具备的条件

2.3.3.1 自行监测应具备的条件

自行承担监测活动的排污单位，应具备开展相应监测项目的能力，主要从以下几个方面考虑。

（1）人员

自行监测作为排污单位环境管理的关键环节和重要基础，人才是关键，高素质的环境监测人员队伍为排污单位自行监测事业提供了坚实的人才保障。

排污单位应有承担环境监测职责的机构，落实环境监测经费，赋予相应的工作定位和职能，配备充足的环境监测技术人员和管理人员。在人员比例上，要考虑各类技术人员的构成，如可要求高级技术人员占技术人员总数的比例不低于

20%，中级技术人员占比不低于50%。

排污单位应与其工作人员建立固定的劳动关系，明确技术人员和管理人员的岗位职责、任职要求和工作关系，使其满足岗位要求并具有所需的权力和资源，履行建立、实施、保持和持续改进管理体系的职责。

排污单位监测机构最高管理者应组织和负责管理体系的建立和有效运行。排污单位应对操作设备、监测、签发监测报告等人员进行能力确认，由熟悉监测目的、程序、方法和结果评价的人员对监测人员进行质量监督。排污单位应制订人员培训计划，明确培训需求和实施人员培训，并评价这些培训活动的有效性。排污单位应保留技术人员的相关资质、能力确认、授权、教育、培训和监督的记录。

（2）设施与环境条件

排污单位应配备用于监测的设施，包括能源、照明和环境条件等，实验室设施应有助于监测的正确实施。

实验室宜集中布置，做到功能分区明确、布局合理、互不干扰，对于有温湿度控制要求的实验室，建筑设计应采取相应技术措施；实验室应有相应的安全消防保障措施。

实验室设计必须执行国家现行有关安全、卫生及环境保护法规和规定，对限制人员进入的实验区域应在其显眼区域设置警告装置或标志。

凡是进入含有对人体有害的气体、蒸气、气味、烟雾、挥发物质的实验室，应设置通风柜，实验室需维持负压，向室外排风时必须经特殊过滤；凡是经常使用强酸、强碱、有化学品烧伤的实验室，应在出口就近设置应急喷淋器和应急洗眼器等装置。

实验室用房一般照明的照度均匀，其最低照度与平均照度之比不宜小于0.7，微生物实验室宜设置紫外灭菌灯，其控制开关应设在门外并与一般照明灯具的控制开关分开安装。

为了确保监测结果的准确性，排污单位应做到：对影响监测结果的设施和环境条件，应制定相应的标准文件。如果规范、方法和程序有要求，或对结果的质量有影响时，实验室应监测、控制和记录环境条件。当环境条件影响监测结果时，应停止监测。应将不相容活动的相邻区域进行有效隔离。对进入和使用影响监测质量的区域，应加以控制。应采取措施确保实验室的良好内务，必要时应制定专门的程序。

（3）仪器设备

排污单位应配备监测（包括采样、样品前处理、数据处理与分析）所需的所有设备，用于监测的设备及其软件应达到要求的准确度，并符合监测相应的规范要求。根据监测项目，应配备的仪器设备包括气相色谱仪、液相色谱仪、离子色谱仪、原子吸收光谱仪、原子荧光光谱仪、红外测油仪、分光光度计、万分之一天平、马弗炉、烘箱、烟气烟尘测定仪、pH 计等。对结果有重要影响的仪器的分量或值，应制订校准计划。设备在投入工作前应进行校准或核查，以保证其满足实验室的规范要求和相应的标准规范。

仪器设备应由经过授权的人员操作，大型仪器设备应配有仪器设备操作规程和仪器设备运行与保养记录；每台仪器设备及其软件应有唯一性标识；应保存对监测具有重要影响的每台仪器设备及软件的记录，并存档。

（4）实验室质量体系

排污单位应建立实验室质量体系文件，制定质量手册、程序说明、作业指导书等文件，采取质量保证和质量控制措施，确保自行监测数据可靠。可根据实际情况确定是否需要取得实验室计量认证和实验室认可等资质。

2.3.3.2　委托单位相关要求

排污单位委托社会化检测机构开展自行监测的，也应对自行监测数据的真实性负责，因此排污单位应重视对被委托单位的监督管理。其中，具备监测资质是被委托单位承接监测活动的前提和基本要求。

接受自行监测任务的社会化检测机构应具备监测相应项目的资质，即所出具的监测报告必须能够加盖 CMA 印章。排污单位除应对资质进行检查外，还应该加强对被委托单位的事前、事中、事后监督管理。

选择拟委托的社会化检测机构前，应对其既往业绩、实验室条件、人员条件等进行检查，重点考虑社会化检测机构是否具有开展本单位委托项目的经验，是否具备承担本单位委托任务的能力，是否存在弄虚作假的行为等。

被委托单位开展监测活动过程中，排污单位应定期或不定期抽检被委托单位的监测记录，若有存疑的地方，可现场检查。

每年报送全年监测报告前，排污单位应对被委托单位的监测数据进行全面检查，包括监测的全面性、记录的规范性、监测数据的可靠性等，确保被委托单位能够按照要求开展监测。

2.4 监测质量保证与质量控制

无论是自行开展监测还是委托社会化检测机构开展监测，都应该根据相关监测技术规范、监测方法标准等要求做好质量保证与质量控制。

自行开展监测的排污单位应根据本单位自行监测的工作需求，设置监测机构，梳理并制定监测方案、样品采集、样品分析、出具监测结果、样品留存、相关记录的保存等各个环节，制定工作流程、管理措施与监督措施，建立自行监测质量体系，确保监测工作质量。质量体系应包括对以下内容的具体描述：监测机构、人员、出具监测数据所需仪器设备、监测辅助设施和实验室环境、监测方法技术能力验证、监测活动质量控制与质量保证等。

委托其他有资质的社会化检测机构代其开展自行监测的，排污单位不用建立监测质量体系，但应对社会化检测机构的资质进行确认。

2.5　记录和保存监测数据

记录监测数据与监测期间的工况信息，整理成台账资料，以备管理部门检查。手工监测时应保留全部原始记录信息，全过程留痕。自动监测时除了通过仪器全面记录监测数据外，还应记录运行维护记录。另外，为了更好地梳理污染物排放状况、了解监测数据的代表性、对监测数据进行交叉印证、形成完整证据链，还应详细记录监测期间的生产和污染治理状况。

排污单位应将自行监测数据接入全国污染源监测信息管理与共享平台，公开监测信息。此外，可以采取以下一种或者几种方式让公众更便捷地获取监测信息：公告或者公开发行的信息专刊；广播、电视等新闻媒体；信息公开服务、监督热线电话；本单位的资料索取点、信息公开栏、信息亭、电子屏幕、电子触摸屏等场所或者设施；其他便于公众及时、准确获得信息的方式。

第 3 章　石油炼制工业污染排放情况

石油炼制行业是国民经济的支柱产业之一，也是环境管理重点关注的行业之一。石油炼制行业的行业发展状况、污染物来源及污染治理技术等，是石油炼制行业环境管理与自行监测要求的重要依据，更是石油炼制工业排污单位自行监测技术指南的重要依据。本章围绕石油炼制行业概况、污染物排放和环保现状、发展趋势进行简要介绍。同时针对石油炼制行业工艺过程，按照污染物来源分类对废水、废气和噪声的来源进行简要分析，并介绍了相应的污染治理技术。

3.1　石油炼制行业概况及发展趋势

3.1.1　行业分类

石油炼制工业指以原油、重油等为原料，生产汽油馏分、柴油馏分、燃料油、润滑油、石油蜡、石油沥青和石油化学原料等的工业。根据《国民经济行业分类》（GB/T 4754—2017），石油炼制工业属于行业代码为 2511 的原油加工及石油制品制造行业。

2019 年中国原油加工量成品油产量 3.60 亿 t，同比增长 0.2%，其中生产汽油 1.41 亿 t，同比增长 1.9%；生产柴油 1.66 亿 t，同比下降 4.0%；生产煤油 0.53 亿 t，同比增长 10.6%。

根据产品的不同，原油加工方案大体上可以分为三种基本类型：

（1）燃料型：主要生产用作燃料的石油产品。减压馏分油和减压渣油除用于生产部分重质燃料油外，还通过各种轻质化过程转化为各种轻质燃料，见图 3-1。

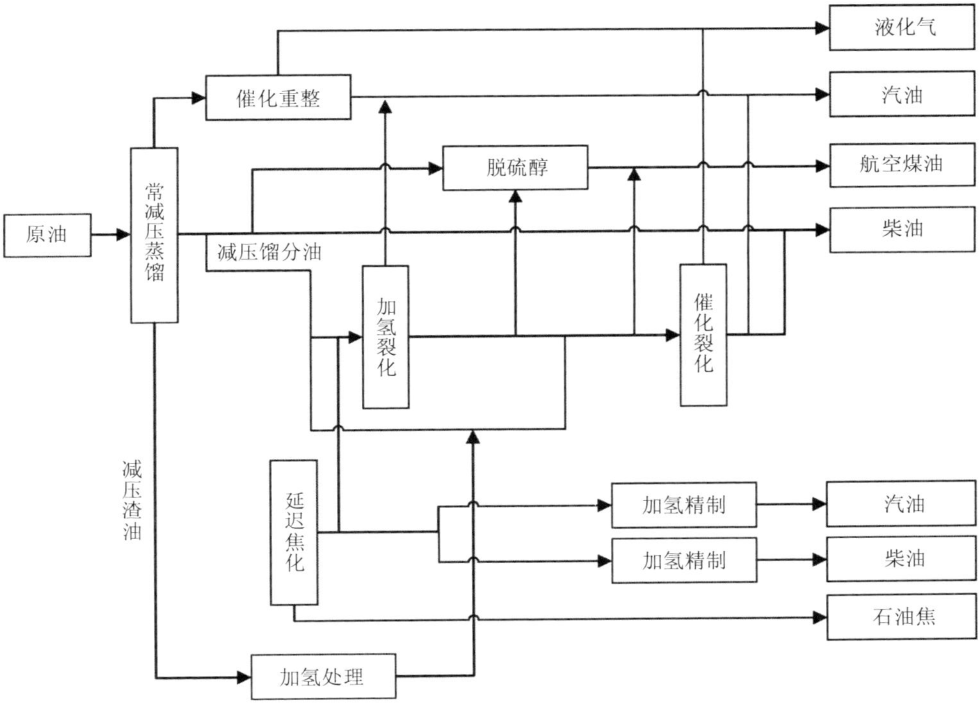

图 3-1　燃料型石油炼制工艺流程

（2）燃料-润滑油型：除生产用作燃料的石油产品外，部分或大部分减压馏分油和减压渣油被还用于生产各种润滑油产品，见图 3-2。

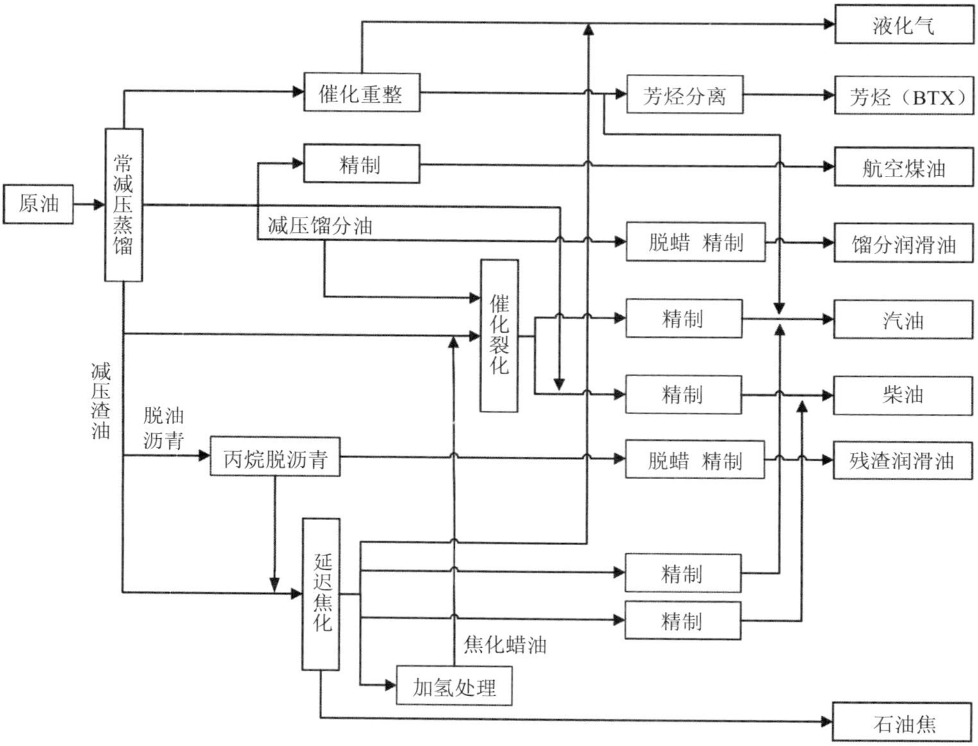

图 3-2　燃料-润滑油型石油炼制工艺流程

（3）燃料-化工型：除车用燃料的产品外，还生产化工原料及化工产品，例如某些烯烃、芳烃、聚合物的单体等。这种加工方案体现了充分合理地利用石油资源的要求，也是提高炼厂经济效益的重要途径，是石油加工的发展方向，见图 3-3。

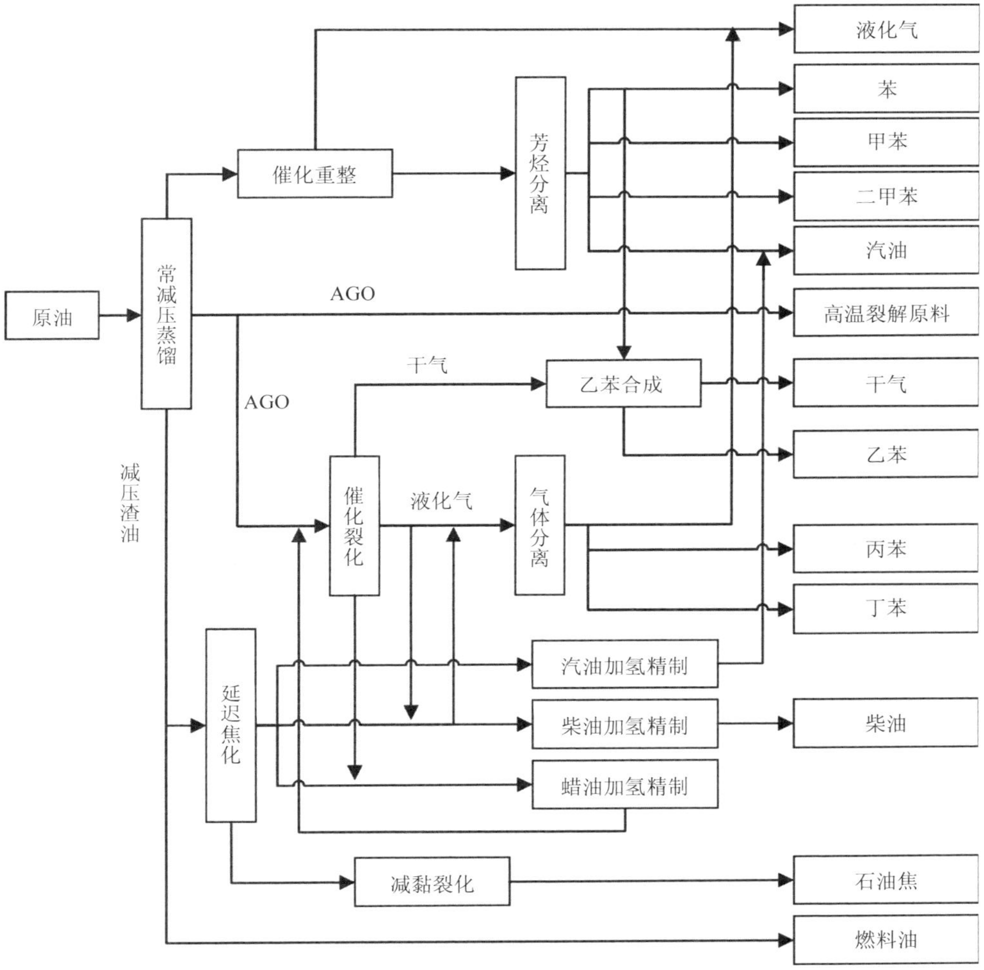

图 3-3　燃料-化工型石油炼制工艺流程

以上只是大体的分类，实际上各个炼厂的具体加工方案是多种多样的。

由于我国国产原油大部分为重质原油，为了更多地提高原油的产品率，炼油企业大部分采用了焦化、催化裂化加工工艺，以使重质馏分轻质化。

一般炼油工艺和相关操作的五个种类：

（1）分离工艺　Separation processes：

①常压蒸馏　Atmospheric distillation；

②减压蒸馏　Vacuum distillation；

③轻烃回收（气体加工）　Light ends recovery（gas processing）。

（2）石油转化工艺　Petroleum conversion processes：

①裂化（热裂化和催化裂化）　Cracking（thermal and catalytic）；

②重整　Reforming；

③烷基化　Alkylation；

④聚合　Polymerization；

⑤异构化　Isomerization；

⑥焦化　Coking；

⑦减黏裂化　Visbreaking。

（3）石油精制工艺　Petroleum treating processes：

①加氢脱硫　Hydrodesulfurization；

②加氢精制　Hydrotreating；

③化学脱硫　Chemical desulfurization；

④酸性气脱除　Acid gas removal；

⑤脱沥青　Deasphalting。

（4）原料和产品储运　Feedstock and product handling：

①储存　Storage；

②调和　Blending；

③装载　Loading；

④卸载　Unloading。

（5）辅助设施　Auxiliary facilities：

①锅炉　Boilers；

②废水处理　Waste water treatment；

③制氢　Hydrogen production；

④硫回收单元　Sulfur recovery plant；

⑤凉水塔　Cooling towers；

⑥泄放系统　Blowdown system。

对这些炼油工艺作如下说明：

（1）分离工艺：指使用常压蒸馏、减压蒸馏、轻烃回收（气体加工）等方式把原油（由烷烃、环烷烃和带有少量硫、氮、氧和金属杂质的芳香烃等烃类化合物的混合物组成）分割为沸点相近馏分的过程，是石油炼制操作的第一个阶段。

（2）转化工艺：指为了满足高辛烷值汽油、喷气燃料和柴油的需求，将渣油、燃料油和轻烃转化为汽油和其他轻馏分，其中裂化、焦化和减黏裂化工艺被用于把大的石油分子裂化为较小的分子，聚合和烷基化工艺被用于把小石油分子连接为较大的分子，异构化和重整过程被用于重排石油分子的结构，以生产相似分子大小的较高价值的分子。

（3）精制工艺：指通过加氢脱硫、加氢精制、化学脱硫和酸性气脱除等工艺去除硫、氮、氧和金属等杂质组分，以稳定和升级石油产品。一般脱盐被用于在炼制之前从原油进料中脱除盐、矿物质、泥沙和水；氧化沥青被用于聚合和稳定沥青，以改善沥青的抗老化性能。

（4）原料和产品储运：指卸载、储存、调和以及装载活动等操作。

（5）辅助设施：指不直接涉及原油炼制但又至关重要功能的工艺和设备，例如锅炉、废水处理设施、制氢厂、凉水塔和硫回收单元等。

3.1.2　行业发展现状

自 2002 年中国成为全球第二大炼油国之后，中国的炼油能力日趋增强。

近三年，国内炼油产量连续增加，2019 年中国原油一次加工能力达 8.3 亿 t/a，较 2018 年净增 2 225 万 t/a（新增能力 3 390 万 t/a，淘汰落后能力 1 165 万 t/a）。

2019年4月全国原油加工量为5 210.3万t，同比增长5.1%，增速比上月加快1.9%。然而，中国炼化行业不仅总体产能过剩，结构性产能过剩也日趋严重，存在一次加工产能过剩、炼油区域分布不均、炼厂平均规模较小等特点。

到目前为止，中国炼化行业已属于产能严重过剩行业，过剩产能高达800万t/a，产能过剩态势进一步恶化。炼化企业旨在追求自身利益最大化，炼油产能过剩将会导致炼化行业竞争愈加激烈，从而导致炼化企业开工率不足、盈利能力下降。具体来讲，尽管中国炼油能力不断上升，但是全国炼厂平均开工率只达到72.9%，为全球最低。因此，中国不仅要限制炼化产能盲目扩张，还要勇于淘汰成本高、规模小、竞争力弱的落后产能，不断优化炼化行业布局，促进炼化行业转型升级。

区域分布方面，中国石油炼化企业主要集中在东部地区及华北地区，且国内炼能存在北油南运、西油东调的形势。尽管近年来在炼化行业大型化、规范化的推动下，炼油化工设备行业技术水平实现快速上升，但由于中国炼油化工机械行业生产企业规模普遍较小，缺乏绝对的大型龙头型企业，产业集中度仍然较低，行业内排名前十的企业仅占整个市场的30%左右，因此，未来随着石化行业不断换挡升级，炼油化工设备企业需加快科研与技术开发的投入，开发出技术含量高、更环保的新产品，增强企业自主创新能力和产业竞争力。

3.1.3 行业污染物排放及环保现状

根据中国石油对行业编码为2511的原油加工及石油制品制造行业全国环境统计数据，全国2016—2018年主要污染物排放总量及废水、废气处理设施数量见表3-1和表3-2。

从表3-1和表3-2可以看出，原油加工及石油制品制造主要污染物化学需氧量、氨氮、总氮、石油类、二氧化硫、氮氧化物呈现逐年递减趋势。废水、废气等处理设施呈现逐年递增趋势，这说明该行业越来越重视环境保护。

表 3-1　2016—2018 年废水主要污染物排放情况汇总　　单位：t

主要污染物	2016 年	2017 年	2018 年
化学需氧量	2 5039.87	22 752.15	14 356.06
氨氮	2 108.163	1 797.268	1 060.736
总氮	5 497.336	5 456.733	5 212.661
石油类	596.6316	563.270 9	455.368 2
二氧化硫	148 572.70	85 160.55	48 140.32
氮氧化物	132 758.8	109 922.7	85 215.1

表 3-2　2016—2018 年废水、废气等处理设施汇总　　单位：套

处理设施	2016 年	2017 年	2018 年
废水处理设施	447	506	501
废气处理设施	1 298	1 413	1 548
VOCs 处理设施	266	411	515

3.1.4　行业发展趋势

（1）炼能过剩趋重，并有向炼化一体化下游低端扩展之势

根据中石油经济技术研究院 2020 年 1 月 13 日发布的《2019 年国内外油气行业发展报告》，随着民企的崛起和外资的进入，国内炼油和乙烯能力重又进入新一轮较快增长通道。2019 年，炼油总能力升至 8.6 亿 t/a，炼化能力过剩愈演愈烈。按目前在建、已批准建设和规划的项目测算，我国 2025 年炼油能力将升至 10.2 亿 t/a，乙烯能力将破 5 000 万 t/a，双双超过美国，跃居世界第一位。值得注意的是，由于炼油行业加快炼化一体化，叠加乙烯能力的快速增长，炼油能力过剩有进一步向炼化行业下游扩展、造成低端大宗石化品产能过剩的可能。

（2）提高原油加工深度，增加高品质油品比重，向化工价值产业链延伸成为炼油企业主要发展方向

炼油行业普遍存在火灾、爆炸危险以及高能耗、高污染等问题。自 2015 年《环境保护法》实施以来，我国环保监管力度明显加大。2015 年 4 月 24 日召开的国

务院常务会议，确定了加快成品油质量升级、推动大气污染治理和企业技术升级措施。根据新的时间表，全国供应国V标准车用汽柴油的时间，由原定的 2018 年 1 月提前至 2017 年 1 月，油品升级步伐加快。炼油企业转型已是解决生存问题的迫切需要，目前地炼企业橡胶、烯烃、芳烃产能等已开始形成规模，但转型后往往只具备生产单一化工产品的能力，抗风险能力较差。

总体来看，石油炼制工业发展需要消耗大量的资源，并对环境造成一定的污染，在当今社会资源匮乏、环境污染严重的情况下，炼油产业的发展必然要向着低污染、低能耗、高效率和高效益的方向发展；因此，未来继续提高原油加工深度，增加高品质油品比重，向化工价值产业链进行延伸是地炼企业的主要发展方向。

（3）石油炼制工业市场集中度将进一步下降，成品油市场化程度将得到提升

由于中石油、中石化两大集团公司规模远大于其他炼油企业。统计数据显示，2015 年我国地炼企业炼油总产能已达到 2.58 亿 t/a，占全国炼油总产能的 32%。自 1998 年两大石油公司重组后，经过十几年的发展，炼油行业主体多元化趋势明显，市场化程度提高；地炼企业规模不断壮大，其发展速度远超两大石油公司的扩张步伐，这也使得石油炼制工业的市场集中度明显下降。未来在国内油品质量升级的推动下，地炼企业装置升级速度将继续加快，高品质汽柴油生产实力将不断加强；同时随着国家对原油进口权和使用权的闸门拉开，地方炼厂原料保障程度得到明显提升；地炼企业相对于主营炼厂具有明显的价格优势。因此，在多重有利因素的作用下，预计未来地炼企业炼油产量占比将继续提高，石油炼制工业集中度将进一步下降，成品油市场化程度将得到提升。

综合来看，随着大宗原材料和能源物资“黄金十年”的结束，我国石油炼制工业规模扩张步伐将逐步放缓，但为顺应低碳经济的发展要求，炼油企业将不断加快生产装置的升级换代，完善炼油生产工艺，提升产品质量，优化产品结构，加快炼油产业升级的步伐。未来一部分流动性充裕、设备水平先进、资产质量优良的地炼企业将会脱颖而出，而生产装置落后、债务负担沉重的地炼企业将被市场淘汰。

3.2　石油炼制工艺过程污染物产排污节点

3.2.1　废水产排污节点

石油炼制工业生产过程中产生的废水主要包括含油废水、含硫废水、含碱废水、含盐废水、含苯系物废水、生活污水、污染雨水、其他生产废水（循环冷却水排污水、化学水制水排污水、蒸汽发生器排污水、余热锅炉排污水）等。典型的石油炼制工艺装置及污水种类见表 3-3。

表 3-3　废水污染源汇总

序号	污水种类	装置（单元名称）
1	含油废水	常/减压蒸馏、延迟焦化、重油催化裂化、柴油加氢精制、航煤加氢、重整抽提异构化、催化原料预处理、硫黄回收、酸性水汽提、制氢装置、脱硫、脱硫醇、气体分馏装置、溶剂再生、聚丙烯、凝结水站、热工系统、储运系统、化验、机修、污水处理厂、全厂含油雨水等
2	含硫废水	常/减压蒸馏、延迟焦化、重油催化裂化、柴油加氢精制、航煤加氢、重整抽提异构化、催化原料预处理、硫黄回收等
3	含碱废水	重整抽提异构化、脱硫、脱硫醇等
4	含盐废水	常/减压蒸馏、储运系统、成品油码头压舱水、循环水厂排污等
5	生活污水	全厂生活污水等

含油废水是炼油厂内排水量最大的一种废水，约占全厂废水量的 80%，主要包括装置油水分离器排水、油品水洗水、容器及地面冲洗水、机泵冷却排水、油罐切水、化验室含油废水以及未回用的汽提净化水及循环水排污、含油雨水等。废水中的特征污染物有石油类、硫化物、酚类化合物以及综合性指标 COD_{Cr} 等。与油品相接触的含油废水，如油水分离器排水、机泵冷却排水、油罐切水等，一般为全厂含油废水量的 20%左右，其主要污染物的浓度较高，如石油类为 500～

1 000 mg/L、COD_{Cr} 为 1 000 mg/L 左右；另一部分含油废水，如地面冲洗水、含油雨水、循环水排污等，其主要污染物的浓度较低，如石油类为 100～200 mg/L、COD_{Cr}为 500 mg/L 以下，但这部分废水水量较大，一般占全厂含油污水量的 70%～80%。

含硫废水主要来自加工装置的轻质油油水分离罐、富气水洗罐、液态烃水洗罐等。该部分水量较小，一般占全厂废水的 10%～20%，其特征污染物主要是硫化物、氨氮、氰化物、酚类化合物等，浓度较高，一般约占全厂污水中硫化物、氨氮总量的 90%。

含盐废水主要包括含污染物浓度较高的电脱盐污水、含碱废水、码头船舶压舱水、污泥滤液及循环水厂旁滤罐反冲洗排水等。该部分废水水量相对较少，一般约占全厂废水总量的 5%，但污染物的浓度并不低，而且变动很大，常常引起污水处理厂的冲击，其特征污染物为 pH、无机盐类、游离碱、石油类、硫化物和酚类化合物等。

其他生产废水及生活污水主要为污染物含量很低的清净污水，包括循环水系统合格排污水、除盐系统排污水、锅炉排污水以及装置排放的生产废水，这部分废水受污染的程度较轻，符合排放标准的要求，可直接排放；生活污水主要来自炼油厂内生活辅助设施的排水，如办公楼卫生间、食堂等，这部分水量很少，其特征污染物主要是 BOD、COD_{Cr} 及悬浮物。

3.2.2 废气产排污节点

根据石油炼制工业典型工艺装置的特点，废气污染源大致分为有组织排放和无组织排放两种类型，基本涵盖了炼油生产、储运过程中 10 种情形的气相污染物排放过程。废气污染源排放情形见表 3-4。

表 3-4　废气污染源汇总

序号	污染源类型	装置种类	装置名称
1	有组织排放源	工艺加热炉	常压加热炉、减压加热炉、延迟焦化加热炉、蜡油加氢加热炉、催化裂化加热炉、柴油精制加热炉、航煤精制加热炉、重整抽提加热炉、异构化加热炉、制氢加热炉等
2		锅炉	自备电厂锅炉、动力锅炉
3		工艺尾气排放	催化裂化催化剂再生烟气排气筒、酸性气回收装置排气筒、重整催化剂再生烟气排气筒、离子液法烷基化装置排气筒、催化剂再生烟气排气筒、催化裂化汽油吸附脱硫再生烟气排气筒、氧化沥青装置排气筒、焚烧炉等
4		有机废气排放	废水处理有机废气收集装置排气筒、其他有机废气处理装置
5		装置非正常生产工况排放	火炬
6	无组织污染源	生产设备机泵、阀门、法兰等动、静密封处泄漏	全场生产装置
7		原料、产品储存、调和、运输、装卸过程逸散	固定顶罐、浮顶罐（内浮顶罐、外浮顶罐）、可变空间储罐（气柜）、压力储罐； 产品装车、装船、灌装（小包装）过程
8		废水集输、储存、处理处置过程逸散	废水的集输、储存和处理设施主要是敞开式的沟/渠、池/罐
9		采样、设备管线检维修过程泄漏	采样管线内物料置换和置换出物料的收集储存过程；卸料、设备、管线吹扫气体放空，管线泄压
10		冷却塔/循环水冷却系统泄漏	由于设备密封损坏，导致生产物料和冷却水直接接触，冷却水将物料带出

在石油炼制工业企业的有组织废气排放口中，催化裂化催化剂再生烟气排气筒、重整催化剂再生烟气排气筒、酸性气回收装置排气筒、离子液法烷基化装置排气筒、催化剂再生烟气排气筒、催化裂化汽油吸附脱硫再生烟气排气筒、废水处理有机废气收集处理装置排气筒、有机废气排放口、锅炉烟囱、危险废物焚烧炉排放筒是企业的主要排放口，氧化沥青装置排气筒是企业的一般排放口。

3.2.3 噪声产生环节

石油炼制工业的噪声主要由排污单位各套机械设备在生产过程中产生。

对石油炼制生产企业来说，在正常情况下，生产是昼夜连续的，设备连续运行，生产装置产生的噪声呈稳态、连续性，其噪声强度昼夜也无明显差别。

石油炼制生产装置主要包括常减压、延迟焦化、蜡油加氢、催化裂化、柴油精制、航煤精制、重整抽提、异构化、制氢等装置。噪声源主要有：各类风机、管道间门及各种气体排放等产生的气体动力性噪声；电器设备的电磁噪声；工艺加热炉、火炬等产生的燃烧噪声；产品成型、包装、物料输送、机械加工及回转设备等产生的机械噪声。

噪声源产生的噪声频率范围较宽，既有调节阀、气体放空产生的高频噪声，又有电机泵、空气冷却器风机、工艺加热炉、火炬燃烧产生的低频噪声。噪声源的声压级一般在 80～95 dB 的范围内，但火炬放空燃烧或未加控制的蒸汽放空噪声亦可达 100～115 dB（表 3-5）。

表 3-5 主要生产装置的噪声排放情况

声源名称	声压级/dB
工艺加热炉	72～108
电机泵	85～110
空气冷却器风机	90～109
通风机、鼓风机	90～120
气体压缩机	95～113
制冷压缩机	97～101
气体放空	90～120
冷冻机	90～96
爆气机	97～98
压力调节阀	96～103
管道	96～103

3.2.4　固体废物产生环节

石油炼制工业生产中产生的固体废物大多属于危险废物，部分具有可燃、有毒、易反应的特性。固体废物形态有固态、浆液状、液态等不同类型。

固态废物主要有生产装置排出的废催化剂；浆液状废物主要有污水处理厂“三泥”（隔油池底泥、浮选浮渣、剩余活性污泥）、罐底泥等；液态废物主要有废碱液、废酸液、废溶剂等。

固体废物产生情况见表 3-6。

表 3-6　石油炼制企业固体废物产生情况

名称	主要来源	性质
废催化剂	加氢裂化（精制）、催化裂化、催化重整、硫黄回收等装置	多数催化剂和分子筛为硅、铝氧化物，少量贵重金属废催化剂，形态为颗粒状或球状
白土渣、废分子筛	白土精制装置、糠醛精制装置等	黑褐色，含油或其他的半固体状物
酸渣	烷基化装置	黑褐色黏稠液体
碱渣	常减压、催化裂化装置的碱洗工序	多为棕色、乳白色或灰黑色的恶臭稀黏液
有机废液	抽提装置排出的废环丁砜溶剂	多数为含多种有机成分的液态状物
罐底泥	各类油品储罐、污油罐、污水罐、中间原料罐的罐底沉积物，生产装置各类容器清洗时的尾油和杂质	大部分为带油、杂质的黑色黏稠液
废水处理厂废液	隔油池、池底沉积的油泥	油泥为相对密度为 1.0～1.1、含水率为 99.0%～99.9%的糊状物
	浮选时采用投加絮凝剂或气浮产生的浮渣	浮渣为相对密度为 0.97～0.99、含水率为 99.1%～99.9%的糊状物
	生物处理时产生的剩余活性污泥	主要由细菌和菌胶团组成，结构松软，呈絮状，含水率为 99.0%～99.5%
锅炉废渣	燃煤锅炉产生的粉煤灰、烟灰等以及离子交换中产生的离子交换树脂	煤灰和烟灰呈灰状，废离子交换树脂呈颗粒状
检修废渣	生产装置检修时拆下的废保温材料、废钢材以及检修垃圾	—

3.3 石油炼制工业污染治理技术

3.3.1 废水污染治理技术

目前石油炼制企业废水治理技术比较成熟，废水治理工程多采用“厌氧处理+好氧处理”的组合工艺，如水解酸化-生物接触氧化等。其中，水解酸化工艺可有效增强污水的可生化性，在可生化性较差的炼油污水处理中有着广泛的应用。炼油污水的好氧生物处理以生物接触氧化法和活性污泥法为主。生物接触氧化法具有流程简单、操作运行稳定、方便、运转费用低等特点，是一种普遍适用的炼油污水处理工艺。

此外，随着排放标准的不断提高，为了达到新的标准要求，在生化处理单元后增加了生化后处理工艺，主要采用的工艺有微絮凝—过滤、生物炭吸附、膜过滤工艺等，在条件允许的前提下也可采用氧化塘工艺，以进一步提高处理效果。

（1）酸性、碱性废水预处理

企业排放的酸性或碱性废水，包括产品的洗涤水、成品罐的切水、软化水处理装置的排水、化学药剂和酸碱泵房的排水等。其 pH 表现为碱性或酸性，因此，在其排放或在综合处理之前，需要进行中和处理。

对于高浓度的酸碱废水（含酸 4%以上或含碱 2%以上），应首先考虑回收利用。若既有酸性废水又有碱性废水，则可以在均衡池中完成相互的中和。

低浓度的酸性废水或碱性废水通常采用药剂中和及介质过滤的方法进行处理，酸性废水可用苛性钠、石灰石中和；而碱性废水可用硫酸、盐酸或含有二氧化碳的烟道气中和。最好是利用副产物或废物。

（2）离子交换树脂再生液中和

在石油炼制企业，锅炉给水及部分产品的洗涤等，均需使用软化水，因此离子交换过程是不可少的。阴、阳树脂的再生需要周期性地分别使用酸、碱而后用水冲洗，就形成了酸碱废水（pH 在 1～14 间波动）。废水首先依靠自身的酸性或碱性进行中和，然后再用药剂进行补充处理，达到接近中性时排放。

离子交换树脂再生液中和处理工艺采用间歇处理方式（图 3-4）。废水先排入中和池内，达到预定液位后，关闭该池进水，启动另一池。然后用第一池的循环泵进行搅拌，将检测的 pH 信号反馈至 PLC，由此控制电磁阀的酸碱投加量，待 pH 达到预定值后，再持续搅拌，直至确认达到要求值后开始排水，并更换另一池进行操作。

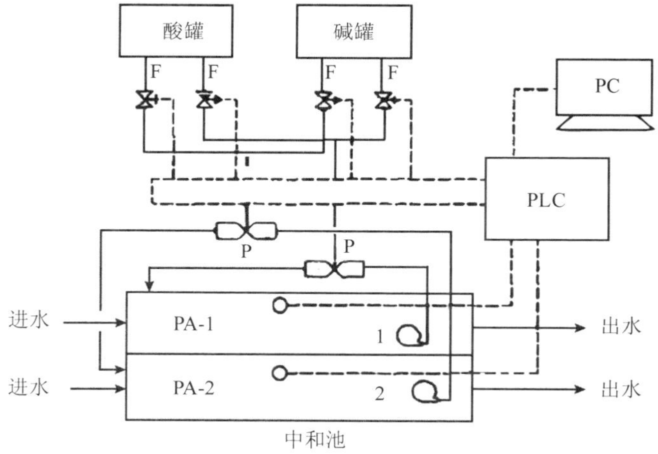

P—喷射器；F—电磁阀；PA-1 和 PA-2—浮动式 pH 计；1、2—循环泵。

图 3-4　石油炼制废水处理工艺流程

（3）乳化废液预处理

乳化是指油在废水中存在的一种形式。乳化废液为油与水密切结合的两相混合物，其中的一相为水或者油，分散在另一液相中，因界面膜或一种稳定剂的稳定作用，成为微小球珠，并以不易聚积，也不能以重力沉降的乳化态存在。乳化废水要达到油水分离，必须进行破乳。乳化液有以下几种特征：

①分散体系。水包油（油/水）或油包水（水/油）。

②油包水及水包油均存在的双重乳化液。

③稳定性。分散相质点的大小随时间而缓慢变化。

破乳的方法有多种，其原理及适用范围见表 3-7。

表 3-7 乳化油破乳的方法及适用范围

方法		原理	适用范围	其他
物理法	加热法	①利用加热降低油相的黏度，熔化界面蜡质膜及降低乳化剂的界面膜； ②通过加热提高水的蒸气压，使水珠周围膜胀裂，从而破坏油包水型乳化液	①多种乳化液均可； ②对于油包水型乳化液，破乳效果更佳	—
	蒸馏法	原理同加热法，在蒸馏加热过程中水及轻质油被气化分离	油相为轻质油	残留部分不可排入下水系统
	离心法	利用离心力对不同密度的液相进行加速分离	①将疏松包藏的水从油中或乳化液中分离； ②油水之间密度差大； ③较稳定的混合物	—
	预覆过滤法	乳化液通过一个连续转动的鼓式过滤机上的一层硅藻土（预覆材料），悬浮固体物质被除去，分散相中的球形液滴被破坏，乳化液被破坏，滤液中的油相和水相按不同密度被分离	稳定的油包水型乳化液，特别是由固体细末所稳定的能用过滤法来解决的乳化液	被分离出的油层和水层，在被分离前不应搅动和混合； 预覆材料的选择应通过试验
化学法		用化学药剂平衡或抵消界面膜两侧的表面张力，中和起稳定作用的电荷或使乳化剂沉淀	阴离子型适用于油包水型乳化液； 阳离子型适用于水包油型乳化液	—
电学法		乳化液在强电场的作用下，水珠因静电作用相吸引并聚积在一起，变成大水珠，直到其水珠的质量大到足以为重力所沉降	适用于原油脱水及脱盐	—

（4）含硫废水预处理

随着原油加工深度的提高以及日益严格的污水排放标准的实行，炼油厂含硫废水的处理问题显得越来越重要。对于含硫废水的处理，国内外较成熟的工艺有空气氧化法、蒸汽汽提法以及吸收-汽提法。国内应用的工艺主要有空气氧化法和蒸汽汽提法。因为空气氧化法只适用于低浓度酸性水，且其对氨的脱除效果较差，一部分硫化物只能转化为硫代硫酸盐，从而影响后续装置的运行，目前空气氧化法应用的范围越来越小，而蒸汽汽提法在炼油厂中占据了主导地位。

蒸汽汽提法主要包括带侧线的单塔加压汽提和双塔汽提，两种工艺在炼油厂都获得了广泛的应用，并积累了成功的经验，得到了不断的发展和完善。

含硫废水是一种硫化氢、氨和二氧化碳及水的四元体系，硫化氢、氨和二氧化碳在水中以 NH_4HS、$(NH_4)_2S$、NH_4HCO_3 及$(NH_4)_2CO_3$ 等铵盐形式存在，这些弱酸弱碱盐在水中水解后分别产生游离态的硫化氢、氨和二氧化碳分子，这些分子又建立起气液相平衡，因而该体系是化学平衡、电离平衡和相平衡共存的复杂体系。二氧化碳由于相对挥发度较高，当含量不越过 40%时，则不影响 Claus 硫回收过程，所以我们往往将二氧化碳与硫化氢作为一种组分来考虑。

3.3.2 废气污染治理技术

关于石油炼制企业的废气污染源，下面我们主要针对工艺加热炉烟气、工艺尾气、污水处理厂废气、挥发性有机液体装卸作业排气、挥发性有机液体储罐废气总结了治理技术。

（1）工艺加热炉烟气

石油炼制企业有大量工艺加热炉，采用燃料气或重油作为燃料，排放的烟气中含有 SO_x、NO_x、颗粒物和 VOCs 等污染物。SO_x 来源于燃料油或燃料气中的硫化物。NO_x 有三种类型：热力型、快速型和燃料型。颗粒物来自燃料中的无机元素，质量浓度很低，大多在 20 mg/m^3 以下。VOCs 源自燃料不完全燃烧。

加热炉通常使用清洁燃料和低氮燃烧技术控制烟气的二氧化硫、NO_x 和颗粒物的排放。使用上述减排技术后仍不达标时，也可选用烟气钠碱洗涤除尘脱硫和 SCR 脱硝。

（2）工艺尾气

催化裂化再生烟气中的污染物主要有催化剂颗粒物、SO_x、NO_x、镍及其化合物等。SO_x 来源于催化剂焦炭中的硫。通常 5%～15%的催化裂化原料进入焦炭中，在催化剂烧焦再生过程中，生成 SO_2 和 SO_3，SO_3 浓度一般不高于 SO_x 总量的 10%。烟气除尘脱硫采用钠碱洗涤法，脱硫废水经过过滤或沉淀悬浮物（催化剂颗粒物）、空气氧化脱 COD 等处理后达标排放。烟气中的 NO_x 几乎全部来自焦炭燃烧，源自空气中氮气氧化的 NO_x 极少。通常采用烟气脱硝控制 NO_x 的排放。烟气脱硝方法有氨选择性催化还原（SCR）、氨选择性非催化还原（SNCR）和臭氧氧化吸收等，一般优选 SCR 工艺。

重整催化剂再生烟气中主要污染物有氯化氢和 VOCs。一般采用清洁生产工艺或通过调整重整装置催化剂再生温度、供风量等条件，使烟气中的氯化氢或 VOCs 达标排放。氯化氢仍然超标时，可采用碱性吸附剂或碱液洗涤处理。有机物超标时，可采用催化氧化法处理或送入加热炉焚烧处理。

催化汽油吸附脱硫装置生产过程中吸附剂再生产生的含二氧化硫烟气通常进硫黄回收装置热反应炉或尾气加氢反应器回收处理。若催化汽油吸附脱硫装置距离硫黄回收装置较远或回收装置无冗余负荷时，再生烟气可采用氢氧化钠溶液吸收脱硫，脱硫废水用空气氧化处理。

酸性气回收是指将酸性气中的硫化氢转化为硫黄或硫酸回收，硫不能 100% 完全回收，装置尾气中含有二氧化硫和硫化氢。酸性气回收装置尾气采用氧化法控制污染的，其尾气中还含有氮氧化物。酸性气回收装置生产硫酸时，尾气中还含有硫酸雾。针对多数炼油厂采用酸性气克劳斯制硫黄工艺的情况，优选加氢还原—有机胺吸收—焚烧（或催化焚烧）工艺处理克劳斯硫黄回收尾气，控制有机胺吸收塔出口还原性总硫小于 50 mg/m^3。硫黄回收装置尾气焚烧炉烟气二氧化硫不达标时，可再采用钠碱洗涤脱硫，或与催化裂化烟气等合并脱硫处理。

氧化沥青尾气是在空气氧化沥青的过程中产生的含苯系物、含氧有机物、稠环芳烃和苯并[*a*]芘的沥青尾气，该尾气有浓重的恶臭味且致癌。目前，处理技术普遍采用预处理—焚烧工艺。通过水洗法、油洗法（柴油油洗、馏分油循环洗）等预处理手段，脱除尾气中夹带的油雾和沥青雾，再进入焚烧炉高温焚烧。

（3）污水处理场废气

污水处理厂高浓度 VOCs 废气可采用预处理（包括吸收、脱硫、总烃浓度均化）—催化氧化工艺或焚烧法处理。污水处理厂低浓度 VOCs 废气可采用洗涤—吸附法、生物脱臭、焚烧法处理。

（4）挥发性有机液体装卸作业排气

优先考虑通过现有设施处置 VOCs。现有设施包括工艺加热炉、火炬回收系统、瓦斯管网、各种动力锅炉、催化裂化装置再生器等。对氧含量低且达到安全评估要求的 VOCs 气体，可作为低热值燃料，直接引至已有设施（如工艺加热炉、CFB 锅炉、动力锅炉、催化裂化再生器等）焚烧处置。对于氧含量高但 VOCs 浓度低于爆炸极限下限浓度 25%的 VOCs 废气，经过安全评估合格后，可引至现有工艺设施（如炉膛温度较高的加热炉、催化裂化再生器）的供风系统焚烧处置。对于氧含量高且 VOCs 浓度较高的气体，推荐通过预处理（低温柴油吸收、冷凝、膜回收处理、吸附剂回收等），将 VOCs 浓度降至爆炸极限下限浓度 25%以下，经安全评估合格后，可引入焚烧设备，可以通过大量的空气、氮气稀释高浓度 VOCs 气体，将 VOCs 浓度降至爆炸极限下限浓度 25%以下，然后引至焚烧设备处置。

汽油和石脑油装载作业排气油气回收可采用低温柴油吸收、活性炭吸附—真空再生、柴油吸收—膜分离、冷凝及其组合工艺，装载作业排气经过吸收、吸附、冷凝、膜分离及其组合工艺回收处理后达不到环保标准要求，可再进入催化氧化装置、蓄热燃烧装置、加热炉、焚烧炉、锅炉等进一步深度处理。

对煤油、柴油、芳烃、溶剂油、原油装载作业排气治理，可采用活性炭吸附—热再生或催化氧化等工艺；采用水蒸气再生饱和活性炭，再生气须通过冷凝—油水分离回收油品，不凝气返回吸附床；采用热氮气或热瓦斯气再生活性炭，再生气须冷却（回收凝析油）进瓦斯管网；具体工艺需根据废气污染物浓度、净化要求、技术经济性等综合比较确定。

码头装卸环节涉及的油品较多，公用工程依托少，设施不能长周期连续运行，具有一定的特殊性。在处置码头装卸气体中应遵循“通用性、间歇性、独立性、先进性、安全性”五个原则。建议码头采用两级处理方案。其中一级处置为采用通用回收技术，建议采用低温柴油吸收、低温冷凝、通用吸附等工艺；此处不建议采用可燃性活性炭吸附。二级处置的通用技术，建议采用旋转式 RTO 等小型化焚烧工艺。

（5）挥发性有机液体储罐废气

成品油罐顶释放气处理，该处排放的 VOCs 气体因不含硫化物，组分较轻，具有一定的回收价值。推荐的原则方案为：两级处理，第一级回收高价值组分，第二级完成深度达标处理。第一级处置的建议回收技术：低温柴油吸收、冷凝回收，此处应避免采用可燃性活性炭工艺。第二级处置的建议技术：焚烧法。建议引入现有各类炉膛温度较高的加热炉、催化裂化再生器、RTO/RCO 等设施，在没有上述工艺设施的区域，可考虑采用专用膜或专用吸附剂处理。

中间油品罐顶释放气处理，主要有炼油企业中间罐区的拱顶罐释放气体，包括柴油罐、航煤罐、重质原料罐、轻重污油罐与部分产品罐等。该类气体组分较复杂，且多数含有硫化物，油气浓度波动大，不宜直接采用可燃性活性炭吸附、普通膜回收工艺。建议处置的原则方案为两级处理工艺。第一级处理除去重质有害组分，实现气体组成预处理；第二级完成 VOCs 深度达标处理。第一级处理的建议回收技术：低温柴油吸收，或冷凝工艺，以除去重质有害组分；此处不宜使用可燃性活性炭、膜等工艺。第二级处置的建议技术：焚烧法，建议引入现有膛温较高的加热炉、催化裂化再生器、RTO/RCO 等设施；在没有上述工艺设施的区域，可考虑采用专用膜或不燃性的专用吸附剂处理。

酸性水罐顶气体处理，该气体组分中含有氨、硫化氢及烃类，容易产生氨污染，并使催化氧化系统的催化剂中毒。建议处置的原则方案为两级处理工艺：第一级为酸水罐氮封，罐顶气经水洗塔除氨；第二级将除氨后尾气引入气柜，或经 MDEA 胺洗脱硫，引入低压瓦斯系统。

涉苯类 VOCs 气体处理，涉苯类气体因排放浓度指标的数值低，简单的吸收与过滤已不能满足要求。建议处置的原则方案为：初级回收，末端深度处置。建议技术方案：一级处置采用低温冷凝；冷凝后的低浓度含苯 VOCs 气体进入二级焚烧设备，可以采用各类加热炉、低点火炬、RTO/RCO 等焚烧设施，或者在末端采用专用膜+专用吸附剂的 PSA 深度处置工艺。

采样气体处理，对需要频繁采样分析的轻质油品，建议设置密闭采样设施，减少采样环节的 VOCs 逸散。

酸性水罐、污油罐、粗汽油罐、粗柴油罐、高温蜡油罐、高温沥青罐等储罐排放的含硫 VOCs 恶臭气体可采用低温柴油吸收—氢氧化钠（或有机胺）溶液脱硫工艺处理。

高温污油罐、高温蜡油罐等排气宜先进行冷却、气液分离等预处理，将排气温度降至 45℃以下后再进行处理。总罐容大于等于 3 万 m^3 的汽油和石脑油浮顶罐区，可采用活性炭吸附、低温柴油吸收油气回收装置，进行罐体变形或浮盘损坏等异常工况时的油气回收处理。处理喷气燃料、柴油、芳烃、溶剂油罐区排放气，优先采用内浮顶罐减少罐区油气排放。对成品汽油、石脑油、喷气燃料、柴油、溶剂油以及原油浮顶罐区排放气进行处理时，可选用吸附、吸收、冷凝等回收技术。当酸性水罐、污油罐、高温蜡油罐以及成品汽油、石脑油等罐区排放气经过吸收、吸附等方法回收处理后非甲烷总烃一般为 1 000～5 000 mg/m^3，为达到更严格的排放标准，可再进催化氧化装置、蓄热燃烧装置、加热炉、焚烧炉、锅炉等进一步深度处理。

3.3.3　噪声污染治理技术

石油炼制企业的主要降噪措施包括：对由振动、摩擦和撞击等引起的机械噪声，通常采取减振、隔声措施，如对设备加装减振垫、隔声罩等，也可将某些设备传动的硬件连接改为软件连接；车间内可采取吸声和隔声等降低噪声的措施；对于空气动力性噪声，通常采取安装消声器的措施。

3.3.4 固体废物污染治理技术

石油炼制企业固体废物的控制应首先从减量入手，选择先进的工艺技术，减少废物的产生量；其次是通过回收或再生循环使用可利用的固体废物；最后是以安全填埋的方式，处理不可回收利用的固体废物，避免产生污染。

（1）减少碱渣产生量的方法

①在未完全用加氢精制取代电化学精制工艺的情况下，加工含硫量较高的胜利混合油，平均加工每吨原油产生的碱渣量为 5.47 kg；而加工大庆原油、华北原油、大港原油等低硫原油，平均加工每吨原油产生的碱渣量为 0.94 kg。

用加氢精制取代电化学精制工艺，不但能提高产品质量，而且可以把碱渣产生量减少 60%～80%。

②合理注氨，取消碱洗。这种方法在加工大庆原油的石油炼制企业的常压、催化分馏塔顶已采用，并取得了明显的效果。

③加氢生成油原来使用碱洗，现可改为用废氢气加氢的办法，这样可使每吨原料油节省碱 0.28 kg，而且能够回收硫资源。

（2）污水处理厂的“三泥”

污水处理厂在运转过程中会产生大量的含油污泥。国外石油炼制企业的数据统计显示每吨原油污泥的产生量为 0.4～0.5 kg。我国石油炼制企业污水处理厂的“三泥”产生量差别较大，加工原油能力为 700 万 t/a 的炼油厂，控制较好的可将污泥的产生量降到约 0.71 kg/t。当加工原油能力扩大到 1 350 万 t/a 时，污泥的产生量可减少至 0.56 kg/t，与国外的水平大致相同。

控制“三泥”的排放，一般先进行浓缩、脱水，使其含水率由 97%～99%降到 80%～85%，再采用填埋、焚烧等方法进行处理。

（3）废溶剂

石油炼制企业的废溶剂大部分可以回收重复利用，如乙二醇、糠醛、甲醇等。最终不能回收的废溶剂（如废环丁砜等）可焚烧处理。

第 4 章　石油化学工业污染排放情况

石油化学工业是国民经济的支柱产业之一，也是环境管理部门重点关注的行业之一。石油化学工业的行业发展状况、污染物来源及污染治理技术等，是石油化学工业环境管理与自行监测要求的重要依据，更是石油化学工业排污单位自行监测技术指南的重要依据。本章围绕石油化学行业概况、污染物排放和环保现状、发展趋势进行简要介绍，同时针对石油化学行业工艺过程，按照污染物来源分类对废水、废气和噪声的来源进行简要分析，并介绍了相应的污染治理技术。

4.1　石油化学行业概况及发展趋势

4.1.1　行业分类

石油化学工业指以石油馏分、天然气等为原料，生产有机化学品、合成树脂、合成纤维、合成橡胶等的工业。根据《国民经济行业分类》（GB/T 4754—2017），石油化学工业包括有机化学原料制造 2614、初级形态塑料及合成树脂制造 2651、合成橡胶制造 2652、合成纤维单（聚合）体制造 2653、专用化学产品制造 266 和合成纤维制造 282。

2019 年化工产业重要产品中，乙烯产量 2 052.3 万 t，同比增长 9.4%；合成树脂产量 9 574.1 万 t，同比增长 9.3%；合成橡胶产量 733.8 万 t，同比增长 11.0%。

石油化学工业产品主要分两步生成，第一步是对石油馏分（如丙烷、汽油、柴油等）和天然气进行裂解，生成以乙烯、丙烯、丁二烯、苯、甲苯、二甲苯为代表的基本化工原料；第二步是以基本化工原料生产多种有机化工原料（约 200 种）及合成材料（塑料、合成纤维、合成橡胶）。石油化学工艺流程见图 4-1。

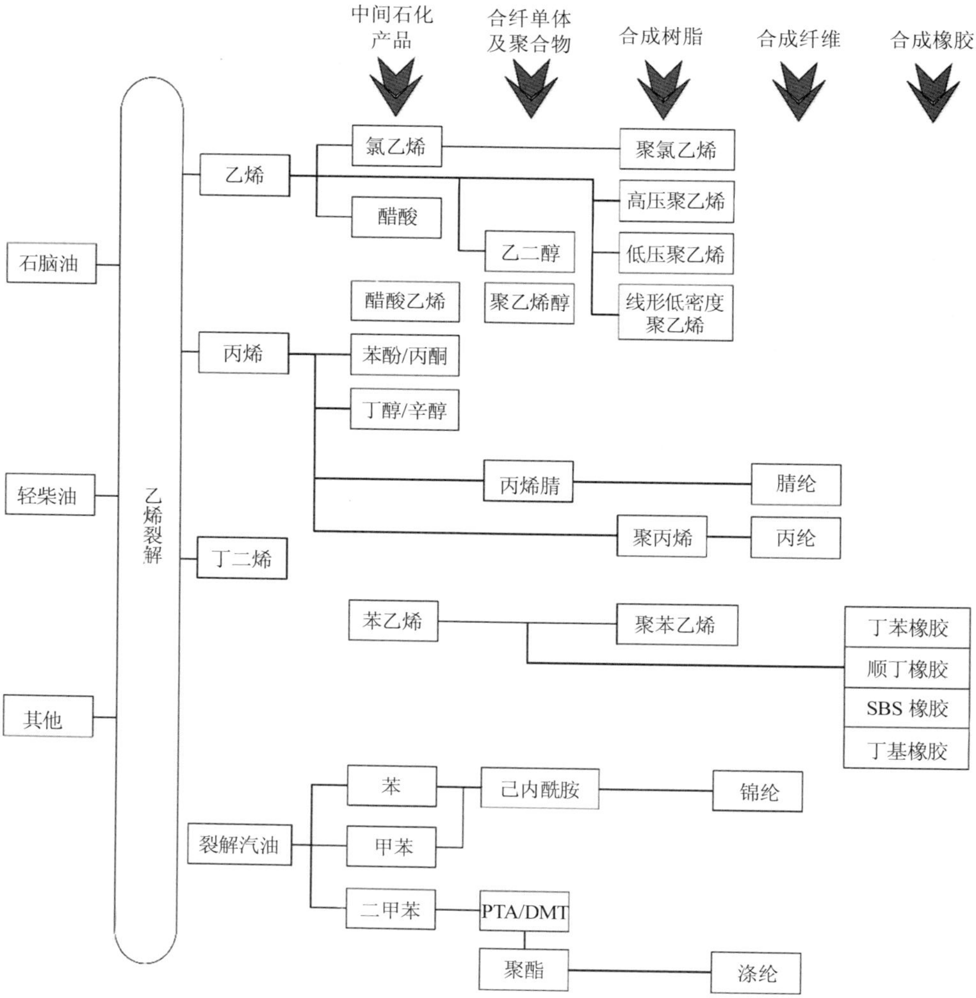

图 4-1　石油化学工艺流程

4.1.2　行业发展现状

由于我国石油化学工业在“十二五”期间积极应对各种风险和挑战，大力推进“转方式、调结构”，全行业总体保持平稳较快发展，综合实力显著增强，为促进经济社会健康发展作出了突出贡献，取得了巨大的成就。这主要表现在综合实力显著增强，“十二五”期间我国石油和化学工业继续维持较快增长态势，产值年均增长 9%，工业增加值年均增长 9.4%。

2019 年中国石油和化学工业经济运行报告显示，2019 年，石油化学行业增加值同比增长 4.8%；营业收入 12.3 万亿元，同比增长 1.3%，但利润总额 6 683.7 亿元，同比下降 14.9%；进出口总额 7 222.1 亿美元，同比下降 2.8%。2019 年国内油气总产量和主要石化产品产量及表观消费量同比均呈增长态势，但效益有所下降，全行业利润总额下降 14.9%。其中，炼油业下降幅度最大，达 42.1%；石油化学行业下降 13.9%。全行业营业收入利润率为 5.45%，低于上一年度的 6.77%。

结构调整稳步推进，区域布局进一步改善，建成了 22 个千万吨级炼油、10 个百万吨级乙烯基地，形成了长江三角洲、珠江三角洲、环渤海地区三大石化产业集聚区。科技创新能力显著提升，企业的创新主体地位进一步增强，建成了数百个石化化工企业技术中心。节能减排取得成效，在全国率先建立能效领跑者发布制度，涌现出一批资源节约型、环境友好型化工园区和生产企业。“两化”融合逐步深化，超过 90%的规模以上生产企业应用了过程控制系统（PCS），生产过程基本实现了自动化控制，生产优化系统（APC）、生产制造执行（MES）、企业资源计划管理系统（ERP）也已在企业中大范围应用，生产效率进一步提高。国际合作成果显著，“十二五”时期，石化和化工行业对外开放水平不断提高，国际化工跨国公司积极拓展在华业务，建设研发中心和生产基地，发展高新技术产业，产品档次明显提升；国内石化化工企业开展了一系列有影响力的跨国并购。

虽然我国石油化学工业经济总量和发展质量都有较大的进步，但与发达国家相比，发展水平仍有差距。结构性矛盾较为突出，传统产品存在产能过剩问题，高端产品仍需大量进口。行业创新能力不足，科技投入整体偏低，前瞻性原始创新能力不强，缺乏前瞻性技术创新储备，达到国际领先水平的核心技术较少，科技创新对产业发展的支撑较弱。安全环保压力较大，安全事故时有发生，行业发展与城市发展的矛盾凸显，“谈化色变”和“邻避效应”对行业发展制约较大；随着环保排放标准的不断提高，行业面临的生态环境保护压力不断加大。产业布局不尽合理，部分危险化学品生产企业尚未进入化工园区，且化工园区“数量多、分布散”的问题较为突出，部分园区规划、建设和管理水平较低，配套基础设施不健全，存在安全环境隐患。

4.1.3 行业污染物排放及环保现状

据大数据统计，2017 年的全行业废水排放量总共为 41.9 亿 t，石油化学行业废水排放量占全行业废水排放量的 20.2%；化学需氧量排放为 58.1 万 t，占全行业排放量的 18%，仅次于造纸和纸制造业；氨氮排放量为 11.5 万 t，占全行业排放量的 43.9%，是全行业排放量最大的行业；石油类污染物排放量为 4 920 t，占全行业石油类污染物排放量的 23.9%，是全行业排放量最大的行业；SO_2 排放量为 231 万 t，占全行业排放量的 12.2%。

4.1.4 行业发展趋势

“十三五”时期是我国石油化学工业转型升级、迈入制造强国的关键时期，行业发展面临的环境严峻复杂，有利条件和制约因素相互交织，增长潜力和下行压力并存。

从国际视角来看，世界经济复苏步伐艰难缓慢，国际金融危机冲击和深层次影响在相当长的时期依然存在，贸易保护主义升温。美国大规模开发页岩气、页岩油，伊朗重返国际原油市场，化石能源替代技术快速发展给国际油价回升带来较大的不确定性。中东、北美等低成本油气资源产地的石化公司陆续投产，全球石化产品市场重心进一步向东亚和南亚地区转移，部分石化产品市场竞争更加激烈。同时，随着“一带一路”建设的深入实施，为国内企业参与国际合作提供了新的机遇。

就国内情况而言，“十三五”是全面建成小康社会的决胜期，随着新型工业化、信息化、城镇化和农业现代化加快推进，特别是《中国制造 2025》、京津冀一体化、长江经济带等国家战略的全面实施，我国经济将继续保持中高速增长，这也为石化和化学工业提供了广阔的发展空间。战略性新兴产业和国防科技工业的发展，制造业新模式、新业态的涌现，人口老龄化加剧以及消费需求个性化、高端化转变，亟须绿色、安全、高性价比的高端石化化工产品。同时，我国经济发展正处于增速换挡、结构调整、动能转换的关键时期，石化和化学工业进入新的增长动力孕育和传统增长动力减弱并存的转型阶段，行业发展的安全环保压力和要素成本约束日益突出，供给侧结构性改革、提质增效、绿色可持续发展任务艰巨。

“十三五”期间，在稳步推进新型城镇化和消费升级等因素的拉动下，石化化工产品市场需求仍将保持较快增长。2019 年年末，常住人口城镇化率为 60.60%，比上年年末提高 1.02 个百分点；户籍人口城镇化率为 44.38%，比上年年末提高 1.01 个百分点。新型城镇化和消费升级将极大地拉动基础设施和配套建设投资，促进能源、建材、家电、食品、服装、车辆及日用品的需求增加，进而拉动石化化工产品需求持续增长。同时，2020 年我国已全面建成小康社会，2019 年年末全国居民人均可支配收入超过 3 万元。居民的消费习惯也从“温饱型”向“发展型”转变，对绿色、安全、高性价比的高端石化化工产品的需求增速将超过传统产业。

4.2　石油化学工艺过程污染物产排污节点

4.2.1　废水产排污节点

石油化学工业生产过程多种多样，按工艺过程分类，有原料、中间品、产品的储存；反应过程包括裂解、聚合、氧化、氨氧化、氧氯化、水解、醇解、羰基反应、酯化反应等；产品精制过程，包括精馏、萃取、重力或离心分离等。所产生的废水的种类有反应生成水（氧化反应），工艺物料洗涤水，工艺设备、管道清洗水，直接加热或作为反应介质的蒸气冷凝水，地面冲洗水和生产区域污染雨水等。表 4-1 是根据生产过程对废水污染源与污染物进行的统计。

表 4-1　石油化学工业废水污染来源及污染物

生产过程	污染来源	污染物质
烯烃生产及加工		
原油处理	原油洗涤	无机盐、油、水溶性烃类
	初馏	氨、酸、硫化氢、烃类、焦油
热裂解（包括蒸馏和净化）	裂解气及碱处理	硫化氢、硫醇、溶解性碳氢化合物、聚合物、废碱、重油和焦油
催化裂解	催化剂再生	废催化剂、碳氢化合物、一氧化碳、氮氧化物
脱硫	分离器	硫化氢、硫醇
卤素加成	氯化氢吸收	废碱液
卤素取代	洗涤塔	氯、氯化氢、废碱液、烃类、有机氯化物、油类
	脱氯化氢	稀盐水
聚乙烯生产	催化剂	铬、镍、钴、钼
环氧乙烷、乙二醇生产	生产废液	氯化钙、废石灰乳、烃类聚合物、环氧乙烷、乙二醇、有机氯化物
丙烯腈生产	生产废液、废水	氰化氢、未反应原料
聚苯乙烯生产		
乙烯烃化	—	焦油、盐酸、苛性钠
乙苯脱氢	催化剂	废催化剂（铁、镁、钾、钠、铬、锌）
	喷淋塔凝液	芳烃（苯乙烯、乙苯、甲苯）、焦油
苯乙烯精馏	釜液	重焦油
聚合	催化剂	废酸催化剂（磷酸）、三氯化铝
烃类生产及加工		
硝化	生产废液	醛类、酮类、酸类、烯烃、二氧化氮
异构化	废釜液	烃类、脂肪酸、芳香烃及其衍生物、焦油
羧化	冷却、骤冷	可溶性烃、醛类
炭黑生产	生产废液	炭黑
从碳氢化合物制醛、醇、酸、酮	蒸馏	丙酮、甲醇、乙醛、甲醛、高级醇、有机酸、烃类聚合物、烃类氯化物、甘油、氯化钠

生产过程	污染来源	污染物质
芳烃生产及加工		
催化重整	冷凝液	—
芳烃回收	水萃取液	催化剂（铂、钼）、芳烃、硫化氢、氨
	溶剂提纯	芳烃
硝化	—	溶剂、二氧化硫、二甘醇
磺化	废碱液	硫酸、硝酸、芳烃
氧化制酸和酸酐	釜底残液	废碱
氧化制苯酚、丙酮	倾析器	酸酐、芳烃、沥青、甲酸、烃类
丙烯腈、己二酸生产	生产废液	有机和无机氰化物
尼龙 66 生产	生产废料	己二酸、丁二酸、戊二酸、环己烷、己二胺、己二腈、丙酮、甲乙酮、环己烷氧化物
碳四馏分加工		
丁烷丁烯脱氢	骤冷水	焦油、烃类
丁烯萃取和净化	溶剂及碱洗	丙酮、油、碳四烃、苛性钠、硫酸
异丁烯萃取和净化	—	废酸、碱、碳四烃
丁二烯吸收	—	溶剂、油、碳四烃
丁二烯萃取蒸馏	—	溶剂、碳四烃
丁苯橡胶	生产废料	油、轻质烃、低分子聚合物
共聚橡胶	生产废料	丁二烯、苯乙烯胶浆、淤泥
公用工程		
公用工程	锅炉排液	总溶解固体、磷酸盐、鞣酸
	冷却系统排液	磷酸盐、铬酸盐
	水处理	氯化钙、氯化镁、硫酸盐、碳酸盐

4.2.2　废气产排污节点

石油化学工业大气污染物排放源包括燃烧源、工艺源和面源。燃烧源主要有工艺加热炉、裂解炉等烟气，主要污染物为二氧化硫、氮氧化物和颗粒物；工艺源包括氧化反应、氧氯化反应、氨氧化反应工艺尾气，固体颗粒物料输送尾气等，主要污染物为有机物；面源包括储罐呼吸排气、设备阀门泄漏、采样过程、序批式反应器的进料和出料及惰性气体保护过程、设备阀门检修过程、非正常工况等，主要污染物为挥发性有机物。

（1）工艺加热炉烟气

石油化学工业工艺加热炉和裂解炉的燃料一般选用天然气或裂解干气，燃烧烟气的污染物种类主要是二氧化硫、氮氧化物、颗粒物。

石油化学工业废气中有机污染物种类随着企业生产使用的原料、生产过程遵循的反应原理和产品种类变化，排放标准中选用非甲烷总烃和特征有机物为指标控制含有机污染物废气的排放。根据特征污染物对环境空气质量的影响选取特征有机污染物的种类。

（2）石油化学工艺废气

应接入有机废气回收或处理装置的有机废气：①空气氧化（氧氯化、氨氧化）反应器产生的含挥发性有机物的尾气；②序批式反应器原料装填过程、气相空间保护气置换过程、反应器升温过程和反应器清洗过程中排出的废气；③有机固体物料气体输送废气；④用于含挥发性有机物容器真空保持的真空泵排气；⑤非正常工况下，生产设备通过安全阀排出的含挥发性有机物的废气；⑥生产装置、设备开停工过程中未满足标准要求的废气。

每一个工艺废气排放口（包括工艺气体连续排放口），要求接入一种废气回收装置，或废气热焚烧装置，或废气催化焚烧装置，或火炬，以减少污染物的排放量。挥发性有机废气的净化方法可分为焚烧工艺和非焚烧工艺两类，其中焚烧工艺包括催化燃烧、热力燃烧和直接燃烧、蓄热燃烧等。非焚烧工艺包括吸收、吸附、冷凝等，或者是几个方法的组合，如冷凝-吸附、吸收-冷凝等。要根据气源的性质和废气的成分、污染物的性质、污染物浓度、生产的具体情况及净化要求、经济性等，选择一种经济可行的、可实现排放标准的净化方法。

综上所述，监测工艺废气，须在工艺废气回收或处理装置后设置监测点位。如非甲烷总烃类污染物要求计算去除效率的指标，则须在有机废气回收或处理装置前设置监测点位。

（3）有组织有机废气

在石油化学工业企业的有组织废气排污口中，有机废气回收或处理装置排放口排放的污染物为挥发性有机物、有机特征污染物，或含有卤代烃的气体。

废水处理有机废气收集装置排放口、其他有机废气处理排放口等，废气排放量均相对较小，属于其他排放口。

（4）无组织废气

由于石油化学工业产品种类、生产工艺众多，通过研究，基于生产设施要素，将石油化学工业（含各类化工企业、装置）挥发性有机物无组织废气排放情形解析为 9 种，可涵盖所有石油化学工业企业生产过程中挥发性有机物的排放，见表 4-2。

表 4-2 石油化学工业挥发性有机物无组织排放过程

序号	过程解析	排放形式
1	原料、产品装卸过程	无组织
2	原料、半成品、产品储存、调和过程	无组织
3	机泵、阀门、法兰等设备与管线组件密封点密封	无组织
4	生产过程（如氧化、干燥）等的尾气	无组织
5	废水和固体废物集输、储存、处理处置过程	无组织
6	生产装置非正常生产工况排放	无组织
7	热（冷）供给设施燃烧烟气	无组织
8	设备、管线检维修过程	无组织
9	采样过程	无组织

4.2.3 噪声产生环节

石油化学工业的噪声主要由排污单位各套机械设备在生产过程中产生。

石油化学生产企业，在正常情况下生产是昼夜连续的过程，设备连续运行，生产装置产生的噪声呈稳态、连续性，其噪声强度昼夜也无明显差别。

石油化学生产装置主要包括常减压，延迟焦化，蜡油加氢，催化裂化，柴油精制，航煤精制，重整抽提，异构化，制氢、乙烯-丙烯、聚丙烯、橡胶等装置。噪声源主要有各类风机、管道阀门及各种气体排放等产生的气体动力性噪声，电器设备的电磁噪声，工艺加热炉、火炬等产生的燃烧噪声，产品成型、包装、物料输送、机械加工及回转设备等产生的机械噪声。

噪声源产生的噪声频率范围较宽，既有调节阀、气体放空产生的高频噪声，又有电机-泵、空气冷却器风机、工艺加热炉、火炬燃烧产生的低频噪声。噪声源的声压级一般在 80～95 dB 的范围内，但火炬放空燃烧或未加控制的蒸气放空噪声亦可达 100～115 dB（表 4-3）。

表 4-3　主要生产装置的噪声排放情况

声源名称	声压级/dB
工艺加热炉	72～108
电机-泵	85～110
空气冷却器风机	90～109
通风机、鼓风机	90～120
气体压缩机	95～113
制冷压缩机	97～101
气体放空	90～120
冷冻机	90～96
曝气机	97～98
裂解炉	98
压力调节阀	96～103
管道	96～103
混炼机	93～98
挤压机	92～96
离心机	95
搅拌器	87

4.2.4　固体废物产生环节

石油化学工业生产中产生多种固体废物，这些固体废物大多属于危险废物，具有易燃、有毒、易反应的特点；其形态有固态、浆液状、液态等不同类型，主要产生于生产装置排出的废催化剂、废碱液、废有机溶剂等。石油化学企业固体废物排放源及性状见表 4-4。

表 4-4　石油化学企业固体废物产生情况

名称	主要来源	性状
酸渣	脂化反应、磺化反应、烷基化反应废催化剂等	多为黑色黏稠的半固体
碱渣	碱洗工序	多为棕色或乳白色或灰黑色的恶臭稀黏液
白土渣废分子筛	对二甲苯歧化的废白土吸附剂，制苯、苯乙烯白土塔、丁二烯精制用废分子筛，乙烯干燥剂等	黑褐色，含油或其他的半固体状物
废催化剂	合成加氢、脱氢、脱烷基等反应过程使用后失活的催化剂，如制顺丁橡胶、脱氢、制环氧乙烷、乙烯氧化、制苯加氢、制苯脱烷基等产生的	多数催化剂和分子筛为硅、铝氧化物，金属废催化剂为颗粒或球状，但多数附于载体之上，呈块状
废聚合物	废涤纶聚酯块、聚乙烯、聚丙烯粒料除尘器，造粒及包装过程落地料、废胶等	多数呈粒状，无规则块状或粉状
有机废液（渣）	导生炉产生的废导热油，聚醇精制塔底废乙二醇残渣，顺丁橡胶溶剂精制产生的丁二烯二聚物，苯酚氧化精馏产生的酚焦油，裂解碱洗塔产生的废黄油及焦油、泥焦等	多数为含多种有机物成分的液态状
罐底泥	各类油品储罐、污油罐、污水罐、中间原料罐的罐底沉积物，生产装置中各类容器清洗时的尾油和杂质	大部分为带油、杂质的黑色黏稠液
废水处理厂废渣	隔油池池底沉积的油泥	相对密度为 1.0～1.1、含水率为 99.0%～99.8%
	浮选时采用投加絮凝剂或气浮产生的浮渣	相对密度为 0.97～0.99，含水率为 99.1%～99.9%的糊状物
	生物处理时产生的剩余活性污泥	主要由细菌和菌胶团组成，结构松软，呈絮状，棕黄色，含水率为 99.0%～99.5%
	沉砂池泥沙	黏附油的泥沙，含水率为 97.0%～99.0%
锅炉废渣	燃煤锅炉产生的粉煤灰、烟灰等以及离子交换产生的废离子交换树脂	粉煤灰和烟灰呈灰状，废离子交换树脂呈颗粒状
检修废渣	生产装置检修时拆下的废保温材料、废钢材以及检修垃圾	—

4.3 石油化学工业污染治理技术

4.3.1 废水污染治理技术

石化工业企业废水处理单元分为装置区预处理工艺、污水处理厂预处理工艺、常用一级生化处理工艺、常用二级生化处理工艺、深度处理工艺及回用工艺。其中装置区常用预处理工艺主要包括破乳、除油、汽提、生物法、湿式氧化、中和、氧化、萃取、溶剂回收等；污水处理厂预处理工艺主要包括隔油、浮选、混凝沉淀、调节池（罐）等；常用一级生化处理工艺主要包括活性污泥法、序批式活性污泥法（SBR）、缺氧/好氧法（A/O）、氧化沟法、膜生物反应器（MBR）、曝气生物滤池（BAF）、生物接触氧化法、一体化微氧高浓缺氧/好氧法等；常用二级生化处理工艺主要包括曝气生物滤池（BAF）、生物接触氧化法等；深度处理工艺及回用工艺主要包括混凝、过滤、臭氧氧化以及超滤（UF）、反渗透（RO）等。

（1）橡胶胶乳废水处理

橡胶厂丁苯胶乳生产过程中产生的胶乳废水，采用投加铝盐、碱液、聚丙烯酰胺等药剂，使废水中的胶乳在絮凝槽中形成絮凝体，经溶气浮选，将含胶乳浮渣排至回收罐加硫酸混合、搅拌，再送至振动筛脱水后回收利用。经浮选脱胶乳的废水排至生化处理单元做进一步处理（图 4-21）。

（2）含油废水预处理

含油废水首先应就地设置除油设施以回收油品，即采用一种结构简单、占地面积小、高效节能、装置化、密闭化的除油设备，以减少处理厂的规模和基建投资。

含油废水的除油方法很多，设备类型也多种多样，需根据废水的水质水量、工艺条件和处理要求来决定，如重力分离（如平流隔油、斜板隔油、旋流除油等）是利用油水的密度差进行分离；过滤吸附是利用材料的拦截吸附作用去除水中的油；粗粒化是利用材料对油珠的聚结作用，使废水中的微小油珠结成大油珠，达到油水分离的目的。另外，也常见将上述多种技术组合而成的设备。

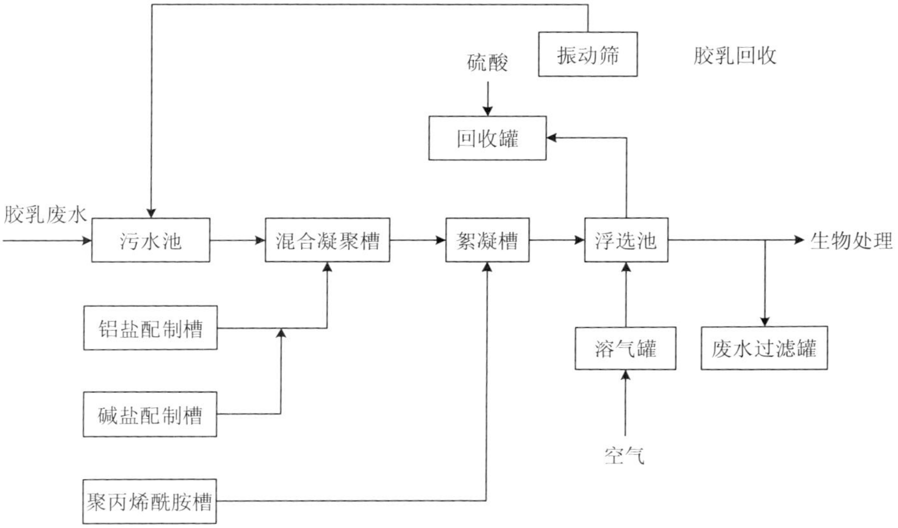

图 4-2　胶乳废水预处理流程

（3）含酚废水预处理

对于含酚量＞1 000 mg/L 的废水应在装置内先回收或进行预处理。石化厂的含酚废水是在生产苯酚及酚类化合物的过程中产生的，如苯酚装置、丙酮装置、间甲酚装置等。

主要对中和罐、烃塔收集器、精丙酮塔三种排水进行预处理。

萃取法处理含酚废水是使来自中和罐等三股含有大量苯酚、丙酮的废水，进入萃取塔（萃取剂为含有异丙苯的油类），萃取得到的油相返回工艺系统，水相进入丙酮回收塔进行精馏，精馏出的粗丙酮返回工艺系统。排出的废水与装置区的其他含酚废水混合，调节 pH 后经隔油池排至污水处理厂。精丙酮塔的排水也可以直接进入丙酮回收塔。

（4）精对苯二甲酸生产废水

精对苯二甲酸（PTA）废水由于 COD_{Cr} 浓度较高，且在流量、COD_{Cr}、pH 和固体物（TA 即对苯二甲酸）含量等方面的波动幅度均较大，曾被认为是一种处理难度较大的工业废水。鉴于该废水的特点，处理时首先必须具备充足的调节和均质容器；对于含量较高的 TA 应当进行回收处理，以降低 COD_{Cr}；各部分废水混合后，基本上呈酸性，应根据实际情况进行 pH 的调节和中和，这样才能保证后续处理装置的稳定运行。目前，该废水有两种类型的处理流程可供选用。然而不论采用哪种工艺流程，都必须有两级或两级以上的生物处理工艺才能保证达标排放。

根据废水的可生化性能，采用两段好氧的生化流程。两段具有各自的污泥回流系统，以充分发挥其各自的生物相功能。一段曝气负荷较高，具有较好的处理能力。二段曝气的负荷较低，微生物处于内源呼吸阶段，处理深度得到了保证，既达到了较高的去除率，又满足了较高的处理深度，而且可以在较低的原水 pH（≥4）条件下直接进入生化系统，不用再加碱调节，大大节省了碱的消耗。

（5）丙烯腈废水

通常丙烯腈废水经收集后首先进行硝化水解的碱化处理，再用酸调节 pH，然后进入曝气池降解废水中的有机物，达到排放浓度后排放。这种方法废水处理量大，成本较高。

近几年，采用了蒸发、浓缩焚烧等工艺组成的组合流程，使排放的废水量减少了一半。浓缩废液经焚烧处理，并回收其中的部分热量，而少部分废水再进入生化系统做进一步处理。

4.3.2 废气污染治理技术

石油化学工业的废气污染源与石油炼制工业大部分相似，二者均针对工艺加热炉烟气、工艺尾气、污水处理厂废气、挥发性有机液体装卸作业排气、挥发性有机液体储罐废气总结了治理技术。

（1）工艺加热炉烟气

石油化学企业有大量工艺加热炉，采用燃料气或重油作为燃料，排放的烟气

中含有 SO_x、NO_x、颗粒物和 VOCs 等污染物。SO_x 来源于燃料油或燃料气中的硫化物。NO_x 有三种类型：热力型、快速型和燃料型。颗粒物来自燃料中的无机元素，质量浓度很低，大多在 20 mg/m^3 以下。VOCs 源自燃料不完全燃烧。

加热炉通常使用清洁燃料和低氮燃烧技术控制烟气的 SO_2、NO_x 和颗粒物的排放。在使用上述减排技术后仍不达标时，也选用烟气钠碱法洗涤除尘脱硫和 SCR 脱硝。

（2）工艺尾气

石油化学企业根据生产产品的不同，工艺尾气千差万别，但主要的一类工艺尾气为挥发性有机物，以及粉尘类污染物。其中，挥发性有机物治理技术主要有冷凝法、焚烧法、催化燃烧、蓄热燃烧、吸附法、吸收法和生物滴滤法，其中冷凝法、吸附法、吸收法常组合应用于挥发性有机物的回收。除尘可行技术主要有布袋除尘器（可至 99%以上）、静电除尘器（可至 99%以上）、湿式静电除尘器（可至 99%以上）。

4.3.3　噪声污染治理技术

石油化学工业企业的主要降噪措施包括由振动、摩擦和撞击等引起的机械噪声，通常采取减振、隔声措施，如给设备加装减振垫、隔声罩等，也可将某些设备传动的硬件连接改为软件连接；车间内可采取吸声和隔声等降低噪声的措施；对于空气动力性噪声，通常采取安装消声器的措施。

4.3.4　固体废物污染治理技术

石油化学企业的固体废物一般具有某些工业原材料所具有的化学、物理特征，且较废水、废气容易收集、运输、加工处理，因而可以回收利用。首先应从减量入手，选择先进的工艺技术，减少废物的产生；其次是综合利用废物资源；然后是选用经济实用的技术处理不可回收利用的固体废物，如焚烧、安全填埋，避免固体废物的污染。

（1）酸渣的污染控制

①防治酸渣污染的最积极措施是从改革生产工艺着手，推进清洁生产，尽量做到不排或少排酸渣，如苯酚-丙酮装置和苯乙烯装置烃化单元用分子筛催化剂替代原三氧化铝催化剂后，既消除了含铝废渣，也消除了对设备的腐蚀。

②废物资源化。某石油化学厂产生的固体废物可以作为另一厂所需的有用物质，做到物尽其用，废气资源化。例如，废 PA 酸渣经离心脱水以后，可作其他工艺原料综合利用。

（2）碱渣的污染控制

由于乙烯生产能力不同，乙烯碱渣的产生量不同。一般生产能力 30 万 t/a 乙烯装置，其碱渣产生量在 6 000 t/a 左右，其中含硫化物 10%～12%。

各企业处理方法有所不同，现在较多地采用湿式氧化处理工艺。有些企业用“以废治废”的办法，即用乙二醇装置产生的二氧化碳废气，经压缩机压缩后送入废碱液反应塔，使有害的硫化物与二氧化碳反应生成纯碱，释放出的硫化氢气体放入火炬，所得纯碱可做加气混凝土原料。

（3）废催化剂的污染控制

一般废催化剂均含有用的重金属，可以送至生产厂家或有资格的回收厂家进行综合利用，回收其所含的有用的重金属，如废钯催化剂、废银催化剂，含钴、钼、镍的催化剂等。对于没有回收价值的废催化剂应进行无害化处理，目前可行的方法是安全填埋处理。

（4）废聚合物的污染控制

废聚合物（如造粒生产线及包装过程中的落地料、废胶等）经收集以后可以降级出售。有的废聚合物经粉碎（如将废聚酯块用块料粉碎机粉碎）后可供有关单位综合利用。

（5）有机废液（渣）的污染控制

大部分有机废液可以回收利用，如乙醇残渣、废道生液、酚焦油等。对不能回收其有用成分的一般可当作燃料使用，如废黄油、丁二烯二聚物、焦油等。

（6）污水处理厂废渣的污染控制

污水处理厂的废渣主要包括初次沉淀池的沉淀物，沉砂池的沉渣，隔油池和浮选池的油渣、浮渣以及生物处理产生的剩余活性污泥或生物膜。一般一座二级污水处理厂产生的污泥占总处理量的 0.3%～0.5%（体积分数），如进行深度处理，污泥量还可能增加 0.5～1.0 倍。污泥根据其性质不同，所采用的处理方式和流程也不同，但总体来说，由于污泥含水率高，所以污泥处理总是从浓缩及脱水开始。当污泥含水率达到 80%～85%后，再做进一步处理。

第5章　石油炼制工业自行监测方案的制定

立足排污单位自行监测在我国污染源监测管理制度中的定位，根据石油炼制行业发展概况和污染排放特征，我国发布了石油炼制工业排污单位自行监测技术指南及石化工业排污许可证申请与核发技术规范等相关标准规范，这些是石油炼制行业排污单位制定自行监测方案的依据。为了让标准规范的使用者更好地理解标准中规定的内容，本章重点围绕《排污单位自行监测技术指南　石油炼制工业》（HJ 880—2017）中的具体要求，一方面对其中部分要求的来源和考虑进行说明，另一方面对使用过程中需要注意的重点事项进行说明，以期为指南使用者提供更加详细的信息。

5.1　监测方案制定的依据

2017 年，环境保护部发布了《排污单位自行监测技术指南　总则》（HJ 819—2017）、《排污单位自行监测技术指南　火力发电及锅炉》（HJ 820—2017）、《排污单位自行监测技术指南　石油炼制工业》（HJ 880—2017）和《排污许可证申请与核发技术规范　石化工业》（HJ 853—2017），这些是石油炼制工业排污单位确定监测方案的重要依据。

根据自行监测技术指南体系设计思路，石油炼制工业排污单位主要是按照行业技术指南确定监测方案。行业技术指南中未做规定的，按《排污单位自行监测

技术指南　总则》（HJ 819—2017）进行明确。

另外，由于锅炉广泛分布在各类工业企业中，石油炼制工业排污单位也会有自备火力发电机组（厂）或工业锅炉，对于石油炼制工业排污单位的自备火力发电机组（厂）和工业锅炉，应按照《排污单位自行监测技术指南　火力发电及锅炉》（HJ 820—2017）确定监测方案。

5.2　废水排放监测

根据《国务院办公厅关于印发控制污染物排放许可制实施方案的通知》（国办发〔2016〕81 号）和《固定污染源排污许可分类管理名录（2019 年版）》的管理要求，原油加工及石油制品制造为重点管理行业。考虑到环境风险防控和重点行业的污染防治，石油炼制工业排污单位全部按照重点排污单位类型进行管理。排污单位在制定废水监测方案时，主要考虑排污单位废水排放方式、监测点位的设置、监测指标及监测频次等方面的内容。

5.2.1　监测点位及监测指标的确定

根据我国水污染物排放标准相关规定，污染物监控位置包括企业废水总排放口、车间或生产设施废水排放口两类。对于毒性较大、环境风险较高、仅是特定工序产生的重金属等污染物，监控位置在车间或生产设施废水排放口，这样可以避免其他废水混合后造成稀释排放，在污染物未得到有效治理的情况下实现浓度达标。其他多数工序都会产生的毒性相对较小、环境风险相对较低的污染物指标，监控位置多为企业废水总排放口。

综合考虑以上因素，石油炼制工业应在企业废水总排放口、车间或生产设施废水排放口、雨水外排口设置监测点位。监测指标主要参照《石油炼制工业污染物排放标准》（GB 31570—2015）并结合对国内炼油厂的实地调研制定。

《石油炼制工业污染物排放标准》（GB 31570—2015）中企业外排口主要控制

pH、悬浮物、化学需氧量、五日生化需氧量、氨氮、总氮、总磷、总有机碳、石油类、硫化物、挥发酚、总钒、苯、甲苯、邻二甲苯、间二甲苯、对二甲苯、乙苯、总氰化物共19项污染物指标。

5.2.2 最低监测频次的确定

根据《排污单位自行监测技术指南 石油炼制工业》（HJ 880—2017），石油炼制工业排污单位废水排放口各监测指标最低监测频次按表5-1执行。排污单位可根据管理要求或实际情况在表5-1的基础上提高监测频次。

表 5-1 废水排放监测指标最低监测频次

监测点位	监测指标	监测频次	
		直接排放	间接排放
废水总排放口	流量、化学需氧量、氨氮	自动监测	周
	石油类、pH、悬浮物、总氮、总磷、硫化物、挥发酚	周	月
	五日生化需氧量、总有机碳、总钒、苯、甲苯、邻二甲苯、间二甲苯、对二甲苯、乙苯、总氰化物	月	季度
延迟焦化装置冷焦水、切焦水废水排放口	苯并[a]芘	半年[a]	
常减压蒸馏装置电脱盐废水排放口[b]	总汞	月	
	烷基汞	半年[a]	
酸性水汽提装置废水排放口	总砷	月	
催化裂化装置烟气脱硫废水排放口 催化汽油吸附脱硫装置烟气脱硫废水排放口	总镍	月	
航空汽油调和车间废水排放口 四乙基铅生产装置废水排放口	总铅	月	
雨水排放口	pH、化学需氧量、氨氮、石油类、悬浮物	日[c]	

注：1. 设区的市级及以上环境保护主管部门明确要求安装自动监测设备的污染物指标，须采取自动监测。

2. 监测污染物浓度时应同步监测流量。

[a] 2020年1月1日起按月执行。

[b] 适用于加工含汞原油的情况。

[c] 排放期间按日监测。

废水监测频次的确定，首先根据环境保护部发布的《固定污染源排污许可分类管理名录（2019 年版）》中的相关要求，将所有石油炼制工业排污单位全部纳入重点排污单位管理；在此基础上，根据《排污单位自行监测技术指南　总则》（HJ 819—2017）中“3.2”及“5.3.3”中的重点排污单位废水排放监测的相关要求，同时考虑到废水排放去向的不同，按照直接排放和间接排放两种情况，分别确定排污单位废水监测指标的监测频次。

化学需氧量、氨氮为国家规定的主要污染物总量控制指标，自动监测技术较为成熟，因此，规定对废水总排放口直接排放的化学需氧量、氨氮进行自动监测。废水流量为污染物排放统计中的重要核算指标，规定对流量开展自动监测。对于间接排放的，采用手工监测，监测频次适当降低，规定为按周监测。

石油类、pH、悬浮物、硫化物、挥发酚 5 项指标为石油炼制工业的特征污染物，监测成本相对较低，而总磷、总氮是国家在加强排放管控力度的指标，因此，规定以上 7 项指标直接排放的最低监测频次为按周监测。对于间接排放的，监测频次适当降低，规定为按月监测。

对于五日生化需氧量、总有机碳、总钒、苯、甲苯、邻二甲苯、间二甲苯、对二甲苯、乙苯、总氰化物 10 项指标，均按照主要污染物进行管控，规定以上 10 项指标直接排放的最低监测频次为按月监测。对于间接排放的，监测频次适当降低，规定为按季度监测。

车间或生产设施处设置的监测指标按照《石油炼制工业污染物排放标准》（GB 31570—2015）中的规定，要求排污单位开展苯并[*a*]芘、总铅、总砷、总镍、总汞、烷基汞 6 项指标的自行监测。

对于苯并[*a*]芘指标，根据产排污分析，石油炼制工业生产装置中，仅延迟焦化装置在生产焦炭过程中由于冷焦水、切焦水与石油焦接触存在带出苯并[*a*]芘的可能。考虑到苯并[*a*]芘分析方法复杂，开展监测难度较大，对人体毒害大，因此规定监测频次为半年。

对于总汞与烷基汞这两项指标，根据产排污分析，石油炼制工业排污单位在加工含汞原油过程中，在常减压蒸馏装置排放的电脱盐废水中会产生这两类污染物；对于总铅指标，仅航空汽油生产环节会在航空汽油调和车间及四乙基铅生产装置废水排放中带出总铅污染物；酸性水汽提装置废水排放中会带出砷污染；催化裂化与催化汽油吸附脱硫这两套装置由于工艺废水与含镍催化剂接触，造成脱硫废水排放中可能带出污染物镍，因此按照主要监测指标统一规定为按月监测。考虑到烷基汞分析方法复杂，开展监测难度较大，对人体毒害大，因此规定监测频次为半年。

石油炼制工业排污单位雨水排放口选择 pH、化学需氧量、氨氮、石油类、悬浮物 5 项指标进行监测。其中，pH、化学需氧量、氨氮、悬浮物为综合性污染指标，石油类为行业特征污染指标。监测频次规定为在排放期间按日监测。

5.3 废气排放监测

废气排放监测分为有组织废气排放监测和无组织废气排放监测两类。

5.3.1 有组织废气排放监测

（1）监测点位及监测指标的确定

有组织废气监测点位主要分 10 类排放口。废气通过排气筒等方式排放至外环境的，应在烟道上设置监测点位；相同监测指标多股废气混合排放的，应在废气汇合后的共用烟道上或分别在各个烟道上设置监测点位；有旁路的旁路烟道也应设置监测点位；有机废气回收处理装置应分别在其废气进口及排放口设置监测点位。

其中，7 类排放口的监测指标主要参照《石油炼制工业污染物排放标准》（GB 31570—2015）中的规定，主要包括：工艺加热炉排气筒：颗粒物、二氧化硫、氮氧化物；催化裂化催化剂再生烟气排气筒：二氧化硫、氮氧化物、颗粒物、镍及其化合物；重整催化剂再生烟气排气筒：非甲烷总烃、氯化氢；酸性气回收装置排气筒：二氧化硫、硫酸雾、硫化氢（新增）、氮氧化物（新增）；氧化沥青装置排气筒：沥青烟、苯并[*a*]芘；废水处理有机废气收集处理装置排气筒：非甲烷总烃、苯、甲苯、二甲苯；有机废气回收处理装置进口及其排放口：非甲烷总烃。

另外，根据工艺分析，添加两类工艺排放口监测指标。离子液法烷基化装置催化剂再生烟气排气筒：非甲烷总烃、氯化氢；催化汽油吸附脱硫再生烟气排气筒：颗粒物、二氧化硫。

危险废物焚烧炉的监测指标则根据《危险废物焚烧污染控制标准》（GB 18484—2020）中规定的污染物指标确定，主要包括氮氧化物，颗粒物，二氧化硫，烟气黑度，一氧化碳，氟化氢，氯化氢，汞及其化合物，镉及其化合物，砷、镍及其化合物，铅及其化合物，铬、锡、锑、铜、锰及其化合物，二噁英类。

（2）最低监测频次的确定

根据《排污单位自行监测技术指南　石油炼制工业》（HJ 880—2017），石油炼制工业排污单位有组织废气排放监测指标最低监测频次按表 5-2 执行。

表 5-2　有组织废气排放监测指标最低监测频次

监测点位	监测指标	监测频次
工艺加热炉排气筒（单台额定功率≥14MW）	氮氧化物	自动监测
	二氧化硫、颗粒物	季度（月[a]）
工艺加热炉排气筒（单台额定功率＜14MW）	氮氧化物、二氧化硫、颗粒物	季度（月[a]）
催化裂化催化剂再生烟气排气筒	氮氧化物、二氧化硫、颗粒物	自动监测
	镍及其化合物	季度
重整催化剂再生烟气排气筒	非甲烷总烃	月
离子液法烷基化装置催化剂再生烟气排气筒	氯化氢	季度
催化汽油吸附脱硫再生烟气排气筒	颗粒物、二氧化硫	季度
酸性气回收装置排气筒	二氧化硫	自动监测
	硫化氢、氮氧化物[b]	月
	硫酸雾[c]	季度

监测点位	监测指标	监测频次
氧化沥青装置排气筒	沥青烟	季度
	苯并[a]芘	半年
废水处理有机废气收集处理装置排气筒	非甲烷总烃、硫化氢	月
	苯、甲苯、二甲苯	季度
有机废气回收处理装置进口及其排放口[d]	非甲烷总烃	月
危险废物焚烧炉排气筒[e]	氮氧化物，二氧化硫，颗粒物	自动监测
	烟气黑度，一氧化碳，氟化氢，氯化氢，汞及其化合物，镉及其化合物，砷、镍及其化合物，铅及其化合物，铬、锡、锑、铜、锰及其化合物	月
	二噁英类	年

注：1. 设区的市级及以上环境保护主管部门明确要求安装自动监测设备的污染物指标，须采取自动监测。

2. 废气监测须按照相应标准分析方法、技术规范同步监测烟气参数。

[a] 若燃料为净化后干气、瓦斯气、天然气，则按季度监测。若采用其他燃料，则在使用期间按月监测。

[b] 适用于采用氧化法控制尾气污染物的酸性气回收装置。

[c] 适用于酸性气回收装置生产硫酸的情况。

[d] 有机废气排放口排气中若含有颗粒物、二氧化硫或氮氧化物，须进行监测。

[e] 危险废物焚烧炉排气筒监测的其他要求按 GB 18484 执行。

石油炼制工业排污单位工艺加热炉的燃料为净化后的干气、瓦斯气或天然气，由于燃料类型为净化后的燃气，含硫含氮量低，排气中的颗粒物含量极低，规定监测频次为按季度监测。由于在炼油厂燃气不够的个别时段、个别工艺加热炉会向炉内添加其他燃料进行混合燃烧，因此规定在使用其他燃料期间提高监测频次为按月监测。同时，参照《排污许可证申请与核发技术规范　石化工业》（HJ 853—2017），规定对单台额定功率≥14MW 的工艺加热炉排气筒，进行氮氧化物自动监测。

催化裂化催化剂再生烟气排气筒为石油炼制工业排污单位的主要排放口，规定对其排放的二氧化硫、氮氧化物、颗粒物 3 类主要污染物进行自动监测。对于镍及其化合物，考虑到人工采样监测方法复杂，单独开展监测成本较高，规定监测频次为按季度监测。

酸性气回收装置排气筒为石油炼制工业排污单位的主要排放口，规定对其排放的主要污染物二氧化硫进行自动监测。该装置在生产硫酸的情况下会产生硫酸雾，规定在该装置生产硫酸时，对硫酸雾按季度监测。同时，参照《排污许可证申请与核发技术规范　石化工业》（HJ 853—2017），规定对硫化氢、氮氧化物这两项指标进行监测，规定监测频次为月。

对于非甲烷总烃，其作为石油炼制工业挥发性有机物排放的监测指标，是重整催化剂再生烟气、离子液法烷基化装置催化剂再生烟气、催化汽油吸附脱硫再生烟气、废水处理有机废气收集处理装置、有机废气回收处理装置排气筒排放的主要污染物，因此规定进行监测。其余监测指标除苯并[*a*]芘外，均规定按照季度进行监测。对于苯并[*a*]芘，鉴于采样监测方法复杂，成本较高，且排放量相对较低，因此规定最低监测频次为半年。

危险废物焚烧炉废气排放的监测指标中，烟尘、二氧化硫、氮氧化物作为许可总量控制指标，要求实施自动监测；考虑到自行监测的技术能力和经济成本，将二噁英类最低监测频次定为年，将其他监测指标最低监测频次定为半年。

5.3.2　无组织废气排放监测

对于无组织排放，非甲烷总烃、颗粒物、氯化氢、苯、甲苯、二甲苯、苯并[*a*]芘 7 项为《石油炼制工业污染物排放标准》（GB 31570—2015）中规定在企业边界监测的污染物。根据工艺分析，酸性水汽提装置、酸性气回收装置、污水处理厂等会产生无组织逸散的恶臭类气体。石油炼制工业无组织废气排放较重的污染源，无组织废气每季度至少开展一次监测，其他无组织废气排放的污染源每年至少开展一次监测。

对于无组织排放挥发性有机物的监测点位、指标、频次，本标准引用《石油炼制工业污染物排放标准》（GB 31570—2015）、《石化行业 VOCs 污染源排查工作指南》和《石化企业泄漏检测与修复工作指南》（环办〔2015〕104 号）中的内容进行规定，并参照美国国家环境保护局对挥发性有机物管控监测的相关内容，规定对设备与管线组件密封点泄漏情况进行检测。若同一密封点连续三个周期检测无泄漏情况，则检测周期可延长一倍，但在后续监测中该检测点位一旦检测出现泄漏情况，则监测频次按原规定执行。

根据《排污单位自行监测技术指南　石油炼制工业》（HJ 880—2017），石油炼制工业排污单位无组织废气排放监测指标最低监测频次按表 5-3 执行。

表 5-3　无组织废气监测指标最低监测频次

监测点位	监测指标	监测频次
企业边界	非甲烷总烃、颗粒物、氯化氢[a]、苯、甲苯、二甲苯、氨、硫化氢、臭气浓度	季度
	苯并[*a*]芘	年
泵、压缩机、阀门、开口阀或开口管线、气体/蒸汽泄压设备、取样连接系统	挥发性有机物	季度
法兰及其他连接件、其他密封设备	挥发性有机物	半年

注：1. 对于设备与管线组件密封点泄漏检测，若同一密封点连续三个周期检测无泄漏情况，则检测周期可延长一倍，但在后续监测中该检测点位一旦检测出现泄漏情况，则监测频次按原规定执行。

2. 根据环境影响评价文件及其批复，以及原料工艺等确定是否监测 GB 14554 中的其他恶臭污染物。

3. 挥发性有机物监测的其他要求按 HJ 733 及其他国家挥发性有机物管理规定执行。

[a] 适用于工艺装置中有连续重整装置或采用离子液法的烷基化装置的情况。

5.4　厂界环境噪声监测

厂界环境噪声监测点位设置应遵循《排污单位自行监测技术指南　总则》（HJ 819—2017）中的原则：根据厂内主要噪声源距厂界位置布点；根据厂界周围敏感目标布点；“厂中厂”是否需要监测根据内部和外围排污单位协商确定；面临海洋、大江、大河的厂界原则上不布点；厂界紧邻交通干线不布点；厂界紧邻另一排污单位的，在临近另一排污单位侧是否布点由排污单位协商确定。

对于石油炼制工业排污单位内的噪声源，主要考虑火炬、电机-泵、空气冷却器风机、压缩电机、风机等噪声源在厂区内的分布情况。若排污单位内还存在其他噪声源，则应一并考虑，同时根据不同噪声源的强度选择对周边居民影响最大的位置开展监测。

噪声监测指标主要根据《工业企业厂界环境噪声排放标准》（GB 12348—2008）的相关规定，将厂界噪声等效连续 A 声级 L_{eq} 设为监测指标，夜间监测时还应关注和记录最大声级 L_{max}。监测的目的主要是促进排污单位制定降噪措施，降低对周边居民的影响，因此周边有敏感点的，应提高监测频次。具体的监测频次可由周边居民、排污单位、管理部门共同协商确定。

5.5　周边环境质量影响监测

其他环境管理政策或环境影响评价文件及其批复[仅限 2015 年 1 月 1 日（含）后取得环境影响评价批复的排污单位] 有明确要求的，按要求执行。

无明确要求的，根据《石油炼制工业污染物排放标准》（GB 31570—2015）对周边环境敏感点环境空气监测做出规定，环境空气监测指标参照废气无组织排放的监测指标进行规定。对于监测频次，非甲烷总烃、颗粒物、氯化氢、苯、甲苯、二甲苯、氨、硫化氢、臭气浓度 9 项指标监测频次在厂界无组织排放监测频次的基础上，对周边环境质量影响监测至少半年一次，并规定每次要连续监测 3 天；苯并[*a*]芘按规定为每年监测一次。

参照《石油炼制工业污染物排放标准》（GB 31570—2015）及《建设项目竣工环境保护验收技术规范　石油炼制》（HJ/T 405—2007）中的相关指标以及对地表水、地下水、海水、土壤的监测要求对监测指标进行规定。根据《排污单位自行监测技术指南　总则》（HJ 819—2017）中的监测频次要求，规定地表水每季度监测一次（其中，苯并[*a*]芘每年一次），土壤、地下水每年监测一次，海水每半年监测一次。

企业或地方环境管理部门可根据需求，按照表 5-4 中的规定开展周边环境质量影响监测。

表 5-4 周边环境质量影响监测指标最低监测频次

类别	监测指标	监测频次
环境空气[a]	非甲烷总烃、颗粒物、氯化氢[b]、苯、甲苯、二甲苯、氨、硫化氢	半年
	苯并[a]芘	年
地表水	pH、化学需氧量、氨氮、石油类、悬浮物、总氮、总磷、硫化物、挥发酚、五日生化需氧量、总有机碳、总钒、苯、甲苯、邻二甲苯、间二甲苯、对二甲苯、乙苯、总氰化物、苯并[a]芘、总砷、总镍、总铅、总汞、烷基汞等	季度
地下水	pH、高锰酸盐指数、氨氮、石油类、总氮、总磷、硫化物、挥发酚、五日生化需氧量、总有机碳、总钒、苯、甲苯、邻二甲苯、间二甲苯、对二甲苯、乙苯、总氰化物、苯并[a]芘、总砷、总镍、总铅、总汞、烷基汞等	年
海水	pH、化学需氧量、氨氮、石油类、悬浮物、总氮、总磷、硫化物、挥发酚、五日生化需氧量、总有机碳、总钒、苯、甲苯、邻二甲苯、间二甲苯、对二甲苯、乙苯、总氰化物、苯并[a]芘、总砷、总镍、总铅、总汞、烷基汞等	半年
土壤	pH、硫化物、苯、甲苯、二甲苯、苯并[a]芘、总砷、总镍、总铅、总汞等	年

注：[a] 每次连测 3 天。

[b] 适用于工艺装置中有连续重整装置或采用离子液法的烷基化装置的情况。

5.6 其他要求

（1）《排污单位自行监测技术指南 石油炼制工业》（HJ 880—2017）中未规定的污染物指标

石油炼制工业排污单位所持的排污许可证中载明的其他污染物指标或其他环境管理明确要求管控的污染物指标，也应纳入自行监测范围。另外，对于除《排污单位自行监测技术指南 石油炼制工业》（HJ 880—2017）中所规定的典型工艺所涉及的污染物指标外，排污单位根据生产过程的原辅用料、生产工艺、中间及最终产品类型、监测结果确定实际排放的，在有毒有害或优先控制污染物相关名录中的污染物指标，或其他有毒污染物指标，也应纳入自行监测范围。这些纳入自行监测范围的污染物指标，应参照《排污单位自行监测技术指南　石油炼制工业》（HJ 880—2017）中表 1、表 2、表 3 以及《排污单位自行监测技术指南　总则》（HJ 819—2017）确定监测点位和监测频次。

（2）监测频次的确定

《排污单位自行监测技术指南　石油炼制工业》（HJ 880—2017）中的监测频次均为最低监测频次，排污单位在确保各指标的监测频次满足《排污单位自行监测技术指南　石油炼制工业》（HJ 880—2017）的基础上，可根据《排污单位自行监测技术指南　总则》（HJ 819—2017）中监测频次的确定原则提高监测频次。监测频次的确定原则为：不应低于国家或地方发布的标准、规范性文件、规划、环境影响评价文件及其批复等明确规定的监测频次；主要排放口的监测频次高于非主要排放口；主要监测指标的监测频次高于其他监测指标；排向敏感地区的应适当增加监测频次；排放状况波动大的，应适当增加监测频次；历史稳定达标状况较差的需增加监测频次，达标状况良好的可以适当降低监测频次；监测成本应与排污企业自身能力相符，尽量避免重复监测。

（3）其他要求

对于《排污单位自行监测技术指南　石油炼制工业》（HJ 880—2017）中未规定的内容，如内部监测点位设置及监测要求，采样方法、监测分析方法、监测质量保证与质量控制，监测方案的描述、变更等按照《排污单位自行监测技术指南　总则》（HJ 819—2017）执行。

5.7　监测方案示例

为了便于对本章中监测方案示例的正确掌握和应用，特别强调以下两点：

第一，本书的附录 6 中列出了可供参考的完整的监测方案模板示例。排污单位可根据示例和本单位实际情况，进行相应的调整完善，作为本单位的监测方案使用。本章中重点针对附录 6 中的监测点位、监测指标、监测频次、监测方法等内容给出示例。对于共性较大的描述性内容和质量控制等相关内容，在本章中不再进行列举，但并不意味着它们不重要。

第二，本书给出的排放限值仅用于示例，可能会存在与实际要求略有差异的情况，这与各地实际管理要求有关，也与案例企业的特殊情况有关，本书对此不做深入解释和说明。

示例 1：某石油炼制工业企业

（1）企业基本情况

某石油炼制企业，采用常减压蒸馏、催化裂化装置等工艺加工含汞原油，废水治理后排入工业净化水库，厂区配有燃煤锅炉，并有污水预处理装置除臭设施。

（2）自行监测方案

1）废水

针对常减压车间和催化裂化车间两个排放口、企业废水总排放口、雨水排放口等废水排放口设置监测方案，见表 5-5。

表 5-5 废水排放监测方案

排放口	监测指标	排放限值	技术手段	监测频次	分析方法
常减压蒸馏电脱盐废水排放口 1（DW001）	总汞	0.05 mg/L	手工	月	《水质 汞、砷、硒、铋和锑的测定 原子荧光法》（HJ 694—2014）
	烷基汞	不得检出	手工	半年	《水质 烷基汞的测定 气相色谱法》（GB/T 14204—93）
催化裂化烟气脱硝脱硫废水排放口 2（DW002）	总镍	1 mg/L	手工	月	《水质 镍的测定 火焰原子吸收分光光度法》（GB/T 11912—89）

排放口	监测指标	排放限值	技术手段	监测频次	分析方法
企业废水总排放口（DW003）	流量	—	自动监测	连续	《超声波明渠污水流量计技术要求及检测方法》（HJ 15—2019）
	化学需氧量	60 mg/L	自动监测	连续	《化学需氧量（COD_{Cr}）水质在线自动监测仪技术要求及检测方法》（HJ 377—2019）
	氨氮	8.0 mg/L	自动监测	连续	《氨氮水质在线自动监测仪技术要求及检测方法》（HJ 101—2019）
	石油类	5.0 mg/L	手工	周	《水质　石油类和动植物油类的测定　红外分光光度法》（HJ 637—2018）
	pH	6～9	手工	周	《水质　pH 值的测定　电极法》（HJ 1147—2020）
	悬浮物	70 mg/L	手工	周	《水质　悬浮物的测定　重量法》（GB 11901—1989）
	总氮	40 mg/L	手工	周	《水质　总氮的测定　碱性过硫酸钾消解紫外分光光度法》（HJ 636—2012）
	总磷	1.0 mg/L	手工	周	《水质　总磷的测定　钼酸铵分光光度法》（GB 11893—1989）
	硫化物	1.0 mg/L	手工	周	《水质　硫化物的测定　亚甲基蓝分光光度法》（GB/T 16489—1996）
	挥发酚	0.5 mg/L	手工	周	《水质　挥发酚的测定　4-氨基安替比林分光光度法》（HJ 503—2009）
	五日生化需氧量	20 mg/L	手工	月	《水质　五日生化需氧量（BOD_5）的测定　稀释与接种法》（HJ 505—2009）
	总有机碳	20 mg/L	手工	月	《水质　总有机碳的测定　燃烧氧化-非分散红外吸收法》（HJ 501—2009）
	总钒	1.0 mg/L	手工	月	《水质　钒的测定　石墨炉原子吸收分光光度法》（HJ 673—2013）
	苯	0.1 mg/L	手工	月	《水质　挥发性有机物的测定　吹扫捕集/气相色谱法》（HJ 686—2014）
	甲苯	0.1 mg/L	手工	月	《水质　挥发性有机物的测定　吹扫捕集/气相色谱法》（HJ 686—2014）
	邻二甲苯	0.4 mg/L	手工	月	
	间二甲苯	0.4 mg/L	手工	月	
	对二甲苯	0.4 mg/L	手工	月	
	乙苯	0.4 mg/L	手工	月	
	总氰化物	0.5 mg/L	手工	月	《水质　氰化物的测定　容量法和分光光度法》（HJ 484—2009）

排放口	监测指标	排放限值	技术手段	监测频次	分析方法
雨水排放口（DW004）	pH	6～9	手工	排放期间按日监测	《水质　pH 值的测定　电极法》（HJ 1147—2020）
	化学需氧量	60 mg/L	手工	排放期间按日监测	《水质　化学需氧量的测定　重铬酸盐法》（HJ 828—2017）
	氨氮	8.0 mg/L	手工	排放期间按日监测	《水质　氨氮的测定　气相分子吸收光谱法》（HJ/T 195—2005）
	石油类	5.0 mg/L	手工	排放期间按日监测	《水质　石油类和动植物油类的测定　红外分光光度法》（HJ 637—2018）
	悬浮物	70 mg/L	手工	排放期间按日监测	《水质　悬浮物的测定　重量法》（GB 11901—1989）

2）废气

针对常减压蒸馏、催化裂化装置废气等有组织排放源设计监测方案，见表 5-6。

表 5-6　有组织废气排放监测方案

污染源信息		监测点位	监测指标	排放限值	技术手段	监测频次	分析方法
排放口	排放源类型						
DA001	常减压蒸馏装置常压炉排气口	烟道	二氧化硫	100 mg/m^3	手工	季	《固定污染源废气　二氧化硫的测定　定电位电解法》（HJ 57—2017）
			氮氧化物	50 mg/m^3	手工	季	《固定污染源废气　氮氧化物的测定　定电位电解法》（HJ 693—2014）
			颗粒物	20 mg/m^3	手工	季	《固定污染源废气　低浓度颗粒物的测定　重量法》（HJ 836—2017）

污染源信息		监测点位	监测指标	排放限值	技术手段	监测频次	分析方法
排放口	排放源类型						
DA002	催化裂化催化剂再生烟气排气口	烟道	颗粒物	30 mg/m^3	自动监测	连续	《固定污染源烟气（SO_2、NO_x、颗粒物）排放连续监测系统技术要求及检测方法》（HJ 76—2017）
			氮氧化物	100 mg/m^3	自动监测	连续	
			二氧化硫	50 mg/m^3	自动监测	连续	
			镍及其化合物	0.3 mg/m^3	手工	季	《大气固定污染源　镍的测定　火焰原子吸收分光光度法》（HJ/T 63.1—2001）
DA003	燃煤锅炉（大于 14MW）	烟道	二氧化硫	50 mg/m^3	自动监测	连续	《固定污染源烟气（SO_2、NO_x、颗粒物）排放连续监测系统技术要求及检测方法》（HJ 76—2017）
			氮氧化物	100 mg/m^3	自动监测	连续	
			颗粒物	20 mg/m^3	自动监测	连续	
			汞及其化合物	0.03 mg/m^3	手工	月	《固定污染源废气　汞的测定　冷原子吸收分光光度法（暂行）》（HJ 543—2009）
			烟气黑度	1	手工	月	《固定污染源排放烟气黑度的测定　林格曼烟气黑度图法》（HJ/T 398—2007）
DA004	污水预处理除臭设施排气口	烟道	非甲烷总烃	120 mg/m^3	手工	月	《固定污染源废气　总烃、甲烷和非甲烷总烃的测定　气相色谱法》（HJ 38—2017）
			硫化氢	2.3 kg/h	手工	月	《空气质量　硫化氢、甲硫醇、甲硫醚和二甲二硫的测定　气相色谱法》（GB/T 14678—1993）
			苯	4 mg/m^3	手工	季	《固定污染源废气　挥发性有机物的测定　固相吸附-热脱附/气相色谱-质谱法》（HJ 734—2014）
			甲苯	15 mg/m^3	手工	季	
			二甲苯	20 mg/m^3	手工	季	

应分别在氨罐周边、厂界等设置无组织排放监测点位，具体见表 5-7。

表 5-7　无组织废气排放监测方案

监测点位	监测指标	排放限值	技术手段	监测频次	分析方法
氨罐周边	氨	—	手工	季	《环境空气和废气　氨的测定　纳氏试剂分光光度法》（HJ 533—2009）
厂界	非甲烷总烃	4.0 mg/m^3	手工	季	《环境空气　总烃、甲烷和非甲烷总烃的测定　直接进样-气相色谱法》（HJ 604—2017）
	颗粒物	1.0 mg/m^3	手工	季	《环境空气　总悬浮颗粒物的测定　重量法》（GB/T 15432—1995）
	氯化氢	0.2 mg/m^3	手工	季	《环境空气和废气　氯化氢的测定　离子色谱法》（HJ 549—2016）
厂界	苯	0.4 mg/m^3	手工	季	《环境空气　苯系物的测定　活性炭吸附/二硫化碳解吸-气相色谱法》（HJ 584—2010）
	甲苯	0.8 mg/m^3	手工	季	《环境空气　苯系物的测定　活性炭吸附/二硫化碳解吸-气相色谱法》（HJ 584—2010）
	二甲苯	0.8 mg/m^3	手工	季	《环境空气　苯系物的测定　活性炭吸附/二硫化碳解吸-气相色谱法》（HJ 584—2010）
	氨	—	手工	季	《环境空气和废气　氨的测定　纳氏试剂分光光度法》（HJ 533—2009）
	硫化氢	—	手工	季	《空气质量　硫化氢、甲硫醇、甲硫醚和二甲二硫的测定　气相色谱法》（GB/T 14678—1993）
	臭气浓度	—	手工	季	《空气质量　恶臭的测定　三点比较式臭袋法》（GB/T 14675—93）
	苯并[*a*]芘	0.000 008 mg/m^3	手工	年	《环境空气和废气　气相和颗粒物中多环芳烃的测定　气相色谱-质谱法》（HJ 646—2013）

3）厂界环境噪声

对工厂四周环境噪声开展监测，监测方案见表 5-8。

表 5-8　厂界环境噪声监测

监测点位	监测指标	排放限值	监测方式	监测频次	监测方法
炼油厂厂界	等效 A 声级/dB	上限：65（昼）；55（夜）	手工	季度	《工业企业厂界环境噪声排放标准》（GB 12348—2008）

4）周边环境质量影响

在排入的工业净化水库、地下水中设置监测点位，对周边环境质量影响状况开展监测，见表 5-9。

表 5-9　周边环境监测方案

监测点位	监测指标	监测方式	监测频次	监测方法
工业净化水库、地下水观测井	pH	手工	季度	《水质　pH 值的测定　电极法》（HJ 1147—2020）
	溶解性总固体	手工	季度	《生活饮用水标准检验方法　感官性状和物理指标》（GB/T 5750.4—2006）
	硫酸盐	手工	季度	《生活饮用水标准检验方法　无机非金属指标》（GB/T 5750.5—2006）
	氯化物	手工	季度	《生活饮用水标准检验方法　无机非金属指标》（GB/T 5750.5—2006）
	总硬度	手工	季度	《生活饮用水标准检验方法　感官性状和物理指标》（GB/T 5750.4—2006）
	氨氮	手工	季度	《生活饮用水标准检验方法　无机非金属指标》（GB/T 5750.5—2006）
	六价铬	手工	季度	《生活饮用水标准检验方法　金属指标》（GB/T 5750.6—2006）
	高锰酸盐指数	手工	季度	《水质　高锰酸盐指数的测定》（GB/T 11892—89）
	总氰化物	手工	季度	《生活饮用水标准检验方法　无机非金属指标》（GB/T 5750.5—2006）
	挥发酚	手工	季度	《生活饮用水标准检验方法　感官性状和物理指标》（GB/T 5750.4—2006）
厂区空气自动监测站	二氧化氮	自动	—	《环境空气气态污染物（SO_2、NO_2、O_3、CO）连续自动监测系统技术要求及检测方法》（HJ 654—2013）
	二氧化硫	自动	—	《环境空气气态污染物（SO_2、NO_2、O_3、CO）连续自动监测系统技术要求及检测方法》（HJ 654—2013）
	PM_{10}	自动	—	《环境空气颗粒物（PM_{10} 和 $PM_{2.5}$）连续自动监测系统技术要求及检测方法》（HJ 653—2013）
	$PM_{2.5}$	自动	—	《环境空气颗粒物（PM_{10} 和 $PM_{2.5}$）连续自动监测系统技术要求及检测方法》（HJ 653—2013）
	臭氧	自动	—	《环境空气气态污染物（SO_2、NO_2、O_3、CO）连续自动监测系统技术要求及检测方法》（HJ 654—2013）
	一氧化碳	自动	—	《环境空气气态污染物（SO_2、NO_2、O_3、CO）连续自动监测系统技术要求及检测方法》（HJ 654—2013）

示例 2：某石油炼制工业企业

（1）企业基本情况

某石油炼制企业，采用常减压蒸馏、重催烟气脱硫、催化裂化装置、延迟焦化、电脱盐污水处理装置、酸性水汽提等工艺加工原油。

（2）自行监测方案

1）监测依据

①《固定源废气监测技术规范》（HJ/T 397—2007）

②《污水监测技术规范》（HJ 91.1—2019）

③《石油炼制工业污染物排放标准》（GB 31570—2015）

④《火电厂大气污染物排放标准》（GB 13223—2011）

⑤《排污单位自行监测技术指南　火力发电及锅炉》（HJ 820—2017）

⑥《排污单位自行监测技术指南　石油炼制工业》（HJ 880—2017）

⑦《排污许可证申请与核发技术规范　石化工业》（HJ 853—2017）

2）监测方法标准依据

①废水：废水分析方法，详见表 5-10。

表 5-10　水质监测分析方法一览

序号	项目	方法标准	仪器设备
1	pH	《水质　pH 值的测定　电极法》（HJ 1147—2020）	pH 计
2	总铅	《水质　铜、锌、铅、镉的测定　原子吸收分光光度法》（GB 7475—87）	原子吸收光谱仪
3	总镉	《水质　铜、锌、铅、镉的测定　原子吸收分光光度法》（GB 7475—87）	原子吸收光谱仪
4	总砷	《水质　汞、砷、硒、铋和锑的测定　原子荧光法》（HJ 694—2014）	原子荧光光度计
5	总镍	《水质　镍的测定　火焰原子吸收分光光度法》（GB/T 11912—89）	原子吸收光谱仪
6	总汞	《水质　总汞的测定　冷原子吸收分光光度法》（HJ 597—2011）	全自动测汞仪

序号	项目	方法标准	仪器设备
7	总铬	《水质　总铬的测定　火焰原子吸收分光光度法》（HJ 757—2015）	原子吸收光谱仪
8	六价铬	《水质　六价铬的测定　二苯碳酰二肼分光光度法》（GB 7467—87）	分光光度计
9	苯并[*a*]芘	《水质　多环芳烃的测定　液液萃取和固相萃取高效液相色谱法》（HJ 478—2009）	高效液相色谱仪

②废气：废气分析方法，详见表 5-11

表 5-11　废气监测分析方法一览

序号	项目	方法标准	仪器设备
1	二氧化硫	《固定污染源废气　二氧化硫的测定　非分散红外吸收法》（HJ 629—2011）	红外烟气分析仪
		《固定污染源废气　二氧化硫的测定　定电位电解法》（HJ 57—2017）	多功能烟气分析仪
2	氮氧化物	《固定污染源废气　氮氧化物的测定　非分散红外吸收法》（HJ 692—2014）	红外烟气分析仪
		《固定污染源废气　氮氧化物的测定　定电位电解法》（HJ 693—2014）	多功能烟气分析仪
3	颗粒物	《固定污染源排气中颗粒物测定与气态污染物采样方法》（GB/T 16157—1996）	自动烟尘（气）测试仪
		《固定污染源废气　低浓度颗粒物的测定　重量法》（HJ 836—2017）	
4	非甲烷总烃	《固定污染源废气　总烃、甲烷和非甲烷总烃的测定　气相色谱法》（HJ 38—2017）	气相色谱仪
5	镍及其化合物	《大气固定污染源　镍的测定　火焰原子吸收分光光度法》（HJ/T 63.1—2001）	原子吸收光谱仪

3）监测点位、监测项目、执行标准及监测频次

①废水监测点位、监测项目、执行标准及监测频次，见表 5-12。

表 5-12 废水监测点位、监测项目、执行标准及监测频次

序号	单位	装置名称	排放口名称	监测项目	监测频次	执行标准	限值/（mg/L）	监测方式
1	炼油厂	120 万 t/a 重催烟气脱硫	工业污水排放口	总镍	月	《石油炼制工业污染物排放标准》（GB 31570—2015）	1.0	手工
2		300 万 t/a 重催烟气脱硫	工业污水排放口	总镍	月		1.0	手工
3		延迟焦化	工业污水排放口	苯并芘	半年		0.000 03	手工
4		电脱盐污水处理装置	工业污水排放口	总汞	月		0.05	手工
				烷基汞	半年		不得检出	手工
5		110 t/h 酸性水汽提	工业污水排放口	总砷	月		0.5	手工
6		120 t/h 酸性水汽提	工业污水排放口	总砷	月		0.5	手工
7	油气储运厂	调和车间	废水排放口	总铅	月		1.0	手工
8	动力厂	除盐水装置	中和池出口	pH	月		6～9	手工

②废气监测点位、监测项目、执行标准及监测频次，见表 5-13。

表 5-13 废气监测点位、监测项目、执行标准及监测频次

序号	单位	装置名称	排放口名称	监测项目	监测频次	执行标准	限值/（mg/m^3）	监测方式
1	炼油厂	500 万 t/a 常减压	常压炉	二氧化硫	季	《石油炼制工业污染物排放标准》（GB 31570—2015）	50	手工
				氮氧化物	季		100	
				颗粒物	季		20	
2		500 万 t/a 常减压	减压炉	二氧化硫	季		50	手工
				氮氧化物	季		100	
				颗粒物	季		20	
3		550 万 t/a 常减压	联合烟道	二氧化硫	季		50	手工
				氮氧化物	季		100	
				颗粒物	季		20	
4		180 万 t/a 汽油加氢	加热炉	二氧化硫	季		50	手工
				氮氧化物	季		100	
				颗粒物	季		20	

序号	单位	装置名称	排放口名称	监测项目	监测频次	执行标准	限值/（mg/m³）	监测方式
5	炼油厂	180 万 t/a 汽油加氢	400 单元	二氧化硫	季	《石油炼制污染物排放标准》（GB 31570—2015）	50	手工
				氮氧化物	季		100	
				颗粒物	季		20	
6		5 万 m³/h 制氢	转化炉	二氧化硫	季		50	手工
				氮氧化物	季		100	
				颗粒物	季		20	
7		120 万 t/a 延迟焦化	加热炉	二氧化硫	季		50	手工
				氮氧化物	季		100	
				颗粒物	季		20	
8		二套溶剂精制（23 单元）	加热炉	二氧化硫	季		50	手工
				氮氧化物	季		100	
				颗粒物	季		20	
9		三套溶剂精制（26 单元）	加热炉 1	二氧化硫	季		50	手工
				氮氧化物	季		100	
				颗粒物	季		20	
10		三套溶剂精制（26 单元）	加热炉 2	二氧化硫	季		50	手工
				氮氧化物	季		100	
				颗粒物	季		20	
11		白土精制（27 单元）	加热炉	二氧化硫	季		50	手工
				氮氧化物	季		100	
				颗粒物	季		20	
12		一套溶剂脱蜡（24 单元）	加热炉	二氧化硫	季		50	手工
				氮氧化物	季		100	
				颗粒物	季		20	
13		一套溶剂精制（22 单元）	加热炉	二氧化硫	季		50	手工
				氮氧化物	季		100	
				颗粒物	季		20	
14		60 万 t/a 航煤加氢	加热炉	二氧化硫	季		50	手工
				氮氧化物	季		100	
				颗粒物	季		20	
15		连续重整	中炉	二氧化硫	季		50	手工
				氮氧化物	季		100	
				颗粒物	季		20	
16		连续重整	南炉	二氧化硫	季		50	手工
				氮氧化物	季		100	
				颗粒物	季		20	

序号	单位	装置名称	排放口名称	监测项目	监测频次	执行标准	限值/（mg/m^3）	监测方式
17	炼油厂	连续重整	北炉	二氧化硫	季	《石油炼制工业污染物排放标准》（GB 31570—2015）	50	手工
				氮氧化物	季		100	
				颗粒物	季		20	
18		连续重整	再生烟气	氯化氢	季		10	手工
				非甲烷总烃	月		30	
19		300 万 t/a 柴油加氢	加热炉	二氧化硫	季		50	手工
				氮氧化物	季		100	
				颗粒物	季		20	
20		第二套航煤加氢	加热炉	二氧化硫	季		50	手工
				氮氧化物	季		100	
				颗粒物	季		20	
21		120 万 t/a 柴油加氢	联合烟道	二氧化硫	季		50	手工
				氮氧化物	季		100	
				颗粒物	季		20	
22		润滑油加氢补充精制（20 单元）	加热炉-101	二氧化硫	季		50	手工
				氮氧化物	季		100	
				颗粒物	季		20	
23		300 万 t/a 烟气脱硫	脱硫塔出口	二氧化硫	实时监测		50	自动监测
				氮氧化物			100	
				颗粒物			20	
				镍及其化合物	季		0.3	手工
24		120 万 t/a 烟气脱硫	脱硫塔出口	二氧化硫	实时监测		50	自动监测
				氮氧化物			100	
				颗粒物			30	
				镍及其化合物	季		0.3	手工
25		第一套 3 万 t/a 硫黄回收	焚烧炉	二氧化硫	季		400	手工
26		第二套 3 万 t/a 硫黄回收	焚烧炉	二氧化硫	季		400	手工

序号	单位	装置名称	排放口名称	监测项目	监测频次	执行标准	限值/（mg/m³）	监测方式
27	动力厂	锅炉装置	1#锅炉	二氧化硫	季	《火电厂大气污染物排放标准》（GB 13223—2011）	100	手工
				氮氧化物	季		200	
				颗粒物	季		10	
				林格曼黑度	季		1 级	
28		锅炉装置	2#/3#锅炉	二氧化硫	季		100	手工
				氮氧化物	季		200	
				颗粒物	季		10	
				林格曼黑度	季		1 级	

示例 3：某石油炼制工业企业

（1）企业基本情况

某石油炼制企业，采用加氢裂化加热炉、制氢加热炉、常减压装置、催化裂化装置、重整加热炉等工艺加工原油。

（2）自行监测方案

1）监测依据

①《固定源废气监测技术规范》（HJ/T 397—2007）

②《污水监测技术规范》（HJ 91.1—2019）

③《石油炼制工业污染物排放标准》（GB 31570—2015）

④《火电厂大气污染物排放标准》（GB 13223—2011）

⑤《排污单位自行监测技术指南　火力发电及锅炉》（HJ 820—2017）

⑥《排污单位自行监测技术指南　石油炼制工业》（HJ 880—2017）

⑦《排污许可证申请与核发技术规范　石化工业》（HJ 853—2017）

2）监测方法标准依据

①废水：废水分析方法，详见表 5-14。

表 5-14 水质监测分析方法一览

序号	项目	方法标准	仪器设备
1	pH	《水质 pH 值的测定 电极法》（HJ 1147—2020）	pH 计
2	总铅	《水质 铜、锌、铅、镉的测定 原子吸收分光光度法》（GB 7475—87）	原子吸收光谱仪
3	总镉	《水质 铜、锌、铅、镉的测定 原子吸收分光光度法》（GB 7475—87）	原子吸收光谱仪
4	总砷	《水质 汞、砷、硒、铋和锑的测定 原子荧光法》（HJ 694—2014）	原子荧光光度计
5	总镍	《水质 镍的测定 火焰原子吸收分光光度法》（GB/T 11912—89）	原子吸收光谱仪
6	总汞	《水质 总汞的测定 冷原子吸收分光光度法》（HJ 597—2011）	全自动测汞仪
7	总铬	《水质 总铬的测定 火焰原子吸收分光光度法》（HJ 757—2015）	原子吸收光谱仪
8	六价铬	《水质 六价铬的测定 二苯碳酰二肼分光光度法》（GB 7467—87）	分光光度计
9	苯并[a]芘	《水质 多环芳烃的测定 液液萃取和固相萃取高效液相色谱法》（HJ 478—2009）	高效液相色谱仪
10	烷基汞	《水质 烷基汞的测定 气相色谱法》（GB/T 14204—93）	气相色谱仪
11	氨氮	《水质 氨氮的测定 流动注射-水杨酸分光光度法》（HJ 666—2013）	流动注射仪
12	五日生化需氧量	《水质 五日生化需氧量（BOD_5）的测定 稀释与接种法》（HJ 505—2009）	—
13	间二甲苯	《水质 苯系物的测定 顶空/气相色谱法》（HJ 1067—2019）	气相色谱仪
14	悬浮物	《水质 悬浮物的测定 重量法》（GB 11901—1989）	电子天平
15	乙苯	《水质 苯系物的测定 顶空/气相色谱法》（HJ 1067—2019）	气相色谱仪
16	硫化物	《水质 硫化物的测定 气相分子吸收光谱法》（HJ/T 200—2005）	气相分子吸收光谱
17	总钒	《水质 钒的测定 石墨炉原子吸收分光光度法》（HJ 673—2013）	原子吸收光谱仪
18	化学需氧量	《水质 化学需氧量的测定 快速消解分光光度法》（HJ/T 399—2007）	分光光度计
19	总氰化物	《水质 氰化物的测定 容量法和分光光度法》（HJ 484—2009）	分光光度计

序号	项目	方法标准	仪器设备
20	苯	《水质　苯系物的测定　顶空/气相色谱法》（HJ 1067—2019）	气相色谱仪
21	总磷	《水质　磷酸盐和总磷的测定　连续流动-钼酸铵分光光度法》（HJ 670—2013）	分光光度计
22	邻二甲苯	《水质　苯系物的测定　顶空/气相色谱法》（HJ 1067—2019）	气相色谱仪
23	总有机碳	《水质总有机碳的测定　燃烧氧化-非分散红外吸收法》（HJ 501—2009）	非分散红外吸收 TOC 分析仪
24	甲苯	《水质　苯系物的测定　顶空/气相色谱法》（HJ 1067—2019）	气相色谱仪
25	挥发酚	《水质　挥发酚的测定　4-氨基安替比林分光光度法》（HJ 503—2009）	分光光度计
26	总氮	《水质　总氮的测定　碱性过硫酸钾消解紫外分光光度法》（HJ 636—2012）	分光光度计
27	对二甲苯	《水质　苯系物的测定　顶空/气相色谱法》（HJ 1067—2019）	气相色谱仪
28	石油类	《水质　石油类和动植物油类的测定　红外分光光度法》（HJ 637—2018）	红外分光光度计

②废气：废气分析方法，详见表 5-15。

表 5-15　废气监测分析方法一览

序号	项目	方法标准	仪器设备
1	二氧化硫	《固定污染源废气　二氧化硫的测定　非分散红外吸收法》（HJ 629—2011）	红外烟气分析仪
		《固定污染源废气　二氧化硫的测定　定电位电解法》（HJ 57—2017）	多功能烟气分析仪
2	氮氧化物	《固定污染源废气　氮氧化物的测定　非分散红外吸收法》（HJ 692—2014）	红外烟气分析仪
		《固定污染源废气　氮氧化物的测定　定电位电解法》（HJ 693—2014）	多功能烟气分析仪

序号	项目	方法标准	仪器设备
3	颗粒物	《固定污染源排气中颗粒物测定与气态污染物采样方法》（GB/T 16157—1996）	自动烟尘（气）测试仪
		《固定污染源废气 低浓度颗粒物的测定 重量法》（HJ 836—2017）	
4	非甲烷总烃	《固定污染源废气 总烃、甲烷和非甲烷总烃的测定 气相色谱法》（HJ 38—2017）	气相色谱仪
5	镍及其化合物	《大气固定污染源 镍的测定 火焰原子吸收分光光度法》（HJ/T 63.1—2001）	原子吸收光谱仪
6	苯	《环境空气 苯系物的测定 活性炭吸附/二硫化碳解吸-气相色谱法》（HJ 584—2010）	气相色谱仪
7	甲苯	《环境空气 苯系物的测定 活性炭吸附/二硫化碳解吸-气相色谱法》（HJ 584—2010）	气相色谱仪
8	二甲苯	《环境空气 苯系物的测定 活性炭吸附/二硫化碳解吸-气相色谱法》（HJ 584—2010）	气相色谱仪
9	苯并[a]芘	《环境空气 苯并[a]芘的测定 高效液相色谱法》（HJ 956—2018）	高效液相色谱仪
10	氯化氢	《环境空气和废气 氯化氢的测定 离子色谱法》（HJ 549—2016）	离子色谱仪

3）监测点位、监测项目、执行标准及监测频次

①废水监测点位、监测项目、执行标准及监测频次，见表 5-16。

表 5-16 废水监测点位、监测项目、执行标准及监测频次

序号	排放口名称	监测项目	监测频次	执行标准	限值/（mg/L）	监测方式
1	酸性水汽提装置废水排放口	总砷	月	《石油炼制工业污染物排放标准》（GB 31570—2015）	0.5	手工
2	催化裂化装置烟气脱硫废水排放口	总镍	月		1.0	手工
3	常减压蒸馏装置电脱盐废水排放口	总汞	月		0.05	手工
		烷基汞	半年		不得检出	手工
4	延迟焦化装置冷焦水、切焦水废水排放口	苯并[*a*]芘	半年		0.000 03	手工

序号	排放口名称	监测项目	监测频次	执行标准	限值/（mg/L）	监测方式
5	废水总排放口	氨氮	6 h	《石油炼制工业污染物排放标准》（GB 31570—2015）	8.0	手工
		五日生化需氧量	月		20	手工
		pH	月		6～9	手工
		间二甲苯	月		0.4	手工
		悬浮物	周		70	手工
		pH	周		6～9	手工
		乙苯	月		0.4	手工
		硫化物	周		1.0	手工
		总钒	月		1.0	手工
		化学需氧量	6 h		60	手工
		总氰化物	月		0.5	手工
		苯	月		0.1	手工
		总磷	周		1.0	手工
		邻二甲苯	月		0.4	手工
		总有机碳	月		20	手工
		甲苯	月		0.1	手工
		挥发酚	周		0.5	手工
		总氮	周		40	手工
		对二甲苯	月		0.4	手工
		石油类	周		5.0	手工

②废气监测点位、监测项目、执行标准及监测频次，见表 5-17。

表 5-17　废气监测点位、监测项目、执行标准及监测频次

序号	排放口名称	监测项目	监测频次	执行标准	限值/（mg/m^3）	监测方式
1	加氢裂化加热炉排放口	二氧化硫	6 h	《石油炼制工业污染物排放标准》（GB 31570—2015）	50	手工
		氮氧化物	6 h		100	
		颗粒物	6 h		20	
2	制氢加热炉排放口	二氧化硫	6 h		50	手工
		氮氧化物	6 h		100	
		颗粒物	6 h		20	

序号	排放口名称	监测项目	监测频次	执行标准	限值/（mg/m³）	监测方式
3	汽油加氢排放口	二氧化硫	6 h	《石油炼制工业污染物排放标准》（GB 31570—2015）	50	手工
		氮氧化物	6 h		100	
		颗粒物	6 h		20	
4	催化裂化烟气脱硫出口	镍及其化合物	季		0.3	手工
		二氧化硫	6 h		50	
		氮氧化物	6 h		100	
		颗粒物	6 h		20	
5	常压加热炉排放口	二氧化硫	6 h		50	手工
		氮氧化物	6 h		100	
		颗粒物	6 h		20	
6	减压加热炉排放口	二氧化硫	6 h		50	手工
		氮氧化物	6 h		100	
		颗粒物	6 h		20	
7	重整加热炉排放口（四合一加热炉、圆筒加热炉）	二氧化硫	6 h		50	手工
		氮氧化物	6 h		100	
		颗粒物	6 h		20	
		非甲烷总烃	月		30	
		氯化氢	季		10	
8	焦化加热炉排放口	二氧化硫	6 h		50	手工
		氮氧化物	6 h		100	
		颗粒物	6 h		20	
9	汽柴油加氢加热炉排放口	二氧化硫	6 h		50	手工
		氮氧化物	6 h		100	
		颗粒物	6 h		20	
10	硫黄回收尾气排放口	二氧化硫	6 h		50	手工
		氮氧化物	6 h		100	
		颗粒物	6 h		20	
11	污水处理场废气治理设施排放口	非甲烷总烃	月		120	手工
		苯	月		4	
		甲苯	月		15	
		二甲苯	月		20	
12	厂界	苯并[*a*]芘	年		0.000 008	手工
		二甲苯	季		0.8	
		颗粒物	季		1.0	
		苯	季		0.4	手工
		甲苯	季		0.8	手工
		非甲烷总烃	季		4.0	手工
		氯化氢	季		0.2	手工

第 6 章　石油化学工业自行监测方案的制定

立足排污单位自行监测在我国污染源监测管理制度中的定位，根据石油化学行业发展概况和污染物排放特征，我国发布了石油化学工业排污单位自行监测技术指南及石化工业排污许可证申请与核发技术规范等相关标准规范，这些是石油化学行业排污单位制定自行监测方案的依据。为了让标准规范的使用者更好地理解标准中规定的内容，本章重点围绕《排污单位自行监测技术指南　石油化学工业》（HJ 947—2017）中的具体要求，一方面对其中部分要求的来源和考虑进行说明，另一方面对使用过程中需要注意的重点事项进行说明，以期为指南使用者提供更加详细的信息。

6.1　监测方案制定的依据

2017—2018 年，环境保护部先后发布了《排污单位自行监测技术指南　总则》（HJ 819—2017）、《排污单位自行监测技术指南　火力发电及锅炉》（HJ 820—2017）、《排污单位自行监测技术指南　石油化学工业》（HJ 947—2018），这些是石油化学工业排污单位确定监测方案的重要依据。

根据自行监测技术指南体系设计思路，石油化学工业排污单位主要是按照行业技术指南确定监测方案。行业技术指南中未做规定，但《排污单位自行监测技术指南　总则》（HJ 819—2017）中进行了明确规定的内容，也应执行。

另外，由于锅炉广泛分布在各类工业企业中，石油化学工业排污单位中也会有自备火力发电机组（厂）或工业锅炉。对于石油化学工业排污单位中的自备火力发电机组（厂）和工业锅炉，应按照《排污单位自行监测技术指南 火力发电及锅炉》（HJ 820—2017）确定监测方案。

6.2 废水排放监测

根据《国务院办公厅关于印发控制污染物排放许可制实施方案的通知》（国办发〔2016〕81 号）和《固定污染源排污许可分类管理名录（2019 年版）》的管理要求，考虑到环境风险防控和重点行业的污染防治，石油化学工业排污单位全部按照重点排污单位类型进行管理。排污单位在制定废水监测方案时，主要考虑排污单位废水排放方式、监测点位的设置、监测指标及监测频次等方面的内容。

6.2.1 监测点位及监测指标的确定

根据我国水污染物排放标准相关规定，污染物监控位置包括企业废水总排放口、车间或生产设施废水排放口两类。对于毒性较大、环境风险较高、仅是特定工序产生的重金属等污染物，监控位置在车间或生产设施废水排放口，这样可以避免其他废水混合后造成稀释排放，在污染物未得到有效治理的情况下实现浓度达标。其他多数工序都会产生、毒性相对较小、环境风险相对较低的污染物指标，监控位置多为企业废水总排放口。

综合考虑以上因素，石油化学工业排污单位应在企业废水总排放口、车间或生产设施废水排放口、雨水排放口设置监测点位。监测指标主要参照《石油化学工业污染物排放标准》（GB 31571—2015）、《合成树脂工业污染物排放标准》（GB 31572—2015），并结合对国内石油化学企业实地调研制定。

《石油化学工业污染物排放标准》（GB 31571—2015）中企业废水总排放口主要控制 pH、悬浮物、化学需氧量、五日生化需氧量、氨氮、总氮、总磷、石油类、硫化物、挥发酚、总氰化物、总有机碳、氟化物、总钒、总铜、总锌、可吸附有机卤化物及废水有机特征污染物等 17+X 项污染物指标；《合成树脂工业污染物排放标准》（GB 31572—2015）中企业废水总排放口主要控制 pH、悬浮物、化学需氧量、五日生化需氧量、氨氮、总氮、总磷、总有机碳、可吸附有机卤化物及不同类型合成树脂其他废水污染物等 9+X 项污染物指标。

6.2.2　最低监测频次的确定

根据《排污单位自行监测技术指南　石油化学工业》（HJ 947—2018），石油化学工业排污单位废水排放口各监测指标最低监测频次按表 6-1 执行。排污单位可根据管理要求或实际情况在表 6-1 的基础上提高监测频次。

表 6-1　废水排放监测指标最低监测频次

<table>
<tr><th rowspan="2">企业类型</th><th rowspan="2">监测点位</th><th rowspan="2">监测指标</th><th colspan="2">监测频次</th></tr>
<tr><th>直接排放</th><th>间接排放</th></tr>
<tr><td rowspan="7">石油化学工业</td><td rowspan="4">废水总排放口</td><td>化学需氧量、氨氮、流量</td><td>自动监测</td><td>周</td></tr>
<tr><td>pH、悬浮物、总氮、总磷、石油类、硫化物、挥发酚</td><td>周</td><td>月</td></tr>
<tr><td>五日生化需氧量、总有机碳、氟化物、总钒、总铜、总锌、总氰化物、可吸附有机卤化物</td><td>月</td><td>季度</td></tr>
<tr><td>废水有机特征污染物</td><td colspan="2">半年</td></tr>
<tr><td rowspan="2">车间或生产设施废水排放口[a]</td><td>总铅、总镉、总砷、总镍、总汞、总铬、六价铬</td><td colspan="2">月</td></tr>
<tr><td>苯并[a]芘、烷基汞</td><td colspan="2">半年[b]</td></tr>
<tr><td>雨水排放口</td><td>pH、化学需氧量、氨氮、石油类、悬浮物</td><td colspan="2">日[c]</td></tr>
<tr><td rowspan="7">合成树脂工业</td><td rowspan="4">废水总排放口</td><td>化学需氧量、氨氮、流量</td><td>自动监测</td><td>周</td></tr>
<tr><td>pH、悬浮物、总氮、总磷</td><td>周</td><td>月</td></tr>
<tr><td>五日生化需氧量、总有机碳、可吸附有机卤化物</td><td>月</td><td>季度</td></tr>
<tr><td>其他废水污染物[d]</td><td colspan="2">半年</td></tr>
<tr><td rowspan="2">车间或生产设施废水排放口</td><td>总铅、总镉、总砷、总镍、总汞、总铬、六价铬</td><td colspan="2">月</td></tr>
<tr><td>烷基汞</td><td colspan="2">半年[b]</td></tr>
<tr><td>雨水排放口</td><td>pH、化学需氧量、氨氮、悬浮物</td><td colspan="2">日[c]</td></tr>
</table>

注：1. 设区的市级及以上环境保护主管部门明确要求安装自动监测设备的污染物指标，须采取自动监测。

2. 监测污染物浓度时应同步监测流量。

[a] 凡涉及附录 E 中规定的生产工艺及产品种类，须在涉及该生产工艺及产品的车间或生产设施废水排放口监测产生的污染物指标；附录 E 中不涉及的，应根据使用的原料，生产工艺过程，生产的产品、副产品，确定是否在车间或生产设施废水排放口进行该项指标的监测。

[b] 2020 年 1 月 1 日起按月执行。

[c] 排放期间按日监测。

[d] 指附录 C 中列举的其他废水污染物。

废水监测频次的确定，首先根据生态环境部发布的《固定污染源排污许可分类管理名录（2019 年版）》中的相关要求，将所有合成树脂制造、合成橡胶制造、合成纤维单（聚合）体制造等工业排污单位全部纳入重点排污单位管理；在此基础上，根据《排污单位自行监测技术指南　总则》（HJ 819—2017）中“3.2”及“5.3.3”中的重点排污单位废水排放监测的相关要求，同时考虑到废水排放去向的不同，按照直接排放和间接排放两种情况，分别确定排污单位废水监测指标的监测频次。

化学需氧量、氨氮为国家规定的主要污染物总量控制指标，自动监测技术较为成熟，因此，规定对废水总排放口直接排放的化学需氧量、氨氮进行自动监测。废水流量为污染物排放统计中的重要核算指标，规定对流量开展自动监测。对于间接排放，采用手工监测，监测频次适当降低，规定为按周监测。

pH、悬浮物、石油类、硫化物、挥发酚 5 项指标为石油化学工业的特征污染物，监测成本相对较低，而总磷、总氮是国家加强排放管控力度的指标，因此，规定以上 7 项指标直接排放的最低监测频次为按周监测。对于间接排放的，监测频次适当降低，规定为按月监测。

对于五日生化需氧量、总有机碳、氟化物、总钒、总铜、总锌、总氰化物、可吸附有机卤化物 8 项指标，均按照主要污染物进行管控，规定以上 8 项指标直接排放的最低监测频次为按月监测。对于间接排放的，监测频次适当降低，规定为按季度监测。

对于 60 项废水有机特征污染物指标，本标准规定应根据使用的原料，生产工艺过程，生产的产品、副产品，从附录 A（《石油化学工业污染物排放标准》（GB 31571—2015）中表 3）中筛选废水有机特征污染物指标开展自行监测，并规定监测频次为半年，直接排放与间接排放的监测频次相同。

对于合成树脂工业的 9+X 监测指标，前 9 项监测频次按照石油化学工业的相应频次执行。对于不同类型合成树脂其他废水污染物指标，规定凡生产附录 C（《合成树脂工业污染物排放标准》（GB 31572—2015）中表 1）中列举的合成树脂类型的排污单位，必须根据合成树脂类型，从附录 C 中选取其他废水污染物指标开展自行监测，同时规定监测频次为半年，直接排放与间接排放的监测频次相同。

车间或生产设施处设置内部监测指标按照《石油化学工业污染物排放标准》（GB 31571—2015）与《合成树脂工业污染物排放标准》（GB 31572—2015）中规定，要求排污单位开展总铅、总镉、总砷、总镍、总汞、总铬、六价铬、烷基汞、苯并[*a*]芘 9 项监测指标自行监测，其中合成树脂企业不必监测苯并[*a*]芘。

对于总铅、总镉、总砷、总镍、总汞、总铬、六价铬 7 项监测指标，按照主要监测指标统一规定为按月监测。对于苯并[*a*]芘、烷基汞 2 项指标，考虑到苯并[*a*]芘、烷基汞 2 项指标分析方法复杂，开展监测难度较大，对人体毒害大，因此，规定苯并[*a*]芘、烷基汞 2 项指标监测频次为半年。同时规定，从 2020 年 1 月 1 日起，监测频次调整为按月监测。

石油化学工业排污单位雨水排放口选择 pH、化学需氧量、氨氮、石油类、悬浮物 5 项指标进行监测，其中，pH、化学需氧量、氨氮、悬浮物为综合性污染指标，石油类为行业特征污染指标。监测频次规定为排放期间按日进行监测。

合成树脂工业排污单位雨水排放口选择 pH、化学需氧量、氨氮、悬浮物 4 项指标进行监测，监测频次与石油化学工业监测频次相同。

6.3　废气排放监测

废气排放监测分为有组织废气排放监测和无组织废气排放监测两类。考虑到小型石油化学工业排污单位污染控制措施和环保管理水平较大型石油化学工业排污单位低，其对环境造成的污染往往比大型石油化学工业排污单位大，而对于废气污染排放，单套装置或车间的排气筒即为一个单独的排放源，因此为加强污染物排放控制，衔接排污许可证管理需求，所有石油化学工业排污单位有组织废气按照重点排污单位要求制定监测方案。

6.3.1 有组织废气排放监测

（1）监测点位及监测指标的确定

有组织废气监测点位主要分 7 类排放口。废气通过排气筒等方式排放至外环境的，应在烟道上设置监测点位；相同监测指标多股废气混合排放的，应在废气汇合后的共用烟道上或分别在各个烟道上设置监测点位；有旁路的旁路烟道也应设置监测点位；有机废气回收处理装置应分别在其废气进口及排放口设置监测点位。

其中，6 类排放口的监测指标主要参照《石油化学工业污染物排放标准》（GB 31571—2015）及《合成树脂工业污染物排放标准》（GB 31572—2015）中的规定，主要包括：工艺加热炉排气筒：颗粒物、二氧化硫、氮氧化物；含卤代烃有机废气排气筒：非甲烷总烃、氯化氢、氟化氢、溴化氢、氯气及废气有机特征污染物；其他有机废气排气筒：非甲烷总烃及废气有机特征污染物；废水处理有机废气收集处理装置排气筒：非甲烷总烃、硫化氢及废气有机特征污染物；合成树脂工业生产设施排气筒：非甲烷总烃、颗粒物及其他废气污染物；合成树脂工业废水、废气焚烧设施排气筒：非甲烷总烃、颗粒物、二氧化硫、氮氧化物、二氧化碳、一氧化碳、二噁英类及其他废气污染物。

危险废物焚烧炉的监测指标则根据《危险废物焚烧污染控制标准》（GB 18484—2020）中规定的污染物指标确定，主要包括氮氧化物，二氧化硫，颗粒物，烟气黑度，一氧化碳，氟化氢，氯化氢，汞及其化合物，镉及其化合物，砷、镍及其化合物，铅及其化合物，铬、锡、锑、铜、锰及其化合物及二噁英类。

（2）最低监测频次的确定

根据《排污单位自行监测技术指南　石油化学工业》（HJ 947—2018），石油化学工业排污单位有组织废气排放监测指标最低监测频次按表 6-2 执行。

表 6-2　有组织废气监测指标最低监测频次

监测点位	监测指标	监测频次
工艺加热炉排气筒（单台额定功率≥14MW）	氮氧化物	自动监测
	二氧化硫、颗粒物	季度（月[a]）
工艺加热炉排气筒（单台额定功率＜14MW）	氮氧化物、二氧化硫、颗粒物	季度（月[a]）
含卤代烃有机废气排气筒[c]	非甲烷总烃[b]	月
	氯化氢、氟化氢、溴化氢[d]、氯气	季度
	废气有机特征污染物	半年
其他有机废气排气筒[c]	非甲烷总烃[b]	月
	废气有机特征污染物	半年
废水处理有机废气收集处理装置排气筒	非甲烷总烃、硫化氢	月
	废气有机特征污染物	半年
合成树脂生产设施排气筒	非甲烷总烃、颗粒物	月
	其他废气污染物[e]	半年
合成树脂废水、废气焚烧设施排气筒	非甲烷总烃、颗粒物、二氧化硫、氮氧化物、二氧化碳、一氧化碳	月
	其他废气污染物[e]	半年
	二噁英类[f]	年
危险废物焚烧炉排气筒[g]	氮氧化物、二氧化硫、颗粒物	自动监测
	烟气黑度、一氧化碳，氟化氢，氯化氢，汞及其化合物，镉及其化合物，砷、镍及其化合物，铅及其化合物，铬、锡、锑、铜、锰及其化合物	月
	二噁英类	年

注：1. 设区的市级及以上环境保护主管部门明确要求安装自动监测设备的污染物指标，须采取自动监测。

2. 废气监测须按照相应标准分析方法、技术规范同步监测烟气参数。

3. 对于多个乙烯裂解炉（工艺加热炉），仅需选择炉膛温度最高的裂解炉排气筒进行自动监测。

[a] 若燃料为净化后干气、瓦斯气、天然气或甲烷氢，则按季度监测。若采用其他燃料，则在使用期间按月监测。特殊时段时应加密监测频次。

[b] 非甲烷总烃有去除效率要求的，应同时监测污染治理设施进口。

[c] 有机废气排放口排气中若含有颗粒物、二氧化硫或氮氧化物，须按月进行监测。

[d] 待国家污染物监测方法标准发布后实施。

[e] 指附录 D 中列举的其他废气污染物。

[f] 适用于废水、废气中含有卤素的情况。

[g] 危险废物焚烧炉排气筒监测的其他要求按 GB 18484 执行。

石油化学工业排污单位工艺加热炉（包含乙烯裂解炉）的燃料多为净化后的干气、瓦斯气、天然气或甲烷氢，由于燃料类型为净化后的燃气，含硫量低，排气中的颗粒物含量极低，规定二氧化硫、颗粒物的监测频次为按季度监测。由于燃气不够的个别时段，个别工艺加热炉会向炉内添加其他燃料进行混合燃烧，因此规定在使用其他燃料期间提高二氧化硫、颗粒物的监测频次为按月监测。

对于氮氧化物指标，参照《排污单位自行监测技术指南　火力发电及锅炉》（HJ 820—2017）中的燃气锅炉进行规定，即对于单台额定功率≥14MW 的工艺加热炉排气筒，氮氧化物采用自动监测；单台额定功率＜14MW 的工艺加热炉排气筒，氮氧化物的监测频次为按季度监测，采用其他燃料期间按月监测。同时考虑到化工企业乙烯裂解炉（工艺加热炉）数量多，炉型与规模基本相同，因此，规定对于多个乙烯裂解炉（工艺加热炉），仅需选择炉膛温度最高的裂解炉的排气筒进行自动监测。

非甲烷总烃指标为石油化学工业特征污染物，是含卤代烃有机废气排气筒，其他有机废气排气筒，废水处理有机废气收集处理装置排气筒，合成树脂工业生产设施排气筒，合成树脂工业废水、废气焚烧设施排气筒的主要排放指标，因此规定监测频次为按月监测。

对于硫化氢，由于在含硫废水处理过程中会产生，因此，规定在废水处理有机废气收集处理装置车间排气筒处进行监测，同时规定监测频次为按月监测。

对于含卤代烃有机废气排放口的其余 4 项监测指标：氯化氢、氟化氢、溴化氢、氯气，考虑到采样监测方法相对复杂，因此规定监测频次为按季度监测。

对于废气有机特征污染物，考虑到这些污染物排放浓度与排放量相对较低，但在分析过程中对人体毒害大，规定监测频次为半年。若出现超标情况，再按照《排污单位自行监测技术指南　总则》（HJ 819—2017）中的要求进行加密监测。

对于合成树脂工业生产设施的 2+*X* 项指标，监测频次与前面规定的监测频次保持一致，规定非甲烷总烃与颗粒物的监测频次为按月监测，其他废气污染物的监测频次为半年。

对于合成树脂工业废水、废气焚烧设施的 7+*X* 项监测指标，非甲烷总烃、颗粒物、二氧化硫、氮氧化物、二氧化碳、一氧化碳为焚烧设施排放的主要污染物，规定监测频次为按月监测；对于二噁英类，由于其本身毒性较大，采样及监测难度均较大，对监测条件要求极高，因此规定在焚烧废水、废气中含有卤素时，监测频次为按年监测。

危险废物焚烧炉废气排放的监测指标中，烟尘、二氧化硫、氮氧化物作为许可总量控制指标，要求实施自动监测；考虑到自行监测的技术能力和经济成本，将二噁英类最低监测频次定为年，将其他监测指标最低监测频次定为半年。

6.3.2　无组织废气排放监测

对于无组织排放，非甲烷总烃、颗粒物、氯化氢、苯、甲苯、二甲苯、苯并[*a*]芘 7 项为《石油化学工业污染物排放标准》（GB 31571—2015）中规定在企业边界监测的污染物。非甲烷总烃、颗粒物、氯化氢、苯、甲苯 5 项为《合成树脂工业污染物排放标准》（GB 31572—2015）中规定在企业边界监测的污染物；依据《恶臭污染物排放标准》（GB 14554—1993）中的规定，根据使用的原料，生产工艺过程，生产的产品、副产品，规定硫化氢、氨、臭气浓度为 3 项必测指标，其余指标包括三甲胺、甲硫醇、甲硫醚、二甲二硫醚、二硫化碳、苯乙烯 6 项规定为选测指标。

依据《排污单位自行监测技术指南　总则》（HJ 819—2017）规定的原则，石油化学工业属于无组织废气排放较重的污染源，无组织废气每季度至少开展一次监测。同时，规定非甲烷总烃、颗粒物、氯化氢、苯、甲苯、二甲苯、氨、硫化氢、臭气浓度 9 项指标监测频次为按季度监测。

对于苯并[*a*]芘指标，调研企业均未开展苯并[*a*]芘的监测。由于苯并[*a*]芘指标开展采样监测难度较大，对人体毒害大，因此，统一规定监测频次为按年监测。

对于无组织排放挥发性有机物的监测点位、监测指标、监测频次，本标准引用《石油炼制工业污染物排放标准》（GB 31570—2015）、《石化行业 VOCs 污染源排查工作指南》和《石化企业泄漏与修复工作指南》（环办〔2015〕104 号）中的内容进行规定。并参照美国国家环境保护局对挥发性有机物管控监测的相关内容，规定对于设备与管线组件密封点泄漏检测，若同一密封点连续三个周期检测无泄漏情况，则检测周期可延长一倍，但在后续监测中该检测点位一旦检测出现泄漏情况，则监测频次按原规定执行。

根据《排污单位自行监测技术指南　石油化学工业》（HJ 947—2018），石油化学工业排污单位无组织废气排放监测指标最低监测频次按表 6-3 执行。

表 6-3　无组织废气监测指标最低监测频次

监测点位	监测指标	监测频次
企业边界	非甲烷总烃、颗粒物、氯化氢[a]、苯、甲苯、二甲苯[b]、氨、硫化氢、臭气浓度	季度
	苯并[a]芘[b]	年
泵、压缩机、阀门、开口阀或开口管线、气体/蒸汽泄压设备、取样连接系统	挥发性有机物	季度
法兰及其他连接件、其他密封设备	挥发性有机物	半年

注：1. 对于设备与管线组件密封点泄漏检测，若同一密封点连续三个周期检测无泄漏情况，则检测周期可延长一倍，但在后续监测中该检测点位一旦检测出现泄漏情况，则监测频次按原规定执行。

2. 根据环境影响评价文件及其批复，以及原料工艺等确定是否监测 GB 14554 中的其他恶臭污染物。

3. 挥发性有机物监测的其他要求按 HJ 733 及其他的国家挥发性有机物管理规定执行。

[a] 适用于生产装置的原料、排气中含卤代烃的情况。

[b] 对于仅含有合成树脂生产装置的排污单位，可不监测二甲苯、苯并[a]芘。

6.4　厂界环境噪声监测

厂界环境噪声监测点位设置应遵循《排污单位自行监测技术指南　总则》（HJ 819—2017）中的原则：根据厂内主要噪声源距厂界位置布点；根据厂界周围敏感目标布点；“厂中厂”是否需要监测根据内部和外围排污单位协商确定；面临

海洋、大江、大河的厂界原则上不布点；厂界紧邻交通干线不布点；厂界紧邻另一排污单位的，在临近另一排污单位侧是否布点由排污单位协商确定。

对于石油化学工业排污单位内的噪声源，主要考虑火炬、电机-泵、空气冷却器风机、压缩电机、风机等噪声源在厂区内的分布情况，若排污单位内还存在其他噪声源，应一并考虑，同时根据不同噪声源的强度选择对周边居民影响最大的位置开展监测。

噪声监测指标主要根据《工业企业厂界环境噪声排放标准》（GB 12348—2008）的相关规定，将厂界噪声等效连续 A 声级 L_{eq} 设为监测指标，夜间监测时还应关注和记录最大声级 L_{max}。监测的目的主要是促进排污单位做好降噪措施，降低对周边居民的影响，因此周边有敏感点的，应提高监测频次，具体的监测频次可由周边居民、排污单位、管理部门共同协商确定。

6.5　周边环境质量影响监测

其他环境管理政策，或环境影响评价文件及其批复[仅限 2015 年 1 月 1 日（含）后取得环境影响评价批复的排污单位］有明确要求的，按要求执行。

无明确要求的，对于厂界周边存在环境敏感区域的排污单位，本标准根据《石油化学工业污染物排放标准》（GB 31571—2015）、《合成树脂工业污染物排放标准》（GB 31572—2015）与《恶臭污染物排放标准》（GB 14554—1993）对周边环境敏感点环境空气监测做出规定，环境空气监测指标参照废气无组织排放的监测指标进行规定。对于监测频次，非甲烷总烃、颗粒物、氯化氢、苯、甲苯、二甲苯、氨、硫化氢 8 项指标监测频次在厂界无组织排放监测频次的基础上，对周边环境质量影响监测至少半年一次，并规定每次要连续监测 3 天，苯并[*a*]芘、废气有机特征污染物、其他废气污染物规定为每年监测一次。

参照《石油化学工业污染物排放标准》（GB 31571—2015）及《合成树脂工业污染物排放标准》（GB 31572—2015）中的相关指标，对地表水、地下水、海水、土壤的监测要求对监测指标进行规定。根据《排污单位自行监测技术指南 总则》（HJ 819—2017）中的监测频次要求，规定地表水每季度监测一次（其中，苯并[*a*]芘每年一次），土壤、地下水每年监测一次，海水每半年监测一次（其中，苯并[*a*]芘、烷基汞、废水有机特征污染物每年一次）。

企业或地方环境管理部门可根据需求，按照表 6-4 中的规定，开展周边环境质量影响监测。

表 6-4 周边环境质量影响监测指标最低监测频次

企业类型	类别	监测指标	监测频次
石油化学工业	环境空气[a]	非甲烷总烃、颗粒物、氯化氢[b]、苯、甲苯、二甲苯、氨、硫化氢	半年
		苯并[*a*]芘、废气有机特征污染物等	年
	地表水	pH、悬浮物、化学需氧量、五日生化需氧量、氨氮、总氮、总磷、总有机碳、石油类、硫化物、氟化物、挥发酚、总钒、总铜、总锌、总氰化物、可吸附有机卤化物、总铅、总镉、总砷、总镍、总汞、总铬、六价铬	季度
		苯并[*a*]芘、烷基汞、废水有机特征污染物等	年
	地下水	pH、高锰酸盐指数、五日生化需氧量、氨氮、总氮、总磷、总有机碳、石油类、硫化物、氟化物、挥发酚、总钒、总铜、总锌、总氰化物、可吸附有机卤化物、苯并[*a*]芘、总铅、总镉、总砷、总镍、总汞、烷基汞、总铬、六价铬、废水有机特征污染物等	年
	海水	pH、悬浮物、化学需氧量、五日生化需氧量、氨氮、总氮、总磷、总有机碳、石油类、硫化物、氟化物、挥发酚、总钒、总铜、总锌、总氰化物、可吸附有机卤化物、总铅、总镉、总砷、总镍、总汞、总铬、六价铬	半年
		苯并[*a*]芘、烷基汞、废水有机特征污染物等	年
	土壤	pH、硫化物、苯并[*a*]芘、总铅、总镉、总砷、总镍、总汞、烷基汞、总铬、六价铬等	年

企业类型	类别	监测指标	监测频次
合成树脂工业	环境空气[a]	非甲烷总烃、颗粒物、氯化氢、苯、甲苯、氨、硫化氢	半年
		其他废气污染物[c]等	年
	地表水	pH、悬浮物、化学需氧量、五日生化需氧量、氨氮、总氮、总磷、总有机碳、可吸附有机卤化物、总铅、总镉、总砷、总镍、总汞、总铬、六价铬	季度
		烷基汞、其他废水污染物[d]等	年
	地下水	pH、高锰酸盐指数、五日生化需氧量、氨氮、总氮、总磷、总有机碳、可吸附有机卤化物、总铅、总镉、总砷、总镍、总汞、烷基汞、总铬、六价铬、其他废水污染物[d]等	年
	海水	pH、悬浮物、化学需氧量、五日生化需氧量、氨氮、总氮、总磷、总有机碳、可吸附有机卤化物、总铅、总镉、总砷、总镍、总汞、总铬、六价铬	半年
		烷基汞、其他废水污染物[d]等	年
	土壤	pH、总铅、总镉、总砷、总镍、总汞、烷基汞、总铬、六价铬等	年

注：[a]每次连测 3 天。

[b]适用于生产装置的原料、排气中含卤代烃的情况。

[c]指附录 D 中列举的其他废气污染物。

[d]指附录 C 中列举的其他废水污染物。

6.6　其他要求

（1）《排污单位自行监测技术指南　石油化学工业》（HJ 947—2018）中未规定的污染物指标

石油化学工业排污单位所持的排污许可证中载明的其他污染物指标或其他环境管理明确要求管控的污染物指标，也应纳入自行监测范围。另外，对于《排污单位自行监测技术指南　石油化学工业》（HJ 947—2018）中所规定的典型工艺所涉及的污染物指标外，排污单位根据生产过程的原辅用料、生产工艺、中间及最终产品类型、监测结果确定实际排放的，在有毒有害或优先控制污染物相关名录中的污染物指标，或其他有毒污染物指标，也应纳入自行监测范围。这些纳入自行监测范围的污染物指标，应参照《排污单位自行监测技术指南　石油化学工业》（HJ 947—2018）中表1～表3，以及《排污单位自行监测技术指南　总则》（HJ 819—2017）确定监测点位和监测频次。

（2）监测频次的确定

《排污单位自行监测技术指南　石油化学工业》（HJ 947—2018）中的监测频次均为最低监测频次，排污单位在确保各指标的监测频次满足《排污单位自行监测技术指南　石油化学工业》（HJ 947—2018）的基础上，可根据《排污单位自行监测技术指南　总则》（HJ 819—2017）中监测频次的确定原则提高监测频次。监测频次的确定原则为：不应低于国家或地方发布的标准、规范性文件、规划、环境影响评价文件及其批复等明确规定的监测频次；主要排放口的监测频次高于非主要排放口；主要监测指标的监测频次高于其他监测指标；排向敏感地区的应适当增加监测频次；排放状况波动大的，应适当增加监测频次；历史稳定达标状况较差的需增加监测频次，达标状况良好的可以适当降低监测频次；监测成本应与排污企业自身能力相一致，尽量避免重复监测。

（3）其他要求

对于《排污单位自行监测技术指南　石油化学工业》（HJ 947—2018）中未规定的内容，如内部监测点位设置及监测要求，采样方法、监测分析方法、监测质量保证与质量控制，监测方案的描述、变更等按照《排污单位自行监测技术指南　总则》（HJ 819—2017）执行。

6.7　监测方案示例

为了便于对本章中监测方案示例的正确掌握和应用，特别强调以下两点：

第一，本书的附录6中列出了可供参考的完整的监测方案模板示例，排污单位可根据示例和本单位实际情况，进行相应的调整完善，作为本单位的监测方案使用。本章中重点针对附录 6 中的监测点位、监测指标、监测频次、监测方法等内容给出示例，对于共性较大的描述性内容和质量控制等相关内容，在本章中不再进行列举，但并不意味着不重要或者不需要。

第二，本书给出的排放限值仅用于示例，可能会存在与实际要求略有差异的情况，这与各地实际管理要求有关，也与案例企业的特殊情况有关，本书对此不做深入解释和说明。

示例 1：某石油化学工业企业

（1）企业基本情况

某乙烯生产企业，拥有 46 万 t/a 乙烯装置、12 万 t/a 碳四抽提丁二烯装置、52 万 t/a 裂解汽油加氢等 6 套生产装置以及成品包装、球罐区、常压罐区、原料罐区、循环水场、空压站 6 套辅助生产装置。可生产 138 个牌号的聚烯烃树脂产品、丁二烯、加氢汽油以及碳五、碳八、碳九、裂解重柴油、抽余碳四等副产品。

（2）自行监测方案

1）废水

针对车间装置排放口、企业废水总排放口设置监测方案，见表 6-5。

表 6-5　废水排放监测方案

排放口	监测指标	排放限值/（mg/L）	技术手段	监测频次	分析方法
汽油加氢、丁二烯排放口（DW009）	pH	6～9（量纲一）	手工	2 次/周	《水质　pH 值的测定　电极法》（HJ 1147—2020）
	COD	1000	手工	2 次/周	《水质　化学需氧量的测定　重铬酸盐法》（HJ 828—2017）
	石油类	100	手工	2 次/周	《水质　石油类和动植物油类的测定　红外分光光度法》（HJ 637—2018）
	总铅	1.0	手工	1 次/月	《水质　铜、锌、铅、镉的测定　原子吸收分光光度法》（GB 7475—87）
	总镉	0.1	手工	1 次/月	《水质　铜、锌、铅、镉的测定　原子吸收分光光度法》（GB 7475—87）

排放口	监测指标	排放限值/（mg/L）	技术手段	监测频次	分析方法
汽油加氢、丁二烯排放口（DW009）	总砷	0.5	手工	1 次/月	《水质　汞、砷、硒、铋和锑的测定　原子荧光法》（HJ 694—2014）
	总镍	1.0	手工	1 次/月	《水质　镍的测定　火焰原子吸收分光光度法》（GB 11912—89）
	总汞	0.05	手工	1 次/月	《水质　总汞的测定　冷原子吸收分光光度法》（HJ 597—2011）
	总铬	1.5	手工	1 次/月	《水质　总铬的测定　火焰原子吸收分光光度法》（HJ 757—2015）
	六价铬	0.5	手工	1 次/月	《水质　六价铬的测定　二苯碳酰二肼分光光度法》（GB 7467—87）
	烷基汞	不得检出	手工	1 次/月	《水质　烷基汞的测定　吹扫捕集/气相色谱-冷原子荧光光谱法》（HJ 977—2018）
	苯并[*a*]芘	0.000 03	手工	1 次/月	《水质　多环芳烃的测定　液液萃取和固相萃取高效液相色谱法》（HJ 478—2009）
乙烯车间排放口（DW010）	pH	6～9（量纲一）	手工	2 次/周	《水质　pH 值的测定　电极法》（HJ 1147—2020）
	COD	1 500	手工	2 次/周	《水质　化学需氧量的测定　重铬酸盐法》（HJ 828—2017）
	石油类	100	手工	2 次/周	《水质　石油类和动植物油类的测定　红外分光光度法》（HJ 637—2018）
	挥发酚	50	手工	2 次/周	《水质　挥发酚的测定　4-氨基安替比林分光光度法》（HJ 503—2009）
	总铅	1.0	手工	1 次/月	《水质　铜、锌、铅、镉的测定　原子吸收分光光度法》（GB 7475—87）
	总镉	0.1	手工	1 次/月	《水质　铜、锌、铅、镉的测定　原子吸收分光光度法》（GB 7475—87）
	总砷	0.5	手工	1 次/月	《水质　汞、砷、硒、铋和锑的测定　原子荧光法》（HJ 694—2014）
	总镍	1.0	手工	1 次/月	《水质　镍的测定　火焰原子吸收分光光度法》（GB 11912—89）
	总汞	0.05	手工	1 次/月	《水质　总汞的测定　冷原子吸收分光光度法》（HJ 597—2011）
	总铬	1.5	手工	1 次/月	《水质　总铬的测定　火焰原子吸收分光光度法》（HJ 757—2015）
	六价铬	0.5	手工	1 次/月	《水质　六价铬的测定　二苯碳酰二肼分光光度法》（GB 7467—87）
	烷基汞	不得检出	手工	1 次/月	《水质　烷基汞的测定　吹扫捕集/气相色谱-冷原子荧光光谱法》（HJ 977—2018）
	苯并[*a*]芘	0.000 03	手工	1 次/月	《水质　多环芳烃的测定　液液萃取和固相萃取高效液相色谱法》（HJ 478—2009）

排放口	监测指标	排放限值/（mg/L）	技术手段	监测频次	分析方法
废水总排放口（DW003）	pH	6～9	自动/手工	连续	《水质　pH 值的测定　电极法》（HJ 1147—2020）
	COD	60	自动/手工	连续	《水质　化学需氧量的测定　重铬酸盐法》（HJ 828—2017）
	氨氮	5.0	自动/手工	连续	《水质　氨氮的测定　蒸馏和滴定法》（HJ 537—2009）
	总磷	1.0	自动/手工	连续	《水质　总磷的测定　钼酸铵分光光度法》（GB 11893—89）
	总氮	40	自动/手工	连续	《水质　总氮的测定　碱性过硫酸钾消解紫外分光光度法》（HJ 636—2012）
	流量	—	自动/手工	连续	—
	石油类	1.8	手工	2 次/周	《水质　石油类和动植物油类的测定　红外分光光度法》（HJ 637—2018）
	BOD_5	20	手工	1 次/周	《水质　五日生化需氧量的测定（BOD_5）稀释与接种法》（HJ 505—2009）
	色度	50（倍）	手工	1 次/日	《水质　色度的测定　铂钴比色法和稀释倍数法》（GB 11903—89）
	悬浮物	70	手工	1 次/日	《水质　悬浮物的测定　重量法》（GB 11901—89）
	硫化物	1.0	手工	1 次/周	《水质　硫化物的测定　碘量法》（HJ/T 60—2000）
	挥发酚	0.5	手工	1 次/周	《水质　挥发酚的测定　4-氨基安替比林分光光度法》（HJ 503—2009）
	总有机碳	20	手工	1 次/周	《水质　总有机碳的测定　燃烧氧化-非分散红外吸收法》（HJ 501—2009）
	氟化物	10	手工	1 次/月	《水质　无机阴离子（F^-、Cl^-、NO_2^-、Br^-、NO_3^-、PO_4^{3-}、SO_3^{2-}、SO_4^{2-}）的测定　离子色谱法》（HJ 84—2016）
	苯胺类	0.5	手工	1 次/周	《水质　苯胺类化合物的测定　N-（1-萘基）乙二胺偶氮分光光度法》（GB 11889—89）
	硝基苯类	2	手工	1 次/周	《水质　一硝基和二硝基化合物的测定　还原-偶氮光度法》（《水和废水监测分析方法（第四版增补版）》）
	总氰化物	0.5	手工	1 次/月	《水质　氰化物的测定　容量法和分光光度法》（HJ 484—2009）
	甲醛	1	手工	1 次/月	《水质　甲醛的测定　乙酰丙酮分光光度法》（HJ 601—2011）

排放口	监测指标	排放限值/（mg/L）	技术手段	监测频次	分析方法
废水总排放口（DW003）	总钒	1.0	手工	1次/月	《水质　钒的测定　钽试剂（BPHA）萃取分光光度法》（GB/T 15503—1995）
	总铜	0.5	手工	1次/月	《水质　铜、锌、铅、镉的测定　原子吸收分光光度法》（GB 7475—87）
	总锌	2.0	手工	1次/月	《水质　铜、锌、铅、镉的测定　原子吸收分光光度法》（GB 7475—87）
	总镉	0.1	手工	1次/月	《水质　铜、锌、铅、镉的测定　原子吸收分光光度法》（GB 7475—87）
	总铬	1.5	手工	1次/月	《水质　总铬的测定　火焰原子吸收分光光度法》（HJ 757—2015）
	总砷	0.5	手工	1次/月	《水质　汞、砷、硒、铋和锑的测定　原子荧光法》（HJ 694—2014）
	六价铬	0.5	手工	1次/月	《水质　六价铬的测定　二苯碳酰二肼分光光度法》（GB 7467—87）
	总铅	1.0	手工	1次/月	《水质　铜、锌、铅、镉的测定　原子吸收分光光度法》（GB 7475—87）
	总汞	0.05	手工	1次/月	《水质　总汞的测定　冷原子吸收分光光度法》（HJ 597—2011）
	可吸附有机卤化物	1.0	手工	1次/月	《水质　可吸附有机卤素（AOX）的测定　微库仑法》（GB/T 15959—1995）
	丙烯腈	2	手工	1次/季	《水质　丙烯腈的测定　气相色谱法》（HJ/T 73—2001）
	苯	0.1	手工	1次/月	《水质　苯系物的测定　顶空/气相色谱法》（HJ 1067—2019）
	甲苯	0.1	手工	1次/月	
	邻二甲苯	0.4	手工	1次/月	
	间二甲苯	0.4	手工	1次/月	
	对二甲苯	0.4	手工	1次/月	
	乙苯	0.4	手工	1次/月	
	苯乙烯	0.2	手工	1次/季	

2）废气

针对乙烯裂解炉、清焦罐废气等有组织排放源设计监测方案，见表 6-6。

表 6-6　有组织废气排放监测方案

污染源信息		监测点位	监测指标	排放限值/（mg/m^3）	技术手段	监测频次	分析方法
排放口	排放源类型						
DA009	乙烯裂解炉 101B	烟道	二氧化硫	50	手工	季度	《固定污染源废气　二氧化硫的测定　定电位电解法》（HJ 57—2017）
			烟气参数	—	自动	连续	—
			氮氧化物	100	自动监测	连续	《固定污染源烟气（SO_2、NO_x、颗粒物）排放连续监测系统技术要求及检测方法》（HJ 76—2017）
			烟尘	20	手工	季度	《固定污染源排气中颗粒物测定与气态污染物采样方法》（GB/T 16157—1996 及修改单）
DA018	乙烯裂解炉 102B	烟道	二氧化硫	50	手工	季度	《固定污染源废气　二氧化硫的测定　定电位电解法》（HJ 57—2017）
			氮氧化物	100	手工	季度	《固定污染源废气　氮氧化物的测定　定电位电解法》（HJ 693—2014）
			烟尘	20	手工	季度	《固定污染源排气中颗粒物测定与气态污染物采样方法》（GB/T 16157—1996 及修改单）
			烟气参数	—	手工	季度	—
DA010	乙烯裂解炉 103B	烟道	二氧化硫	50	手工	季度	《固定污染源废气　二氧化硫的测定　定电位电解法》（HJ 57—2017）
			氮氧化物	100	手工	季度	《固定污染源废气　氮氧化物的测定定电位电解法》（HJ 693—2014）
			烟尘	20	手工	季度	《固定污染源排气中颗粒物测定与气态污染物采样方法》（GB/T 16157—1996 及修改单）
			烟气参数	—	手工	季度	—
DA011	乙烯裂解炉 104B	烟道	二氧化硫	50	手工	季度	《固定污染源废气　二氧化硫的测定　定电位电解法》（HJ 57—2017）
			氮氧化物	100	手工	季度	《固定污染源废气　氮氧化物的测定定电位电解法》（HJ 693—2014）
			烟尘	20	手工	季度	《固定污染源排气中颗粒物测定与气态污染物采样方法》（GB/T 16157—1996 及修改单）
			烟气参数	—	手工	季度	—

污染源信息		监测点位	监测指标	排放限值/（mg/m^3）	技术手段	监测频次	分析方法
排放口	排放源类型						
DA053	乙烯裂解炉105B	烟道	二氧化硫	50	手工	季度	《固定污染源废气　二氧化硫的测定　定电位电解法》（HJ 57—2017）
			氮氧化物	100	手工	季度	《固定污染源废气　氮氧化物的测定　定电位电解法》（HJ 693—2014）
			烟尘	20	手工	季度	《固定污染源排气中颗粒物测定与气态污染物采样方法》（GB/T 16157—1996 及修改单）
			烟气参数	—	手工	季度	—
DA054	乙烯裂解炉清焦罐尾气（101B、102B、103B）	烟道	烟尘	20	手工	季度	《固定污染源排气中颗粒物测定与气态污染物采样方法》（GB/T 16157—1996 及修改单）
			烟气参数	—	手工	季度	—
DA055	乙烯裂解炉清焦罐尾气（104B、105B）	烟道	烟尘	20	手工	季度	《固定污染源排气中颗粒物测定与气态污染物采样方法》（GB/T 16157—1996 及修改单）
			烟气参数	—	手工	季度	—
DA061	汽油加氢加热炉烟气	烟道	二氧化硫	50	手工	季度	《固定污染源废气　二氧化硫的测定　定电位电解法》（HJ 57—2017）
			氮氧化物	100	手工	季度	《固定污染源废气　氮氧化物的测定　定电位电解法》（HJ 693—2014）
			烟尘	20	手工	季度	《固定污染源排气中颗粒物测定与气态污染物采样方法》（GB/T 16157—1996 及修改单）
			烟气参数	—	手工	季度	—

厂界设置无组织排放监测点位，具体见表 6-7。

表 6-7　无组织废气排放监测方案

监测点位	监测指标	排放限值/（mg/m^3）	技术手段	监测频次	分析方法
厂界	臭气浓度	20（量纲一）	手工	季度	《空气质量　恶臭的测定　三点比较式臭袋法》（GB/T 14675—1993）
	硫化氢	0.06	手工	季度	空气和废气　硫化氢的测定　亚甲基蓝分光光度法《空气和废气监测分析方法》（第四版增补版）
	氨	1.5	手工	季度	《环境空气　氨的测定　次氯酸钠-水杨酸分光光度法》（HJ 534—2009）
	颗粒物	1.0	手工	季度	《环境空气　总悬浮颗粒物的测定　重量法》（GB/T 15432—1995 及其修改单）
	非甲烷总烃	4.0	手工	季度	《固定污染源废气总烃、甲烷和非甲烷总烃的测定　气相色谱法》（HJ 38—2017）
	氯化氢	0.2	手工	季度	《环境空气和废气　氯化氢的测定　离子色谱法》（HJ 549—2016）
	苯	0.4	手工	季度	《环境空气　苯系物的测定　活性炭吸附/二硫化碳解析-气相色谱法》（HJ 584—2010）
	甲苯	0.8	手工	季度	《环境空气　苯系物的测定　活性炭吸附/二硫化碳解析-气相色谱法》（HJ 584—2010）
	二甲苯	0.8	手工	季度	《环境空气　苯系物的测定　活性炭吸附/二硫化碳解析-气相色谱法》（HJ 584—2010）
	苯并[*a*]芘	0.000 008	手工	年	《环境空气　苯并[*a*]芘的测定　高效液相色谱法》（HJ 956—2018）

3）厂界环境噪声

对乙烯厂四周环境噪声开展监测，监测方案见表 6-8。

表 6-8 厂界环境噪声监测

监测点位	监测指标	排放限值	监测方式	监测频次	监测方法
厂界东外 1 m 处	等效 A 声级/dB	上限：60（昼）；50（夜）	手工	季度	《工业企业厂界环境噪声排放标准》（GB 12348—2008）
厂界南外 1 m 处	等效 A 声级/dB	上限：60（昼）；50（夜）	手工	季度	
厂界西外 1 m 处	等效 A 声级/dB	上限：60（昼）；50（夜）	手工	季度	
厂界北外 1 m 处	等效 A 声级/dB	上限：60（昼）；50（夜）	手工	季度	
厂界东南外 1 m 处	等效 A 声级/dB	上限：60（昼）；50（夜）	手工	季度	
厂界东北外 1 m 处	等效 A 声级/dB	上限：60（昼）；50（夜）	手工	季度	
厂界西南外 1 m 处	等效 A 声级/dB	上限：60（昼）；50（夜）	手工	季度	
厂界西北外 1 m 处	等效 A 声级/dB	上限：60（昼）；50（夜）	手工	季度	

示例 2：某石油化学工业企业

（1）企业基本情况

1）丙烯酸装置

8 万 t/a 丙烯酸及 10 万 t/a 丙烯酸酯装置采用先进可靠的丙烯气相两步氧化法技术生产丙烯酸和连续酯化法技术生产丙烯酸甲/乙酯、丁酯。装置产生的废气采用催化焚烧技术进行处理，合格后排入大气。装置产生的工艺废水采用热力焚烧技术进行一级处理后，排入公司污水处理厂进行再处理。装置包括氧化单元、精制单元、甲酯/乙酯单元、丁酯单元、废气单元、废水单元。

2）苯胺装置

苯胺装置由制氢单元、硝基苯单元、废酸浓缩单元、苯胺单元、装卸站台单元、罐区单元、公用工程单元等组成。其中，制氢单元主要产品为氢气和食品级二氧化碳，设计氢气生产能力为 8 000 m^3/h；硝基苯单元设计能 10 万 t/a；苯胺单元设计能力 7 万 t/a；公用工程单元由循环水站、空压站、低温水站、消防水站四部分组成。

3）硝酸装置

硝酸装置包括稀硝单元、浓硝单元、氨储存单元、酸储存单元四部分。年设计生产 60%稀硝酸 25 万 t/a，浓硝酸 15 万 t/a。稀硝酸装置主要是以氨为原料生产稀硝酸，选用了国际上先进的双压法流程［氧化压力 0.45 MPa（A），吸收压力 1.1 MPa（A）］生产 58%～60%的稀硝酸；浓硝酸装置采用硝酸镁法生产浓硝酸的国产化技术，将先制得的稀硝酸，在脱水剂硝酸镁存在的情况下进行蒸馏，制得浓硝酸。

（2）监测依据

1）《石油化学工业污染物排放标准》（GB 31571—2015）

2）《排污许可证申请与核发技术规范 总则》（HJ 942—2018）

3）《排污许可证申请与核发技术规范 石化工业》（HJ 853—2017）

4）《排污许可证申请与核发技术规范 无机化学工业》（HJ 1035—2019）

5）《排污单位自行监测指南 总则》（HJ 819—2017）

6）《排污单位自行监测技术指南 石油化学工业》（HJ 947—2018）

7）《硝酸工业污染物排放标准》（GB 26131—2010）

8）《恶臭污染物排放标准》（GB 14554—93）

9）《污水综合排放标准》（GB 8978—1996）

10）《固定源废气监测技术规范》（HJ/T 397—2007）

11）《污水监测技术规范》（HJ 91.1—2019）

（3）废水工艺流程简介

1）苯胺污水处理装置

来自苯胺装置的污水，进入预沉调节池经酸、碱调节 pH 为 6～9，自流进入曝气生物滤池进行厌氧、好氧处理后，进入次氯酸钠脱色系统，调节废水呈酸性，投加次氯酸钠氧化脱色，处理后污水排入污水池，通过污水输送泵送至污水处理厂进行后续处理。

2）丙烯酸装置废水单元

至丙烯酸装置的丙烯酸废水和丙烯酸酯废水经过一号汽提塔汽提后，气相进入焚烧炉，液相进入双效蒸发器。双效蒸发器在负压的条件下，进一步对废水进行浓缩，其中浓缩废水经过浓缩废水泵送往焚烧炉，气相经过冷却器冷却后进入凝液罐，凝液进入二号汽提塔。在二号汽提塔内，气相进入焚烧炉，液相进入双氧水混合罐。在双氧水混合罐内与加入的双氧水混合反应除去废水中的醛类。废水再进入洗涤器、急冷器。通过泵输送至反应槽，在反应槽内加入硫酸、液碱等调节 pH、除去 CO_3^{2-}后，进入排水罐，送至外排废水池后，再经过泵输送至公司污水处理厂。

（4）监测点位、监测项目、执行标准及监测频次

1）废水监测点位、监测项目、执行标准及监测频次。

根据《排污许可证申请与核发技术规范　石化工业》（HJ 853—2017）表 12 注 b 及《排污单位自行监测技术指南　石油化学工业》（HJ 947—2018）表 1 注 a，以下生产设施废水排放口根据使用的原料，生产工艺过程，生产的产品、副产品，须监测产生的污染物指标见表 6-9。

表 6-9　废水监测点位、监测项目、执行标准及监测频次

装置名称	排放口名称	排放口编号	监测项目	监测频次	执行标准	排放限值/（mg/L）	排污去向	监测方式
丙烯酸	丙烯酸废水排放口	DW××	总铬	月	《石油化学工业污染物排放标准》（GB 31571—2015）	1.5	某石化公司化工污水处理装置	手工
			总镍	月		1.0		
苯胺装置	苯胺污水排放口	DW××	总铜	月		0.5	某石化公司化工污水处理装置	

2）废气有组织监测点位、监测项目、执行标准及监测频次，见表 6-10。

表 6-10　废气有组织监测点位、监测项目、执行标准及监测频次

装置名称	排放口名称	排放口编号	监测项目	监测频次	执行标准	排放限值	对应的废气处理设施	监测方式	备注
丙烯酸	8 万 t/a 丙烯酸废气焚烧炉排放口	DA××	二氧化硫	自动监测	《危险废物焚烧污染控制标准》（GB 18484—2020）	300 mg/m^3	焚烧炉	自动	自动监测设施不能正常运行期间，开展手工监测，每天不少于 4 次，间隔不得超过 6 h
			氮氧化物	自动监测		500 mg/m^3		自动	
			颗粒物	自动监测		80 mg/m^3		自动	
			烟气参数	自动监测		—		自动	
			一氧化碳	月		80 mg/m^3		手工	—
			氟化氢	月		7.0 mg/m^3		手工	—
			氯化氢	月		70 mg/m^3		手工	—
			汞及其化合物（以 Hg 计）	月		0.1 mg/m^3		手工	—
			镉及其化合物（以 Cd 计）	月		0.1 mg/m^3		手工	—
			砷、镍及其化合物（以 As+Ni 计）	月		1.0 mg/m^3		手工	—
			铅及其化合物（以 Pb 计）	月		1.0 mg/m^3		手工	—
			铬、锡、锑、铜、锰及其化合物（以 Cr+Sn+Sb+Cu+Mn 计）	月		4.0 mg/m^3		手工	—
			二噁英	年		0.5 TEQng/m^3		手工	—
			烟气黑度	月		Ⅰ级		手工	—

装置名称	排放口名称	排放口编号	监测项目	监测频次	执行标准	排放限值	对应的废气处理设施	监测方式	备注
丙烯酸	8 万 t/a 丙烯酸废水焚烧炉排放口	DA××	二氧化硫	自动监测	《危险废物焚烧污染控制标准》（GB 18484—2001）	200 mg/m^3	焚烧炉	自动	自动监测设施不能正常运行期间，开展手工监测，每天不少于 4 次，间隔不得超过 6 h
			氮氧化物	自动监测		500 mg/m^3		自动	
			烟尘	自动监测		65 mg/m^3		自动	
			烟气参数	自动监测		—		自动	
			一氧化碳	月		80 mg/m^3		手工	
			氟化氢	月		5.0 mg/m^3		手工	
			氯化氢	月		60 mg/m^3		手工	
			汞及其化合物（以 Hg 计）	月		0.1 mg/m^3		手工	
			镉及其化合物（以 Cd 计）	月		0.1 mg/m^3		手工	
			砷、镍及其化合物（以 As+Ni 计）	月		1.0 mg/m^3		手工	
			铅及其化合物（以 Pb 计）	月		1.0 mg/m^3		手工	
			铬、锡、锑、铜、锰及其化合物（以 Cr+Sn+Sb+Cu+Mn 计）	月		4.0 mg/m^3		手工	
			二噁英	年		0.5 $TEQng/m^3$		手工	
			烟气黑度	月		Ⅰ级		手工	
硝酸	稀硝酸尾气排气筒	DA××	氮氧化物	季	《硝酸工业污染物排放标准》（GB 26131—2010）	200 mg/m^3	—	手工	规范要求自动监测
			烟气参数	季		—		手工	

装置名称	排放口名称	排放口编号	监测项目	监测频次	执行标准	排放限值	对应的废气处理设施	监测方式	备注
硝酸	酸雾吸收尾气排放口	DA××	氮氧化物	季	《硝酸工业污染物排放标准》（GB 26131—2010）	200 mg/m^3	酸雾治理设施	手工	规范要求自动监测
			烟气参数	季		—		手工	
苯胺	苯胺制氢转化炉烟囱	DA××	二氧化硫	季	《石油化学工业污染物排放标准》（GB 31571—2015）	50 mg/m^3	—	手工	
			氮氧化物	季		100 mg/m^3		手工	
			颗粒物	季		20 mg/m^3		手工	
			烟气参数	季		—		手工	

3）厂界废气无组织监测点位、监测项目、执行标准及监测频次，见表 6-11。

表 6-11　厂界废气无组织监测点位、监测项目、执行标准及监测频次

单位	排放口名称	排放口编号	监测项目	监测频次	执行标准	排放限值	监测方式	备注
丙烯酸/苯胺	厂界无组织		非甲烷总烃	季	《石油化学工业污染物排放标准》GB 31571—2015	4.0 mg/m^3	手工	—
			颗粒物	季		1.0 mg/m^3	手工	—
			氯化氢	季		0.2 mg/m^3	手工	适用于生产装置的原料、排气中含卤代烃的情况
			苯	季		0.4 mg/m^3	手工	—
			甲苯	季		0.8 mg/m^3	手工	—
			二甲苯	季		0.8 mg/m^3	手工	—
			苯并[a]芘	年		0.000 008 mg/m^3	手工	—
			氨	季	《恶臭污染物排放标准》（GB 14554—93）	1.5 mg/m^3	手工	—
			臭气浓度	季		20（量纲一）	手工	—
			硫化氢	季		0.06 mg/m^3	手工	—
硝酸	装置周界无组织		氮氧化物	半年	《硝酸工业污染物排放标准》（GB 26131—2010）	0.24 mg/m^3	手工	—

（5）监测分析方法标准依据及其仪器

1）废水分析标准依据，见表 6-12。

表 6-12　废水分析标准依据

序号	监测项目	监测方法依据	方法检出限	仪器设备
1	总铬	《水质　总铬的测定　火焰原子吸收分光光度法》（HJ 757—2015）	0.03 mg/L	ContrAA-700 原子吸收光谱仪
2	总镍	《水质　镍的测定　火焰原子吸收分光光度法》（GB 11912—89）	0.05 mg/L	ContrAA-700 原子吸收光谱仪
3	总铜	《水质　铜、锌、铅、镉的测定　原子吸收分光光度法》（GB 7475—87）	0.05 mg/L（直接法）	ContrAA-700 原子吸收光谱仪

2）废气有组织分析标准依据，见表 6-13。

表 6-13　废气有组织分析标准依据

序号	监测项目	监测方法依据	方法检出限	仪器设备
1	二氧化硫	《固定污染源废气　二氧化硫的测定　定电位电解法》（HJ 57—2017）	3 mg/m^3	MGA5 多功能烟气分析仪
2	氮氧化物	《固定污染源废气　氮氧化物的测定　定电位电解法》（HJ 693—2014）	3 mg/m^3	MGA5 多功能烟气分析仪
3	颗粒物	《固定污染源排气中颗粒物测定与气态污染物采样方法》（GB/T 16157—1996 及修改单）	—	3012H 自动烟尘（气）测试仪；BP190S 电子天平

序号	监测项目	监测方法依据	方法检出限	仪器设备
4	一氧化碳	《固定污染源废气　一氧化碳的测定　定点位电解法》（HJ 973—2018）	3 mg/m³	MGA5 多功能烟气分析仪
5	氟化氢	《固定污染源废气　氟化氢的测定　离子色谱法》（HJ 688—2019）	0.03 mg/m³（采样体积 120 L，定容体积 200 mL 时）；0.08 mg/m³（采样体积 120 L，定容体积 500 mL 时）	ICS-900 离子色谱仪；ZR-D17AT 大气采样器
6	氯化氢	《环境空气和废气　氯化氢的测定　离子色谱法》（HJ 549—2016）	0.2 mg/m³（50 mL 吸收液两个串联，有组织，采样体积为 10 L）	ICS-900 离子色谱仪；ZR-3710 大气采样器
7	汞及其化合物（以 Hg 计）	《固定污染源废气　汞的测定 冷原子吸收分光光度法（暂行）》（HJ 543—2009）	0.0025 mg/m³（25 mL 吸收液，采样体积为 10 L）	DMA-80 测汞仪；ZR-371 大气采样器
8	镉及其化合物（以 Cd 计）	《空气和废气　颗粒物中铅等金属元素的测定　电感耦合等离子体质谱法》（HJ 657—2013）	0.008 μg/m³	NexION 300X 电感耦合等离子体质谱仪；3012H 自动烟尘（气）测试仪
9	砷、镍及其化合物（以 As+Ni 计）	《空气和废气　颗粒物中铅等金属元素的测定　电感耦合等离子体质谱法》（HJ 657—2013）	砷：0.2 μg/m³	NexION 300X 电感耦合等离子体质谱仪；3012H 自动烟尘（气）测试仪
10	铅及其化合物（以 Pb 计）	《空气和废气　颗粒物中铅等金属元素的测定　电感耦合等离子体质谱法》（HJ 657—2013）	0.2 μg/m³	NexION 300X 电感耦合等离子体质谱仪；3012H 自动烟尘（气）测试仪
11	铬、锡、锑、铜、锰及其化合物（以 Cr+Sn+Sb+Cu+Mn 计）	《空气和废气　颗粒物中铅等金属元素的测定　电感耦合等离子体质谱法》（HJ 657—2013）	铬：0.3 μg/m³；锡：0.3 μg/m³；锑：0.02 μg/m³；铜：0.2 μg/m³；锰：0.07 μg/m³	NexION 300X 电感耦合等离子体质谱仪；3012H 自动烟尘（气）测试仪

序号	监测项目	监测方法依据	方法检出限	仪器设备
12	二噁英	《环境空气和废气 二噁英类的测定 同位素稀释高分辨气相色谱-高分辨质谱法》（HJ 77.2—2008）	当废气采样量为 4 m^3（标准状态）时，对 2,3,7,8-T4CDD 的最低检出限应低于 1 pg/m^3	高分辨气相色谱-高分辨质谱仪
13	烟气黑度	《固定污染源排放烟气黑度的测定 林格曼烟气黑度图法》（HJ/T 398—2007）	—	—

3）厂界废气无组织分析标准依据，见表 6-14。

表 6-14 厂界废气无组织分析标准依据

序号	监测项目	监测方法依据	最低检出浓度	仪器设备
1	非甲烷总烃	《环境空气 总烃、甲烷和非甲烷烃的测定 直接进样-气相色谱法》（HJ 604—2017）	0.07 mg/m^3（非甲烷总烃，以碳计）	Agilent 8860 气相色谱仪
2	颗粒物	《环境空气 总悬浮颗粒物的测定 重量法》（GB/T 15432—1995 及其修改单）	0.001 mg/m^3（以 0.1 mg 天平，采样体积为 6 m^3）	BP190S 电子天平；崂应 2050 型空气/智能 TSP 综合采样器
3	氯化氢	《环境空气和废气 氯化氢的测定 离子色谱法》（HJ 549—2016）	0.02 mg/m^3（进样量 100 μL）；10 mL 吸收液两个串联，环境空气、无组织，采样体积为 60 L	ICS-900 离子色谱仪；ZGQ-2K 大气采样器
4	苯	《环境空气 苯系物的测定 活性碳吸附/二硫化碳解析-气相色谱法》（HJ 584—2010）	溶剂解吸法：0.001 5 mg/m^3（1.0 mL 解吸液，采样体积为 10 L）	Agilent 7890B 气相色谱仪；ZGQ-2K 大气采样器

序号	监测项目	监测方法依据	最低检出浓度	仪器设备
5	甲苯	《环境空气　苯系物的测定　活性炭吸附/二硫化碳解析-气相色谱法》（HJ 584—2010）	溶剂解吸法：0.001 5 mg/m^3（1.0 mL 解吸液，采样体积为 10 L）	Agilent 7890B 气相色谱仪；ZGQ-2K 大气采样器
6	二甲苯	《环境空气　苯系物的测定　活性炭吸附/二硫化碳解析-气相色谱法》（HJ 584—2010）	溶剂解吸法：0.001 5 mg/m^3（1.0 mL 解吸液，采样体积为 10 L）	Agilent 7890B 气相色谱仪；ZGQ-2K 大气采样器
7	苯并[*a*]芘	《环境空气　苯并[*a*]芘的测定　高效液相色谱法》（HJ 956—2018）	6.7 ng/m^3（用 5.0 mL 乙腈提取，采样体积为 6 m^3）	1026 高效液相色谱仪；空气/智能 TSP 综合采样器
8	氨	《环境空气　氨的测定　次氯酸钠-水杨酸分光光度法》（HJ 534—2009）	0.004 mg/m^3（10 mL 吸收液，采样体积为 25 L）	723A 分光光度计；ZGQ-2K 大气采样器
9	臭气浓度	《空气质量　恶臭的测定　三点比较式臭袋法》（GB/T 14675—1993）	—	—
10	氮氧化物	《环境空气　氮氧化物（一氧化氮和二氧化氮）的测定　盐酸萘乙二胺分光光度法》（HJ 479—2009 及修改单）	0.005 mg/m^3（10 mL 吸收液，采样体积为 24 L）	723A 分光光度计；ZGQ-2K 大气采样器
11	硫化氢	《空气和废气　硫化氢的测定　亚甲基蓝分光光度法》（《空气和废气监测分析方法（第四版增补版）》）	0.001 mg/m^3（10 mL 吸收液，采样体积为 60 L）	723A 分光光度计；ZGQ-2K 大气采样器

（6）主要污染物采样及保存方法

主要污染物采样及保存方法，见表 6-15。

表 6-15 主要污染物采样及保存方法

序号	类别	项目名称	监测方法名称	采样方法	样品保存
1	废水	总铬	《水质 总铬的测定 火焰原子吸收分光光度法》（HJ 757—2015）	废水采样方法参照 HJ 493、HJ 494、HJ 495、HJ 91.1 中的相关规定，按照相应的标准分析方法中的采样方法执行。用聚乙烯瓶等材质塑料容器或硬质玻璃容器，采样量至少 100 mL。将分别采集的样品进行混合后一次测定	样品采集后加入硝酸酸化至 pH≤2，14 天内测定
2		总镍	《水质 镍的测定 火焰原子吸收分光光度法》（GB 11912—89）	废水采样方法参照 HJ 493、HJ 494、HJ 495、HJ 91.1 中的相关规定，按照相应的标准分析方法中的采样方法执行。用聚乙烯瓶等材质塑料容器或硬质玻璃容器，采样量至少 250 mL。将分别采集的样品进行混合后一次测定	
3		总铜	《水质 铜、锌、铅、镉的测定 原子吸收分光光度法》（GB 7475—87）	废水采样方法参照 HJ 493、HJ 494、HJ 495、HJ 91.1 中的相关规定，按照相应的标准分析方法中的采样方法执行。用聚乙烯瓶等材质塑料容器，采样量至少 250 mL。将分别采集的样品进行混合后一次测定	

序号	类别	项目名称	监测方法名称	采样方法	样品保存
4	废气有组织	二氧化硫	《固定污染源废气　二氧化硫的测定　定电位电解法》（HJ 57—2017）	固定污染源废气布点及采样参照 GB/T 16157、HJ/T 397 中的相关规定，按照相应的标准分析方法中的采样方法执行。以连续 1 h 的采样获取平均值，或在 1 h 内，以等时间间隔采集 3～4 个样品，并计算平均值	—
5		氮氧化物	《固定污染源废气　氮氧化物的测定　定电位电解法》（HJ 693—2014）		—
6		颗粒物	《固定污染源排气中颗粒物测定与气态污染物采样方法》（GB/T 16157—1996 及修改单）		—
7		一氧化碳	《固定污染源废气　一氧化碳的测定　定点位电解法》（HJ 973—2018）		—
8		氟化氢	《固定污染源废气　氟化氢的测定　离子色谱法》（HJ 688—2019）		样品采集后用连接管密封吸收瓶，室温保存，24 h 内完成分析测定。如不能及时分析，应将样品转移到聚乙烯瓶中，室温可保存 14 d
9		氯化氢	《环境空气和废气　氯化氢的测定　离子色谱法》（HJ 549—2016）		样品采集后用连接管密封吸收瓶，4℃下冷藏温保存，48 h 内完成分析测定。如不能及时分析，应将样品转移到聚乙烯瓶中，4℃下冷藏可保存 7 d

序号	类别	项目名称	监测方法名称	采样方法	样品保存
10	废气有组织	汞及其化合物（以 Hg 计）	《固定污染源废气　汞的测定　冷原子吸收分光光度法（暂行）》（HJ 543—2009）	固定污染源废气布点及采样参照 GB/T16157、HJ/T 397 中的相关规定，按照相应的标准分析方法中的采样方法执行。以连续 1 h 的采样获取平均值，或在 1 h 内，以等时间间隔采集 3～4 个样品，并计算平均值	样品采集后用连接管密封吸收瓶，置于样品箱内运输，并注意避光，样品采集后应尽快分析。如不能及时分析，应置于冰箱内 0～4℃下冷藏，5 d 内测定
11		镉及其化合物（以 Cd 计）	《空气和废气　颗粒物中铅等金属元素的测定　电感耦合等离子体质谱法》（HJ 657—2013）		滤膜样品采集后将有尘面两次向内对折，放入样品盒或纸袋中保存：滤筒样品采集后将封口向内折叠，竖直放回原采样套筒中密闭保存。分析前样品保存在 15～30℃的环境下，样品保存最长期限为 180 d
12		砷、镍及其化合物（以 As+Ni 计）	《空气和废气　颗粒物中铅等金属元素的测定　电感耦合等离子体质谱法》（HJ 657—2013）		
13		铅及其化合物（以 Pb 计）	《空气和废气　颗粒物中铅等金属元素的测定　电感耦合等离子体质谱法》（HJ 657—2013）		
14		铬、锡、锑、铜、锰及其化合物（以 Cr+Sn+Sb+Cu+Mn 计）	《空气和废气　颗粒物中铅等金属元素的测定　电感耦合等离子体质谱法》（HJ 657—2013）		
15		二噁英	《环境空气和废气　二噁英类的测定　同位素稀释高分辨气相色谱-高分辨质谱法》（HJ 77.2—2008）		—
16		烟气黑度	《固定污染源排放烟气黑度的测定　林格曼烟气黑度图法》（HJ/T 398—2007）	—	—

序号	类别	项目名称	监测方法名称	采样方法	样品保存
17	厂界废气无组织	氨	《环境空气　氨的测定　次氯酸钠-水杨酸分光光度法》（HJ 534—2009）	无组织排放样品布点及采样应符合 HJ/T 55 中的相关规定，按照相应的标准分析方法中的采样方法执行，以连续 1 h 的采样获取平均值	采样后应尽快分析，以防止吸收空气中的氨。若不能立即分析，2～5℃可保存 7 d
18		氯化氢	《环境空气和废气　氯化氢的测定　离子色谱法》（HJ 549—2016）		样品采集后用连接管密封吸收瓶，于 4℃以下冷藏保存，48 h 内完成分析测定。如不能及时分析，应将样品转移至聚乙烯瓶中，于 4℃以下冷藏可保存 7 d
19		苯	《环境空气　苯系物的测定　活性碳吸附/二硫化碳解析-气相色谱法》（HJ 584—2010）		采集好的样品，立即用聚四氟乙烯帽将活性炭采样管的两端密封，避光密闭保存，室温下 8 h 内测定。否则放入密闭容器中，保存于−20℃冰箱中，保存期限为 1 d
20		甲苯	《环境空气　苯系物的测定　活性碳吸附/二硫化碳解析-气相色谱法》（HJ 584—2010）		
21		二甲苯	《环境空气　苯系物的测定　活性碳吸附/二硫化碳解析-气相色谱法》（HJ 584—2010）		
22		苯并[a]芘	《环境空气　苯并[a]芘的测定　高效液相色谱法》（HJ 956—2018）		样品采集完成后，滤膜避光密封保存，迅速送回实验室，于 20℃以下 2 个月内完成提取；制备的试样在 4℃以下避光保存，30 日内完成分析

序号	类别	项目名称	监测方法名称	采样方法	样品保存
23	厂界废气无组织	非甲烷总烃	《环境空气　总烃、甲烷和非甲烷烃的测定 直接进样-气相色谱法》（HJ 604—2017）	无组织排放样品布点及采样应符合 HJ/T 55 中的相关规定，按照相应的标准分析方法中的采样方法执行，以连续 1 h 的采样获取平均值	采集样品的玻璃注射器应小心轻放，防止破损，保持针头端向下状态放入样品箱内保存和运送。样品常温避光保存，采样后尽快完成分析。玻璃注射器保存的样品，放置时间不超过 8 h；气袋保存的样品，放置时间不超过 48 h，如仅测定甲烷，应在 7 d 内完成
24		氮氧化物	《环境空气　氮氧化物（一氧化氮和二氧化氮）的测定　盐酸萘乙二胺分光光度法》（HJ 479—2009 及修改单）		样品采集、运输及存放过程中避光保存，样品采集后尽快分析。若不能及时测定，将样品于低温暗处存放。样品在 30℃暗处存放，可稳定 8 h；在 20℃暗处存放，可稳定 24 h；于 0～4℃冷藏，至少可稳定 3 d
25		硫化氢	《空气和废气　硫化氢的测定　亚甲基蓝分光光度法》（《空气和废气监测分析方法（第四版增补版）》）		采样后现场加显色剂，8 h 内进行测定
26		臭气浓度	《空气质量　恶臭的测定 三点比较式臭袋法》（GB/T 14675—1993）	在实验室内，用真空排气处理系统将采样瓶排气至瓶内压力真空。采样时打开采样瓶塞，使样品气体充入采样瓶内至常压后盖好瓶塞，避光运回实验室	24 h 内测定

（7）质量保证与质量控制

为保证监测数据的准确性、可靠性，从样品的采集、运输、保存到样品的分析、结果的报出，均应按相关技术规范的要求进行。

1）保证监测过程中工况负荷满足相关要求。

2）监测分析方法采用国家有关部门颁布的标准（或推荐）分析方法。

3）监测过程实施全过程质量保证与质量控制措施，确保采样、样品运输、交接、分析全过程受控，如实填写各类原始记录，监测数据严格实行三级审核制度。

4）编制监测工作质量控制计划，选择与监测活动类型和工作量相适应的质控方法，包括使用标准物质、采用空白试验、平行样测定、加标回收率测定等，定期进行质控数据分析。

5）按照监测方法和技术规范的要求开展监测活动。

6）设计记录表格，对监测过程的关键信息予以记录并存档。定期对自行监测工作开展的时效性、自行监测数据的代表性和准确性、管理部门检查结论和公众对自行监测数据的反馈等情况进行评估，识别自行监测存在的问题，及时采取纠正措施。

（8）自行监测信息公开

1）企业基础信息随监测数据一并公布，基础信息、自行监测方案如有调整变化时，于变更后的 5 日内公布最新内容。

2）手工监测数据于每次监测完成后的次日公布。

3）自动监测数据实时公布监测结果，其中废水自动监测设备为每 2 小时均值，废气自动监测设备为每 1 小时均值。

4）每年 1 月底前公布上年度自行监测年度报告。

示例 3：某石油化学工业企业

（1）企业基本情况

合成橡胶厂拥有 15 万 t/a 丁苯橡胶装置、5 万 t/a 丁腈橡胶装置、1.5 万 t/a 丁腈橡胶装置、6 万 t/a 苯乙烯装置、8 万 t/aMTBE 装置等生产装置，主要生产合成橡胶及有机化工原料等产品，固定资产 12.737 亿元。各生产装置产生的废水均通过厂内预处理装置达到内控指标后送往下游污水处理装置进行深度处理，燃烧烟气通过采用低氮燃烧技术、工艺有组织废气采用蓄热式催化燃烧技术处理后达标排放。

（2）监测依据

1）《石油化学工业污染物排放标准》（GB 31571—2015）

2）《排污许可证申请与核发技术规范　总则》（HJ 942—2018）

3）《排污许可证申请与核发技术规范　石化工业》（HJ 853—2017）

4）《排污单位自行监测指南　总则》（HJ 819—2017）

5）《排污单位自行监测技术指南　石油化学工业》（HJ 947—2018）

6）《恶臭污染物排放标准》（GB 14554—93）

7）《污水综合排放标准》（GB 8978—1996）

8）《固定源废气监测技术规范》（HJ/T 397—2007）

9）《污水监测技术规范》（HJ 91.1—2019）

（3）监测点位、监测项目、执行标准及监测频次

1）废水监测点位、监测项目、执行标准及监测频次。

根据《排污许可证申请与核发技术规范　石化工业》（HJ853—2017）表 12 注 b 及《排污单位自行监测技术指南　石油化学工业》（HJ947—2018）表 1 注 a，以下生产设施废水排放口根据使用的原料，生产工艺过程，生产的产品、副产品，须监测产生的污染物指标见表 6-16。

表 6-16　废水监测点位、监测项目、执行标准及监测频次

单位	排放口名称	排放口编号	监测项目	监测频次	执行标准	排放限值/（mg/L）	排污去向	废水处理工艺	监测方式
橡胶厂	一级污水处理装置废水排放口	DW××	石油类	日	《石油化学工业污染物排放标准》（GB 31571—2015）	50	污水处理厂	沉降+均质+混凝+絮凝+气浮	手工
			化学需氧量	日		800			
橡胶厂	1#化污处理装置废水排放口	DW××	总铬	月	石油化学工业污染物排放标准》（GB 31571—2015）	1.5	污水处理厂	沉降+均质+混凝+絮凝+气浮+砂滤	手工

2）废气有组织监测点位、监测项目、执行标准及监测频次，见表 6-17。

表 6-17　废气有组织监测点位、监测项目、执行标准及监测频次

单位	排放口名称	排放口编号	监测项目	监测频次	执行标准	排放限值	对应的废气处理设施	监测方式
橡胶厂	苯乙烯脱氢炉废气排放口	DA××	二氧化硫	季	《石油化学工业污染物排放标准》（GB 31571—2015）	50 mg/m^3	低氮燃烧器	手工
			氮氧化物	季		100 mg/m^3		手工
			颗粒物	季		20 mg/m^3		手工
			烟气参数	季		—		手工
橡胶厂	丁苯橡胶废气进口	DA××	非甲烷总烃	月	《石油化学工业污染物排放标准》（GB 31571—2015）	去除率≥97%	丁苯废气处理系统	手工
			烟气参数	月				手工
	丁苯橡胶废气排放口		非甲烷总烃	月				手工
			苯乙烯	半年		50 mg/m^3		手工
			烟气参数	月		—		手工
橡胶厂	丁腈橡胶废气进口	DA××	非甲烷总烃	月	《石油化学工业污染物排放标准》（GB 31571—2015）	去除率≥97%	丁腈废气处理系统	手工
			烟气参数	月				手工
	丁腈橡胶废气排放口		非甲烷总烃	月				手工
			丙烯腈	半年		0.5 mg/m^3		手工
			烟气参数	月		—		手工

3）厂界废气无组织监测点位、监测项目、执行标准及监测频次，见表 6-18。

表 6-18 厂界废气无组织监测点位、监测项目、执行标准及监测频次

单位	排放口名称	排放口编号	监测项目	监测频次	执行标准	排放限值/（mg/m³）	监测方式	备注
橡胶厂	厂界无组织		非甲烷总烃	季	《石油化学工业污染物排放标准》（GB 31571—2015）	4.0	手工	—
			颗粒物	季		1.0	手工	—
			氯化氢	季		0.2	手工	适用于生产装置的原料、排气中含卤代烃的情况
			苯	季		0.4	手工	—
			甲苯	季		0.8	手工	—
			二甲苯	季		0.8	手工	—
			苯并[*a*]芘	年		0.000 008	手工	—
			氨	季	《恶臭污染物排放标准》（GB 14554—93）	1.5	手工	—
			臭气浓度	季		20	手工	—
			硫化氢	季		0.06	手工	—

（4）监测分析方法标准依据及其仪器

1）废水分析标准依据，见表 6-19。

表 6-19 废水分析标准依据

号	监测项目	监测方法依据	方法检出限	仪器设备
1	总铬	《水质 总铬的测定 火焰原子吸收分光光度法》（HJ 757—2015）	0.03 mg/L	ContrAA-700 原子吸收光谱仪
2	石油类	《水质 石油类和动植物油类的测定 红外分光光度法》（HJ 637—2018）	0.06 mg/L（500 mL 水样，50 mL 萃取液）	JLBG-128 红外分光测油仪
3	化学需氧量	《水质 化学需氧量的测定 重铬酸盐法》（HJ 828—2017）	4 mg/L	—
		《水质 化学需氧量的测定 快速消解分光光度法》（HJ/T 399—2007）	2.3 mg/L（Φ16 mm×120 mm 消解比色管）	CHCA-100 COD 快速消解仪；DR/890 COD 比色仪

2）废气有组织分析标准依据，见表 6-20。

表 6-20　废气有组织分析标准依据

序号	监测项目	监测方法依据	方法检出限	仪器设备
1	二氧化硫	《固定污染源废气　二氧化硫的测定　定电位电解法》（HJ 57—2017）	3 mg/m^3	MGA5 多功能烟气分析仪
2	氮氧化物	《固定污染源废气　氮氧化物的测定　定电位电解法》（HJ 693—2014）	3 mg/m^3	MGA5 多功能烟气分析仪
3	颗粒物	《固定污染源排气中颗粒物测定与气态污染物采样方法》（GB/T 16157—1996 及修改单）	—	3012H 自动烟尘（气）测试仪；BP190S 电子天平
4	苯乙烯	《固定污染源废气　挥发性有机物的测定　固相吸附-热脱附/气相色谱-质谱法》（HJ 734—2014）	0.004 mg/m^3（采样体积为 300 mL）	Agilent 7890B/7000 c 气相色谱-质谱仪；ZR-3710B 大气采样器
5	丙烯腈	《固定污染源排气中丙烯腈的测定　气相色谱法》（HJ/T 37—1999）	0.2 mg/m^3（采样体积为 30 L）	Agilent 7890B 气相色谱仪；ZR-3710 大气采样器

3）厂界废气无组织分析标准依据，见表 6-21。

表 6-21　厂界废气无组织分析标准依据

序号	监测项目	监测方法依据	最低检出浓度（量）	仪器设备
1	非甲烷总烃	《环境空气　总烃、甲烷和非甲烷烃的测定　直接进样-气相色谱法》（HJ 604—2017）	0.07 mg/m^3（非甲烷总烃，以碳计）	Agilent 8860 气相色谱仪
2	颗粒物	《环境空气　总悬浮颗粒物的测定　重量法》（GB/T 15432—1995 及其	0.001 mg/m^3（以 0.1 mg 天平，采	BP190S 电子天平；崂应 2050 型空气/智

序号	监测项目	监测方法依据	最低检出浓度（量）	仪器设备
		修改单）	样体积为 6 m^3）	能 TSP 综合采样器
3	氯化氢	《环境空气和废气　氯化氢的测定　离子色谱法》（HJ 549—2016）	0.02 mg/m^3（进样量 100 μL）10 mL 吸收液两个串联，环境空气、无组织，采样体积为 60 L	ICS-900 离子色谱仪；ZGQ-2K 大气采样器
4	苯	《环境空气　苯系物的测定　活性碳吸附/二硫化碳解析-气相色谱法》（HJ 584—2010）	溶剂解吸法：0.001 5 mg/m^3（1.0 mL 解吸液，采样体积为 10 L）	Agilent 7890B 气相色谱仪；ZGQ-2K 大气采样器
5	甲苯	《环境空气　苯系物的测定　活性碳吸附/二硫化碳解析-气相色谱法》（HJ 584—2010）	溶剂解吸法：0.001 5 mg/m^3（1.0 mL 解吸液，采样体积为 10 L）	Agilent 7890B 气相色谱仪；ZGQ-2K 大气采样器
6	二甲苯	《环境空气　苯系物的测定　活性碳吸附/二硫化碳解析-气相色谱法》（HJ 584—2010）	溶剂解吸法：0.001 5 mg/m^3（1.0 mL 解吸液，采样体积为 10 L）	Agilent 7890B 气相色谱仪；ZGQ-2K 大气采样器
7	苯并[*a*]芘	《环境空气　苯并[*a*]芘的测定　高效液相色谱法》（HJ 956—2018）	6.7 ng/m^3（用 5.0 mL 乙腈提取，采样体积为 6 m^3）	1026 高效液相色谱仪；空气/智能 TSP 综合采样器
8	氨	《环境空气　氨的测定　次氯酸钠-水杨酸分光光度法》（HJ 534—2009）	0.004 mg/m^3（10 mL 吸收液，采样体积为 25 L）	723A 分光光度计；ZGQ-2K 大气采样器
9	臭气浓度	《空气质量　恶臭的测定　三点比较式臭袋法》（GB/T 14675—1993）	—	—
10	硫化氢	《空气和废气　硫化氢的测定　亚甲基蓝分光光度法》（《空气和废气监测分析方法（第四版增补版）》）	0.001 mg/m^3（10 mL 吸收液，采样体积为 60 L）	723A 分光光度计；ZGQ-2K 大气采样器

（5）主要污染物采样及保存方法

表 6-22　主要污染物采样及保存方法

序号	类别	项目名称	监测方法名称	采样方法	样品保存
1	废水	总铬	《水质　总铬的测定　火焰原子吸收分光光度法》（HJ 757—2015）	废水采样方法参照 HJ 493、HJ 494、HJ 495、HJ 91.1 中的相关规定，按照相应的标准分析方法中的采样方法执行。用聚乙烯瓶等材质塑料容器或硬质玻璃容器，采样量至少 100 mL。将分别采集的样品进行混合后一次测定	样品采集后加入硝酸酸化至 pH≤2，14 d 内测定
2		石油类	《水质　石油类和动植物油类的测定　红外分光光度法》（HJ 637—2018）	废水采样方法参照 HJ 493、HJ 494、HJ 495、HJ 91.1 中的相关规定，按照相应的标准分析方法中的采样方法执行。必须单独用玻璃容器定容采样，采样量至少 250 mL	样品采集后加硫酸至 pH≤2，于 2～5℃冷藏，7 d 内测定
3		化学需氧量	《水质　化学需氧量的测定　重铬酸盐法》（HJ 828—2017） 《水质　化学需氧量的测定　快速消解分光光度法》（HJ/T 399—2007）	废水采样方法参照 HJ 493、HJ 494、HJ 495、HJ 91.1 中的相关规定，按照相应的标准分析方法中的采样方法执行。用硬质玻璃容器，采样量至少 100 mL	样品采集后加硫酸至 pH≤2，2 d 内测定

序号	类别	项目名称	监测方法名称	采样方法	样品保存
4	废气有组织	二氧化硫	《固定污染源废气　二氧化硫的测定　非分散红外吸收法》（HJ 629—2011）	固定污染源废气布点及采样参照GB/T16157、HJ/T 397中的相关规定，按照相应的标准分析方法中的采样方法执行。以连续1 h的采样获取平均值，或在1 h内，以等时间间隔采集3～4个样品，并计算平均值	—
			《固定污染源废气　二氧化硫的测定　定电位电解法》（HJ 57—2017）		—
5		氮氧化物	《固定污染源废气　氮氧化物的测定　非分散红外吸收法》（HJ 692—2014）		—
			《固定污染源废气　氮氧化物的测定　定电位电解法》（HJ 693—2014）		—
6		颗粒物	《固定污染源排气中颗粒物测定与气态污染物采样方法》（GB/T 16157—1996及修改单）		
7	厂界废气无组织	氨	《环境空气　氨的测定　次氯酸钠-水杨酸分光光度法》（HJ 534—2009）	无组织排放样品布点及采样应符合GB/T55中的相关规定，按照相应的标准分析方法中的采样方法执行，以连续1 h的采样获取平均值	采样后应尽快分析，以防止吸收空气中的氨。若不能立即分析，2～5℃可保存7 d
8		氯化氢	《环境空气和废气　氯化氢的测定　离子色谱法》（HJ 549—2016）		样品采集后用连接管密封吸收瓶，于4℃以下冷藏保存，48 h内完成分析测定。如不能及时分析，应将样品转移至聚乙烯瓶中，于4℃以下冷藏可保存7 d
9		总悬浮颗粒物	《环境空气　总悬浮颗粒物的测定　重量法》（GB/T 15432—1995及其修改单）		—
10	厂界废气无组织	苯	《环境空气　苯系物的测定　活性炭吸附/二硫化碳解析-气相色谱法》（HJ 584—2010）		采集好的样品，立即用聚四氟乙烯帽将活性炭采样管的两端密封，避光密闭保存，室温下8 h内测定。否则放入密闭容器中，保存于-20℃冰箱中，保存期限为1 d
11		甲苯	《环境空气　苯系物的测定　活性炭吸附/二硫化碳解析-气相色谱法》（HJ 584—2010）		
12		二甲苯	《环境空气　苯系物的测定　活性炭吸附/二硫化碳解析-气相色谱法》（HJ 584—2010）		

序号	类别	项目名称	监测方法名称	采样方法	样品保存
13	厂界废气无组织	苯并[a]芘	《环境空气　苯并[a]芘的测定　高效液相色谱法》（HJ 956—2018）	无组织排放样品布点及采样应符合 GB/T 55 中的相关规定，按照相应的标准分析方法中的采样方法执行，以连续 1 h 的采样获取平均值	样品采集完成后，滤膜避光密封保存，迅速送回实验室，于 20℃以下 2 个月内完成提取；制备的试样在 4℃以下避光保存，30 d 内完成分析
14		非甲烷总烃	《环境空气　总烃、甲烷和非甲烷烃的测定　直接进样-气相色谱法》（HJ 604—2017）		采集样品的玻璃注射器应小心轻放，防止破损，保持针头端向下状态放入样品箱内保存和运送。样品常温避光保存，采样后尽快完成分析。玻璃注射器保存的样品，放置时间不超过 8 h；气袋保存的样品，放置时间不超过 48 h，如仅测定甲烷，应在 7 d 内完成
15		硫化氢	《空气和废气　硫化氢的测定　亚甲基蓝分光光度法》（《空气和废气监测分析方法（第四版增补版）》）		采样后现场加显色剂，8 h 内进行测定
16		臭气浓度	《空气质量　恶臭的测定　三点比较式臭袋法》（GB/T 14675—1993）	在实验室内，用真空排气处理系统将采样瓶排气至瓶内压力接近真空，采样时打开采样瓶塞，使样品气体充入采样瓶内至常压后盖好瓶塞，避光运回实验室	24 h 内测定

（6）质量保证与质量控制

为保证监测数据的准确性、可靠性，从样品的采集、运输、保存到样品的分析、结果的报出，均按相关技术规范要求进行。

1）保证监测过程中工况负荷满足相关要求。

2）监测分析方法采用国家有关部门颁布的标准（或推荐）分析方法。

3）监测过程实施全过程质量保证与质量控制措施，确保采样、样品运输、交接、分析全过程受控，如实填写各类原始记录，监测数据严格实行三级审核制度。

4）编制监测工作质量控制计划，选择与监测活动类型和工作量相适应的质控方法，包括使用标准物质、采用空白试验、平行样测定、加标回收率测定等，定期进行质控数据分析。

5）按照监测方法和技术规范的要求开展监测活动。

6）设计记录表格，对监测过程的关键信息予以记录并存档。定期对自行监测工作开展的时效性、自行监测数据的代表性和准确性、管理部门检查结论和公众对自行监测数据的反馈等情况进行评估，识别自行监测存在的问题，及时采取纠正措施。

（7）自行监测信息公开

1）企业基础信息随监测数据一并公布，基础信息、自行监测方案如有调整变化时，于变更后的5日内公布最新内容。

2）手工监测数据于每次监测完成后的次日公布。

3）自动监测数据实时公布监测结果，其中废水自动监测设备为每2小时均值，废气自动监测设备为每1小时均值。

4）每年1月底前公布上年度自行监测年度报告。

第 7 章　监测设施设置与维护要求

监测设施是监测活动开展的重要基础，监测设施的规范性直接影响监测数据质量。我国设计的监测设施设置与维护要求的标准规范有很多，但相对零散，且存在一定的衔接不够紧密的地方。本章立足现有的标准规范，结合污染源监测实际开展情况，对监测设施设置与维护要求进行全面梳理和总结，供开展污染源监测的相关人员参考。

7.1　基本原则和依据

7.1.1　基本原则

排污单位应当依据国家污染源监测相关标准规范、污染物排放标准、自行监测相关技术指南和其他相关规定等进行监测点位的确定和排污口规范化设置；地方颁布执行的污染源监测标准规范、污染物排放标准等对监测点位的确定和排污口规范化设置有要求时，可按照地方规范、标准从严执行。

7.1.2　相关依据

排污单位的排污口主要包括废水排放口和废气排放口。

目前，国家有关废水监测点位确定及排污口规范化设置的标准规范主要包括

《污水监测技术规范》（HJ 91.1—2019）、《水污染物排放总量监测技术规范》（HJ/T 92—2002）、《固定污染源监测质量保证与质量控制技术规范（试行）》（HJ/T 373—2007）、《水污染源在线监测系统（COD_{Cr}、NH_3-N）安装技术规范》（HJ/T 353—2019）等。

废气监测点位确定及规范化设置的标准规范主要包括《固定污染源排气中颗粒物测定与气态污染物采样方法》（GB/T 16157—1996）、《固定源废气监测技术规范》（HJ/T 397—2007）、《固定污染源监测质量保证与质量控制技术规范（试行）》（HJ/T 373—2007）、《固定污染源烟气（SO_2、NO_x、颗粒物）排放连续监测技术规范》（HJ 75—2017）、《固定污染源烟气（SO_2、NO_x、颗粒物）排放连续监测系统技术要求及检测方法》（HJ 76—2017）等。

对于各类污染物排放口监测点位标志牌的规范化设置，主要依据国家环境保护总局发布的《排放口标志牌技术规格》（环办〔2003〕95 号），以及《环境保护图形标志——排放口（源）》（GB 15562.1—1995）等执行。

此外，国家环境保护局发布的《排污口规范化整治技术要求（试行）》（环监〔1996〕470 号）对排污口规范化整治技术提出了总体要求，部分省、自治区、直辖市、地级市也对本辖区排污口的规范化管理发布了技术规定、标准；各行业污染物排放标准以及各重点行业的排污单位自行监测的相关技术指南则对废水、废气排放口监测点位进行了进一步明确。

7.2 废水监测点位的确定及排污口规范化设置

7.2.1 废水排放口的类型及监测点位确定

排污单位的废水排放口一般包括排污单位废水总排口、排污单位车间废水排放口、雨水排放口、生活污水排放口等。

废水总排口排放的废水一般应包括排污单位的生产废水、生活污水、初期雨水、事故废水等，开展自行监测的排污单位均须在废水总排放口设置监测点位。

对于排放一类污染物的排污单位，即排放环境中难以降解或能在动植物体内蓄积，对人体健康和生态环境产生长远不良影响，具有致癌、致畸、致突变污染物的排污单位，必须在车间废水排放口设置监测点位，对一类污染物进行监测。

考虑到排污单位生产过程中，可能会有部分污染物通过雨排系统排入外环境，因此排污单位还应在雨水排放口设置监测点位，并在雨水排放口排放期间开展监测。

部分排污单位的生产污水和生活污水分别设置排放口。对于此类排污单位，除在生产废水排放口设置监测点位外，还应在生活污水排放口设置监测点位。

此外，排污单位还应根据各行业自行监测技术指南的相关要求，设置监测点位。

7.2.2　废水排放口的规范化设置

废水排放口的设置应达到如下要求：

（1）废水排放口可以是矩形、圆管形或梯形的，一般使用混凝土、钢板或钢管等原料。

（2）废水排放口应设置规范的、便于测量流量和流速的测流段。测流段水流应平直、稳定、集中，无下游水流顶托影响，上游顺直长度应大于 5 倍测流段最大水面宽度，同时测流段水深应大于 0.1 m 且不超过 1 m。

（3）废水排放口应能够方便安装三角堰、矩形堰、测流槽等测流装置或其他计量装置。

（4）有废水自动监测设施的排放口，还应能够满足安装污水水量自动计量装置（如超声波明渠流量计、管道式电磁流量计等）、采样取水系统、水质自动采样器等设备、设施的要求。

（5）排污单位应单独设置各类废水排放口。避免多家不同排污单位共用一个废水排放口。

7.2.3 采样点及监测平台的规范化设置

各类废水排放口监测点位的实际具体采样位置即采样点，一般应设在厂界内或厂界外不超过 10 m 范围内。压力管道式排放口应安装取样阀门；废水直接从暗渠排入市政管道的，应在企业界内或排入市政管道前设置取样口。有条件的排污单位应尽量设置一段能满足采样条件的明渠，以方便采样。

污水面在地下或距地面超过 1 m，应建取样台阶或梯架。

废水监测平台面积应不小于 1 m^2，平台应设置高度不低于 1.2 m 的防护栏、高度不低于 10 cm 的脚部挡板。监测平台、梯架通道及防护栏的相关设计载荷及制造安装应符合《固定式钢梯及平台安全要求　第 3 部分：工业防护栏杆及钢平台》（GB 4053.3—2009）的要求。

应保证污水监测点位场所通风、照明正常，还应在有毒有害气体的监测场所设置强制通风系统，并安装相应的气体浓度报警装置。

7.2.4 废水自动监测设施的规范化设置

7.2.4.1 监测站房的设置

废水自动监测站房的设置应达到如下要求：

（1）新建监测站房面积应满足不同监控站房的功能需要并保证水污染源在线监测系统的摆放、运转和维护，使用面积应不小于 15 m^2，站房高度不低于 2.8 m，应尽量靠近采样点，与采样点的距离应小于 50 m。监测站房应做到专室专用。

（2）监测站房应密闭，安装空调，保证室内清洁，环境温度、相对湿度和大气压等应符合《工业过程测量和控制装置工作条件　第 1 部分：气候条件》（GB/T 17214—1998）的要求。

（3）监测站房内应有安全合格的配电设备，能提供足够的电力负荷，不小于 5 kW，站房内应配置稳压电源。

（4）监测站房内应有合格的给水、排水设施，应使用自来水清洗仪器及有关装置。

（5）监测站房应有完善规范的接地装置和避雷措施、防盗和防止人为破坏的设施，接地装置安装工程的施工应满足《电气装置安装工程接地装置施工及验收规范》（GB 50169—2016）的相关要求，建筑物防雷设计应满足《建筑物防雷设计规范》（GB 50057—2017）的相关要求。

（6）监测站房内应配备灭火器箱、手提式二氧化碳灭火器、干粉灭火器或沙桶等。

（7）监测站房不能位于通讯盲区，应能够实现数据传输。

（8）监测站房的设置应避免对企业安全生产和环境造成影响。

7.2.4.2　水质自动采样单元的设置

废水自动监测设备的水质自动采样单元设置，应达到如下要求：

（1）水质自动采样单元应具有采集瞬时水样及混合水样，混匀及暂存水样、自动润洗及排空混匀桶，以及留样功能，并设置混合水样的人工比对采样口。

（2）pH 水质自动分析仪和温度计应原位测量或测量瞬时水样。

（3）COD_{Cr}、TOC、NH_3-N、TP、TN 水质自动分析仪应测量混合水样。

（4）水质自动采样单元的构造应保证将水样不变质地输送到各水质分析仪，应有必要的防冻和防腐设施。采样单元的管路宜设置为明管，并标注水流方向。

（5）水质自动采样单元的管材应采用优质的聚氯乙烯（PVC）、三丙聚丙烯（PPR）等不影响分析结果的硬管。

（6）采用明渠流量计测量流量时，水质自动采样单元的采水口应设置在堰槽前方，合流后充分混合的场所，并尽量设在流量监测单元标准化计量堰（槽）取水口头部的流路中央，采水口朝向与水流的方向一致，减少采水部前端的堵塞。采水装置宜设置成可随水面的涨落而上下移动的形式。采样泵应根据采样流量、水质自动采样单元的水头损失及水位差合理选择。应使用寿命长、易维护的，并且对水质参数没有影响的采样泵，安装位置应便于采样泵的维护。

7.2.4.3 现场水质自动分析仪的设置

现场水质自动分析仪的设置应达到如下要求：

（1）现场水质自动分析仪应落地或壁挂式安装，有必要的防震措施，保证设备安装牢固、稳定。在仪器周围应留有足够空间，方便仪器维护。现场水质自动分析仪的安装还应满足《自动化仪表工程施工及质量验收规范》（GB 50093—2013）的相关要求。其他要求参照仪器相应说明书中的内容。

（2）安装高温加热装置的现场水质自动分析仪，应避开可燃物和严禁烟火的场所。

（3）现场水质自动分析仪与数据采集传输仪的电缆连接应可靠稳定，并尽量缩短信号传输距离，减少信号损失。

（4）各种电缆和管路应加保护管铺于地下或空中架设，空中架设的电缆应附着在牢固的桥架上，并在电缆和管路以及电缆和管路的两端做明显标识。电缆线路的施工还应满足《电气装置安装工程　电缆线路施工及验收标准》（GB 50168—2018）的相关要求。

（5）现场水质自动分析仪工作所必需的高压气体钢瓶，应稳定固定在监测站房的墙上，防止钢瓶跌倒。有条件的站房可以设置钢瓶间。

（6）必要时（如南方的雷电多发区），仪器和电源也应设置防雷设施。

7.3 废气监测点位的确定及规范化设置

7.3.1 废气排放口类型及监测点位的确定

排污单位的废气排放口一般包括生产设施工艺废气排放口、自备火力发电机组（厂）或配套动力锅炉废气排放口、污染处理设施排放口（如自备危险废物焚烧炉废气排放口、污水处理设施废气排放口）等。

排气筒（烟道）是目前排污单位废气有组织排放的主要排放口，因此，有组织废气的监测点位通常设置在排气筒（烟道）的横截断面（即监测断面）上，并通过监测断面上的监测孔完成废气污染物的采样监测及流速、流量等废气参数的测量。

废气排放口监测点位的确定包括监测断面的设置及监测孔的设置两个部分。排污单位应按照相关技术规范、标准的规定，根据所监测的污染物类别、监测技术手段的不同要求，先确定具体的废气排放口监测断面位置，再确定监测断面上监测孔的位置、数量。

7.3.2　监测断面规范化设置

7.3.2.1　基本要求

废气排放口监测断面包括手工监测断面和自动监测断面。监测断面设置应满足以下基本要求：

（1）监测断面应避开对测试人员操作有危险的场所，并在满足相关监测技术规范、标准规定的前提下，尽量选择方便监测人员操作、设备运输、安装的位置进行设置。

（2）若一个固定污染源排放的废气先通过多个烟道或管道后进入该固定污染源的总排气管，应尽可能地将废气监测断面设置在总排气管上，不得只在其中一个烟道或管道上设置监测断面开展监测，并将测定值作为该源的排放结果；但允许在每个烟道或管道上均设置监测断面并同步开展废气污染物排放监测。

（3）监测断面一般优先选择设置在烟道垂直管段和负压区域，应避开烟道弯头和断面急剧变化的部位，确保所采集样品的代表性。

7.3.2.2 手工监测断面设置的具体要求

对于废气手工监测断面，在满足本章“7.3.2.1”中基本要求的同时，还应按照以下具体规定进行设置：

（1）颗粒态污染物及流速、流量监测断面

①监测断面的流速应不小于 5 m/s。

②监测断面应位于在距弯头、阀门、变径管下游方向不小于 6 倍直径（当量直径）和距上述部件上游方向不小于 3 倍直径（当量直径）处。

对矩形烟道，其当量直径按下式计算：

$$D = \frac{2AB}{A + B}$$

式中：A、B——边长。

③现场空间位置有限，很难满足②中要求时，可选择比较适宜的管段采样。手工监测位置与弯头、阀门、变径管等的距离至少是烟道直径的 1.5 倍，并应适当增加测点的数量和采样频次。

（2）气态污染物监测断面

手工监测时若需要同步监测颗粒态污染物及流速、流量，则监测断面应按照本章“7.3.2.2（1）”中相关要求设置；否则，可不按上述要求设置，但要避开涡流区。

7.3.2.3 自动监测断面设置的具体要求

对于废气自动监测断面，在满足本章“7.3.2.1”中基本要求的同时，还应按照以下具体规定进行设置：

（1）一般要求

①位于固定污染源排放控制设备的下游和比对监测断面、比对采样监测孔的上游，且便于用参比方法进行校验。

②不受环境光线和电磁辐射的影响。

③烟道振动幅度尽可能小。

④安装位置应尽量避开烟气中水滴和水雾的干扰，如不能避开，应选用能够适用的检测探头及仪器。

⑤安装位置不漏风。

⑥固定污染源烟气净化设备设置有旁路烟道时，应在旁路烟道内安装自动监测设备采样和分析探头。

（2）颗粒态污染物及流速、流量监测断面

①监测断面的流速应不小于 5 m/s。

②用于颗粒物及流速自动监测设备采样和分析探头安装的监测断面，应设置在距弯头、阀门、变径管下游方向不小于 4 倍烟道直径，以及距上述部件上游方向不小于 2 倍烟道直径处。矩形烟道当量直径可按照本章“7.3.2.2（1）”中公式计算。

③无法满足②中要求时，颗粒物及流速自动监测设备采样和分析探头的安装位置尽可能选择在气流稳定的断面，并采取相应措施保证监测断面烟气分布相对均匀，断面无紊流。对烟气分布均匀程度的判定采用相对均方根 σ_r 法，当 $\sigma_r \leqslant 0.15$ 时视为烟气分布均匀，σ_r 按下式计算：

$$\sigma_r = \sqrt{\frac{\sum_{i=1}^{n}(v_i - \overline{v})^2}{(n-1)\times \overline{v}^2}}$$

式中：v_i——测点烟气流速，m/s；

$\overline{v}$——截面烟气平均流速，m/s；

n——截面上的速度测点数目，测点的选择按照《固定污染源排气中颗粒物测定与气态污染物采样方法》（GB/T 16157—1996）执行。

（3）气态污染物监测断面

①气态污染物自动监测设备采样和分析探头应设置在距弯头、阀门、变径管下游方向不小于 2 倍烟道直径，以及距上述部件上游方向不小于 0.5 倍烟道直径

处。矩形烟道当量直径可按照本章“7.3.2.2（1）”中的公式计算。

②无法满足①中要求时，应按照本章“7.3.2.3（2）③”中的相关要求及公式计算，设置监测断面。

③同步进行颗粒态污染物及流速、流量监测的，应优先满足颗粒态污染物及流速、流量监测断面的设置条件，监测断面的流速应不小于 5 m/s。

7.3.3 监测孔的规范化设置

7.3.3.1 监测孔规范化设置的基本要求

监测孔一般包括用于废气污染物排放监测的手工监测孔、用于废气自动监测设备校验的参比方法采样监测孔。

监测孔的设置应满足以下基本要求：

（1）监测孔位置应便于相关人员开展监测工作，应设置在规则的圆形或矩形烟道上，不宜设置在烟道的顶层。

（2）对于输送高温或有毒有害气体的烟道，监测孔应开在烟道的负压段；若负压段满足不了开孔需求，对正压下输送高温和有毒气体的烟道，应设置带有闸板阀的密封监测孔，见图 7-1。

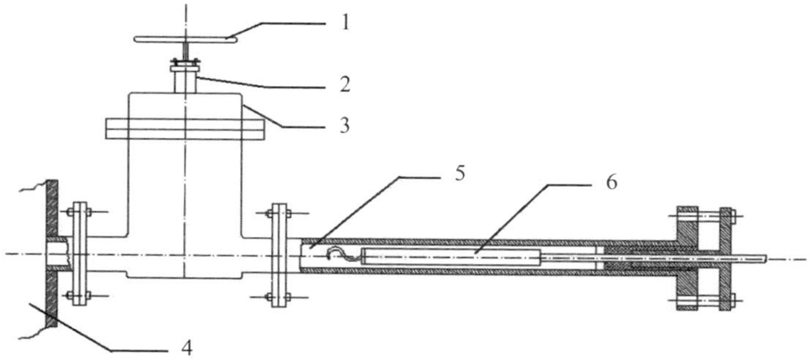

1—闸板阀手轮；2—闸板阀阀杆；3—闸板阀阀体；4—烟道；5—监测孔管；6—采样枪

图 7-1 带有闸板阀的密封监测孔

（3）监测孔的内径一般不小于 80 mm，新建或改建污染源废气排放口监测孔的内径应不小于 90 mm；监测孔管长不大于 50 mm（安装闸板阀的监测孔管除外）。监测孔在不使用时用宜盖板或管帽封闭，在监测使用时应易开合。

7.3.3.2　手工监测开孔的具体要求

在确定的监测断面上设置手工监测的监测孔时，应在满足本章“7.3.3.1”中基本要求的同时，按照以下具体规定设置：

（1）若监测断面为圆形的烟道，监测孔应设在包括各测点在内的互相垂直的直径线上，其中，断面直径小于 3 m 时，应设置相互垂直的 2 个监测孔；断面直径大于 3 m 时，应尽量设置相互垂直的 4 个监测孔，见图 7-2。

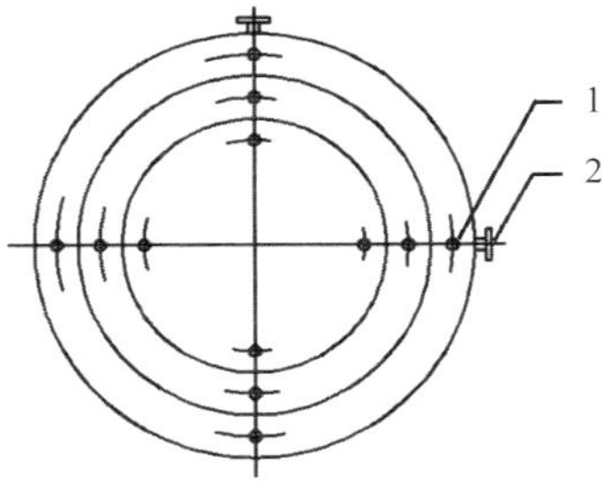

1—测点；2—监测孔

图 7-2　圆形断面测点与监测孔示意图

（2）若监测断面为矩形烟道，监测孔应设在包括各测点在内的延长线上，其中，监测断面宽度大于 3 m 时，应尽量在烟道两侧对开监测孔，具体监测孔数量按照《固定污染源排气中颗粒物测定与气态污染物采样方法》（GB/T 16157—1996）的要求确定，见图 7-3。

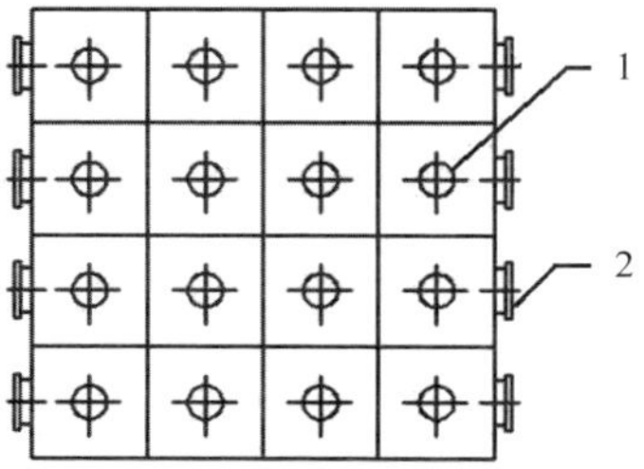

1—测点；2—监测孔

图 7-3　矩形断面测点与监测孔示意图

7.3.3.3　自动监测设备参比方法采样监测开孔的具体要求

废气自动监测设备参比方法采样监测孔的设置，在满足本章“7.3.3.1”中基本要求的同时，还应按照以下具体规定设置：

（1）应在自动监测断面下游预留参比方法采样监测孔，在互不影响测量的前提下，参比方法采样监测孔应尽可能靠近废气自动监测断面，距离约 0.5 m 为宜。

（2）对于监测断面为圆形的烟道，参比方法采样监测孔应设在包括各测点在内的互相垂直的直径线上，其中，断面直径小于 4 m 时，应设置相互垂直的 2 个监测孔；断面直径大于 4 m 时，应尽量设置相互垂直的 4 个监测孔。

（3）若监测断面为矩形烟道，参比方法采样监测孔应设在包括各测点在内的延长线上。监测断面宽度大于 4 m 时，应尽量在烟道两侧对开监测孔。具体监测孔数量按照《固定污染源排气中颗粒物测定与气态污染物采样方法》（GB/T 16157—1996）的要求确定。

7.3.4　监测平台的规范化设置

监测平台应设置在监测孔的正下方 1.2～1.3 m 处，应安全、便于开展监测活动，必要时应设置多层平台以满足与监测孔距离的要求。

仅用于手工监测的平台可操作面积应大于 1.5 m^2（长度、宽度均不小于 1.2 m），最好应在 2 m^2 以上。用于安装废气自动监测设备和进行参比方法采样监测的平台面积至少是 4 m^2（长度、宽度均不小于 2 m），或不小于采样枪长度外延 1 m。

监测平台应易于监测人员和监测仪器到达。应根据平台高度，按照《固定式钢梯及平台安全要求　第 1 部分：钢直梯》（GB 4053.1—2009）、《固定式钢梯及平台安全要求　第 2 部分：钢斜梯》（GB 4053.2—2009）的要求，设置直梯或斜梯。当监测平台距离地面或其他坠落面距离超过 2 m 时，不应设置直梯，应有通往平台的斜梯、旋梯或通过升降梯、电梯到达，斜梯、旋梯宽度应不小于 0.9 m，梯子倾角不超过 45°，其他具体指标详见 GB 4053.1—2009 和 GB 4053.2—2009 的相关要求。监测平台距离地面或其他坠落面距离超过 20 m 时，应有通往平台的升降梯，见图 7-4。

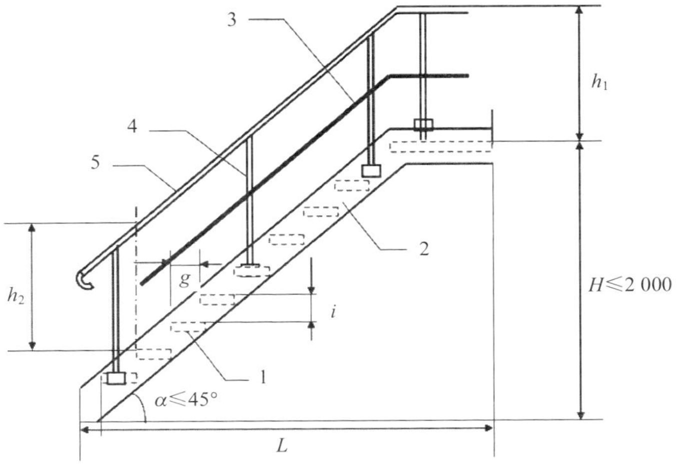

1—踏板；2—梯梁；3—中间栏杆；4—立柱；5—扶手；H—梯高；L—梯跨；

h_1—栏杆高；h_2—扶手高；α—梯子倾角；i—踏步高；g—踏步宽

图 7-4　固定式钢斜梯

监测平台、通道的防护栏杆的高度应不低于 1.2 m，脚部挡板不低于 10 cm。监测平台、通道、防护栏的设计载荷、制造安装、材料、结构及防护要求应符合《固定式钢梯及平台安全要求　第 3 部分：工业防护栏杆及钢平台》（GB 4053.3—2009）的要求，见图 7-5。

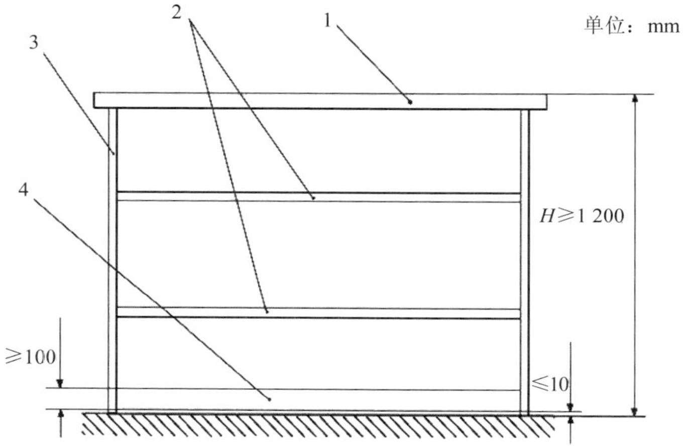

1—扶手（顶部栏杆）；2—中间栏杆；3—立柱；4—踢脚板；*H*—栏杆高度

图 7-5　防护栏杆

监测平台应设置一个防水低压配电箱，内设漏电保护器、不少于 2 个 16A 插座及 2 个 10A 插座，保证监测设备所需电力。

监测平台附近有造成人体机械伤害、灼烫、腐蚀、触电等危险源的，应在平台相应位置设置防护装置。监测平台上方有坠落物体隐患时，应在监测平台上方高处设置防护装置。防护装置的设计与制造应符合《机械安全　防护装置　固定式和活动式防护装置的设计与制造一般要求》（GB/T 8196—2003）的要求。

排放剧毒、致癌物及对人体有严重危害物质的监测点位应储备相应的安全防护装备。

7.3.5　废气自动监测设施的规范化设置

7.3.5.1　监测站房的设置

废气自动监测站房的设置满足到如下要求：

（1）应为室外的废气自动监测系统提供独立的站房，监测站房与采样点之间的距离应尽可能近，原则上不超过 70 m。

（2）监测站房的基础荷载强度应不小于 2 000 kg/m^2。若站房内仅放置单台机柜，面积应不小于（2.5×2.5）m^2。若同一站房内放置多套分析仪表，每增加 1 台机柜，站房面积应至少增加 3 m^2，以便开展运维操作。站房空间高度应不小于 2.8 m，站房室内标高应大于室外标高。

（3）监测站房内应安装空调和采暖设备，室内温度应保持在 15～30℃，相对湿度应不大于 60%，空调应具有来电自动重启功能，站房内应安装排风扇或其他通风设施。

（4）监测站房内配电功率能够满足仪表实际要求，功率不小于 8 kW，至少预留三孔插座 5 个、稳压电源 1 个、UPS 电源 1 个。

（5）监测站房内应配备不同浓度的有证标准气体，且应在有效期内。标准气体应当包含零气（即含二氧化硫、氮氧化物浓度均≤0.1 μmol/mol 的标准气体，一般为高纯氮气，纯度≥99.999%；当测量烟气中的二氧化碳时，零气中二氧化碳≤400 μmol/mol，含有其他气体的浓度不得干扰仪器的读数）和 CEMS 测量的各种气体（SO_2、NO_x、O_2）的量程标气，以满足日常零点、量程校准、校验的需要。低浓度标准气体可由高浓度标准气体通过经校准合格的等比例稀释设备获得（精密度≤1%），也可单独配备。

（6）监测站房应有必要的防水、防潮、隔热、保温措施，在特定场合还应具备防爆功能。

（7）监测站房应具有能够满足废气自动监测系统数据传输要求的通信条件。

7.3.5.2 自动监测设备的安装施工要求

（1）废气自动监测系统安装施工应符合《自动化仪表工程施工及质量验收规范》《电气装置安装工程电缆线路施工及验收标准》的规定。

（2）施工单位应熟悉废气自动监测系统的原理、结构、性能，编制施工方案、施工技术流程图、设备技术文件、设计图样、监测设备及配件货物清单交接明细表、施工安全细则等有关文件。

（3）设备技术文件应包括资料清单、产品合格证、机械结构、电气、仪表安装的技术说明书、装箱清单、配套件、外购件检验合格证和使用说明书等。

（4）设计图样应符合技术制图、机械制图、电气制图、建筑结构制图等标准的规定。

（5）设备安装前的清理、检查及保养应符合以下要求：

1)按交货清单和安装图样明细表清点检查设备及零部件，缺损件应及时处理，更换补齐。

2）运转部件如取样泵、压缩机、监测仪器等，滑动部位均需清洗、注油润滑防护。

3）因运输造成变形的仪器、设备的结构件应校正，并重新涂刷防锈漆及表面油漆，保养完毕后应恢复原标记。

（6）现场端连接材料（垫片、螺母、螺栓、短管、法兰等）为焊件组对成焊时，壁（板）的错边量应符合以下要求：

1）管子或管件对口、内壁齐平，最大错边量≤1 mm；

2）采样孔的法兰与连接法兰几何尺寸极限偏差不超过±5 mm，法兰端面的垂直度极限偏差≤0.2%；

3）采用透射法原理颗粒物监测仪器发射单元和颗粒物监测仪反射单元，测量光束从发射孔的中心射出到对面中心线相叠合的极限偏差≤0.2%。

（7）从探头到分析仪的整条采样管线的铺设应采用桥架或穿管等方式，保证整条管线具有良好的支撑。管线倾斜度≥5º，防止管线内积水，在每隔 4～5 m 处装线卡箍。当使用伴热管线时应具备稳定、均匀加热和保温的功能；其设置加热温度≥120℃，且应高于烟气露点温度 10℃以上，其实际温度值应能够在机柜或系统软件中显示查询。

（8）电缆桥架安装应满足最大直径电缆的最小弯曲半径要求。电缆桥架的连接应采用连接片。配电套管应采用钢管和 PVC 管材质配线管，其弯曲半径应满足最小弯曲半径要求。

（9）应将动力与信号电缆分开敷设，保证电缆通路及电缆保护管的密封，自控电缆应符合输入和输出分开、数字信号和模拟信号分开配线和敷设的要求。

（10）安装精度和连接部件坐标尺寸应符合技术文件和图样规定。监测站房仪器应排列整齐，监测仪器顶平直度和平面度应不大于 5 mm，监测仪器牢固固定，可靠接地。二次接线正确、牢固可靠，配导线的端部应标明回路编号。配线工艺整齐，绑扎牢固，绝缘性好。

（11）各连接管路、法兰、阀门封口垫圈应牢固完整，均不得有漏气、漏水现象。保持所有管路畅通，保证气路阀门、排水系统安装后应畅通和启闭灵活。自动监测系统空载运行 24 h 后，管路不得出现脱落、渗漏、振动强烈的现象。

（12）反吹气应为干燥清洁气体。反吹系统应进行耐压强度试验，试验压力为常用工作压力的 1.5 倍。

（13）电气控制和电气负载设备的外壳防护应符合《外壳防护等级》（GB 4208—2017）的技术要求，户内达到防护等级 IP24 级，户外达到防护等级 IP54 级。

（14）防雷、绝缘要求：

1）系统仪器设备的工作电源应有良好的接地措施，接地电缆应采用大于 4 mm^2 的独芯护套电缆，接地电阻小于 4Ω，且不能和避雷接地线共用。

2）平台、监测站房、交流电源设备、机柜、仪表和设备金属外壳、管缆屏蔽层和套管的防雷接地，可利用厂内区域保护接地网，采用多点接地方式。厂区内不能提供接地线或提供的接地线达不到要求的，应在子站附近重做接地装置。

3）监测站房的防雷系统应符合《建筑物防雷设计规范》（GB 50057—2016）的规定，电源线和信号线设防雷装置。

4）电源线、信号线与避雷线的平行净距离≥1 m，交叉净距离≥0.3 m（图 7-6）。

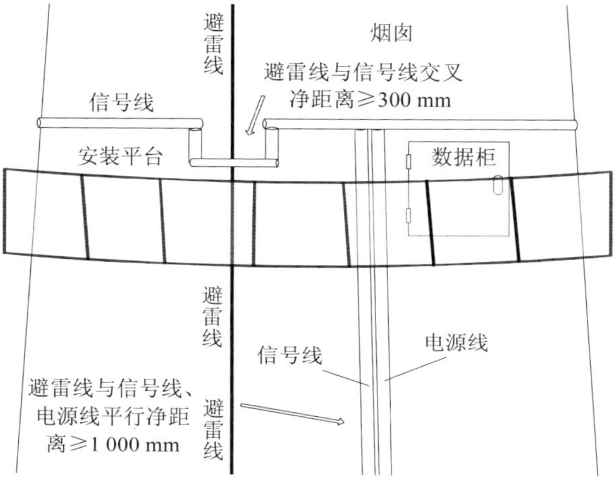

图 7-6　电源线、信号线与避雷线距离示意图

5）由烟囱或主烟道上数据柜引出的数据信号线要经过避雷器引入监测站房，应将避雷器接地端同站房保护地线可靠连接。

6）信号线为屏蔽电缆线，屏蔽层应有良好绝缘，不可与机架、柜体发生摩擦、打火，屏蔽层两端及中间均须做接地连接（图 7-7）。

图 7-7　信号线接地示意图

7.4 排污口标志牌的规范化设置

7.4.1 标志牌设置的基本要求

排污单位应在排污口及监测点位设置标志牌，标志牌分为提示性标志牌和警告性标志牌两种。提示性标志牌用于向人们提供某种环境信息，警告性标志牌用于提醒人们注意污染物排放可能会造成危害。

一般性污染物排放口及监测点位应设置提示性标志牌。排放剧毒、致癌物及对人体有严重危害物质的排放口及监测点位应设置警告性标志牌，警告标志图案应设置于警告性标志牌的下方。

标志牌应设置在距污染物排放口及监测点位较近且醒目处，并能长久保留。

排污单位可根据监测点位情况，设置立式或平面固定式标志牌。

7.4.2 标志牌技术规格

7.4.2.1 环保图形标志

（1）环保图形标志必须符合国家环境保护局和国家技术监督局发布的中华人民共和国国家标准《环境保护图形标志——排放口（源）》（GB 15562.1—1995）

（2）图形颜色及装置颜色

1）提示标志：底和立柱为绿色，图案、边框、支架和文字为白色；

2）警告标志：底和立柱为黄色，图案、边框、支架和文字为黑色。

（3）辅助标志内容

1）排放口标志名称；

2）单位名称；

3）排放口编号；

4）污染物种类；

5）××生态环境局监制；

6）排放口经纬度坐标、排放去向、执行的污染物排放标准、标志牌设置依据的技术标准等。

（4）辅助标志字型：黑体字。

（5）标志牌尺寸

1）平面固定式标志牌外形尺寸：提示性标志牌为 480 mm×300 mm；警告性标志牌为边长 420 mm。

2）立式固定式标志牌外形尺寸：提示性标志牌为 420 mm×420 mm；警告性标志牌为边长 560 mm；高度为标志牌最上端距地面 2 m。

7.4.2.2 其他要求

（1）标志牌材料

1）标志牌采用 1.5～2 mm 冷轧钢板；

2）立柱采用 38×4 无缝钢管；

3）表面采用搪瓷或者反光贴膜。

（2）标志牌的表面处理

1）搪瓷处理或贴膜处理；

2）标志牌的端面及立柱要经过防腐处理。

（3）标志牌的外观质量要求

1）标志牌、立柱无明显变形；

2）标志牌表面无气泡，膜或搪瓷无脱落；

3）图案清晰，色泽一致，不得有明显缺损；

4）标志牌的表面不应有开裂、脱落及其他破损。

7.5　排污口规范化的日常管理与档案记录

排污单位应将排污口规范化建设纳入企业生产运行的管理体系中，制定相应的管理办法和规章制度，选派专职人员对排污口及监测点位进行日常管理和维护，并保存相关管理记录。

排污单位应建立排污口及监测点位档案。档案内容除包括排污口及监测点位的位置、编号、污染物种类、排放去向、排放规律、执行的排放标准等基本信息外，还应包括相关日常管理的记录，如标志牌的内容是否清晰完整，监测平台、各类梯架、监测孔、自动监测设施等是否能够正常使用，废水排放口是否损坏、排气筒有无漏风和破损现象等方面的检查记录，以及相应的维护、维修记录。

排污口及监测点位一经确认，排污单位不得随意变动。监测点位位置、排污口排放的污染物发生变化的，或排污口须拆除、增加、调整、改造或更新的，应按相关要求及时向生态环境主管部门报备，并及时设立新的标志牌或更换标志牌上的相应内容。

第 8 章　废水手工监测技术要点

废水手工监测是一项全面性、系统性的工作。为了规范手工监测活动的开展，我国发布了一系列监测技术规范和方法标准。总体来说，废水手工监测要按照相关的技术规范和方法标准开展。为了便于理解和应用，本章立足于现有的技术规范和标准，结合日常工作经验，分别对流量监测、现场手工监测、实验室分析等三个方面归纳总结了常见的方法和操作要求，以及方法使用过程中的重点注意事项。对于一些虽然适用，但不够便捷，目前实际应用很少的方法，本书中未进行列举。若排污单位根据实际情况，确实需要采用这些方法的，应严格按照方法的适用条件和要求开展相关监测活动。

8.1　流量

在工业应用领域，流量测量主要用电磁流量计、巴氏槽、孔板流量计、涡街流量计等，其中孔板流量计和涡街流量计广泛应用于石油、化工、冶金、电力、供热、供水等领域，其作用是测量和调控管道加药、供水、供热的流量。对于工业废水的流量监测，目前技术最成熟、应用最广泛、使用最便捷的是巴歇尔槽（巴氏槽）和电磁流量计。此外在科研领域，还有容积法、浓度法、皮托管测速计法、文丘里测速计法等，主要用于流体力学的建模与研究。

企业自行监测废水流量，推荐首选自动测流方法，精度高、操作简单、运维方便。手工测流方法为备选，在不满足自动测流条件或自动测流设施损坏时，可以作为临时补救措施。

以下两种测流方法为手工测流法，相对于自动测流法而言，操作复杂、准确度低，仅建议在自动测流设施断电或损坏时临时救急使用，不建议用作长期自行监测手段。

8.1.1　河道明渠流速仪

适用条件：适用于明渠排水流量的测量，排污截面底部需硬质平滑，截面形状为规则的几何形，排污口处有不小于 3 m 的平直过流水段，且水位高度不小于 0.1 m。在巴氏槽自动测流断电或损坏时，可用此法临时测量排水流量。河道明渠流速仪示例图见图 8-1。

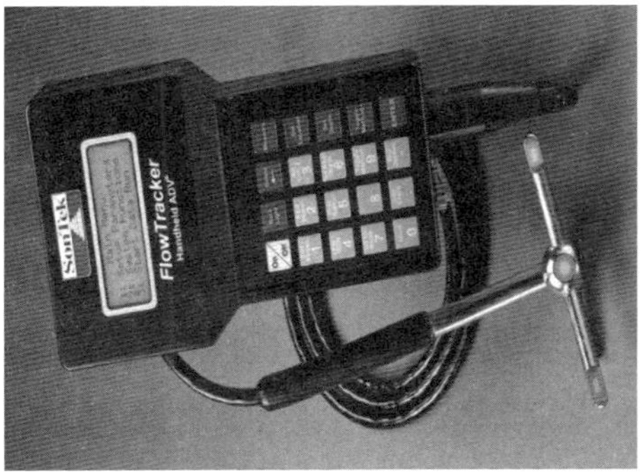

便携式超声波流速仪实景图（示例 1）

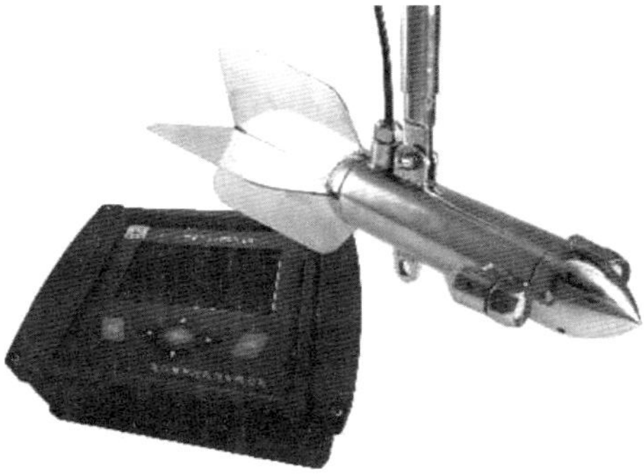

便携式超声波流速仪实景图（示例 2）

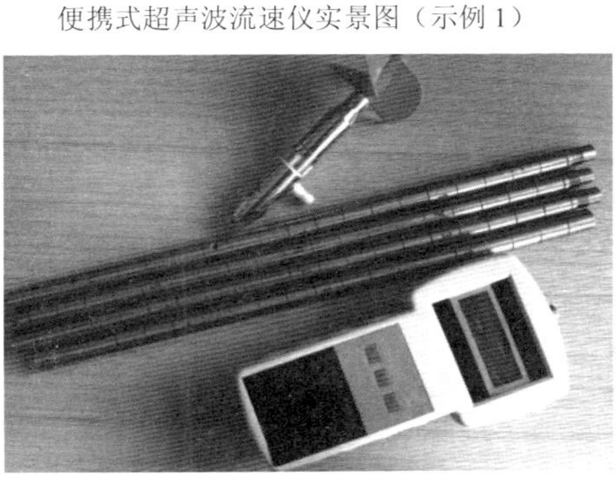

便携式旋浆流速仪实景图（示例 3）

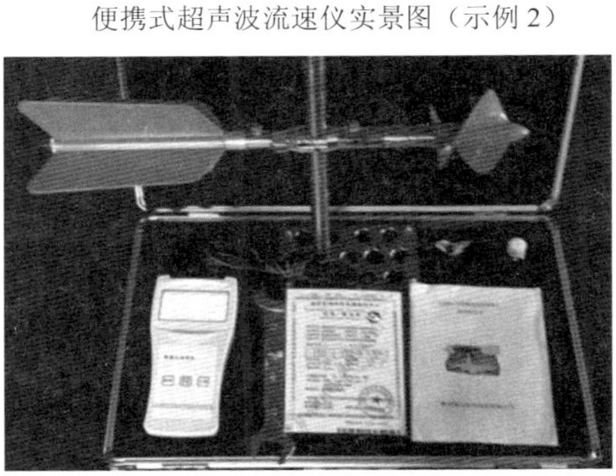

便携式旋浆流速仪实景图（示例 4）

便携式旋杯流速仪实景图（示例 5）

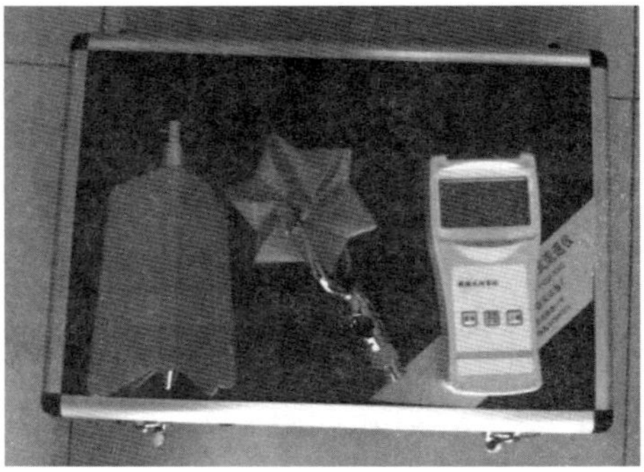

便携式旋杯流速仪实景图（示例 6）

图 8-1 河道明渠流速仪示例

方法原理：通过流速仪，测量过水断面不同位置的流速，计算平均流速，再乘以断面面积即得测量时刻的瞬时流量。

操作方式：购买超声波、旋杯式、旋桨式流量监测仪，按照操作说明书在满足上述适用条件的排污渠中测量各点流速，再用直尺测量过水断面面积。流量=所测平均流速×所测面积。不同流速仪的操作方法有所不同，以说明书为准。

8.1.2 便携式超声波管道测流仪

适用条件：便携式超声波管道测流仪的使用条件与电磁式自动测流仪一致，适用于顺直管道的满流测量。管壁为能传导超声波的实密介质，如铸铁、碳钢、不锈钢、玻璃钢、PVC 等。测点应避开弯头、阀门等，确保流态稳定，无气泡和涡流。测点应避开大功率变频器和强磁场设备，以免产生干扰。在电磁流量计断电或损坏时，可用此法临时测量排水流量。便携式超声波管道测流仪示例图见图 8-2。

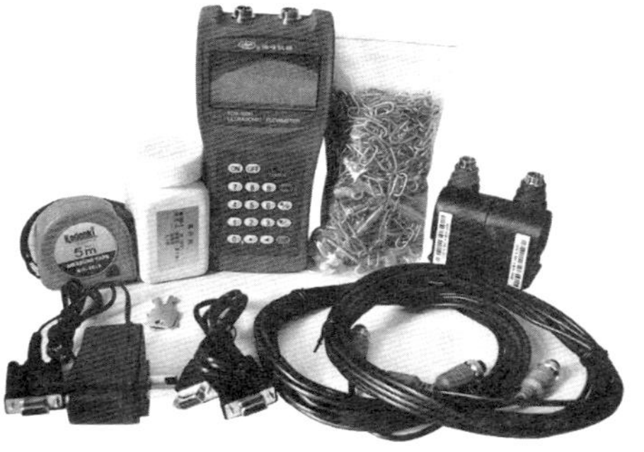

便携式超声波管道测流仪实景图（示例 1）

便携式超声波管道测流仪实景图（示例 2）

图 8-2　便携式超声波管道测流仪示例

方法原理：沿着管道的走向，将两个传感器分别贴合于管道，错开一定距离，通过两个传感器的时差测量流速，再乘以管道截面面积，得出流量。便携式超声波管道测流原理示意图见图 8-3。

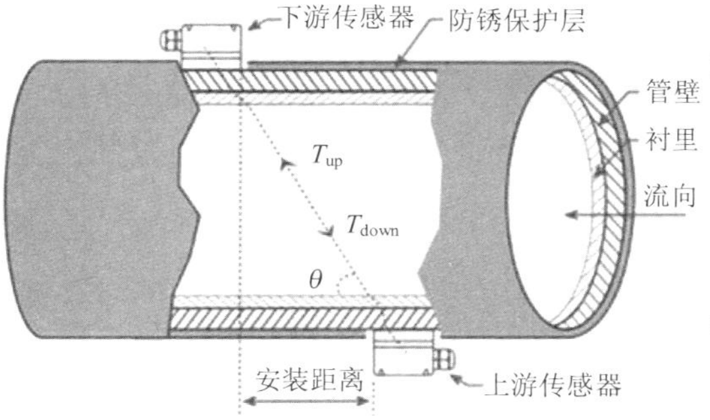

$$V=\frac{MD}{\sin 2\theta}\times\frac{\Delta T}{T_{up}\cdot T_{down}}$$

式中：θ——声束与液体流动方向的夹角；

M——声束在液体的直线传播次数；

D——管道内径；

T_{up}——声束在正方向上的传播时间；

T_{down}——声束在逆方向上的传播时间；

$\Delta T=T_{up}-T_{down}$ 时差。

$$F=900\times\pi\times D^2\times V$$

式中：F——瞬时流量，m^3/h；

D——管道的内径，m；

V——流速，m/s。

图 8-3　便携式超声波管道测流原理示意图

操作方式：按照说明书，将传感器安装于管道上，启动主机根据操作步骤测量（不同厂家产品的安装方式和操作步骤略有不同，以说明书为准）。

8.2 现场采样与测试

8.2.1 采样点位

第一类污染物采样点位一律设在车间或车间处理设施的排放口或专门处理此类污染物设施的排口。第一类污染物包括总汞、烷基汞、总镉、总铬、六价铬、总砷、总铅、总镍、苯并[a]芘、总铍、总银、总 α 放射性、总 β 放射性。

第二类污染物采样点位一律设在排污单位的外排口。

进入集中式污水处理厂和进入城市污水管网的污水采样点位应根据地方生态环境主管部门的要求确定。污水处理设施效率监测采样点的布设：

（1）对整体污水处理设施效率监测时，在各种进入污水处理设施污水的入口和污水设施的总排口设置采样点。

（2）对各污水处理单元效率监测时，在各种进入处理设施单元污水的入口和设施单元的排口设置采样点。

实际采样位置应位于污水排放管道中间位置，当水深大于 1 m 时，应在表层下 1/4 深度处采样；水深小于或等于 1 m 时，在水深的 1/2 处采样。

8.2.2 采样方法

污水的监测项目根据行业类型有不同的要求，排污单位根据本行业自行监测技术指南中的要求设置。

采样方法主要分为瞬时采样和连续采样。

在分时间单元采集瞬时样品时，测定 pH、COD、BOD_5、溶解氧、硫化物、油类、有机物、余氯、粪大肠菌群、悬浮物、放射性等项目的样品，不能混合，只能单独采样。

根据监测项目选择不同的采样器（图 8-4），包括聚乙烯塑料桶、不锈钢采水器、有机玻璃水质采样器、泵式采水器、油类采样器、自动采样装置及用采样容器直接灌装（如粪大肠菌群等微生物指标）。当水很浅，以上采样器均不适用时，可考虑使用不锈钢或塑料水瓢采集水样。采样人员距水面较远时可使用长柄瓢。废水排口有较大落差的，可使用上方开口的容器，如吊桶、提桶等采集水样。

有条件的排污单位可配备水质自动采样装置进行时间比例采样和流量比例采样，以满足连续采样加密监测的需求。当污水排放量较稳定时可采用时间比例采样，否则必须采用流量比例采样。油类、pH、溶解氧、硫化物、粪大肠菌群等指标不宜用自动采样装置进行采样。

不锈钢采水器

有机玻璃水质采样器

油类采样器

塑料水瓢

长柄瓢

吊桶

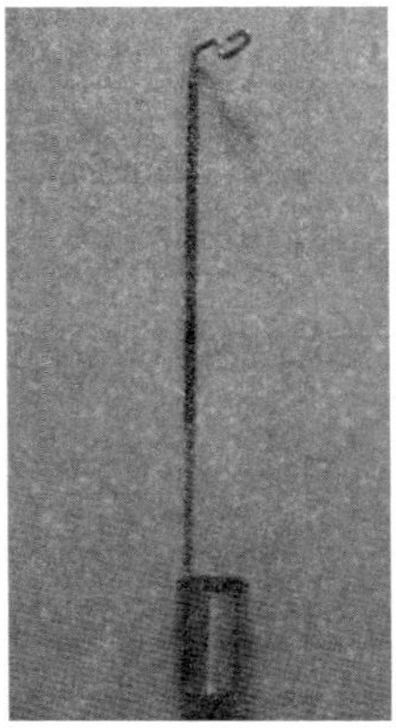

提桶

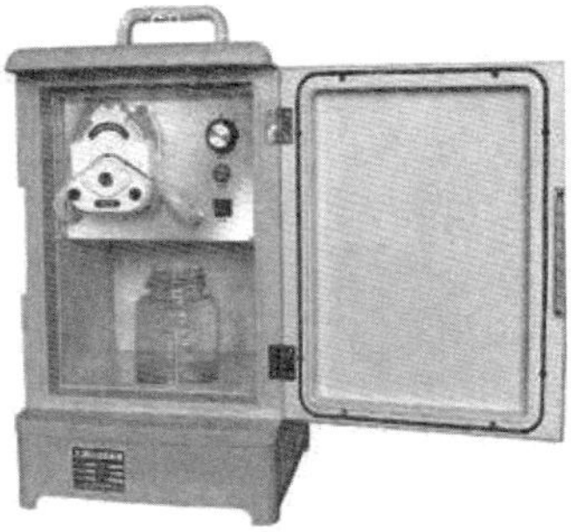

水质自动采样装置

图 8-4　常见废水采样器

样品采集时还应针对具体的监测项目注意以下事项：

（1）采样时不可搅动水底的沉积物。

（2）确保采样准时，点位准确，操作安全。

（3）采样结束前，应核对采样计划、记录与水样。如有错误或遗漏，应立即补采或重采。

（4）若采样现场水体很不均匀，无法采到有代表性的样品，则应详细记录不均匀的情况和实际采样情况，供使用该数据者参考。

（5）测定油类的水样，应使用油类采样器从水面至水下 300 mm 采集柱状水样。

（6）测溶解氧、生化需氧量和有机污染物等项目时，水样必须注满容器，上部不留空间并有水封口。

（7）如果水样中含沉降性固体（如泥沙等），则应分离除去。即将所采水样摇匀后倒入沉降桶（如 1～2 L 量筒），静置 30 min，将不含沉降性固体但含有悬浮性固体的水样移入盛样容器并加入保存剂。测定水温、pH、溶解氧、电导率、悬浮物和油类的水样除外。

用样品容器直接采样时，必须用水样将容器冲洗 3 次之后再进行采样。采油类的容器不能冲洗。

（8）采样时应注意除去水面的杂物、垃圾等漂浮物。

（9）用于测定悬浮物、BOD_5、硫化物、油类、余氯的水样，必须单独定容采样并全部用于测定。

（10）采样时应认真填写“污水采样记录表”，表中应有以下内容：污染源名称、监测项目、采样点位、采样时间、样品编号、污水性质、污水流量、采样人姓名及其他有关事项。具体格式可由各排污单位制定，可参考表 8-1。

（11）凡需现场监测的项目，应进行现场监测。

表 8-1　污水采样记录表

监测项目	样品编号	采样时间	采样口位置（需标明车间或出厂口）	样品类别	样品表观	采样口流量/（m^3/s）	采样人

8.2.3　样品保存与运输

8.2.3.1　容器

当前市面上常见的容器按材质主要分为硬质玻璃瓶和聚乙烯瓶。在表 8-2 中分别用 G、P 表示。硬质玻璃瓶有透明和棕色两种（图 8-5）。硬质玻璃瓶适用于 COD、高锰酸盐指数、石油类、有机化合物等监测项目的样品采集。棕色玻璃瓶能够降低光敏作用，适用于硫化物、叶绿素 a、浮游植物等监测项目的样品采集。聚乙烯瓶则适用于水中金属元素、氟化物等监测项目的样品采集。在采样之前，采样容器应经过相应的清洗和处理，采样之后要对容器进行适当的封存，具体操作方法参见本节内容。企业可根据监测项目自行选择采样容器并按照合适的方法进行清洗和处理。

图 8-5　采样容器（透明硬质玻璃瓶、棕色硬质玻璃瓶和聚乙烯瓶）

（1）容器选择的一般原则

1）最大限度地防止容器及瓶塞对样品的污染，一般的玻璃在贮存水样时可溶出钠、钙、镁、硅、硼等元素，在测定这些项目时应避免使用玻璃容器，以防止新的污染。一些有色瓶塞含有大量的重金属。

2）容器壁应易于清洗、处理，以减少如重金属或放射性核类的微量元素对容器的表面污染。

3）容器或容器塞的化学和生物性质应该是惰性的，以防止容器与样品组分发生反应。如测氟时，水样不能贮于玻璃瓶中，因为玻璃与氟化物发生反应。

4）防止容器吸收或吸附待测组分，引起待测组分浓度的变化。微量金属易受这些因素的影响，其他如清洁剂、杀虫剂、磷酸盐同样也受到影响。

5）深色玻璃能降低光敏作用。

（2）容器的准备

1）所有的准备都应确保不发生正负干扰。

2）尽可能使用专用容器。如不能使用专用容器，那么最好准备一套容器用于特定污染物的测定，以减少交叉污染。同时应注意防止以前采集高浓度分析物的容器因洗涤不彻底污染随后采集的低浓度污染物的样品。

3）对于新容器，一般应先用洗涤剂清洗，再用纯水彻底清洗。但是，用于清洁的清洁剂和溶剂可能引起干扰，所用的洗涤剂类型和选用的容器材质要随待测组分来确定。测定硅、硼和表面活性剂，不能使用洗涤剂；测磷酸盐不能使用含磷洗涤剂；测硫酸盐或铬则不能用铬酸—硫酸洗液。测重金属的玻璃容器及聚乙烯容器通常用盐酸或硝酸（C=1 mol/L）洗净并浸泡 1～2 天后，再用蒸馏水或去离子水冲洗。

（3）容器的清洗

1）用清洁剂清洗塑料或玻璃容器：

①用水和清洗剂的混合稀释溶液清洗容器和容器帽；

②用实验室用水清洗两次；

③控干水并盖好容器帽。

2）用溶剂洗涤玻璃容器：

①用水和清洗剂的混合稀释溶液清洗容器和容器帽；

②用自来水彻底清洗；

③用实验室用水清洗两次；

④用丙酮清洗并干燥；

⑤用与分析方法匹配的溶剂清洗并立即盖好容器帽。

3）酸洗玻璃或塑料容器：

①用自来水和清洗剂的混合稀释溶液清洗容器和容器帽；

②用自来水彻底清洗；

③用 10%硝酸溶液清洗；

④控干后，注满 10%硝酸溶液；

⑤密封，贮存至少 24 h；

⑥用实验室用水清洗，并立即盖好容器帽。

4）用于微生物分析的样品

用于微生物分析的容器及塞子、盖子应经高温灭菌，灭菌温度应确保在此温度下不释放或产生出任何能抑制生物活性、灭活或促进生物生长的化学物质。玻璃容器按一般清洗原则洗涤，用硝酸浸泡后再用蒸馏水冲洗，以除去重金属或铬酸盐残留物。在灭菌前可在容器里加入硫代硫酸钠（$Na_2S_2O_3$）以除去余氯对细菌的抑制作用（以每 125 mL 容器加入 0.1 mL 的 10 mg/L$Na_2S_2O_3$ 计量）。

（4）容器的封存

对需要测定物理-化学分析物的样品，应使水样充满容器至溢流并密封保存，以减少因与空气中氧气、二氧化碳的反应干扰及样品运输途中的振荡干扰。但当样品需要被冷冻保存时，不应溢满封存，以防容器破裂。

8.2.3.2 样品保存

水样采集后应尽快送到实验室分析，因为样品长时间放置，受生物、化学、物理等因素的影响，某些组分的浓度可能会发生变化。一般可通过冷藏、冷冻、过滤、离心、添加保存剂等方式对样品进行保存。

（1）样品的冷藏、冷冻

在大多数情况下，从采集样品后到运输到实验室期间，在 1～5℃冷藏并于暗处保存就足够了，−20℃的冷冻温度一般能延长贮存期，但分析挥发性物质、包含细胞，细菌或微藻类的样品不适用冷冻程序。冷冻需要掌握冷冻和融化技术，以使样品在融化时能迅速地、均匀地恢复其原始状态。用干冰快速冷冻是令人满意的方法。一般选用塑料容器。强烈推荐聚氯乙烯或聚乙烯等塑料容器。

（2）添加保存剂

保存剂主要包括酸、碱、抑制剂、氧化剂和还原剂。样品保存剂如酸、碱或其他试剂在采样前应进行空白试验，其纯度和等级必须达到分析的要求。

1）加入酸和碱：控制溶液 pH，测定金属离子的水样常用硝酸酸化至 pH=1～2，这样做既可以防止重金属的水解沉淀，又可以防止金属在器壁表面上的吸附，同时在 pH 为 1～2 的酸性介质中还能抑制生物的活动。用此法保存，大多数金属可稳定数周或数月。测定氰化物的水样需加氢氧化钠将 pH 调至 12。测定六价铬的水样应加氢氧化钠将 pH 调至 8，因在酸性介质中，六价铬的氧化电位高，易被还原。保存总铬的水样，则应加硝酸或硫酸调节 pH 至 1～2。

2）加入抑制剂：为了抑制生物作用，可在样品中加入抑制剂。如在测氨氮、硝酸盐氮和 COD 的水样中，加氯化汞或加入三氯甲烷、甲苯作防护剂以抑制生物对亚硝酸盐、硝酸盐、铵盐的氧化还原作用。在测酚水样中用磷酸调整溶液的 pH，加入硫酸铜以控制苯酚分解菌的活动。

3）加入氧化剂：水样中痕量汞易被还原，引起汞的挥发性损失，加入硝酸—重铬酸钾溶液可使汞维持在高氧化态，汞的稳定性大为改善。

4）加入还原剂：测定硫化物的水样时，加入抗坏血酸对保存有利。含余氯水样，能氧化氰离子，可使酚类、烃类、苯系物氯化生成相应的衍生物，为此在采样时加入适当的硫代硫酸钠予以还原，以除去余氯干扰。

加入一些化学试剂可固定水样中的某些待测组分，保存剂可事先加入空瓶中，亦可在采样后立即加入水样中。所加入的保存剂不能干扰待测成分的测定，如有疑义应先做必要的试验。

加入保存剂的样品，经过稀释后，在分析计算结果时要充分考虑相关的影响。但如果加入足够浓的保存剂，因加入体积很小，可以忽略其稀释影响。因固体保存剂，会引起局部过热，进而影响样品，故应该避免使用。

所加入的保存剂有可能改变水中组分的化学或物理性质，因此选用保存剂时一定要考虑到其对测定项目的影响。如待测项目是溶解态物质，酸化会引起胶体组分和固体的溶解，则必须在过滤后酸化保存。

必须做保存剂空白试验，特别对微量元素的检测。要充分考虑加入保存剂所引起待测元素数量的变化。例如，酸类会增加砷、铅、汞的含量。因此，样品中加入保存剂后，应保留并做空白试验。

（3）生物检测的处理保存

用于化学分析的样品和用于生物分析的样品是不同的。加入到生物检测的样品中的化学品能够固定或保存样品。“固定”用于描述保存形态结构，而“保存”是用于防止有机质的生物化学或化学退化。生物检测样品的保存应符合下列标准：

1）预先了解防腐剂对预防生物有机物损失的效果；

2）防腐剂至少在保存期间，能够有效地防止有机质的生物退化；

3）在保存期内，防腐剂应保证能充分研究生物分类群。

（4）放射化学分析样品的处理、保存

用于化学分析的样品和用于放射化学分析的样品的安全措施依赖于样品的放射能的性质。这类样品的保存技术依赖放射类型和放射性核素的半衰期。

对不同的监测项目应选用的容器材质、保存剂及其加入量、保存期、采样体积和容器洗涤方法可参考表 8-2。

表 8-2 样品保存和容器洗涤

项目	采样容器	保存剂及用量	保存期	采样量/mL	容器洗涤
pH*	G、P	—	12 h	250	Ⅰ
悬浮物**	G、P	—	14 h	500	Ⅰ
化学需氧量	G	加 H_2SO_4，pH≤2	2 d	500	Ⅰ
BOD_5**	G	—	12 h	500	Ⅰ
总磷	G、P	加 HCl，H_2SO_4，pH≤2	24 h	250	Ⅳ
氨氮	G、P	加 H_2SO_4，pH≤2	24 h	250	Ⅰ
总氮	G、P	加 H_2SO_4，pH≤2	7 d	250	Ⅰ
总有机碳**	G	加 H_2SO_4，pH≤2	7 d	250	Ⅰ
石油类**	G	加 H_2SO_4，pH≤2	3 d	500	Ⅰ

项目	采样容器	保存剂及用量	保存期	采样量/mL	容器洗涤
硫化物	G、P	1L 水样加 NaOH 调节 pH 至 9，加入 5%抗坏血酸 5 mL，饱和 EDTA 3 mL，滴加饱和 $Zn(AC)_2$ 至胶体产生，常温避光	24 h	250	I
挥发酚**	G、P	用 H_3PO_4 调至 pH=2，用 0.01～0.02 g 抗坏血酸除去余氯	24 h	1 000	I
总钒**	P	加 HNO_3，pH＜2	1 个月	100	
挥发性有机物**	G	用（1+10）HCl 调至 pH≤2，加入抗坏血酸 0.01～0.02 g 除去残余氯	12 h	1 000	
总氰化物**	G、P	加 NaOH，pH＞12	24 h	500	I
多环芳烃**	G	—	7 d	500	
总铅	G、P	HNO_3，1%，如水样为中性，1L 水样中加浓 $HNO_3$10 mL	14 d	250	III
总砷	G、P	HNO_3，1L 水样中加浓 $HNO_3$10 mL，DDTC 法，HCl 2 mL	14 d	250	I
总镍	G、P	HNO_3，1L 水样中加浓 HNO_3 10 mL	14 d	250	III
总汞	G、P	HCl，1%，如水样为中性，1 L 水样中加浓 HCl 10 mL	14 d	500	III
烷基汞**	P	1 L 水样中加入 1 g 硫酸铜	数小时	1 000	
氟化物	P（聚四氟乙烯除外）	—	1 个月	200	
总铜	P	HNO_3，1 L 水样中加浓 HNO_3 10 mL	14 d	250	III
总锌	P	HNO_3，1 L 水样中加浓 HNO_3 10 mL	14 d	250	III
可吸附有机卤化物**	G	100 mL 水样中加入 5 mL 亚硫酸钠(0.2 mol/L)；加 HNO_3，pH=1.5～2.0	3 d	500	I
总镉	G、P	HNO_3，1 L 水样中加浓 HNO_3 10 mL	14 d	250	III
总铬	G、P	HNO_3，1 L 水样中加浓 HNO_3 10 mL	1 个月	200	酸洗
六价铬	G、P	NaOH，pH=8～9	14 d	250	酸洗III
三卤甲烷类**	G	—	14 d	100	
硝基苯类**	G	加浓 H_2SO_4，pH≤3	7 d	1 000	
氯苯类**	G	—	7 d	250	

项目	采样容器	保存剂及用量	保存期	采样量/mL	容器洗涤
多氯联苯**	G溶剂洗，带聚四氟乙烯瓶盖	—	7 d	1 000	—
甲醛	G、P	每升加1 mL浓H_2SO_4，pH≤2	24 h	250	—
三氯乙醛**	G	—	72 h	250	—
酚类化合物**	G	加HCl，pH＜2	7 d	1 000	—
丙烯腈**	G	—	24 h	250	—
邻苯二甲酸二甲（二丁、二辛）酯**	G	加HCl或NaOH，pH=7.0	7 d	100	—
苯胺类**	G	—	2 周	500	—
丙烯酰胺**	G	—	7 d	250	—
吡啶**	G	—	48 h	250	—
二噁英类**	G	—	24 h	250	—

注：（1）*表示应尽量做现场测定，**表示低温（0～4℃）避光保存。

（2）G为硬质玻璃瓶；P为聚乙烯瓶。

（3）d表示天，h表示小时。

（4）Ⅰ、Ⅲ、Ⅳ表示三种洗涤方法，具体内容如下：

Ⅰ：洗涤剂洗一次，自来水洗三次，蒸馏水洗一次；

Ⅲ：洗涤剂洗一次，自来水洗二次，（1+3）HNO_3荡洗一次，自来水洗三次，去离子水洗一次；

Ⅳ：铬酸洗液洗一次，自来水洗三次，蒸馏水洗一次；

（5）当AOX水样中存在难溶解的无机氯化物，生物细胞（如微生物、藻类）等，样品需要先酸化，放置8 h再分析。

8.2.3.3 样品运输

水样采集后必须立即送回实验室。若采样地点与实验室距离较远，应根据采样点的地理位置和每个项目分析前最长可保存时间，选用适当的运输方式。在现场工作开始之前，就要安排好水样的运输工作，以防延误。

水样运输前应将容器的外（内）盖盖紧。装箱时应用泡沫塑料等分隔，以防破损。同一采样点的样品应装在同一包装箱内，如需分装在两个或几个箱子中时，则需在每个箱内放入相同的现场采样记录表。运输前应检查现场记录上的所有水样是否全部装箱。要用醒目的色彩在包装箱顶部和侧面标上“切勿倒置”的标记。每个水样瓶均需贴上标签，内容有采样点位编号、采样日期和时间、测定项目、保存方法，并写明用何种保存剂。

装有水样的容器必须加以妥善的保存和密封，并装在包装箱内固定，以防在运输途中破损。除了防震、避免日光照射和低温运输外，还要防止新的污染物进入容器和沾污瓶口使水样变质。

在水样运送过程中，应有押运人员，每个水样都要附有一张样品交接单。在转交水样时，转交人和接收人都必须清点和检查水样并在样品交接单上签字，注明日期和时间。样品交接单是水样在运输过程中的文件，应防止差错并妥善保管以备查。通过第三者把水样从采样地点转移到实验室分析人员手中时，这张样品交接单就显得更为重要了。

在运输途中如果水样超过了保质期，管理员应对水样进行检查。如果仍然决定进行分析，那么在出报告时，应明确标出采样和分析时间。

8.2.4　留样

有污染物排放异常等特殊情况要留样分析时，应针对具体项目的分析用量采集留样样品，并填写“留样记录表”，表中应涵盖以下内容：污染源名称、监测项目、采样点位、采样时间、样品编号、污水性质、污水流量、采样人姓名、留样时间、留样人姓名、固定剂添加情况、保存时间、保存条件及其他有关事项。

8.2.5　现场监测项目

废水现场监测项目主要涉及温度和 pH 两项。

8.2.5.1 温度

仪器设备：水温计为安装于金属半圆槽壳内的水银温度表（图 8-6），下端连接一金属贮水杯，使温度表的球部悬于杯中，温度表顶端的槽壳带一圆环，拴一定长度的绳子。通常测量范围为–6～40℃，分度为 0.2℃。

测定步骤：将水温计插入一定深度的水中，放置 5 min 后，迅速提出水面并读取温度值。

注意事项：

（1）当气温与水温相差较大时，尤应注意立即读数，以免受气温的影响。必要时，将水温计重复插入水中，再一次读数。

（2）当现场气温高于 35℃或低于–30℃时，水温计在水中的停留时间要适当延长，以达到温度平衡。

（3）在冬季的东北地区读数应在 3 s 内完成，否则水温计表面会形成一层薄冰，影响读数的准确性。

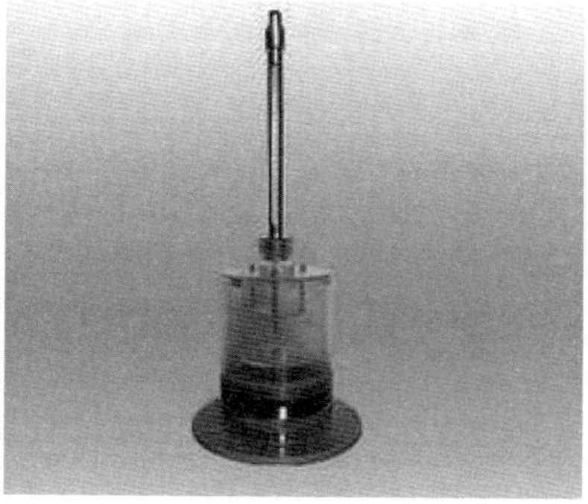

图 8-6 水银温度表

8.2.5.2 pH

仪器设备：便携式 pH 计（图 8-7）、50 mL 烧杯（聚乙烯或聚四氟乙烯烧杯）、标准缓冲液、蒸馏水。

注意事项：

（1）严格遵守操作手册中的要求，以免损伤电极；

（2）测定时，复合电极（含球泡部分）应全部浸入溶液；

（3）电极受污染时，可用低于 1 mol/L 稀盐酸溶解无机盐垢，用稀洗涤剂（弱碱性）除去有机油脂类物质，用稀乙醇、丙酮、乙醚除去树脂高分子物质，用酸性酶溶液（如食母生片）除去氮。要注意电极的出厂日期及使用期限，因为存放或使用时间过长的电极性能将变劣。白质血球沉淀物，用稀漂白液、过氧化氢除去颜料类物质等。

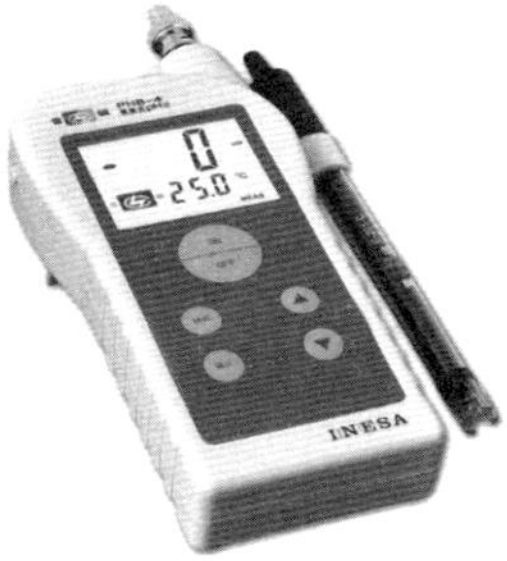

图 8-7　便携式 pH 计

8.3　实验室分析要点介绍

8.3.1　概述

根据石油炼制、石油化学行业涉及的废水监测指标，实验室常见分析方法、所需设备见表 8-3。企业开展自行监测时，所采用的方法和使用的设备不限于表 8-3 中所列内容。若有其他适用的方法，也可以使用，但应按照《排污单位自行监测技术指南　总则》及相关要求开展方法的验证。

表 8-3　监测项目、标准方法及所需设备

监测项目	标准方法	所需设备
pH	《水质 pH 值的测定　电极法》（HJ 1147—2020）	酸度计或离子浓度计；玻璃电极与甘汞电极
	便携式 pH 计法《水和废水监测分析方法》（第四版）国家环保总局（2002）3.1.6.2	便携式 pH 计，50 mL 烧杯
悬浮物	《水质　悬浮物的测定　重量法》（GB/T 11901—1989）	常用实验室仪器、称量瓶、烘箱、干燥器、万分之一天平、全玻璃微孔滤膜过滤器、CN-CA 滤膜、孔径 0.45 μm、直径 60 mm、吸滤瓶、真空泵、无齿扁嘴镊子
化学需氧量	《水质　化学需氧量的测定　重铬酸盐法》（HJ 828—2017）	回流装置：磨口 250 mL 锥形瓶的全玻璃回流装置；加热装置；分析天平：感量为 0.000 1 g；酸式滴定管：25 mL 或 50 mL；一般实验室常用仪器和设备
	《水质　化学需氧量的测定　快速消解分光光度法》（HJ/T 399—2007）	消解管、加热器、光度计、消解管支架、离心机、手动移液器（枪）：最小分度体积不大于 0.01 mL；A 级吸量管、容量瓶、量筒；搅拌器
	《高氯废水　化学需氧量的测定氯气校正法》（HJ/T 70—2001）	常用实验室仪器；回流吸收装置；加热装置；氮气流量计；25 mL 或 50 mL 酸式滴定管
	《高氯废水　化学需氧量的测定　碘化钾碱性高锰酸钾法》（HJ/T 132—2003）	沸水浴装置；250 mL 碘量瓶；25 mL 棕色酸式滴定管；定时钟；G-3 玻璃砂芯漏斗
五日生化需氧量（BOD_5）	《水质　五日生化需氧量（BOD_5）的测定稀释与接种法》（HJ 505—2009）	符合国家 A 级标准的玻璃量器；滤膜：孔径为 1.6 μm；溶解氧瓶：带水封装置，容积 250～300 mL；稀释容器：1 000～2 000 mL 的量筒或容量瓶；虹吸管；溶解氧测定仪；冷藏箱；冰箱：有冷冻和冷藏功能；带风扇的恒温培养箱；曝气装置
氨氮	《水质　氨氮的测定　气相分子吸收光谱法》（HJ/T 195—2005）	气相分子吸收光谱仪；空心阴极灯；一般实验室常用仪器
	《水质　氨氮的测定　纳氏试剂分光光度法》（HJ 535—2009）	可见分光光度计：具 20 mm 比色皿；氨氮蒸馏装置（500 mL 凯式烧瓶、氮球、直形冷凝管和导管）亦可使用 500 mL 蒸馏烧瓶
	《水质　氨氮的测定　水杨酸分光光度法》（HJ 536—2009）	可见分光光度计：10～30 mm 比色皿；滴瓶；氨氮蒸馏装置（500 mL 凯式烧瓶、氮球、直形冷凝管和导管），亦可使用蒸馏烧瓶；实验室常用玻璃器皿

监测项目	标准方法	所需设备
氨氮	《水质 氨氮的测定 蒸馏-中和滴定法》（HJ 537—2009）	氨氮蒸馏装置（500 mL 凯式烧瓶、氮球、直形冷凝管和导管）；50 mL 酸式滴定管
	《水质 氨氮的测定 连续流动-水杨酸分光光度法》（HJ 665—2013）	连续流动分析仪；带流量计的蒸馏装置（选配）；天平（精度为 0.000 1 g）；pH 计（精度为±0.02）；离心机（最大转速 4 000 r/min）；一般实验室常用仪器和设备
	《水质 氨氮的测定 流动注射-水杨酸分光光度法》（HJ 666—2013）	流动注射分析仪；天平（精度为 0.000 1 g）；离心机（最大转速 4 000 r/min）；预蒸馏装置；超声波机；一般实验室常用仪器和设备
总氮	《水质 总氮的测定 碱性过硫酸钾消解紫外分光光度法》（HJ 636—2012）	紫外分光光度计（具 10 mm 石英比色皿）；高压蒸汽灭菌锅；25 mL 具塞磨口玻璃比色管；一般实验室常用仪器和设备
	《水质 总氮的测定 连续流动-盐酸萘乙二胺分光光度法》（HJ 667—2013）	连续流动分析仪；天平（精度为 0.000 1 g）；pH 计（精度为 0.02）；一般实验室常用仪器和设备
	《水质 总氮的测定 流动注射-盐酸萘乙二胺分光光度法》（HJ 668—2013）	流动注射分析仪；天平（精度为 0.000 1 g）；pH 计（精度为 0.02）；超声波机；一般实验室常用仪器和设备
总磷	《水质 总磷的测定 钼酸铵分光光度法》（GB 11893—1989）	医用手提式蒸气消毒器或一般压力锅；50 mL 具塞（磨口）刻度管；分光光度计
	《水质 磷酸盐和总磷的测定 连续流动-钼酸铵分光光度法》（HJ 670—2013）	流动注射分析仪；天平（精度为 0.000 1 g）；一般实验室常用仪器和设备
	《水质 总磷的测定 流动注射-钼酸铵分光光度法》（HJ 671—2013）	流动注射分析仪；天平（精度为 0.000 1 g）；超声波机；一般实验室常用仪器和设备
总有机碳	《水质 总有机碳的测定 燃烧氧化—非分散红外吸收法》（HJ 501—2009）	非分散红外吸收分 TOC 析仪；一般实验室常用仪器和设备
石油类	《水质 石油类和动植物油类的测定 红外分光光度法》（HJ 637—2018）	红外测油仪或红外分光光度计，能在 2 930 cm^{-1}、2 960 cm^{-1}、3 030 cm^{-1} 处测量吸光度；4 cm 带盖石英比色皿；水平振荡器；玻璃漏斗；1 000 mL 分液漏斗；一般实验室常用仪器和设备
硫化物	《水质 硫化物的测定 亚甲基蓝分光光度法》（GB/T 16489—1996）	酸化-吹气-吸收装置；氮气流量计；分光光度计；250 mL 碘量瓶；容量瓶；100 mL 具塞比色管
	《水质 硫化物的测定 碘量法》（HJ/T 60—2000）	酸化-吹气-吸收装置；恒温水浴；150 mL 或 250 mL 碘量瓶；25 mL 或 50 mL 棕色滴定管
	《水质 硫化物的测定 气相分子吸收光谱法》（HJ/T 200—2005）	气相分子吸收光谱仪；空心阴极灯；一般实验室常用仪器
	《水质 硫化物的测定 流动注射-亚甲基蓝分光光度法》（HJ 824—2017）	流动注射仪；分析天平；超声波清洗器；一般实验室常用仪器

监测项目	标准方法	所需设备
挥发酚	《水质　挥发酚的测定　溴化容量法》（HJ 502—2009）	A 级标准的玻璃量器；天平：精度 0.000 1 g；一般实验室常用仪器
	《水质　挥发酚的测定　流动注射-4-氨基安替比林分光光度法》（HJ 825—2017）	流动注射仪；分析天平；超声波清洗器；一般实验室常用仪器
	《水质　挥发酚的测定　4-氨基安替比林分光光度法》（HJ 503—2009）	分光光度计（配光程为 20 mm 比色皿）；一般实验室常用仪器
总钒	《水质　钒的测定　钽试剂（BPHA）萃取分光光度法》（GB/T 15503—1995）	分光光度计（配光程为 10 mm 比色皿）；磁力搅拌器；一般实验室常用仪器
	《水质　32 种元素的测定　电感耦合等离子体发射光谱法》（HJ 776—2015）	电感耦合等离子体发射光谱；温控电热板；微波消解仪；一般实验室常用仪器
	《水质　钒的测定　石墨炉原子吸收分光光度法》（HJ 673—2013）	石墨炉原子吸收分光光度计；矾空心阴极灯；一般实验室常用仪器
	《水质 65 种元素的测定　电感耦合等离子体质谱法》（HJ 700—2014）	电感耦合等离子体质谱仪；温控电热板；微波消解仪；一般实验室常用仪器
苯、甲苯、邻二甲苯、间二甲苯、对二甲苯、乙苯、苯乙烯、异丙苯	《水质　苯系物的测定　顶空/气相色谱法》（HJ 1067—2019）	具有分流/不分流进样口和氢火焰离子化检测器（FID）的气相色谱仪；自动顶空进样器；玻璃微量注射器；一般实验室常用仪器
	《水质　挥发性有机物的测定　顶空/气相色谱-质谱法》（HJ 810—2016）	气相色谱/质谱仪；顶空自动进样器；一般实验室常用仪器
	《水质　挥发性有机物的测定　吹扫捕集/气相色谱-质谱法》（HJ 639—2012）	气相色谱/质谱仪；吹扫捕集装置；5 mL 气密性注射器；微量注射器；一般实验室常用仪器
	《水质　挥发性有机物的测定　吹扫捕集气相色谱法》（HJ 686—2014）	气相色谱仪（ECD 或 FID）；吹扫捕集装置；5 mL 气密性注射器；微量注射器；一般实验室常用仪器
总氰化物	《水质　氰化物的测定　容量法和分光光度法》（HJ 484—2009）	600 W 或 800 W 可调电炉；500 mL 全玻璃蒸馏器；恒温水浴装置（控制精度±1℃）；一般实验室常用仪器
	《水质　氰化物的测定　流动注射-分光光度法》（HJ 823—2017）	流动注射仪；分析天平；超声波清洗器；一般实验室常用仪器
	《水质　氰化物等的测定　真空检测管-电子比色法》（HJ 659—2013）	电子比色计：LED 或氙灯光源；真空检测管；加热装置；一般实验室常用仪器
苯并[*a*]芘	《水质　苯并[*a*]芘的测定　乙酰化滤纸层析荧光分光光度法》（GB 11895—89）	备用紫外激发和荧光分光的荧光分光光度计；紫外分析仪；康氏振荡器；磁力恒温搅拌器；立式离心机；分液漏斗；恒温水浴锅；层析缸；分析天平（精度为 0.000 1 g）；一般实验室常用仪器
	《水质　多环芳烃的测定　液液萃取和固相萃取高效液相色谱法》（HJ 478—2009）	液相色谱仪；分液漏斗；浓缩装置；液液萃取净化装置；固相萃取装置；一般实验室常用仪器

监测项目	标准方法	所需设备
总铅	《水质　铅的测定　双硫腙分光光度法》（GB 7470—87）	分光光度计；pH 计；分液漏斗；一般实验室常用仪器
	《水质　32 种元素的测定　电感耦合等离子体发射光谱法》（HJ 776—2015）	电感耦合等离子体发射光谱；温控电热板；微波消解仪；一般实验室常用仪器
	《水质　铜、锌、铅、镉的测定　原子吸收分光光度法》（GB 7475—87）	原子吸收分光光度计；空心阴极灯；一般实验室常用仪器
	《水质　65 种元素的测定　电感耦合等离子体质谱法》（HJ 700—2014）	电感耦合等离子体质谱仪；温控电热板；微波消解仪；一般实验室常用仪器
总砷	《水质　总砷的测定　二乙基二硫代氨基甲酸银分光光度法》（GB/T 7485—87）	分光光度计；砷化氢发生装置；一般实验室常用仪器
	《水质　32 种元素的测定　电感耦合等离子体发射光谱法》（HJ 776—2015）	电感耦合等离子体发射光谱；温控电热板；微波消解仪；一般实验室常用仪器
	《水质　汞、砷、硒、铋和锑的测定　原子荧光法》（HJ 694—2014）	原子荧光光谱仪；元素灯；可调温电热板；恒温水浴装置；分析天平（精度为 0.000 1 g）；一般实验室常用仪器
	《水质　65 种元素的测定　电感耦合等离子体质谱法》（HJ 700—2014）	电感耦合等离子体质谱仪；温控电热板；微波消解仪；一般实验室常用仪器
总镍	《水质　镍的测定　丁二酮肟分光光度法》（GB/T 11910—89）	分光光度计；一般实验室常用仪器
	《水质　32 种元素的测定　电感耦合等离子体发射光谱法》（HJ 776—2015）	电感耦合等离子体发射光谱；温控电热板；微波消解仪；一般实验室常用仪器
	《水质　镍的测定　火焰原子吸收分光光度法》（GB/T 11912—89）	原子吸收分光光度计；空心阴极灯；一般实验室常用仪器
	《水质　65 种元素的测定　电感耦合等离子体质谱法》（HJ 700—2014）	感耦合等离子体质谱仪；温控电热板；微波消解仪；一般实验室常用仪器
总汞	《水质　总汞的测定　高锰酸钾-过硫酸钾消解法　双硫腙分光光度法》（GB/T 7469—87）	分光光度计；分液漏斗；水浴锅；一般实验室常用仪器
	《水质　总汞的测定　冷原子吸收分光光度法》（HJ 597—2011）	冷原子吸收汞分析仪；反应装置；微波消解仪；可调温电热板或高温电炉；恒温水浴锅；微波消解罐；一般实验室常用仪器
	《水质　汞、砷、硒、铋和锑的测定　原子荧光法》（HJ 694—2014）	原子荧光光谱仪；元素灯；可调温电热板；恒温水浴装置；分析天平（精度为 0.000 1 g）；一般实验室常用仪器
烷基汞	《水质　烷基汞的测定　气相色谱法》（GB/T 14204—93）	气相色谱仪（ECD）；巯基棉管；分液漏斗；一般实验室常用仪器
	《水质　烷基汞的测定　吹扫捕集/气相色谱-冷原子荧光光谱法》（HJ 977—2018）	吹扫捕集/气相色谱-冷原子荧光光谱；一般实验室常用仪器

监测项目	标准方法	所需设备
高锰酸盐指数	《水质　高锰酸盐指数的测定》（GB 11892—89）	滴定管；水浴锅；一般实验室常用仪器
氟化物	《水质　氟化物的测定　离子选择电极法》（GB/T 7484—87）	离子活度计；氟离子选择电极；饱和甘汞电极或氯化银电极；磁力搅拌器；聚乙烯杯；氟化物的水蒸气蒸馏装置；一般实验室常用仪器
	《水质　氟化物的测定　茜素磺酸锆目视比色法》（HJ 487—2009）	50 mL 具塞比色管；蒸馏装置；一般实验室常用仪器
	《水质　氟化物的测定　氟试剂分光光度法》（HJ 488—2009）	分光光度计；pH 计；一般实验室常用仪器
总铜	《水质　铜、锌、铅、镉的测定　原子吸收分光光度法》（GB/T 7475—87）	原子吸收分光光度计；空心阴极灯；一般实验室常用仪器
	《水质　32 种元素的测定　电感耦合等离子体发射光谱法》（HJ 776—2015）	电感耦合等离子体发射光谱；温控电热板；微波消解仪；一般实验室常用仪器
	《水质　铜的测定　二乙基二硫代氨基甲酸钠分光光度法》（HJ 485—2009）	分光光度计；分液漏斗；电热板；一般实验室常用仪器
	《水质　铜的测定　2,9-二甲基-1,10-菲啰啉分光光度法》（HJ 486—2009）	分光光度计；锥形分液漏斗；电热板；一般实验室常用仪器
	《水质　65 种元素的测定　电感耦合等离子体质谱法》（HJ 700—2014）	电感耦合等离子体质谱仪；温控电热板；微波消解仪；一般实验室常用仪器
总锌	《水质　锌的测定　双硫腙分光光度法》（GB/T 7472—87）	分光光度计；分液漏斗；电热板；一般实验室常用仪器
	《水质　32 种元素的测定　电感耦合等离子体发射光谱法》（HJ 776—2015）	电感耦合等离子体发射光谱；温控电热板；微波消解仪；一般实验室常用仪器
	《水质　铜、锌、铅、镉的测定　原子吸收分光光度法》（GB/T 7475—87）	分光光度计；分液漏斗；电热板；一般实验室常用仪器
	《水质　65 种元素的测定　电感耦合等离子体质谱法》（HJ 700—2014）	电感耦合等离子体质谱仪；温控电热板；微波消解仪；一般实验室常用仪器
可吸附有机卤化物	《水质　可吸附有机卤素（AOX）的测定微库仑法》（GB/T 15959—1995）	常用实验室仪器；可吸附有机卤素测定仪和吹脱器；柱吸附装置；振荡吸附装置
	《水质　可吸附有机卤素（AOX）的测定离子色谱法》（HJ/T 83—2001）	离子色谱仪；燃烧装置；氧化净化装置；吸附装置；过滤装置；气泡式吸收管；多孔玻板吸收瓶；气泡式洗气瓶；平顶针头

监测项目	标准方法	所需设备
总镉	《水质　镉的测定　双硫腙分光光度法》（GB/T 7471—87）	分光光度计；分液漏斗；电热板；一般实验室常用仪器
	《水质　32 种元素的测定　电感耦合等离子体发射光谱法》（HJ 776—2015）	电感耦合等离子体发射光谱；温控电热板；微波消解仪；一般实验室常用仪器
	《水质　铜、锌、铅、镉的测定　原子吸收分光光度法》（GB/T 7475—87）	分光光度计；分液漏斗；电热板；一般实验室常用仪器
	《水质　65 种元素的测定　电感耦合等离子体质谱法》（HJ 700—2014）	电感耦合等离子体质谱仪；温控电热板；微波消解仪；一般实验室常用仪器
总铬	《水质　32 种元素的测定　电感耦合等离子体发射光谱法》（HJ 776—2015）	电感耦合等离子体发射光谱；温控电热板；微波消解仪；一般实验室常用仪器
	《水质　铬的测定　火焰原子吸收分光光度法》（HJ 757—2015）	原子吸收分光光度计；空心阴极灯；一般实验室常用仪器
	《水质　总铬的测定》（GB/T 7466—87）	分光光度计；一般实验室常用仪器
	《水质　65 种元素的测定　电感耦合等离子体质谱法》（HJ 700—2014）	电感耦合等离子体质谱仪；温控电热板；微波消解仪；一般实验室常用仪器
六价铬	《水质　六价铬的测定　二苯碳酰二肼分光光度法》（GB 7467—87）	分光光度计；一般实验室常用仪器
	《水质　六价铬的测定　流动注射-二苯碳酰二肼光度法》（HJ 908—2017）	流动注射仪；分析天平；超声波清洗器；微孔滤膜过滤器；一般实验室常用仪器
一氯二溴甲烷、二氯一溴甲烷	《水质　挥发性卤代烃的测定　顶空气相色谱法》（HJ 620—2011）	气相色谱仪（ECD）；顶空预处理装置；一般实验室常用仪器
	《水质　挥发性有机物的测定　吹扫捕集/气相色谱-质谱法》（HJ 639—2012）	气相色谱/质谱仪；吹扫捕集装置；5 mL 气密性注射器；微量注射器；一般实验室常用仪器
二氯甲烷、1,2-二氯乙烷、三氯甲烷、三溴甲烷、1,1-二氯乙烯、1,2-二氯乙烯、三氯乙烯、四氯乙烯、氯丁二烯、六氯丁二烯、四氯化碳	《水质　挥发性卤代烃的测定　顶空气相色谱法》（HJ 620—2011）	气相色谱仪（ECD）；顶空预处理装置；一般实验室常用仪器
	《水质　挥发性有机物的测定　吹扫捕集/气相色谱-质谱法》（HJ 639—2012）	气相色谱/质谱仪；吹扫捕集装置；5 mL 气密性注射器；微量注射器；一般实验室常用仪器
	《水质　挥发性有机物的测定　吹扫捕集气相色谱法》（HJ 686—2014）	气相色谱仪（ECD 或 FID）；吹扫捕集装置；5 mL 气密性注射器；微量注射器；一般实验室常用仪器

监测项目	标准方法	所需设备
1,1,1-三氯乙烷、氯乙烯	《水质　挥发性有机物的测定　吹扫捕集/气相色谱-质谱法》（HJ 639—2012）	气相色谱/质谱仪；吹扫捕集装置；5 mL 气密性注射器；微量注射器；一般实验室常用仪器
环氧氯丙烷	《水质　挥发性有机物的测定　吹扫捕集/气相色谱-质谱法》（HJ 639—2012）	气相色谱/质谱仪；吹扫捕集装置；5 mL 气密性注射器；微量注射器；一般实验室常用仪器
	《水质　挥发性有机物的测定　吹扫捕集气相色谱法》（HJ 686—2014）	气相色谱仪（ECD 或 FID）；吹扫捕集装置；5 mL 气密性注射器；微量注射器；一般实验室常用仪器
硝基苯类	《水质　硝基苯类化合物的测定　气相色谱法》（HJ 592—2010）	气相色谱仪（FID）；旋转蒸发仪；氮吹仪；可调温电炉或电热板；分液漏斗；锥形瓶；微量注射器；一般实验室常用仪器
	《水质　硝基苯类化合物的测定　液液萃取/固相萃取-气相色谱法》（HJ 648—2013）	气相色谱仪（FID）；固相萃取装置；索氏提取器；分析天平（精度为 0.000 1 g）；硅镁型净化柱；分液漏斗；接收管；微量注射器；一般实验室常用仪器
	《水质　硝基苯类化合物的测定　气相色谱-质谱法》（HJ 716—2014）	气相色谱仪/质谱仪；蒸发浓缩装置（氮吹仪、旋转蒸发仪等）；分析天平（精度为 0.000 1 g）；分液漏斗；微量注射器；一般实验室常用仪器
氯苯	《水质　氯苯的测定　气相色谱法》（HJ/T 74—2001）	气相色谱仪（FID）；蒸发浓缩器；分液漏斗；微量注射器；一般实验室常用仪器
	《水质　氯苯类化合物的测定　气相色谱法》（HJ 621—2011）	气相色谱仪（FID）；旋转蒸发仪；氮吹仪；振荡器；带推按阀盖的棕色螺纹瓶；分液漏斗；微量注射器；一般实验室常用仪器
	《水质　挥发性有机物的测定　吹扫捕集/气相色谱-质谱法》（HJ 639—2012）	气相色谱/质谱仪；吹扫捕集装置；5 mL 气密性注射器；微量注射器；一般实验室常用仪器
1,2-二氯苯、1,4-二氯苯	《水质　氯苯类化合物的测定　气相色谱法》（HJ 621—2011）	气相色谱仪（FID）；旋转蒸发仪；氮吹仪；振荡器；带推按阀盖的棕色螺纹瓶；分液漏斗；微量注射器；一般实验室常用仪器
	《水质　挥发性有机物的测定　吹扫捕集/气相色谱-质谱法》（HJ 639—2012）	气相色谱/质谱仪；吹扫捕集装置；5 mL 气密性注射器；微量注射器；一般实验室常用仪器
三氯苯	《水质　氯苯类化合物的测定　气相色谱法》（HJ 621—2011）	气相色谱仪（FID）；旋转蒸发仪；氮吹仪；振荡器；带推按阀盖的棕色螺纹瓶；分液漏斗；微量注射器；一般实验室常用仪器
	《水质　挥发性有机物的测定　吹扫捕集/气相色谱-质谱法》（HJ 639—2012）	气相色谱/质谱仪；吹扫捕集装置；5 mL 气密性注射器；微量注射器；一般实验室常用仪器
	《水质　有机氯农药和氯苯类化合物的测定　气相色谱-质谱法》（HJ 699—2014）	气相色谱仪/质谱仪；固相萃取装置；玻璃层析柱；弗罗里硅土；微量注射器；一般实验室常用仪器

监测项目	标准方法	所需设备
四氯苯	《水质　有机氯农药和氯苯类化合物的测定　气相色谱-质谱法》（HJ 699—2014）	气相色谱仪/质谱仪；固相萃取装置；玻璃层析柱；弗罗里硅土；微量注射器；一般实验室常用仪器
	《水质　氯苯类化合物的测定　气相色谱法》（HJ 621—2011）	气相色谱仪（FID）；旋转蒸发仪；氮吹仪；振荡器；带推按阀盖的棕色螺纹瓶；分液漏斗；微量注射器；一般实验室常用仪器
多环芳烃	《水质　多环芳烃的测定　液液萃取和固相萃取高效液相色谱法》（HJ 478—2009）	液相色谱仪；分液漏斗；浓缩装置；液液萃取净化装置；固相萃取装置；一般实验室常用仪器
多氯联苯	《水质　多氯联苯的测定　气相色谱-质谱法》（HJ 715—2014）	气相色谱仪/质谱仪；固相萃取装置；玻璃层析柱；弗罗里硅土层析柱；干燥柱；分液漏斗；微量注射器；一般实验室常用仪器
甲醛	《水质　甲醛的测定　乙酰丙酮分光光度法》（HJ 601—2011）	全玻璃蒸馏器；恒温水浴；分光光度计；一般实验室常用仪器
三氯乙醛	《水质　三氯乙醛的测定　吡啶啉酮分光光度法》（HJ/T 50—1999）	分光光度计；一般实验室常用仪器
苯酚、2,4-二氯酚、2,4,6-三氯酚	《水质　酚类化合物的测定　液液萃取/气相色谱法》（HJ 676—2013）	气相色谱仪；浓缩装置（氮吹仪、旋转蒸发仪等）；分析天平（精度为 0.000 1 g）；分液漏斗；微量注射器；一般实验室常用仪器
	《水质　酚类化合物的测定气相色谱-质谱法》（HJ 744—2015）	气相色谱-质谱仪；浓缩装置；固相萃取；分液漏斗；一般实验室常用仪器
丙烯腈	《水质　丙烯腈的测定　气相色谱法》（HJ/T 73—2001）	气相色谱仪；微量注射器；一般实验室常用仪器
	《水质　丙烯腈和丙烯醛的测定　吹扫捕集/气相色谱法》（HJ 806—2016）	气相色谱仪；吹扫捕集仪；微量注射器；一般实验室常用仪器
邻苯二甲酸二丁酯、邻苯二甲酸二辛酯	《水质　邻苯二甲酸二甲（二丁、二辛）酯的测定　液相色谱法》（HJ/T 72—2001）	高效液相色谱仪；K-D 浓缩装置；分液漏斗；一般实验室常用仪器
苯胺类	《水质　苯胺类化合物的测定　*N*-(1-萘基)乙二胺偶氮分光光度法》（GB/T 11889—1989）	分光光度计；一般实验室常用仪器
	《水质　17 种苯胺类化合物的测定　液相色谱-三重四极杆质谱法》（HJ 1048—2019）	液相色谱-三重四极杆质谱；浓缩装置；固相萃取；一般实验室常用仪器
	《水质　苯胺类化合物的测定　气相色谱-质谱法》（HJ 822—2017）	气相色谱-质谱仪；浓缩装置；固相萃取；分液漏斗；一般实验室常用仪器

监测项目	标准方法	所需设备
丙烯酰胺	《水质　丙烯酰胺的测定　气相色谱法》（HJ 697—2014）	气相色谱仪；浓缩装置（旋转蒸发装置、K-D浓缩器等）；分析天平（精度为 0.000 1 g）；分液漏斗；微量注射器；一般实验室常用仪器
吡啶	《水质　吡啶的测定　顶空/气相色谱法》（HJ 1072—2019）	气相色谱仪（FID）；顶空前处理系统；微量注射器；一般实验室常用仪器
二噁英类	《水质　二噁英类的测定　同位素稀释高分辨气相色谱-高分辨质谱法》（HJ 77.1—2008）	高分辨气相色谱仪；固相萃取装置；索氏提取装置；浓缩装置（旋转蒸发装置、K-D 浓缩器等）；布氏漏斗；一般实验室常用仪器
乙醛	暂无	—
丙烯醛	《水质　丙烯腈和丙烯醛的测定　吹扫捕集/气相色谱法》（HJ 806—2016）	气相色谱仪；吹扫捕集仪；微量注射器；一般实验室常用仪器
戊二醛	暂无	—
双酚 A	暂无	—
β-萘酚	《水质　萘酚的测定　高效液相色谱法》（HJ 1073—2019）	高效液相色谱（荧光检测器）；固相萃取；一般实验室常用仪器
苯甲醚	暂无	—
丙烯酸	暂无	—
二氯乙酸 三氯乙酸	《水质　氯酸盐、亚氯酸盐、溴酸盐、二氯乙酸和三氯乙酸的测定　离子色谱法》（HJ 1050—2019）	离子色谱仪；抽滤装置；一般实验室常用仪器
环烷酸	暂无	—
黄原酸丁酯	暂无	—
邻苯二甲酸二乙酯	暂无	—
二（2-乙基己基）己二酸酯	暂无	—
水合肼	暂无	—
四乙基铅	《水质　四乙基铅的测定　顶空/气相色谱-质谱法》（HJ 959—2018）	气相色谱-质谱仪；顶空预处理装置；一般实验室常用仪器

8.3.2　各监测项目要点介绍

8.3.2.1　pH

《水质　pH 值的测定　电极法》（HJ 1147—2020），适用于饮用水、地面水及工业废水 pH 的测定。水的颜色、浊度、胶体物质、氧化剂、还原剂及较高含盐量均不干扰测定；但在 pH＜1 的强酸性溶液中，会有所谓酸误差，可按酸度测定；在 pH＞10 的碱性溶液中，因有大量钠离子存在，产生误差，使读数偏低，通常称为钠差。消除钠差的方法，除使用特制的低钠差电极外，还可以选用与被测溶液的 pH 相近的标准缓冲溶液对仪器进行校正。温度影响电极的电位和水的电离平衡，故须注意调节仪器的补偿装置，使其与溶液的温度一致，并使被测样品与校正仪器用的标准缓冲溶液温度误差在±1℃之内。

注意事项：

（1）玻璃电极在使用前先放入蒸馏水中浸泡 24 h 以上。

（2）测定 pH 时，玻璃电极的球泡应全部浸入溶液中，并使其稍高于甘汞电极的陶瓷芯端，以免搅拌时碰坏。

（3）必须注意玻璃电极的内电极与球泡之间、甘汞电极的内电极和陶瓷芯之间不得有气泡，以防断路。

（4）甘汞电极的饱和氯化钾溶液的液面必须高出汞体，在室温下应有少许氯化钾晶体存在，以保证氯化钾溶液的饱和，但需注意氯化钾晶体不可过多，以防止堵塞与被测溶液的通路。

（5）测定 pH 时，为减少空气和水样中二氧化碳的溶入或挥发，在测水样之前，不应打开水样瓶。

（6）玻璃电极表面受到污染时，需进行处理。如果系附着无机盐结垢，可用温稀盐酸溶解；对钙镁等难溶性结垢，可用 EDTA 二钠溶液溶解；沾有油污时，可由丙酮清洗。电极按上述方法处理后，应在蒸馏水中浸泡一昼夜再使用。注意忌用无水乙醇、脱水性洗涤剂处理电极。

8.3.2.2 悬浮物

《水质 悬浮物的测定 重量法》（GB 11901—1989），适用于地面水、地下水，也适用于生活污水和工业废水中悬浮物的测定。

注意事项：滤膜上截留过多的悬浮物可能夹带过多的水分，除延长干燥时间外，还可能造成过滤困难，遇此情况，可酌情少取试样。滤膜上的悬浮物过少，则会增大称量误差，影响测定精度，必要时可增大试样体积，一般以 5～100 mg 悬浮物量作为量取试样体积的范围。

8.3.2.3 化学需氧量

（1）《水质 化学需氧量的测定 重铬酸盐法》（HJ 828—2017）

该标准适用于地表水、生活污水和工业废水中化学需氧量的测定，而不适用于含氯化物浓度大于 1 000 mg/L（稀释后）的水中化学需氧量的测定。当取样体积为 10.0 mL 时，该方法的检出限为 4 mg/L，测定下限为 16 mg/L。未经稀释的水样测定上限为 700 mg/L，超过此限时须稀释后测定。

注意事项：

1）在酸性重铬酸钾条件下，芳烃和吡啶难以被氧化，其氧化率较低。在硫酸银催化作用下，直链脂肪酸族化合物可有效地被氧化。

2）无机还原性物质（如亚硝酸盐、硫化物和二价铁盐等）将使测定结果增大，其需氧量也是 COD_{Cr} 的一部分。

3）对于污染严重的水样，可选取所需体积的 1/10 的水样放入硬质玻璃管，加入 1/10 的试剂，摇匀后加热沸腾数分钟，观察溶液是否变成蓝绿色。若呈蓝绿色，则应再适当少取水样，直至溶液不变成蓝绿色为止，从而可以确定待测水样的稀释倍数。

4）消解时应使溶液缓慢沸腾，不宜暴沸。如出现暴沸，说明溶液中出现局部过热，会导致测定结果有误。暴沸的原因可能是加热过于激烈，或是防暴沸玻璃珠的效果不好。

5）试亚铁灵指示剂的加入量虽然不影响临界点，但应该尽量一致。当溶液的颜色先变为蓝绿色再变为红褐色即达到终点，几分钟后可能还会重现蓝绿色。

（2）《水质　化学需氧量的测定　快速消解分光光度法》（HJ/T 399—2007）

该标准适用于地表水、地下水、生活污水和工业废水中化学需氧量（COD）的测定。该标准对未经稀释的水样，其 COD 测定下限为 15 mg/L，测定上限为 1 000 mg/L，待测水样氯离子浓度不应大于 1 000 mg/L。对于 COD 大于 1 000 mg/L 或氯离子含量大于 1 000 mg/L 的水样，可适当稀释后进行测定。

（3）《高氯废水　化学需氧量的测定　氯气校正法》（HJ/T 70—2001）

该标准适用于氯离子含量小于 20 000 mg/L 的高氯废水 COD 的测定。该方法的检出限为 30 mg/L。

（4）《高氯废水　化学需氧量的测定　碘化钾碱性高锰酸钾法》（HJ/T 132—2003）

该标准适用于油气田和炼化企业氯离子含量高达几万至十几万毫克每升高氯废水 COD 的测定。该方法的最低检出限为 0.20 mg/L，测定上限为 62.5 mg/L。

注意事项：

1）当水样中含有悬浮物质时，应摇匀后分取。

2）水浴加热完毕后，溶液仍应保持淡红色。如变浅或全部褪去，说明高锰酸钾的用量不够。此时，应将水样再稀释后测定。

3）若水样中含铁，在加入（1+5）硫酸酸化前，加 30%氟化钾溶液去除。若水样中不含铁，可不加 30%氟化钾溶液。

4）亚硝酸盐只有在酸性条件下才会被氧化。在加入（1+5）硫酸前，先加入 4%叠氮化钠溶液将其分解。若样品中不存在亚硝酸盐，可不加叠氮化钠溶液。

5）以淀粉为指示剂时，应先用硫代硫酸钠溶液滴定至溶液呈浅黄色后，再加入淀粉溶液，继续用硫代硫酸钠溶液滴定至蓝色恰好消失，即为终点。淀粉指示剂不得过早加入。滴定近终点时，应轻轻摇动。

6）淀粉指示剂应用新配制的，若放置过久，则与 I_2 形成的络合物不呈蓝色而呈紫色或红色，这种红紫色络合物在用硫代硫酸钠滴定时褪色慢，终点不敏锐，有时甚至看不见显色效果。

8.3.2.4 五日生化需氧量

《水质 五日生化需氧量（BOD_5）的测定 稀释与接种法》（HJ 505—2009）

该方法适用于地表水、工业废水和生活污水中五日生化需氧量（BOD_5）的测定。该方法的检出限为 0.5 mg/L，测定下限为 2 mg/L，非稀释法和非稀释接种法的测定上限为 6 mg/L，稀释与稀释接种法的测定上限为 6 000 mg/L。

注意事项：若样品中的有机物含量较多，BOD_5 的质量浓度大于 6 mg/L，样品需适当稀释后测定；对不含或含微生物少的工业废水，如酸性废水、碱性废水、高温废水、冷冻保存的废水或经过氯化处理等的废水，在测定 BOD_5 时应进行接种，以引进能分解废水中有机物的微生物。当废水中存在难以被一般生活污水中的微生物以正常的速度降解的有机物或含有剧毒物质时，应将驯化后的微生物引入水样中进行接种。

8.3.2.5 氨氮

（1）《水质 氨氮的测定 气相分子吸收光谱法》（HJ/T 195—2005）

该标准适用于地表水、地下水、海水、饮用水、生活污水及工业废水中氨氮的测定。该方法的最低检出限为 0.020 mg/L，测定下限为 0.080 mg/L，测定上限为 100 mg/L。

（2）《水质 氨氮的测定 纳氏试剂分光光度法》（HJ 535—2009）

该标准适用于地表水、地下水、生活污水和工业废水中氨氮的测定。当试样体积为 50 mL 时，使用 20 mm 比色皿时，该方法的检出限为 0.025 mg/L，测定下限为 0.10 mg/L，测定上限为 2.0 mg/L（均以 N 计）。

注意事项：

1）根据待测样品的浓度也可选用 10 mm 比色皿。

2）经蒸馏或在酸性条件下煮沸方法预处理的水样，须用一定量的氢氧化钠溶液，调节水样至中性，用水稀释至标线，再按与校准曲线相同的步骤测量吸光度。

（3）《水质　氨氮的测定　水杨酸分光光度法》（HJ 536—2009）

该标准适用于地下水、地表水、生活污水和工业废水中氨氮的测定，但与蒸馏-中和滴定法及纳氏试剂分光光度法比较，更适用于清洁水样。当取样体积为 8.0 mL，使用 10 mm 比色皿时，该方法的检出限为 0.01 mg/L，测定下限为 0.04 mg/L，测定上限为 1.0 mg/L（均以 N 计）。当取样体积为 8.0 mL，使用 30 mm 比色皿时，该方法的检出限为 0.004 mg/L，测定下限为 0.016 mg/L，测定上限为 0.25 mg/L（均以 N 计）。

（4）《水质　氨氮的测定　蒸馏-中和滴定法》（HJ 537—2009）

该标准适用于生活污水和工业废水中氨氮的测定。当试样体积为 250 mL 时，该方法的检出限为 0.05 mg/L（均以 N 计）。

注意事项：在蒸馏刚开始时氨气蒸出速度较快，加热不能过快，否则会造成水样暴沸、馏出液温度升高、氨吸收不完全，馏出液速率应保持在 10 mL/min 左右。如果水样中存在余氯，应再加入几粒结晶硫代硫酸钠（$Na_2S_2O_3$ 或 $Na_2S_2O_3 \cdot 5H_2O$）去除。

（5）《水质　氨氮的测定　连续流动-水杨酸分光光度法》（HJ 665—2013）

该标准适用于地表水、地下水、生活污水和工业废水中氨氮的测定，但与蒸馏-中和滴定法及纳氏试剂分光光度法比较，更适用于清洁水样。当采用直接比色模块，检测池光程为 30 mm 时，该方法的检出限为 0.01 mg/L（以 N 计），测定范围为 0.04～1.00 mg/L；当采用在线蒸馏模块，检测池光程为 10 mm 时，该方法的检出限为 0.04 mg/L（以 N 计），测定范围为 0.16～10.0 mg/L。

注意事项：

1）试剂和环境温度影响分析结果，在冰箱内贮存的试剂应放置至室温（20±5℃）

后再分析，分析过程中室温波动不超过±5℃。

2）为减小基线噪声，试剂应保持澄清，必要时，试剂应过滤；分析完毕后，应及时将流动检测池中的滤光片取下放入干燥器中，防尘防湿。

3）注意流路的清洁，每天分析完毕后所有流路需用纯水清洗 30 min。每周用清洗溶液冲洗 30 min，再用纯水冲洗 15 min。

4）当同批分析的样品浓度波动大时，可在样品与样品之间插入空白当试样分析，以减小高浓度样品对低浓度样品的影响。

5）不同型号的流动分析仪可参考本标准选择合适的仪器条件。

（6）《水质　氨氮的测定　流动注射-水杨酸分光光度法》（HJ 666—2013）

该标准适用于地表水、地下水、生活污水和工业废水中氨氮的测定。当检测光程为 10 mm 时，该方法的检出限为 0.01 mg/L（以 N 计），测定范围为 0.04～5.00 mg/L。

注意事项：

1）试剂和环境温度影响分析结果，在冰箱内贮存的试剂应放置至室温（20±5℃）后再使用，分析过程中室温波动不能超过±2℃。

2）为减小基线噪声，试剂应保持澄清，必要时试剂应过滤；因次氯酸钠溶液（有效氯含量 5.25%）具不稳定性，须注意试剂的保存和使用期，如果校准曲线斜率较正常值下降 30%（有效氯含量降至 2.62%），须更换新试剂。封闭的化学反应系统若有气泡会干扰测定，因此，除标准溶液外的所有溶液须除气，可采用氦气除气 1 min 或超声除气 30 min。

3）每天分析完毕后，用纯水对分析管路进行清洗，并及时将流动检测池中的滤光片取下放入干燥器中，防尘防湿。

4）分析过程中发现检测峰峰型异常，一般情况下平峰为超量程，双峰为基体干扰，不出峰为泵管堵塞或试剂失效。

5）不同型号的流动分析仪可参考本标准选择合适的仪器条件。

8.3.2.6　总氮

（1）《水质　总氮的测定　碱性过硫酸钾消解紫外分光光度法》（HJ 636—2012）

该标准适用于地表水、地下水、工业废水和生活污水中总氮的测定。当样品量为 10 mL 时，该方法的检出限为 0.05 mg/L，测定范围为 0.20～7.00 mg/L。

注意事项：

1）某些含氮有机物在本标准规定的测定条件下不能完全转化为硝酸盐。

2）测定应在无氨的实验室环境中进行，避免环境交叉污染对测定结果产生影响。

3）试验所用的器皿和高压蒸汽灭菌器等均应无氮污染。试验中所用的玻璃器皿应用盐酸溶液或硫酸溶液浸泡，用自来水冲洗后再用无氨水冲洗数次，洗净后立即使用。高压蒸汽灭菌器应每周清洗。

4）在碱性过硫酸钾溶液配制过程中，温度过高会导致过硫酸钾分解失效，因此要控制水浴温度在 60℃以下，而且应待氢氧化钠溶液温度冷却至室温后，再将其与过硫酸钾溶液混合、定容。

5）使用高压蒸汽灭菌器时，应定期检定压力表，并检查橡胶密封圈密封情况，避免因漏气而减压。

（2）《水质　总氮的测定　连续流动-盐酸萘乙二胺分光光度法》（HJ 667—2013）

该标准适用于地表水、地下水、生活污水和工业废水中总氮的测定。当检测光程为 30 mm 时，该方法的检出限为 0.04 mg/L（以 N 计），测定范围为 0.16～10 mg/L。

注意事项：

1）主要试剂过硫酸钾的含氮量会影响分析结果。当试剂基线较水基线高 20%，校准曲线低浓度点（0.20 mg/L）相对误差大于 20%时，需对过硫酸钾进行提纯。测定总氮时必须用无氨水配制各种试剂，所使用的各种酸类及酸溶液必须及时加盖，防止氨气进入。

2）为减小基线噪声，试剂应保持澄清，必要时试剂应过滤。试剂和环境温度会影响分析结果。在冰箱内贮存的试剂应放置至室温（20±5℃）后再使用，分析过程中室温波动不能超过±5℃。过硫酸钾消解溶液和四硼酸钠缓冲溶液低温下易结晶，为防止溶质析出堵塞管路，建议不要将这两种试剂放入冰箱。

3）注意保护镉柱和滤光片。系统清洗完毕应及时切断镉柱，以免空气进入；分析完毕后，应及时将流动检测池中的滤光片取下放入干燥器中，防尘防湿。

4）注意流路的清洁，每天分析完毕后所有流路需用水清洗 30 min。每周用清洗溶液清洗管路 30 min，再用水清洗 30 min。用清洗溶液清洗系统时，应先将镉柱流路切断（离线），再进行清洗。

5）应保持透析膜湿润。为防止透析膜破裂，可在清洗分析管路系统时，于每升清洗水中加 1 滴 Brij35。

6）当同批分析的样品浓度波动大时，可在样品与样品之间插入空白当试样分析，以减小高浓度样品对低浓度样品的影响。

7）不同型号的流动分析仪可参考本标准选择合适的仪器条件。

（3）《水质　总氮的测定　流动注射-盐酸萘乙二胺分光光度法》（HJ 668—2013）

该标准适用于地表水、地下水、生活污水和工业废水中总氮的测定。当检测光程为 10 mm 时，该方法的检出限为 0.03 mg/L（以 N 计），测定范围为 0.12～10 mg/L。

注意事项：

1）因流动注射分析仪流路管径较细，不适用于测定含悬浮物颗粒物较多或颗粒粒径大于 250 μm 的样品。

2）试剂和环境温度影响分析结果。在冰箱内贮存的试剂应放置至室温（20±5℃）后再使用，分析过程中室温最好保持 20℃以上，以防止消解溶液溶质析出堵塞管路，且温度波动不能超过±2℃。

3）配制消解溶液和四硼酸钠缓冲溶液时，加热助溶温度必须控制在 60℃以下。

4）为减小基线噪声，试剂应保持澄清，必要时应过滤。封闭的化学反应系统若有气泡会干扰测定，因此，除标准溶液外的所有溶液须除气，可采用氦气除气 1 min 或超声除气 30 min。

5）试剂质量会影响空白值。当空白值超出检出限，校准曲线低浓度点（0.15 mg/L）检测值大于 10%控制限时，需对过硫酸钾进行提纯。

6）每次分析完毕，需须用纯水对分析管路进行清洗，并及时将流动检测池中的滤光片取下放入干燥器中，防尘防湿。

7）不同型号的流动分析仪可参考本标准选择合适的仪器条件。

8.3.2.7　总磷

（1）《水质　总磷的测定　钼酸铵分光光度法》（GB/T 11893—1989）

该标准适用于地面水、污水和工业废水中总磷的测定。取 25 mL 试料，该方法的最低检出浓度为 0.01 mg/L，测定上限为 0.6 mg/L。

注意事项：

1）用硝酸—高氯酸消解需要在通风橱中进行。高氯酸和有机物的混合物经加热易发生危险，故需将试样先用硝酸消解，然后再加入高氯酸消解。

2）不可把消解的试样蒸干。

3）消解后有残渣时，用滤纸过滤于具塞比色管中。

4）水样中的有机物用过硫酸钾氧化不能完全破坏时，可用硝酸—高氯酸消解消解。

5）试样中含有浊度或色度时，需配制一个空白试样（消解后用水稀释至标线），然后向试料中加入 3 mL 浊度-色度补偿液，但不加抗坏血酸溶液和钼酸盐溶液，再从试料的吸光度中扣除空白试料的吸光度。

6）砷大于 2 mg/L 干扰测定，用硫代硫酸钠去除。硫化物大于 2 mg/L 干扰测定，通氮气去除。铬大于 50 mg/L 干扰测定，用亚硫酸钠去除。

7）如显色时室温低于 13℃，在 20～30℃水浴上显色 15 min 即可。

（2）《水质　磷酸盐和总磷的测定　连续流动-钼酸铵分光光度法》（HJ 670—2013）

该标准适用于地表水、地下水、生活污水和工业废水中磷酸盐和总磷的测定。当检测池光程为 50 mm 时，该方法测定总磷（以 P 计）的检出限为 0.01 mg/L，测定范围为 0.04～5.00 mg/L。

注意事项：

1）因流动注射分析仪流路管径较细，不适用于测定含悬浮物颗粒物较多或颗粒粒径大于 250 μm 的样品。

2）所有玻璃器皿均需用稀盐酸或稀硝酸浸泡。为减小基线噪声，试剂应保持澄清，必要时应过滤试剂和环境温度影响分析结果，在冰箱内贮存的试剂应放置至室温（20±5℃）后再使用，分析过程中室温波动不能超过±5℃。

3）分析完毕，应及时将流动检测池中的滤光片放入干燥器中，防尘防湿。

4）注意流路的清洁，每天分析完毕后所有流路需用水清洗 30 min。每周用清洗溶液清洗管路 30 min，再用水清洗 30 min。

5）应保持透析膜湿润。为防止透析膜破裂，可在清洗分析管路系统时，于每升清洗水中加 1 滴 DDD_6。

（3）《水质　总磷的测定　流动注射-钼酸铵分光光度法》（HJ 671—2013）

该标准适用于地表水、地下水、生活污水和工业废水中总磷的测定。当检测池光程为 10 mm 时，该方法的检出限为 0.005 mg/L（以 P 计），测定范围为 0.020～1.00 mg/L。

注意事项：

1）因流动注射分析仪流路管径较细，不适用于测定含悬浮物颗粒物较多或颗粒粒径大于 250 μm 的样品。

2）试剂和环境温度影响分析结果。在冰箱内贮存的试剂应放置至室温（20±5℃）后再使用，分析过程中室温波动不能超过±2℃。

3）为减小基线噪声，试剂应保持澄清，必要时应过滤。封闭的化学反应系统若有气泡会干扰测定，因此，除标准溶液外的所有溶液均须除气，可采用氦气除气 1 min 或超声除气 30 min。

4）每次分析完毕，用纯水对分析管路进行清洗，并及时将流动检测池中的滤光片取下放入干燥器中，防尘防湿。

5）预处理盒加热器在加热温度接近 80℃时，应保证加热器的管路中有液体流动。

6）不同型号的流动分析仪可参考本标准选择合适的仪器条件。

8.3.2.8　总有机碳

《水质　总有机碳的测定　燃烧氧化-非分散红外吸收法》（HJ 501—2009）

适用于地表水、地下水、生活污水和工业废水中总有机碳（TOC）的测定。该方法的检出限为 0.1 mg/L，测定下限为 0.5 mg/L。

注意事项：本标准定义 TOC 分为差减法和直接法，当水中苯、甲苯、环己烷和三氯甲烷等挥发性有机物含量较高时，宜用差减法测定。当水中挥发性有机物含量较少而无机碳含量相对较高时，宜用直接法测定。

8.3.2.9　石油类

《水质　石油类和动植物油类的测定　红外分光光度法》（HJ 637—2018）

适用于工业废水和生活污水中石油类和动植物油类的测定。当取样体积为 500 mL，萃取液体积为 50 mL，使用 4 cm 石英比色皿时，方法的检出限为 0.06 mg/L，测定下限为 0.24 mg/L。

注意事项：

1）同一批样品测定所使用的四氯乙烯应来自同一个瓶子，如样品数量较多，可将多瓶四氯乙烯混合均匀后使用。

2）所有使用完的器皿置于通风橱内挥发完后清洗。

3）对于动植物油类含量大于 130 mg/L 的废水，萃取液需要稀释后再按照试样的制备步骤操作。

8.3.2.10 硫化物

（1）《水质 硫化物的测定 亚甲基蓝分光光度法》（GB/T 16489—1996）

该标准适用于地面水、地下水、生活污水和工业废水中硫化物的测定。试料体积为 100 mL、使用光程为 1 cm 的比色皿时，该方法的检出限为 0.005 mg/L，测定上限为 0.700 mg/L。对硫化物含量较高的水样，可适当减少取样量或将样品稀释后测定。

注意事项：硫离子很容易被氧化，硫化氢易从水样中溢出，故在采样时应防止曝气，并加适量的氢氧化钠溶液和乙酸锌-乙酸钠溶液，使水样呈碱性并形成硫化锌沉淀。水样应充满瓶子，瓶塞下不留空气。

（2）《水质 硫化物的测定 碘量法》（HJ/T 60—2000）

该标准适用于测定水和废水中的硫化物。试样体积 200 mL，用 0.01 mol/L 硫代硫酸钠溶液滴定时，该方法适用于含硫化物在 0.40 mg/L 以上的水和废水的测定。

（3）《水质 硫化物的测定 气相分子吸收光谱法》（HJ/T 200—2005）

该标准适用于地表水、地下水、海水、饮用水、生活污水及工业废水中硫化物的测定。使用 202.6 nm 波长，该方法的检出限为 0.005 mg/L，测定下限为 0.020 mg/L，测定上限为 10 mg/L。在 222.8 nm 波长处，测定上限 500 mg/L。

（4）《水质 硫化物的测定 流动注射-亚甲基蓝分光光度法》（HJ 824—2017）

该标准适用于地表水、地下水、生活污水和工业废水中硫化物的测定。

当检测光程为 10 mm 时，该方法的方法检出限为 0.004 mg/L（以 S^{2-}计），测定范围为 0.016～2.00 mg/L（以 S^{2-}计）。

8.3.2.11 挥发酚

（1）《水质 挥发酚的测定 溴化容量法》（HJ 502—2009）

该标准适用于含高浓度挥发酚工业废水中挥发酚的测定。测定下限为 0.4 mg/L，测定上限为 45.0 mg/L。对于质量浓度高于标准测定上限的样品，可适当稀释后进行测定。

注意事项：

1）采集后的样品应及时加磷酸酸化至 pH 约 4.0，并加适量硫酸铜，使样品中硫酸铜质量浓度约为 1 g/L，以抑制微生物对酚类的生物氧化作用。

2）每次试验前后，应清洗整个蒸馏设备。

3）不得用橡胶塞、橡胶管连接蒸馏瓶及冷凝器，以防止对测定产生干扰。

（2）《水质　挥发酚的测定　4-氨基安替比林分光光度法》（HJ 503—2009）

该标准适用于地表水、地下水、饮用水、工业废水和生活污水中挥发酚的测定。工业废水和生活污水宜用直接分光光度法测定，检出限为 0.01 mg/L，测定下限为 0.04 mg/L，测定上限为 2.50 mg/L。

注意事项：对于质量浓度高于标准测定上限的样品，可适当稀释后进行测定。

（3）《水质　挥发酚的测定　流动注射-4-氨基安替比林分光光度法》（HJ 825—2017）

该标准适用于地表水、地下水、生活污水和工业废水中挥发酚的测定。当检测光程为 10 mm 时，该方法的检出限为 0.002 mg/L，测定范围为 0.008～0.200 mg/L。

注意事项：

1）4-氨基安替比林试剂开封后应贮存在干燥器中。

2）应保持冷凝器供给水在 4℃左右。冷凝器冷凝水更换要求参见仪器说明书。

3）如果在分析过程中连续出现气泡的毛刺峰，经确认非流通池中有小气泡停滞，则需更换脱气管；如果出现双峰或肩形峰，说明相分离器的膜应更换。

4）为延长分离膜的使用寿命，只有在加热器温度达到设定温度后，才能使试剂或无酚水通过相分离器。分析完毕，用无酚水冲洗 0.5 h 后，除冷凝管外的所有管道均泵入空气，干燥分离膜 0.5～1 h 方可停止并关机。

5）铁氰化钾溶液的进样管不要触及瓶底，以免吸取溶液中的杂质。

6）冷凝管内易长菌，加入适量 1%的次氯酸钠溶液可防止长菌。如循环使用，应每周更换。

7）有明显颗粒物的样品应用超声仪超声粉碎后进样。

8.3.2.12 总钒

（1）《水质　钒的测定　钽试剂（BPHA）萃取分光光度法》（GB/T 15503—1995）

该标准适用于水和废水中钒的测定。使用光程为 1 cm 的比色皿时，该方法的检出限为 0.018 mg/L，测定上限为 10.0 mg/L。对钒含量大于上限的水样，分析前可将样品适当稀释。

（2）《水质　钒的测定　石墨炉原子吸收分光光度法》（HJ 673—2013）

该标准适用于地表水、地下水、生活污水及工业废水中钒的测定。该方法的检出限为 0.003 mg/L，测定下限为 0.012 mg/L，测定上限为 0.200 mg/L。

注意事项：试验中产生的废液应调至碱性，并加硫化钠固定后保存，定期送至有资质的单位进行处理。

（3）《水质　65 种元素的测定　电感耦合等离子体质谱法》（HJ 700—2014）

该标准适用于地表水、地下水、生活污水、低浓度工业废水中 65 种元素的测定。该方法中钒的检出限为 0.08μg/L，测定下限 0.32μg/L。

注意事项：

1）试验所用器皿，在使用前需用硝酸溶液浸泡至少 12 h，然后用去离子水冲洗干净后方可使用。

2）钾、钠、钙、镁等元素含量相对较高时，可选用其他国标方法测定。对于未知的废水样品，建议先用其他国标方法初测样品浓度，避免分析期间样品对检测器的潜在损害，同时鉴别浓度超过线性范围的元素。

3）丰度较大的同位素会产生拖尾峰，影响相邻质量峰的测定。可调整质谱仪的分辨率，以减少这种干扰。

4）在连续分析浓度差异较大的样品或标准品时，样品中待测元素（如硼等元素）易沉积并滞留在真空界面、喷雾腔和雾化器上，从而导致记忆干扰，可通过延长样品间的洗涤时间来避免这类干扰的发生。

（4）《水质　32 种元素的测定　电感耦合等离子体发射光谱法》（HJ 776—2015）

该标准适用于地表水、地下水、生活污水及工业废水中 32 种元素可溶性元素及元素总量的测定。该方法中矾在水平观察方式下的方法检出限为 0.01 mg/L，测定下限为 0.06 mg/L；矾在垂直观察方式下的方法检出限为 0.01 mg/L，测定下限为 0.05 mg/L。

注意事项：

1）ICP-AES 存在一定的记忆效应，在分析浓度差距较大的样品时，可通过延长清洗时间降低样品间的干扰；对于浓度特别大的样品，应稀释后再进行测定。

2）制备样品时应保证样品均匀澄清。对于无法完全消解的样品，应混匀后取上清液测定。

8.3.2.13　苯系物

（1）《水质　苯系物的测定　顶空/气相色谱法》（HJ 1067—2019）

该标准适用于地表水、地下水、生活污水和工业废水中 8 种苯系物的测定。当取样体积为 10.0 mL 时，测定水中苯系物的方法检出限为 2～3 μg/L，测定下限为 8～12 μg/L。

注意事项：

1）在采样、样品保存和预处理过程中，应避免接触塑料和其他有机物。

2）在测定含盐量较高的样品时，氯化钠的加入量可适量减少，避免样品析出盐而引起顶空样品瓶中气液两相体积变化。样品与标准系列溶液加入的盐量应一致。

（2）《水质　挥发性有机物的测定　吹扫捕集/气相色谱-质谱法》（HJ 639—2012）

该标准适用于海水、地下水、地表水、生活污水和工业废水中 57 种挥发性有机物的测定。当样品量为 5 mL 时，用全扫描方式测定，目标化合物的方法检出限为 0.6～5.0 μg/L，测定下限 2.4～20.0 μg/L；用选择离子方式测定，目标化合物的方法检出限为 0.2～2.3 μg/L，测定下限为 0.8～9.2 μg/L。

注意事项：

1）采集样品时，应使水样在采样瓶中溢流而不留空间。取样时应尽量避免或减少样品在空气中暴露。

2）当水样加盐酸溶液后产生大量气泡时，应弃去该样品，重新采集样品。重新采集的样品不应加盐酸溶液，样品标签上应注明未酸化，该样品应在 24 h 内分析。

3）样品采集后冷藏运输。运回实验室后应立即放入冰箱中，在 4℃以下保存，14 d 内分析完毕。样品存放区域应无有机物干扰。

4）在每天分析之前，GC/MS 系统必须进行 BFB 仪器性能检查，GC/MS 系统得到的 BFB 关键离子丰度应满足标准要求，否则需对质谱仪的一些参数进行调整或清洗离子源。

（3）《水质　挥发性有机物的测定　吹扫捕集/气相色谱法》（HJ 686—2014）

该标准适用于地表水、地下水、生活污水、低浓度工业废水中 21 种挥发性有机物的测定。当样品量为 5 mL 时，目标化合物的方法检出限为 0.1～0.5 μg/L，测定下限为 1.4～2.0 μg/L。

注意事项：

1）苯系物测定的干扰主要来源于甲醇峰的拖尾，影响苯的测定，因此样品分析过程中应尽量少引入甲醇。

2）样品采集时要溢满采样瓶，要求不留空隙。采样后严禁开瓶，并应尽快分析。

3）由于分析目标化合物的高挥发性，不要在通风柜中进行溶液配制的操作，以避免挥发对样品测定的影响。

4）遇到发泡类样品（这类样品不但本身难以准确分析，且其产生的泡沫也会沾污或堵塞管路、阀件、吸附管等，对后面的样品分析产生不利影响），可采取选择性地向其中添加消泡剂或在吹扫设备上添加消泡装置等处置方式。

（4）《水质　挥发性有机物的测定　顶空/气相色谱-质谱法》（HJ 810—2016）

该标准适用于地表水、地下水、生活污水、工业废水和海水中 55 种挥发性有机物的测定。当取样体积为 10.0 mL 时，用全扫描（Scan）模式测定，目标化合物的方法检出限为 2～10 μg/L，测定下限为 8～40 μg/L；用选择离子（SIM）模式测定，目标化合物的方法检出限为 0.4～1.7 μg/L，测定下限为 1.6～6.8 μg/L。

注意事项：

1）若实验室有挥发性强的溶剂（如二氯甲烷），则需特别注意检查实验用水的质量，可选择煮沸、氮气吹扫或使用专用挥发性有机物去除柱等方式进行处理，直至满足要求。

2）顶空瓶在使用前，须依次用洗涤剂、自来水、试验用水清洗干净，并置于马弗炉内 300℃烘 30 min，冷却后待用；顶空瓶密封垫一般为一次性使用，拆封后的瓶垫应密闭保存于洁净且无挥发性有机物的区域。

8.3.2.14　总氰化物

（1）《水质　氰化物的测定　容量法和分光光度法》（HJ 484—2009）

该标准适用于地表水、生活污水和工业废水中氰化物的测定。硝酸银滴定法的方法检出限为 0.004 mg/L，测定下限为 0.016 mg/L，测定上限为 100 mg/L。异烟酸-吡唑啉酮分光光度法的方法检出限为 0.004 mg/L，测定下限为 0.016 mg/L，测定上限为 0.25 mg/L。异烟酸-巴比妥酸分光光度法的方法检出限为 0.001 mg/L，测定下限为 0.004 mg/L，测定上限为 0.45 mg/L。吡啶-巴比妥酸分光光度法的方法检出限为 0.002 mg/L，测定下限为 0.008 mg/L，测定上限为 0.45 mg/L。

注意事项：

1）试样中存在活性氯等氧化物干扰测定，可在蒸馏前加亚硫酸钠溶液（Na_2SO_3）排除干扰。

2）试样中存在亚硝酸离子干扰测定，可在蒸馏前加氨基磺酸（NH_2SO_2OH）排除干扰。

3）试样中存在硫化物干扰测定，可在蒸馏前加碳酸镉（$CdCO_3$）或碳酸铅（$PbCO_3$）固体粉末排除干扰。

4）少量油类对测定无影响。中性油或酸性油大于 40 mg/L 时干扰测定，可加入水样体积的 20%量的正己烷（C_6H_{14}），在中性条件下短时间萃取，分离出正己烷相后，水相用于蒸馏测定。

（2）《水质　氰化物的测定　流动注射-分光光度法》（HJ 823—2017）

该标准适用于地表水、地下水、生活污水和工业废水中氰化物的测定。当检测光程为 10 mm 时，异烟酸-巴比妥酸法测定水中氰化物检出限为 0.001 mg/L，测定范围为 0.004～0.10 mg/L；吡啶-巴比妥酸法测定水中氰化物的检出限为 0.002 mg/L，测定范围为 0.008～0.50 mg/L。

注意事项：

1）方法模块测定的是总氰化物，易释放氰化物预处理操作按照 HJ484 中的规定进行后，吸收液再上机测定。

2）应注意流动注射仪管路系统的保养，经常清洗管路；每次试验前都应检查泵管是否有磨损，并及时更换已损坏的泵管。

3）每次样品分析结束后，要让分离膜充分干燥。

4）异烟酸-巴比妥酸试剂配置后 3～5 d 将逐渐产生沉淀，沉淀进入管路会形成结晶，堵塞管路。试验时应注意该试剂的状态，如沉淀过多，应及时更换。

5）在废液收集瓶中，应加入氢氧化钠（6.3），使得 pH≥11（一般每升废液中加入约 7 g 氢氧化钠），以防止气态 HCN 逸出。应定期摇动废液瓶，以防在瓶中形成浓度梯度。

6）当样品浓度超过校准曲线最高点时，应做适当的稀释。分析两个高浓度样品间要加测空白样品，测定空白值不得超过方法检出限。否则应重新分析。

7）有明显颗粒物或沉淀的样品应用超声仪超声粉碎后进样。

（3）《水质　氰化物等的测定　真空检测管-电子比色法》（HJ 659—2013）

该标准适用于地下水、地表水、生活污水和工业废水中氰化物、氟化物、硫化物、二价锰、六价铬、镍、氨氮、苯胺、硝酸盐氮、亚硝酸盐氮、磷酸盐以及化学需氧量等污染物的快速分析。其他污染物项目如果通过验证也适用于该标准。

注意事项：

1）检测管和专用助剂应在规定的条件下贮存，并在保质期内使用。

2）根据测定目的和水样情况选择确定合适的检测管。

3）使用玻璃检测管时，要注意保护眼睛和面部，防止助剂溅出或玻璃的划伤。

8.3.2.15　苯并[*a*]芘

（1）《水质　苯并[*a*]芘的测定　乙酰化滤纸层析荧光分光光度法》（GB/T 11895—89）

该标准适用于饮用水、地面水、生活污水、工业废水。最低检出浓度为 0.004 μg/L。

注意事项：

1）苯并[*a*]芘是一种由 5 个环构成的多环芳烃，它是多环芳烃类的强致癌代表物。基于苯并[*a*]芘的强致癌性，操作应在白搪瓷盘中进行（如溶液转移、定容、点样等）。室内应避免阳光直接照射，要保持良好的通风状况。

2）测量后的苯并[*a*]芘丙酮洗脱液切勿随意丢弃，可放入通风柜中的专用大烧杯里，统一处理。

3）所用玻璃器皿必须用洗液浸泡 4 h 后洗涤。

（2）《水质　多环芳烃的测定　液液萃取和固相萃取高效液相色谱法》（HJ 478—2009）

该标准适用于饮用水、地下水、地表水、海水、工业废水和生活污水中 16 种多环芳烃的测定。

液液萃取法适用于饮用水、地下水、地表水、工业废水和生活污水中多环芳烃的测定。当萃取样品体积为 1 L 时，该方法的检出限为 0.002～0.016 μg/L，测定下限为 0.008～0.064 μg/L。萃取样品体积为 2 L 时，浓缩样品至 0.1 mL，苯并[*a*]芘的检出限为 0.000 4μg/L，测定下限为 0.001 6 μg/L。

固相萃取法适用于清洁水样中多环芳烃的测定。当富集样品的体积为 10 L 时，方法的检出限为 0.000 4～0.001 6 μg/L，测定下限为 0.001 6～0.006 4 μg/L。

注意事项：

1）在萃取过程中出现乳化现象时，可采用搅动、离心、用玻璃棉过滤等方法破乳，也可采用冷冻的方法破乳。

2）对样品进行分析时，若预处理过程中溶剂转换不完全（即有残存正己烷或二氯甲烷），会出现保留时间漂移、峰变宽或双峰的现象。

8.3.2.16 总铅

（1）《水质 铅的测定 双硫腙分光光度法》（GB/T 7470—87）

该标准适用于天然水和废水中微量铅。测定铅浓度在 0.01～0.30 mg/L。铅浓度高于 0.30 mg/L，可对样品适当稀释后再进行测定。当使用光程为 10 mm 比色皿，试份体积为 100 mL，用 10 mL 双硫腙萃取时，最低检出浓度可达 0.010 mg/L。

注意事项：除非证明试样的消化处理是不必要的，例如不含悬浮物的地下水和清洁的地面水可直接测定。否则对比较浑浊的地面水和含悬浮物和有机物较多的地面水或废水进行预处理。

（2）《水质 铜、锌、铅、镉的测定 原子吸收分光光度法》（GB/T 7475—87）

该标准直接法适用于地下水、地面水和废水中铜、锌、铅、镉的测定。铅的浓度测定范围为 0.2～10 mg/L。螯合萃取法适用于地下水和清洁地面水中低浓度铜、铅、镉的测定。铅的浓度测定范围为 10～200 μg/L。

注意事项：

1）如果单独测定铅，最佳萃取 pH 为 2.3±0.2。

2）样品中存在强氧化剂时，可能破坏吡咯烷二硫代氨基甲酸铵，萃取前应去除。

3）有些金属离子和吡咯烷二硫代氨基甲酸铵的络合物不稳定，萃取操作时要避免日光直射和避开热源。

（3）《水质 65 种元素的测定 电感耦合等离子体质谱法》（HJ 700—2014）

该标准适用于地表水、地下水、生活污水、低浓度工业废水中 65 种元素的测定。方法中铅的检出限为 0.09 μg/L，测定下限为 0.36 μg/L。

注意事项见 8.3.2.12。

（4）《水质　32 种元素的测定　电感耦合等离子体发射光谱法》（HJ 776—2015）

该标准适用于地表水、地下水、生活污水及工业废水中 32 种元素可溶性元素及元素总量的测定。该标准中铅在水平观察方式下的方法检出限为 0.1 mg/L，测定下限为 0.39 mg/L；铅在垂直观察方式下的方法检出限为 0.07 mg/L，测定下限为 0.29 mg/L。

注意事项见 8.3.2.12。

8.3.2.17　总砷

（1）《水质　总砷的测定　二乙基二硫代氨基甲酸银分光光度法》（GB/T 7485—87）

该标准适用于水和废水中砷的测定。当试样取最大体积为 50 mL 时，用光程为 10 mm 比色皿，可检测含砷 0.007 mg/L，可测上限为 0.50 mg/L。

注意事项：在溶液转移和处置中要特别小心，整个操作应在良好的通风环境中进行，并严防入口。

（2）《水质　汞、砷、硒、铋和锑的测定　原子荧光法》（HJ 694—2014）

该标准适用地表水、地下水、生活污水和工业废水中汞、砷、硒、铋和锑的测定。砷的检出限为 0.3 μg/L，测定下限为 0.12 μg/L。

注意事项：

1）酸性介质中能与硼氢化钾反应生成氢化物的元素会相互影响，产生干扰。加入硫脲+抗坏血酸溶液可以基本消除干扰。

2）硼氢化钾是强还原剂，极易与空气中的硼氢化钾氧气和二氧化碳反应，在中性和酸性溶液中易分解产生氢气，所以配制硼氢化钾还原剂时，要将硼氢化钾固体溶解在氢氧化钠溶液中，并临用现配。

3）实验室所用的玻璃器皿均需用（1+1）硝酸溶液浸泡 24 h，或用热硝酸荡洗。清洗时依次用自来水、去离子水洗净。

（3）《水质　65 种元素的测定　电感耦合等离子体质谱法》（HJ 700—2014）

该标准适用于地表水、地下水、生活污水、低浓度工业废水中 65 种元素的测定。方法中砷的检出限为 0.12 μg/L，测定下限为 0.48 μg/L。

注意事项见 8.3.2.12。

（4）《水质　32 种元素的测定　电感耦合等离子体发射光谱法》（HJ 776—2015）

该标准适用于地表水、地下水、生活污水及工业废水中 32 种元素可溶性元素及元素总量的测定。该标准中砷在水平观察方式下的方法检出限为 0.2 mg/L，测定下限为 0.60 mg/L；砷在垂直观察方式下的方法检出限为 0.2 mg/L，测定下限为 0.81 mg/L。

注意事项见 8.3.2.12。

8.3.2.18　总镍

（1）《水质　镍的测定　丁二酮肟分光光度法》（GB/T 11910—89）

该标准适用于受到镍污染的环境水和工业废水中镍的测定。当取试样体积为 10 mL 时，该方法可测定上限 10 mg/L，最低检出浓度为 0.25 mg/L。

注意事项：

1）加入碘溶液后，必须加水至约 20 mL 并摇匀，否则加入丁二酮肟后不能正常显色。

2）必须在加入丁二酮肟溶液并摇匀后再加入 Na_2-EDTA 溶液，否则将不显色。

（2）《水质　镍的测定　火焰原子吸收分光光度法》（GB/T 11912—89）

该标准适用工业废水和受到污染的环境水样中镍的测定，最低检出浓度为 0.05 mg/L。校准曲线的浓度范围为 0.2～5.0 mg/L。

注意事项：

1）测定可滤态镍时，用 0.45 μm 滤膜制备，并立即酸化后直接喷入测定。

2）测定镍总量时，一般进行消解前处理。

（3）《水质　65 种元素的测定　电感耦合等离子体质谱法》（HJ 700—2014）

该标准适用于地表水、地下水、生活污水、低浓度工业废水中 65 种元素的测定。方法中镍的检出限为 0.06 μg/L，测定下限为 0.24 μg/L。

注意事项见 8.3.2.12。

（4）《水质　32 种元素的测定　电感耦合等离子体发射光谱法》（HJ 776—2015）

该标准适用于地表水、地下水、生活污水及工业废水中 32 种元素可溶性元素及元素总量的测定。该标准中镍在水平观察方式下的方法检出限为 0.007 mg/L，测定下限为 0.03 mg/L；镍在垂直观察方式下的方法检出限为 0.02 mg/L，测定下限为 0.06 mg/L。

注意事项见 8.3.2.12。

8.3.2.19　总汞

（1）《水质　总汞的测定　高锰酸钾-过硫酸钾消解法　双硫腙分光光度法》（GB/T 7469—87）

该标准适用于生活污水、工业废水和受汞污染的地面水中汞的测定。取 250 mL 水样测定，汞的最低检出浓度为 2 μg/L，测定上限为 40 μg/L。

注意事项：如样品中含汞或有机物的浓度较高时，试样体积可以较小。

（2）《水质　总汞的测定　冷原子吸收分光光度法》（HJ 597—2011）

该标准适用于地表水、地下水、生活污水和工业废水中总汞的测定。采用高锰酸钾-过硫酸钾消解法和溴酸钾-溴化钾消解法，当取样量为 100 mL 时，该方法的检出限为 0.02 μg/L，测定下限为 0.08 μg/L；当取样量为 200 mL 时，检出限为 0.01 μg/L，测定下限为 0.04 μg/L。采用微波消解法，当取样量为 25 mL 时，检出限为 0.06 μg/L，测定下限为 0.24 μg/L

注意事项：

1）若有机物含量较高，该标准规定的消解试剂最大用量不足以氧化样品中的有机物时，则本标准不适用。

2）试验所用试剂（尤其是高锰酸钾）中的汞含量对空白试验测定值影响较大。因此，试验中应选择汞含量尽可能低的试剂。

3）在样品还原前，所有试剂和试样的温度应保持一致（＜25℃）。环境温度低于 10℃时，灵敏度会明显降低。

4）汞的测定易受到环境中的污染，在汞的测定过程中应加强对环境中汞的控制，保持清洁、加强通风。

5）每次测定前应采用仪器洗液将反应容器和玻璃器皿浸泡过夜后，用水冲洗干净。

6）反应装置的连接管宜采用硅硼玻璃、高密度聚乙烯、聚四氟乙烯、聚砜等材质，不宜采用硅胶管。

（3）《水质　汞、砷、硒、铋和锑的测定　原子荧光法》（HJ 694—2014）

该标准适用于地表水、地下水、生活污水和工业废水中汞、砷、硒、铋和锑的测定。汞的检出限为 0.04 μg/L，测定下限为 0.16 μg/L。

注意事项：

1）硼氢化钾是强还原剂，极易与空气中的硼氢化钾氧气和二氧化碳发生反应，在中性和酸性溶液中易分解产生氢气，所以配制硼氢化钾还原剂时，要将硼氢化钾固体溶解在氢氧化钠溶液中，并临用现配。

2）实验室所用的玻璃器皿均需用（1+1）硝酸溶液浸泡 24 h，或用热硝酸荡洗。清洗时依次用自来水、去离子水洗净。

8.3.2.20　烷基汞

（1）《水质　烷基汞的测定　气相色谱法》（GB/T 14204—93）

该标准适用于地面水及污水中烷基汞的测定。当水样取 1 L 时，甲基汞通常检测到 10 ng/L，乙基汞检测到 20 ng/L。

注意事项：样品中含硫有机物（硫醇、硫醚、噻吩等）均可被富集萃取，在分析过程中积存在色谱柱内，使色谱柱分离效率下降，干扰烷基汞的测定。定期往色谱柱内注入二氯化汞苯饱和液，可以去除这些干扰，恢复色谱柱分离效率。

（2）《水质　烷基汞的测定　吹扫捕集/气相色谱-冷原子荧光光谱法》（HJ 977—2018）

该标准适用于地表水、地下水、生活污水、工业废水和海水中的烷基汞（甲基汞、乙基汞）的测定。当取样体积为 45 mL 时，甲基汞和乙基汞的方法检出限均为 0.02ng/L，测定下限均为 0.08ng/L。

注意事项：

1）四丙基硼化钠有毒，取用或加入时应快速并及时密封。失效的四丙基硼化钠溶液，应放入盛有盐酸溶液的大烧杯中，于 80℃加热分解残留物。待烧杯中的溶液体积减少 1/2 时，收集剩余的废酸液，统一处置。

2）衍生化前，试样中 Hg^{2+}含量必须低于 1 ng，在与试样等体积的水中加入 100 μL 汞标准使用液，按与试样测定相同的操作步骤和仪器条件进行测定，记录峰高或峰面积以此为参照，判断试样中的 Hg^{2+}是否超过 1ng。

3）样品蒸馏过程中，应注意观察所有蒸馏瓶中馏出液的体积，避免样品蒸馏过度。蒸馏结束后，应及时将蒸馏瓶与接收瓶之间的连接管线断开，并移出蒸馏瓶。

4）试样分析过程中 Hg^{2+}出现异常高值或在设定时间内无法出峰完全时，应加测一个空白试样，防止影响后续样品的分析。

5）试验所用的所有器皿（采样瓶、蒸馏瓶、接收瓶、进样瓶、聚四氟乙烯管等）应在硝酸溶液中浸泡至少 24 h，再用水洗净。玻璃瓶放入马弗炉并于 400℃的条件下灼烧 4 h，冷却后待用。聚四氟乙烯材质的蒸馏瓶、接收瓶及管线需在洁净实验台上用无汞干燥空气或氮气吹干，然后用干净的双层聚乙烯袋包装，标记后存放待用。

8.3.2.21　氟化物

（1）《水质　氟化物的测定　离子选择电极法》（GB/T 7484—87）

该标准适用于地面水、地下水和工业废水中氟化物的测定。最低检测限为含氟化物（以 F^-计）0.05 mg/L，测定上限可达 1 900 mg/L。

注意事项：水样有颜色、浑浊不影响测定。温度影响电极的电位和样品的离解，故须使试份与标准溶液的温度相同，并注意调节仪器的温度补偿装置使之与溶液的温度一致。每日要测定电极的实际斜率。

（2）《水质　氟化物的测定　茜素磺酸锆法》（HJ 487—2009）

该标准适用于饮用水、地表水、地下水和工业废水中氟化物的测定。取 50 mL 试样，直接测定氟化物的浓度时，该方法检出限为 0.1 mg/L，测定下限为 0.4 mg/L，测定上限为 1.5 mg/L（高含量样品可经稀释后分析）。

注意事项：

1）共存离子影响：样品中有硫酸盐、磷酸盐、铁、锰的存在，能使测定结果偏高，铝可与氟离子形成稳定的络合物（AlF_6）$^{3-}$，使测定结果偏低。

2）茜素磺酸钠配制后与锆盐最好分别保存，使用时再按比例混合，以保持试剂的灵敏度。

3）茜素磺酸锆与氟离子在作用过程中颜色的生成，受各种因素的影响，因此在分析时，要控制样品、空白和标准系列加入试剂的量，反应温度、放置时间等条件必须一致，试份与标准比色系列的温差不超过 2℃。

（3）《水质　氟化物的测定　氟试剂分光光度法》（HJ 488—2009）

该标准适用于地面水、地下水和工业废水中氟化物（以 F^-计）的测定。试份体积为 25 mL，使用光程为 30 mm 比色皿时，该方法的最低检出浓度为含氟化物 0.05 mg/L，测定上限浓度为 1.80 mg/L。

注意事项：蒸馏温度应严格控制在（145±5）℃，否则硫酸将被蒸出，影响测定结果。

8.3.2.22　总铜

（1）《水质　铜、锌、铅、镉的测定　原子吸收分光光度法》（GB/T 7475—87）

该标准直接法适用于地下水、地面水和废水中铜、锌、铅、镉的测定。铜的浓度测定范围是 0.05～5 mg/L。螯合萃取法适用于地下水和清洁地面水中低浓度铜、铅、镉的测定。铜的浓度测定范围是 1～50 μg/L。

注意事项见 8.3.2.16。

（2）《水质　铜的测定　二乙基二硫代氨基甲酸钠分光光度法》（HJ 485—2009）

该标准适用于地表水、地下水、生活污水和工业废水中总铜和可溶性铜的测定。当使用 20 mm 比色皿，萃取用试样体积为 50 mL，该方法的检出限为 0.010 mg/L，测定下限为 0.040 mg/L。当使用 10 mm 比色皿，萃取用试样体积为 10 mL，方法的测定上限为 6.00 mg/L。

（3）《水质　铜的测定　2,9-二甲基-1,10-菲啰啉分光光度法》（HJ 486—2009）

该标准直接光度法适用于较清洁的地表水和地下水中可溶性铜和总铜的测定。当使用 50 mm 比色皿，试料体积为 15 mL 时，水中铜的检出限为 0.03 mg/L，测定下限为 0.12 mg/L，测定上限为 1.3 mg/L。萃取光度法适用于地表水、地下水、生活污水和工业废水中可溶性铜和总铜的测定。当使用 50 mm 比色皿，试料体积为 50 mL 时，水中铜的检出限为 0.02 mg/L，测定下限为 0.08 mg/L，测定上限为 3.2 mg/L。

（4）《水质　65 种元素的测定　电感耦合等离子体质谱法》（HJ 700—2014）

该标准适用于地表水、地下水、生活污水、低浓度工业废水中 65 种元素的测定。该方法铜的检出限为 0.08 μg/L，测定下限为 0.32 μg/L。

注意事项见 8.3.2.12。

（5）《水质　32 种元素的测定　电感耦合等离子体发射光谱法》（HJ 776—2015）

该标准适用于地表水、地下水、生活污水及工业废水中 32 种元素可溶性元素及元素总量的测定。该标准铜在水平观察方式下的方法检出限为 0.04 mg/L，测定下限为 0.16 mg/L；铜在垂直观察方式下的方法检出限为 0.006 mg/L，测定下限为 0.02 mg/L。

注意事项见 8.3.2.12。

8.3.2.23 总锌

（1）《水质　锌的测定　双硫腙分光光度法》（GB/T 7472—87）

该标准适用于天然水和某些废水中微量锌的测定。当使用 20 mm 比色皿时，试份体积为 100 mL，该方法的检出限为 5 μg/L，测定浓度范围为 5～50 μg/L。

注意事项：除非证明试样的消化处理是不必要的，例如不含悬浮物的地下水和清洁的地面水可直接测定。否则应对比较浑浊的地面水和含悬浮物、有机物较多的地面水或废水进行预处理。

（2）《水质　铜、锌、铅、镉的测定　原子吸收分光光度法》（GB/T 7475—87）

该标准直接法适用于地下水、地面水和废水中铜、锌、铅、镉的测定。锌的浓度测定范围为 0.05～1 mg/L。

注意事项见 8.3.2.16。

（3）《水质　65 种元素的测定　电感耦合等离子体质谱法》（HJ 700—2014）

该标准适用于地表水、地下水、生活污水、低浓度工业废水中 65 种元素的测定。该方法锌的检出限为 0.67 μg/L，测定下限为 2.68 μg/L。

注意事项见 8.3.2.12。

（4）《水质　32 种元素的测定　电感耦合等离子体发射光谱法》（HJ 776—2015）

该标准适用于地表水、地下水、生活污水及工业废水中 32 种元素可溶性元素及元素总量的测定。该标准中锌在水平观察方式下的方法检出限为 0.009 mg/L，测定下限为 0.04 mg/L；锌在垂直观察方式下的方法检出限为 0.004 mg/L，测定下限为 0.02 mg/L。

注意事项见 8.3.2.12。

8.3.2.24 可吸附有机卤化物的测定

（1）《水质　可吸附有机卤素（AOX）的测定　微库仑法》（GB/T 15959—1995）

该标准适用于地表水、地下水、工业废水和生活污水中可吸附有机卤素

（AOX）的测定，测定范围为 10～400 μg/L，如超过测定上限，可适当稀释后测定。

注意事项：

1）如水样中溶解的有机炭大于 10 mg/L，无机氯化物含量大于 1 g/L 时，分析前必须稀释。

2）当水样中存在悬浮物时，其所含有的有机卤素化合物也包括在测定值中。

3）为避免从水相中分离活性炭时可能形成的胶休干扰，需加入助滤剂（如硅藻土），使炭絮凝克服过滤的困难。

4）当水样中含有活性氯时，AOX 的值会偏向，故采样后需立即加入亚硫酸钠；当水样中存在难溶解的无机氯化物，生物细胞（如微生物、藻类）等，样品需要先酸化，放置 8 h 后再分析。

（2）《水质　可吸附有机卤素（AOX）的测定　离子色谱法》（HJ/T 83—2001）

该标准适用于水和污水中可吸附有机卤素（AOX）的测定。

注意事项：

1）纯化后的活性炭开封后，仅限当日使用。当日剩余的活性炭，应在氮气流保护下活化后密封保存。

2）普通氧气和医用氧气中含有微量杂质，干扰测定，使全程序空白值偏离且不稳定。必须通过净化后方可使用。

3）每批样品应至少做两个全程序空白试验和全分析步骤的验证试验。可吸附有机氯的回收值与期望值之差的绝对值不应超过期望值的 15%。否则应检查水、试剂、燃烧系统及整个分析步骤。

8.3.2.25　总镉

（1）《水质　镉的测定　双硫腙分光光度法》（GB/T 7471—87）

该标准适用于天然水和某些废水中微量镉的测定。当使用 20 mm 比色皿时，试份体积为 100 mL，方法的检出限为 1 μg/L，测定浓度范围为 1～50 μg/L。

注意事项：除非证明试样的消化处理是不必要的，例如不含悬浮物的地下水和清洁的地面水可直接测定。否则应对比较浑浊的地面水和含悬浮物和有机物较多的地面水或废水进行预处理。

（2）《水质　铜、锌、铅、镉的测定　原子吸收分光光度法》（GB/T 7475—87）

该标准直接法适用于地下水、地面水和废水中铜、锌、铅、镉的测定。镉的浓度测定范围为 0.05～1 mg/L。螯合萃取法适用于地下水和清洁地面水中低浓度铜、铅、镉的测定。镉的浓度测定范围是 1～50 μg/L。

注意事项见 8.3.2.16。

（3）《水质　65 种元素的测定　电感耦合等离子体质谱法》（HJ 700—2014）

该标准适用于地表水、地下水、生活污水、低浓度工业废水中 65 种元素的测定。方法中镉的检出限为 0.05 μg/L，测定下限为 0.20 μg/L。

注意事项见 8.3.2.12。

（4）《水质　32 种元素的测定　电感耦合等离子体发射光谱法》（HJ 776—2015）

该标准适用于地表水、地下水、生活污水及工业废水中 32 种元素可溶性元素及元素总量的测定。该标准中镉在水平观察方式下的方法检出限为 0.05 mg/L，测定下限为 0.20 mg/L；镉在垂直观察方式下的方法检出限为 0.005 mg/L，测定下限为 0.02 mg/L。

注意事项见 8.3.2.12。

8.3.2.26　总铬

（1）《水质　总铬的测定》（GB/T 7466—87）

该标准中的高锰酸钾氧化-二苯碳酰二肼分光光度法适用于地面水和工业废水中总铬的测定。当使用 30 mm 比色皿时，试份体积为 50 mL，方法的最小检出量为 0.2 μg 铬，最低检出浓度为 0.004 mg/L，测定上限浓度为 1.0 mg/L。

该标准中的硫酸亚铁铵滴定法适用于水和废水中高浓度（＞1 mg/L）总铬的测定。

注意事项：清洁的地面水可直接测定，样品中含有大量的有机物需要进行消解处理。

（2）《水质　65 种元素的测定　电感耦合等离子体质谱法》（HJ 700—2014）

该标准适用于地表水、地下水、生活污水、低浓度工业废水中 65 种元素的测定。方法铬的检出限为 0.11 μg/L，测定下限为 0.44 μg/L。

注意事项见 8.3.2.12。

（3）《水质　铬的测定　火焰原子吸收分光光度法》（HJ 757—2015）

该标准适用于水和废水中高浓度可溶性铬和总铬的测定。当取样体积与试样制备后定容体积相同时，该方法铬的检出限为 0.03 mg/L，测定下限为 0.12 mg/L。

（4）《水质　32 种元素的测定　电感耦合等离子体发射光谱法》（HJ 776—2015）

该标准适用于地表水、地下水、生活污水及工业废水中 32 种元素可溶性元素及元素总量的测定。该标准中铬在水平观察方式下的方法检出限为 0.03 mg/L，测定下限为 0.11 mg/L；铬在垂直观察方式下的方法检出限为 0.03 mg/L，测定下限为 0.12 mg/L。

注意事项见 8.3.2.12。

8.3.2.27　六价铬

《水质　六价铬的测定　二苯碳酰二肼分光光度法》（GB/T 7467—87）

该标准适用于地面水和工业废水中六价铬的测定。试份体积为 50 mL，当使用 30 mm 比色皿时，该方法的最小检出量为 0.2 μg 六价铬，最低检出浓度为 0.004 mg/L，使用 10 mm 比色皿，测定上限浓度为 1.0 mg/L。

注意事项：所有玻璃器皿内壁须光洁，以免吸附铬离子。不得用重铬酸钾洗液洗涤。可用硝酸、硫酸混合液或合成洗涤剂洗涤，洗涤后应冲洗干净。

8.3.2.28　一氯二溴甲烷、二氯一溴甲烷

（1）《水质　挥发性卤代烃的测定　顶空气相色谱法》（HJ 620—2011）

该标准适用于地表水、地下水、饮用水、海水、工业废水和生活污水中 14

种挥发性卤代烃的测定。该标准一氯二溴甲烷的检出限为 0.02 μg/L，测定下限为 0.08 μg/L；二氯一溴甲烷的检出限为 0.02 μg/L，测定下限为 0.08 μg/L。

注意事项：

1）高浓度样品与低浓度样品交替分析会造成干扰。分析高浓度样品后应分析一个空白，以防止交叉污染。

2）顶空瓶可重复使用。洗涤方法为：用洗涤剂洗净，再依次用自来水和蒸馏水多次淋洗，最后在 105℃的条件下烘 1 小时，取出放冷，置于无有机试剂的区域存放备用。

3）密封垫在使用前应清洗并烘干，但烘箱温度要低于 60℃。清洗后的密封垫宜放入洁净的铝箔密封袋或干净的玻璃试剂瓶中保存。

（2）《水质　挥发性有机物的测定　吹扫捕集/气相色谱-质谱法》（HJ 639—2012）

该标准适用于海水、地下水、地表水、生活污水和工业废水中 57 种挥发性有机物的测定。当样品量为 5 mL 时，用全扫描方式测定，一氯二溴甲烷的检出限为 1.2 μg/L，测定下限为 4.8 μg/L，二氯一溴甲烷的检出限为 1.3 μg/L，测定下限为 5.2 μg/L；用选择离子方式测定，一氯二溴甲烷的检出限为 0.4 μg/L，测定下限为 1.6 μg/L，二氯一溴甲烷的检出限为 0.4 μg/L，测定下限为 1.6 μg/L。

注意事项见 8.3.2.13。

8.3.2.29　二氯甲烷、1,2-二氯乙烷、三氯甲烷、三溴甲烷、1,1-二氯乙烯、1,2-二氯乙烯、三氯乙烯、四氯乙烯、氯丁二烯、六氯丁二烯、四氯化碳

（1）《水质　挥发性卤代烃的测定　顶空气相色谱法》（HJ 620—2011）

该标准适用于水中挥发性卤代烃（三氯甲烷、四氯化碳、三氯乙烯、四氯乙烯、三溴甲烷）的测定。该方法的最低检出浓度：三氯甲烷 0.30 μg/L，四氯化碳 0.05 μg/L，三氯乙烯 0.50 μg/L，四氯乙烯 0.20 μg/L，三溴甲烷 1.0 μg/L。

注意事项见 8.3.2.28。

（2）《水质　挥发性有机物的测定　吹扫捕集/气相色谱-质谱法》（HJ 639—2012）

该标准适用于海水、地下水、地表水、生活污水和工业废水中 57 种挥发性有机物的测定。当样品量为 5 mL 时，用全扫描方式测定，目标化合物的方法检出限为 0.6～5.0 μg/L，测定下限为 2.4～20.0 μg/L；用选择离子方式测定，目标化合物的方法检出限为 0.2～2.3 μg/L，测定下限 0.8～9.2 μg/L。

注意事项见 8.3.2.13。

（3）《水质　挥发性有机物的测定　吹扫捕集/气相色谱法》（HJ 686—2014）

该标准适用于地表水、地下水、生活污水、低浓度工业废水中 21 种挥发性有机物的测定。当样品量为 5 mL 时，目标化合物的方法检出限为 0.1～0.5 μg/L，测定下限为 1.4～2.0 μg/L。

注意事项见 8.3.2.13。

8.3.2.30　1,1,1-三氯乙烷、氯乙烯

《水质　挥发性有机物的测定　吹扫捕集/气相色谱-质谱法》（HJ 639—2012）

该标准适用于海水、地下水、地表水、生活污水和工业废水中 57 种挥发性有机物的测定。当样品量为 5 mL 时，用全扫描方式测定，1,1,1-三氯乙烷的检出限为 1.4 μg/L，测定下限为 5.6 μg/L，氯乙烯的方法检出限为 1.5 μg/L，测定下限为 6.0 μg/L；用选择离子方式测定，1,1,1-三氯乙烷的检出限为 0.4 μg/L，测定下限为 1.6 μg/L、氯乙烯的方法检出限为 0.5 μg/L，测定下限为 2.0 μg/L。

8.3.2.31　环氧氯丙烷

（1）《水质　挥发性有机物的测定　吹扫捕集/气相色谱-质谱法》（HJ 639—2012）

该标准适用于海水、地下水、地表水、生活污水和工业废水中 57 种挥发性有机物的测定。当样品量为 5 mL 时，用全扫描方式测定，环氧氯丙烷的方法检出限为 5.0 μg/L，测定下限为 20.0 μg/L；用选择离子方式测定，环氧氯丙烷的方法检出限为 2.4 μg/L，测定下限为 9.2 μg/L。

注意事项见 8.3.2.13。

（2）《水质　挥发性有机物的测定　吹扫捕集/气相色谱法》（HJ 686—2014）

该标准适用于地表水、地下水、生活污水、低浓度工业废水中 21 种挥发性有机物的测定。当样品量为 5 mL 时，环氧氯丙烷的方法检出限为 0.5 μg/L，测定下限 2.0 μg/L。

注意事项见 8.3.2.13。

8.3.2.32　苯乙烯、异丙苯

（1）《水质　苯系物的测定　顶空/气相色谱法》（HJ 1067—2019）

该标准适用于地表水、地下水、生活污水和工业废水中 8 种苯系物的测定。当取样体积为 10.0 mL 时，测定水中苯系物的方法检出限为 2～3 μg/L，测定下限为 8～12 μg/L。

注意事项见 8.3.2.13。

（2）《水质　挥发性有机物的测定　吹扫捕集/气相色谱-质谱法》（HJ 639—2012）

该标准适用于海水、地下水、地表水、生活污水和工业废水中 57 种挥发性有机物的测定。当样品量为 5 mL 时，用全扫描方式测定，目标化合物的方法检出限为 0.6～5.0 μg/L，测定下限为 2.4～20.0 μg/L；用选择离子方式测定，目标化合物的方法检出限为 0.2～2.3 μg/L，测定下限为 0.8～9.2 μg/L。

注意事项见 8.3.2.13。

（3）《水质　挥发性有机物的测定　吹扫捕集/气相色谱法》（HJ 686—2014）

该标准适用于地表水、地下水、生活污水、低浓度工业废水中 21 种挥发性有机物的测定。当样品量为 5 mL 时，目标化合物的方法检出限为 0.1～0.5 μg/L，测定下限 1.4～2.0 μg/L。

注意事项：

1）苯系物测定的干扰主要来源于甲醇峰的拖尾，影响苯的测定，因此样品分析过程中应尽量少引入甲醇。

2）样品采集时要溢满采样瓶，要求不留空隙。采样后严禁开瓶，并应尽快分析。

3）由于分析目标化合物的高挥发性，不要在通风柜中进行溶液配制的操作，以避免挥发对样品测定产生影响。

4）遇到发泡类样品（这类样品不但本身难以准确分析，而且其产生的泡沫会沾污或堵塞管路、阀件、吸附管等，对后面的样品分析产生不利影响），可采取选择性地向其中添加消泡剂或在吹扫设备上添加消泡装置等处置方式。

8.3.2.33　硝基苯类

（1）《水质　硝基苯类化合物的测定　气相色谱法》（HJ 592—2010）

该标准适用于工业废水和生活污水中硝基苯类化合物的测定。当样品体积为 500 mL 时，9 种硝基苯类化合物检出限为 0.002～0.003 mg/L，测定下限为 0.008～0.012 mg/L，测定上限为 2.0～2.8 mg/L。

注意事项：

1）试验应在通风橱内进行。

2）沸腾过程中，加热温度不宜过高，以避免剧烈沸腾；当水样量少于 500 mL 时，应保持加热过程中水量不少于 100 mL。

3）对于高质量浓度污水和废水样品，应少取水样或不经浓缩直接进样。对色谱分析测定有影响的样品，水样萃取后应进行净化。

（2）《水质　硝基苯类化合物的测定　液液萃取/固相萃取-气相色谱法》（HJ 648—2013）

该标准适用于地表水、地下水、工业废水、生活污水和海水中 15 种硝基苯类化合物的测定。液液萃取法取样量为 200 mL，该方法的检出限为 0.017～0.22 μg/L；固相萃取法取样量为 1.0 L，该方法的检出限为 0.003 2～0.048 μg/L。

注意事项：

1）若水样含较高浓度的悬浮物，应先将水样过滤。滤膜用 5 mL 正己烷/丙酮萃取。萃取液经无水硫酸钠柱脱水后与固相萃取洗脱液合并分析。

2）萃取液如果不能及时进行色谱分析，应在4℃下避光保存，40 d内完成分析。

3）硝基苯类化合物具有一定的毒性，应尽量减少与这些化学品的直接接触。操作时应按规定要求佩戴防护器具，并在通风橱内进行标准溶液的配制。

（3）《水质　硝基苯类化合物的测定　气相色谱-质谱法》（HJ 716—2014）

该标准适用于地表水、地下水、工业废水、生活污水和海水中15种硝基苯类化合物的测定。当样品量为1L时，目标化合物的方法检出限为0.04～0.05 μg/L，测定下限0.16～0.20 μg/L。

注意事项：

1）萃取过程中出现乳化现象时，可采用盐析、搅动、离心、冷冻和用玻璃棉过滤等方法破乳。

2）萃取液浓缩过程中应注意水浴温度和浓缩速度，否则硝基苯容易产生较大的损失。

3）活化过程中，应避免固相萃取柱填料上方的液面被抽干，否则需重新活化。

8.3.2.34　氯苯

（1）《水质　氯苯的测定　气相色谱法》（HJ/T 74—2001）

该标准适用于地表水、地下水及废水中氯苯的测定。当水样为100 mL时，该方法最低检出浓度为0.01 mg/L。

注意事项：采用二硫化碳溶剂萃取水中氯苯进行气相色谱分析，苯系物、氯苯类化合物为常见的干扰物质。该方法可将苯系物、氯苯类化合物有效地分离，而不干扰氯苯的定量测定。

（2）《水质　氯苯类化合物的测定　气相色谱法》（HJ 621—2011）

该标准适用于地表水、地下水、饮用水、海水、工业废水和生活污水中12种氯苯类化合物的测定。当水样为1L、定容至1.0 mL时，目标化合物的方法检出限为12 μg/L，测定下限48 μg/L。

注意事项：

1）经过实验室方法验证，也可将石油醚等其他溶剂作为萃取溶剂。

2）高浓度的样品应适当减少取样量或取消浓缩步骤，直接净化后用容量瓶定容至 50 mL。

（3）《水质　挥发性有机物的测定　吹扫捕集/气相色谱-质谱法》（HJ 639—2012）

该标准适用于海水、地下水、地表水、生活污水和工业废水中 57 种挥发性有机物的测定。当样品量为 5 mL 时，用全扫描方式测定，目标化合物的方法检出限为 1.0 μg/L，测定下限 4.0 μg/L；用选择离子方式测定，目标化合物的方法检出限为 0.2 μg/L，测定下限 0.8 μg/L。

注意事项见 8.3.2.13。

8.3.2.35　1,2-二氯苯、1,4-二氯苯、三氯苯

（1）《水质　氯苯类化合物的测定　气相色谱法》（HJ 621—2011）

该标准适用于地表水、地下水、饮用水、海水、工业废水和生活污水中 12 种氯苯类化合物的测定。当水样为 1 L、定容至 1.0 mL 时，目标化合物 1,2-二氯苯的方法检出限为 0.29 μg/L，测定下限为 1.2 μg/L；1,4-二氯苯检出限为 0.23 μg/L，测定下限为 0.92 μg/L；1,3,5-三氯苯检出限为 0.11 μg/L，测定下限为 0.44 μg/L；1,2,4-三氯苯检出限为 0.08 μg/L，测定下限为 0.32 μg/L；1,2,3-三氯苯检出限为 0.08 μg/L，测定下限为 0.32 μg/L。

注意事项：

1）经过实验室方法验证，也可将石油醚等其他溶剂作为萃取溶剂。

2）高浓度的样品应适当减少取样量或取消浓缩步骤，直接净化后用容量瓶定容至 50 mL。

（2）《水质　挥发性有机物的测定　吹扫捕集/气相色谱-质谱法》（HJ 639—2012）

该标准适用于海水、地下水、地表水、生活污水和工业废水中 57 种挥发性有机物的测定。当样品量为 5 mL 时，用全扫描方式测定，目标化合物 1,2-二氯苯的

方法检出限为 0.8 μg/L，测定下限为 3.2 μg/L；1,4-二氯苯检出限为 0.8 μg/L，测定下限为 3.2 μg/L；1,2,4-三氯苯检出限为 1.1 μg/L，测定下限为 4.4 μg/L；1,2,3-三氯苯检出限为 1.0 μg/L，测定下限为 4.0 μg/L。用选择离子方式测定，目标化合物 1,2-二氯苯的方法检出限为 0.4 μg/L，测定下限为 1.6 μg/L；1,4-二氯苯检出限为 0.4 μg/L，测定下限为 1.6 μg/L；1,2,4-三氯苯检出限为 0.3 μg/L，测定下限为 1.2 μg/L；1,2,3-三氯苯检出限为 0.5 μg/L，测定下限为 2.0 μg/L。

注意事项见 8.3.2.13。

8.3.2.36 四氯苯

（1）《水质 氯苯类化合物的测定 气相色谱法》（HJ 621—2011）

该标准适用于地表水、地下水、饮用水、海水、工业废水和生活污水中 12 种氯苯类化合物的测定。当水样为 1 L、定容至 1.0 mL 时，目标化合物 1,2,4,5-四氯苯的方法检出限为 0.01 μg/L，测定下限为 0.05 μg/L；1,2,3,5-四氯苯的方法检出限为 0.02 μg/L，测定下限为 0.06 μg/L；1,2,3,4-四氯苯的方法检出限为 0.02 μg/L，测定下限为 0.07 μg/L。

注意事项：

1）经过实验室方法验证，也可将石油醚等其他溶剂作为萃取溶剂。

2）高浓度的样品应适当减少取样量或取消浓缩步骤，直接净化后用容量瓶定容至 50 mL。

（2）《水质 有机氯农药和氯苯类化合物的测定 气相色谱-质谱法》（HJ 699—2014）

该标准适用于地表水、地下水、生活污水、工业废水和海水中有机氯农药和氯苯类化合物的测定。液液萃取（取样量 100 mL）目标化合物 1,2,4,5-四氯苯的方法检出限为 0.038 μg/L，测定下限为 0.16 μg/L；1,2,3,5-四氯苯的方法检出限为 0.038 μg/L，测定下限为 0.16 μg/L；1,2,3,4-四氯苯的方法检出限为 0.038 μg/L，测定下限为 0.16 μg/L。固相萃取（取样量 200 mL）目标化合物 1,2,4,5-四氯苯的方法检出限为 0.021 μg/L，测定下限为 0.084 μg/L；1,2,3,5-四氯苯的方法检出限为 0.024 μg/L，测定下限为 0.096 μg/L；1,2,3,4-四氯苯的方法检出限为 0.025 μg/L，测定下限为 0.010 μg/L。

注意事项：

1）对于成分比较复杂的生活污水、工业废水，如果萃取过程中乳化现象严重，宜采用机械手段完成两相分离，包括采用搅动、离心、用玻璃棉过滤等方法破乳，也可采用冷冻的方法破乳；对于海水、高盐工业废水等样品，应适当减少氯化钠的用量。

2）对于较为清洁的地下水、地表水、海水样品，可省略净化步骤。

3）活化过程中，应避免固相萃取小柱填料上方的液面被抽干，否则需重新活化。

4）试验过程中产生的大量废液，应放置于适当的密闭容器中保存；试验过程中使用过的硅胶、弗罗里硅藻土等为危险废物，实验结束后，应一并交由有资质的单位处理。

8.3.2.37　多环芳烃

《水质　多环芳烃的测定　液液萃取和固相萃取高效液相色谱法》（HJ 478—2009）

该标准适用于饮用水、地下水、地表水、海水、工业废水和生活污水中 16 种多环芳烃的测定。

液液萃取法适用于饮用水、地下水、地表水、工业废水和生活污水中多环芳烃的测定。当萃取样品体积为 1 L 时，该方法的检出限为 0.002～0.016 μg/L，测定下限为 0.008～0.064 μg/L。萃取样品体积为 2 L 时，浓缩样品至 0.1 mL，苯并[*a*]芘的检出限为 0.000 4 μg/L，测定下限为 0.001 6 μg/L。

固相萃取法适用于清洁水样中多环芳烃的测定。当富集样品的体积为 10 L 时，方法的检出限为 0.000 4～0.001 6 μg/L，测定下限 0.001 6～0.006 4 μg/L。

注意事项：

1）在萃取过程中出现乳化现象时，可采用搅动、离心、用玻璃棉过滤等方法破乳，也可采用冷冻的方法破乳。

2）在对样品进行分析时，若预处理过程中溶剂转换不完全（即有残存正己烷或二氯甲烷），会出现保留时间漂移、峰变宽或双峰的现象。

8.3.2.38　多氯联苯

《水质　多氯联苯的测定　气相色谱-质谱法》（HJ 715—2014）

该标准适用于地表水、地下水、工业废水和生活污水中 18 种多氯联苯的测定。当取样量为 1 L 时，目标化合物的方法检出限为 1.4～2.2 ng/L，测定下限为 5.6～8.8 ng/L。

注意事项：

1）多氯联苯有毒，具有致癌、致畸、致突变效应，因此要避免入口和接触皮肤。分析过程中使用到的正己烷等有机溶剂对人体有毒害，分析人员应佩戴手套和具有活性炭层的防毒口罩，并在通风橱内操作，尽量减少呼吸接触和皮肤接触。

2）高浓度的样品应适当减少取样量或取消浓缩步骤，直接净化后用容量瓶定容至 50 mL。

8.3.2.39　甲醛

《水质　甲醛的测定　乙酰丙酮分光光度法》（HJ 601—2011）

该方法适用于地表水、地下水和工业废水中甲醛的测定。当试样体积为 25 mL，比色皿光程为 10 mm 时，该方法的检出限为 0.05 mg/L，测定范围为 0.20～3.20 mg/L。

注意事项：

1）在试样预蒸馏时，向试样中加入 15 mL 水，防止有机物含量高的水样在蒸至最后时，有机物在硫酸介质中发生碳化现象而影响甲醛的测定。

2）对某些不适于在酸性条件下蒸馏的特殊水样，例如含氰化物较高的废水或染料废水、制漆废水等，可用氢氧化钠溶液先将水样调至弱碱性（pH 为 8 左右），再进行蒸馏。

8.3.2.40　三氯乙醛

《水质　三氯乙醛的测定　吡啶啉酮分光光度法》（HJ/T 50—1999）

该方法适用于农田灌溉水质、地下水和城市污水中三氯乙醛的测定。试样体积为 10 mL，定容至 25 mL 比色管中，用 30 mm 比色皿，检测下限为 0.08 mg/L，检测上限为 2 mg/L。

注意事项：样品中不含有悬浮物的可直接测定。水样浑浊并有一定色度时，可用氢氧化铝吸附分离处理。

8.3.2.41　2,4-二氯酚、2,4,6-三氯酚

（1）《水质　酚类化合物的测定　液液萃取/气相色谱法》（HJ 676—2013）

该标准适用于地表水、地下水、生活污水和工业废水中 13 种酚类化合物的测定。当取样体积为 500 mL 时，2,4-二氯酚的检出限为 1.1 μg/L，测定下限为 4.4 μg/L；2,4,6-三氯酚的检出限为 1.2 μg/L，测定下限为 4.8 μg/L。

注意事项：

1）试验中所使用的溶剂和试剂均具有一定的毒性，故样品前处理过程中应在通风橱内进行，操作时应按规定佩戴防护器具，避免溶剂和试剂直接接触皮肤和衣物。

2）在萃取过程中出现乳化现象时，可采用搅动、离心、冷冻或用玻璃棉过滤等方法破乳。

（2）《水质　酚类化合物的测定　气相色谱-质谱法》（HJ 744—2015）

该标准适用于地表水、地下水、生活污水和工业废水中苯酚、2-氯苯酚、4-氯苯酚、五氯酚、2,4-二氯苯酚、2,6-二氯苯酚、2,4,6-三氯苯酚、2,4,5-三氯苯酚、2,3,4,6-四氯苯酚、4-硝基酚、2-甲酚、3-甲酚、4-甲酚、2,4-二甲酚 14 种酚类化合物的测定。其他酚类化合物经过方法验证，也可采用该方法测定。

当取样体积为 250 mL、采用选择离子扫描模式时，液液萃取法 2,4-二氯酚的检出限为 0.2 μg/L，测定下限为 0.8 μg/L；2,4,6-三氯酚的检出限为 0.1 μg/L，测定

下限为 0.4 μg/L。固相萃取法 2,4-二氯酚的检出限为 0.1 μg/L，测定下限为 0.4 μg/L；2,4,6-三氯酚的检出限为 0.1 μg/L，测定下限为 0.4 μg/L。

注意事项：

1）五氟苄基溴属催泪物质，试验操作时分析人员应注意避免直接接触。

2）含高浓度酚类化合物的水样，可稀释后分析或适当减小水样取样体积。

3）测定高浓度样品可能会存在记忆效应。可通过分析空白样品，直至空白样品中目标化合物的浓度低于检出限，方可分析下一个样品。

8.3.2.42 丙烯腈

（1）《水质 丙烯腈的测定 气相色谱法》（HJ/T 73—2001）

该标准适用于废水中丙烯腈的测定。该方法最低检出限为 0.6 mg/L。

注意事项：用玻璃瓶采集样品，应让样品充满瓶子，并加盖瓶塞，不得有气泡。

（2）《水质 丙烯腈和丙烯醛的测定 吹扫捕集/气相色谱法》（HJ 806—2016）

该标准适用于地表水、地下水、海水、工业废水和生活污水中丙烯腈和丙烯醛的测定。当取样体积为 5 mL 时，丙烯腈和丙烯醛的检出限均为 0.003 mg/L，测定下限均为 0.012 mg/L。

注意事项：具硅橡胶-聚四氟乙烯衬垫螺旋盖的 40 mL 棕色玻璃样品瓶采集样品。采样前，须加入 0.3 g 抗坏血酸于样品瓶中。采集样品时，应使水样在样品瓶中溢流而不留气泡，再加入数滴磷酸溶液固定，使样品的 pH 为 4～5，然后拧紧瓶盖。每份样品应采集平行双样，每批样品应至少带一个全程序空白。

8.3.2.43 邻苯二甲酸二丁酯、邻苯二甲酸二辛酯

《水质 邻苯二甲酸二甲（二丁、二辛）酯的测定 液相色谱法》（HJ/T 72—2001）

该标准适用于水的废水中邻苯二甲酸二甲酯、邻苯二甲酸二丁酯、邻苯二甲酸二辛酯的测定。该方法的最低检出限为：邻苯二甲酸二丁酯 0.1 μg/L，邻苯二

甲酸二辛酯 0.2 μg/L。

注意事项：调节仪器的重复性条件，一个样品连续进样三次，其峰高相对偏差不大于 7%，即认为仪器处于稳定状态。标准样品与试样尽可能同时分析，直接与单个标准比较以测定邻苯二甲酸酯的浓度。

8.3.2.44　苯胺类

（1）《水质　苯胺类化合物的测定　*N*-（1-萘基）乙二胺偶氮分光光度法》（GB/T 11889—1989）

该标准适用于地面水、燃料、制药等废水中芳香族伯胺类化合物的测定。当试料体积为 25 mL，比色皿光程为 10 mm 时，该方法的最低检出浓度为含苯胺 0.03 mg/L，测定上限浓度为 1.6 mg/L。

注意事项：在酸性条件下，苯酚含量高于 200 mg/L 时，对该方法有正干扰。

（2）《水质　17 种苯胺类化合物的测定　液相色谱-三重四极杆质谱法》（HJ 1048—2019）

该标准适用于地表水、地下水、生活污水和工业废水中邻苯二胺、苯胺、联苯胺、对甲苯胺、邻甲氧基苯胺、邻甲苯胺、4-硝基苯胺、2,4-二甲基苯胺、3-硝基苯胺、4-氯苯胺、2-硝基苯胺、3-氯苯胺、2-萘胺、2,6-二甲基苯胺、2-甲基-6-乙基苯胺、3,3-二氯联苯胺和 2,6-二乙基苯胺 17 种苯胺类化合物的测定。

当采用直接进样法，进样体积为 10 μL 时，17 种苯胺类化合物的方法检出限为 0.1～3 μg/L，测定下限为 0.4～12 μg/L；当采用固相萃取法，取样体积为 100 mL（富集 50 倍），进样体积为 10 μL 时，17 种苯胺类化合物的方法检出限为 0.007～0.1 μg/L，测定下限为 0.028～0.4 μg/L。

注意事项：悬浮物对联苯胺的富集影响较大。当悬浮物浓度过高时，可以减少取样体积，避免堵塞固相萃取柱。

（3）《水质　苯胺类化合物的测定　气相色谱-质谱法》（HJ 822—2017）

该标准适用于地表水、地下水、海水、生活污水和工业废水中苯胺类化合物的测定。19 种苯胺类化合物包括苯胺、2-氯苯胺、3-氯苯胺、4-氯苯胺、4-溴苯胺、2-硝基苯胺、2,4,6-三氯苯胺、3,4-二氯苯胺、3-硝基苯胺、2,4,5-三氯苯胺、4-氯-2-硝基苯胺、4-硝基苯胺、2-氯-4-硝基苯胺、2,6-二氯-4-硝基苯胺、2-溴-6-氯-4-硝基苯胺、2-氯-4,6-二硝基苯胺、2,6-二溴-4-硝基苯胺、2,4-二硝基苯胺、2-溴-4,6-二硝基苯胺。经验证后，其他苯胺类化合物也可用该方法。

当取样量为 1 000 mL，浓缩体积为 1.0 mL 时，该方法检出限为 0.05～0.09 μg/L，测定下限为 0.20～0.36 μg/L。

注意事项：

1）萃取过程出现乳化现象时，可采用搅动、超声等方法破乳。

2）试验过程中产生的所有废液和废物（包括检测后的残液）应置于密闭容器中集中收集和保管，做好标记，贴上标签后，委托有资质的单位处理。

8.3.2.45 丙烯酰胺

《水质　丙烯酰胺的测定　气相色谱法》（HJ 697—2014）

该标准适用于地表水、地下水、工业废水和生活污水中丙烯酰胺的测定。当样品量为 100 mL 时，该方法的检出限为 0.07 μg/L，测定下限为 0.28 μg/L。

注意事项：

1）该方法所使用的试剂和标准溶液均为易挥发的有毒化合物，故配制过程应在通风柜中进行；应按规定要求佩戴防护器具，避免接触皮肤和衣物。

2）在加入无水硫酸钠的过程中，不能使无水硫酸钠结块。

8.3.2.46 吡啶

《水质　吡啶的测定　顶空/气相色谱法》（HJ 1072—2019）

该方法适用于地表水、地下水、生活污水和工业废水中吡啶的测定。当取样体积为 10.0 mL 时，该方法的检出限为 0.03 mg/L，测定下限为 0.12 mg/L。

注意事项：

1）在样品采集、样品保存和预处理过程中，应避免接触塑料和其他有机物。

2）在测定含盐量较高的样品时，氯化钠的加入量可适当减少，以避免样品析出盐而引起顶空样品瓶中气液两相体积变化。样品与标准系列溶液的氯化钠加入量应一致。

3）分析复杂样品时，为保证前样品高沸点组分不影响后分析样品的测定，可在测试完一个样品后，采取快速升温方式将样品中高沸点组分吹出，再进行下一个样品的分析。

8.3.2.47　二噁英类

《水质　二噁英类的测定　同位素稀释高分辨气相色谱法》（HJ 77.1—2008）

该方法适用于原水、废水、饮用水与工业生产用水中二噁英类污染物的测定。方法检出限取决于所使用的分析仪器的灵敏度、样品中的二噁英类质量浓度以及干扰水平等多种因素。2,3,7,8-T_4CDD 仪器检出限应低于 0.1 pg，当取样量为 10 L 时，该方法对 2,3,7,8-T_4CDD 的最低检出限应低于 0.5 pg/L。

注意事项：

1）必须始终对提取内标的回收率进行确认；标准溶液应在密封的玻璃容器中避光冷藏保存，以避免由溶剂挥发引起的浓度变化。建议在每次使用前后称量并记录标准溶液的重量；实验室应避免废物外排对周边环境造成污染。

2）该方法为痕量分析方法，标准物质及仪器设备昂贵，且涉及的试剂及化合物具有相当的健康风险，高分辨气相色谱对环境湿度、温度、电压、防尘等实验室条件有相当苛刻的要求，建议样品量少的企业委托专业实验室承担分析工作。

3）该方法涉及的试剂及化合物具有一定的健康风险，故应尽量减少分析人员对这些化合物的暴露。实验室应配备手套、实验服、安全眼镜、面具、通风橱等保护措施。

8.3.2.48 苯酚

（1）《水质　酚类化合物的测定　液液萃取/气相色谱法》（HJ 676—2013）

该标准适用于地表水、地下水、生活污水和工业废水中 13 种酚类化合物的测定。当取样体积为 500 mL 时，苯酚的检出限为 0.5 μg/L，测定下限为 2.0 μg/L。

注意事项：

1）试验中所使用的溶剂和试剂均具有一定的毒性，样品前处理过程中应在通风橱内进行，操作时应按规定佩戴防护器具，避免溶剂和试剂直接接触皮肤和衣物。

2）在萃取过程中出现乳化现象时，可采用搅动、离心、冷冻或用玻璃棉过滤等方法破乳。

（2）《水质　酚类化合物的测定　气相色谱-质谱法》（HJ 744—2015）

该标准适用于地表水、地下水、生活污水和工业废水中苯酚、2-氯苯酚、4-氯苯酚、五氯酚、2,4-二氯苯酚、2,6-二氯苯酚、2,4,6-三氯苯酚、2,4,5-三氯苯酚、2,3,4,6-四氯苯酚、4-硝基酚、2-甲酚、3-甲酚、4-甲酚、2,4-二甲酚 14 种酚类化合物的测定。其他酚类化合物经过方法验证，也可采用该方法测定。

当取样体积为 250 mL、采用选择离子扫描模式时，液液萃取法和固相萃取法苯酚检出限均为 0.1 μg/L，测定下限均为 0.4 μg/L。

注意事项见 8.3.2.41。

8.3.2.49 丙烯醛

《水质　丙烯腈和丙烯醛的测定　吹扫捕集/气相色谱法》（HJ 806—2016）

该标准适用于地表水、地下水、海水、工业废水和生活污水中丙烯腈和丙烯醛的测定。当取样体积为 5 mL 时，丙烯腈和丙烯醛的检出限均为 0.003 mg/L，测定下限均为 0.012 mg/L。

注意事项：要用具硅橡胶-聚四氟乙烯衬垫螺旋盖的 40 mL 棕色玻璃样品瓶采

集样品。采样前，须加入 0.3 g 抗坏血酸于样品瓶中。采集样品时，应使水样在样品瓶中溢流而不留气泡，再加入数滴磷酸溶液固定，使样品的 pH 为 4～5，然后拧紧瓶盖。每份样品应采集平行双样，每批样品应至少带一个全程序空白。

8.3.2.50　*β*-萘酚

《水质　萘酚的测定　高效液相色谱法》（HJ 1073—2019）

该标准适用于地表水、地下水、生活污水、工业废水和海水中 1-萘酚（*α*-萘酚）和 2-萘酚（*β*-萘酚）的测定。

当取样体积为 10.0 mL，洗脱液体积为 10.0 mL，进样体积为 10.0 μL 时，在发射波长 425 nm 处，该标准测定 1-萘酚和 2-萘酚的方法检出限均为 2 μg/L，测定下限均为 8 μg/L；在发射波长 360nm 处，该标准测定 2-萘酚的方法检出限为 0.2 μg/L，测定下限为 0.8 μg/L。

当取样体积为 50.0 mL，洗脱液体积为 10.0 mL，进样体积为 10.0 μL 时，在发射波长 425 nm 处，该标准测定 1-萘酚和 2-萘酚的方法检出限均为 0.3 μg/L，测定下限均为 1.2 μg/L；在发射波长 360nm 处，该标准测定 2-萘酚的方法检出限为 0.06 μg/L，测定下限为 0.24 μg/L。

注意事项：

1）水中萘胺、苯胺类等碱性有机化合物，在酸性条件下（pH 为 1～2）不会被 C_{18} 固相萃取柱吸附，不干扰萘酚的测定。

2）常见的酚类化合物（包括苯酚、2,4-二硝基酚、2,6-二甲基酚、2-甲基酚、3-甲基酚、4-甲基酚、4-氯酚、2,4-二氯酚、2,4,6-三硝基酚、1,3-苯二酚、对硝基酚、邻氯酚、邻硝基酚、2,4-二甲酚、4-氯间甲酚、4,6-二硝基邻甲酚、2,4,6-三氯酚和五氯酚等），在该标准规定的荧光检测波长下，不干扰萘酚的测定。

3）与萘酚保留时间相近的其他酸性或中性有机化合物可能会干扰萘酚的测定，可通过改变流动相的比例改善分离度，也可选择在相对无干扰的检测波长下测定，避免干扰。

8.3.2.51 二氯乙酸、三氯乙酸

《水质 氯酸盐、亚氯酸盐、溴酸盐、二氯乙酸和三氯乙酸的测定 离子色谱法》(HJ 1050—2019)

该标准适用于地表水、地下水、生活污水和工业废水中氯酸盐、亚氯酸盐、溴酸盐、二氯乙酸和三氯乙酸的测定。当进样体积为 200 μL 时，氯酸盐（以 ClO_3^-计）、亚氯酸盐（以 ClO_2^-计）、溴酸盐（以 BrO_3^-计）、二氯乙酸（DCAA）和三氯乙酸（TCAA）的方法检出限分别为 0.005 mg/L、0.002 mg/L、0.002 mg/L、0.005 mg/L 和 0.01 mg/L，测定下限分别为 0.020 mg/L、0.008 mg/L、0.008 mg/L、0.020 mg/L 和 0.04 mg/L。

注意事项：

1）淋洗液中添加乙腈后易产生气泡，需使用抽滤装置去除。

2）使用前处理净化柱过滤时可选用 1～2 mL 的小体积注射器，以减小阻力，控制过滤流速。

3）若使用电化学连续再生抑制器，淋洗液中添加有机溶剂后可能会影响基线稳定，故此时抑制器再生液最好用去离子水。

8.3.2.52 四乙基铅

《水质 四乙基铅的测定 顶空/气相色谱-质谱法》(HJ 959—2018)

该标准适用于地表水、地下水、生活污水和工业废水中四乙基铅的测定。当取水体积为 10.0 mL、进样量为 1.0 mL 时，四乙基铅的方法检出限为 0.02 μg/L，测定下限为 0.08 μg/L。

注意事项：水中四乙基铅不稳定，易分解，难于保存，应尽快分析。实验室产生含有有机试剂的废物应置于密闭容器中集中收集和保管，做好标记，送有资质的单位统一处理。

第 9 章　废水自动监测建设及运维技术要点

近年来，为加强地区排污的监控力度，满足排污许可的要求，全国各级生态环境部门大力推进废水自动监测系统的建设。废水自动监测系统也称为水污染源在线监测系统，通常由水污染源在线监测设备和水污染源在线监测站房组成。随着废水自动监测系统运用数量的逐年攀升，做好系统的建设、验收及运行维护管理工作成为影响数据质量的关键环节。本章基于《水污染源在线监测系统（COD_{Cr}、NH_3-N 等）安装技术规范（试行）》（HJ 353—2019）、《水污染源在线监测系统（COD_{Cr}、NH_3-N 等）验收技术规范（试行）》（HJ 354—2019）、《水污染源在线监测系统（COD_{Cr}、NH_3-N 等）运行与考核技术规范（试行）》（HJ 355—2019）、《水污染源在线监测系统（COD_{Cr}、NH_3-N 等）数据有效性判别技术规范（试行）》（HJ 356—2019），对废水自动监测系统的建设、验收、运行维护应注意的技术要点进行了梳理。

9.1　水污染源在线监测系统

水污染源在线监测系统通常由流量监测单元、水质自动采样单元、水污染源在线监测仪器、数据控制单元以及相应的建筑设施等组成。

（1）流量监测单元通常包括明渠流量计和管道流量计。采用超声波明渠流量计测定流量，应按技术规范要求修建堰槽；管道流量计可选择电磁流量计。

（2）水质自动采样单元通常是指采样管路、采样泵以及水质自动采样器。采样管路应根据废水水质选择优质的聚氯乙烯（PVC）、三丙聚丙烯（PPR）等不影响分析结果的硬管，配有必要的防冻和防腐设施。采样泵应根据水样流量、废水水质、水质自动采样器的水头损失及水位差合理选择采样泵。采样管路宜设置为明管，并标注水流方向。根据 HJ 353—2019 的最新要求，水质自动采样单元应具有采集瞬时水样和混合水样、混匀及暂存水样、自动润洗及排空混匀桶，以及留样功能。

（3）水污染源在线监测仪器是指在现场用于监控、监测污染物排放的化学需氧量（COD_{Cr}）在线自动监测仪、pH 水质自动分析仪、氨氮水质自动分析仪、总磷水质自动分析仪、总氮水质自动分析仪、污水流量计、水质自动采样器和数据采集传输仪等仪器、仪表。

化学需氧量（COD_{Cr}）在线自动监测仪多采用重铬酸钾法测定，对于高氯废水也可考虑采用总有机碳（TOC），但必须与重铬酸钾法做对照实验，作出相关系数，换算成重铬酸钾法监测数据输出。

pH 水质自动分析仪采用玻璃电极法测定。

氨氮水质自动分析仪的测定方法有纳氏试剂光度法、氨气敏电极法、水杨酸一次氯酸盐比色法等方法测定。

总磷水质自动分析仪多采用钼锑抗分光光度法测定。

总氮水质自动分析仪多采用连续流动-盐酸萘乙二胺分光光度法和碱性过硫酸钾消解紫外分光光度法测定。

数据采集设备主要是对各种监测设备测量的数据进行采集、存储及处理，并将有关数据进行存储和输出。

数据传输设备将采集的各种监测数据传输至生态环境主管部门。目前，数据的传输有多种方式，包括 GPRS 方式、GSM 短消息方式、局域网方式等。

（4）数据控制单元指实现控制整个水污染源在线监测系统内部仪器设备联动，自动完成水污染源在线监测仪器的数据采集、整理、输出及上传至监控中心平台，接受监控中心平台命令控制水污染源在线监测仪器运行等功能的单元。根据 HJ 353—2019 的最新要求，数据控制单元可控制水质自动采样单元采样、送样及留样等操作。

（5）总体要求。排污单位在安装自动监测设备时，应当根据国家对每个监测设备的具体技术要求进行选型安装。选型安装在线监测仪器时，应根据污染物浓度和排放标准，选择检测范围与之匹配的在线监测仪器，监测仪器须满足国家对应仪器的技术要求。如《化学需氧量（COD_{Cr}）水质在线自动监测仪技术要求及检测方法》（HJ 377—2019）、《氨氮水质在线自动监测仪技术要求及检测方法》（HJ 101—2019）、《总氮水质自动分析仪技术要求》（HJ/T 102—2003）、《总磷水质自动分析仪技术要求》（HJ/T 103—2003）、《pH 水质自动分析仪技术要求》（HJ/T 96—2003）等。选型安装数据传输设备时，应符合《污染物在线监控（监测）系统数据传输标准》（HJ 212—2017）和《污染源在线自动监控（监测）数据采集传输仪技术要求》（HJ 477—2009）的要求，不得添加其他可能干扰监测数据存储、处理、传输的软件或设备。

在污染源自动监测设备建设、联网和管理过程中，如果当地管理部门有相关规定的，应同时参考地方的规定要求。如上海市环保局于 2017 年发布了《上海市固定污染源自动监测建设、联网、运维和管理有关规定》。

9.2　现场安装要求

废水自动监测系统现场安装主要涉及现场监测站房建设、排放口规范化整治、采样点位选取等内容，其中监测站房的建筑设计应作为在线监控的专室专用，远离腐蚀性气体的地点，并满足所处位置的气候、生态、地质、安全等要求，站房内应安装空调和冬季采暖设备，空调应具有来电自启动功能，具备温湿度计；排放口应满足生态环境部门规定的排放口规范化设置要求；监测站房内、采样口等区域应安装视频监控设备；采样点位应避开有腐蚀性气体、较强的电磁干扰和振动的地方，应易于到达，且保证采样管路不超过 50 m，同时应有足够的工作空间和安全措施，便于采样和维护操作。

9.3 调试检测

废水污染源自动监测设备现场安装完成后，需进行调试、试运行，以验证设备是否符合连续稳定运行的技术要求。

9.3.1 调试

调试是指在流量计、水质自动采样器、水质自动分析仪运行初期进行校准、校验的初期检查，并按照标准规范要求编制调试报告。具体要求如下：

（1）明渠流量计应进行流量比对误差和液位比对误差测试。

（2）水质自动采样器应进行采样量误差和温度控制误差测试。

（3）水质自动分析仪应根据排污企业排放浓度选择量程，并在该量程下进行 24 h 漂移、重复性、示值误差以及实际水样比对测试。

（4）各水污染源在线监测仪器指标符合相关技术要求的调试效果，TOC 水质自动分析仪参照 COD_{Cr} 水质自动分析仪执行。

9.3.2 试运行

设备调试完成后，进入试运行阶段。应根据实际水污染源排放特点及建设情况，编制水污染源在线监测系统运行与维护方案以及相应的记录表格，最终编制试运行报告。具体要求如下：

（1）试运行期间应保持对水污染源在线监测系统连续供电，使其连续正常运行 30 天。

（2）可设定任一时间（时间间隔不少于 24 小时），由水污染源在线监测系统自动调节零点和校准量程值。

（3）若因排放源故障或在线监测系统故障造成试运行中断，在排放源或在线监测系统恢复正常后，重新开始试运行。

（4）试运行期间数据传输率应不小于 90%。

（5）数据控制系统已经与水污染源在线监测仪器正确连接，并开始向监控中心平台发送数据。

9.4　验收要求

自动监测设备完成安装、调试及试运行并与生态环境部门联网后，在符合下列要求的情况下，建设方组织仪器供应商、管理部门等相关方实施技术验收工作，并编制在线验收报告。验收的主要内容包括建设验收、仪器设备验收、联网验收及运行与维护方案验收。验收前自动监测设备应满足如下条件：

（1）提供水污染源在线监测系统的选型、工程设计、施工、安装调试及性能等相关技术资料。

（2）水污染源在线监测系统已完成调试与试运行，并提交运行调试报告与试运行报告。

（3）提供流量计、标准计量堰（槽）的检定证书，水污染源在线监测仪器符合 HJ 353—2019 表 1 中技术要求的证明材料。

（4）水污染源在线监测系统所采用的基础通信网络和基础通信协议应符合 HJ 212—2017 的相关要求，对通信规范的各项内容作出响应，并提供相关的自检报告，同时提供环境保护主管部门出具的联网证明。

（5）水质自动采样单元已稳定运行一个月，可采集瞬时水样和具有代表性的混合水样供水污染源在线监测仪器分析使用，可进行留样并报警。

（6）验收过程中供电不间断。

（7）数据控制单元已稳定运行一个月，能够及时向监控中心平台发送数据，期间设备运转率应大于 90%，数据传输率应大于 90%。

9.4.1 建设验收要求

建设验收主要是对污染源排放口、流量监测单元、监测站房、水质自动采样单元、数据控制单元进行验收，主要内容如下：

（1）污染源排放口应符合相关技术规范要求，具备便于水质自动采样单元和流量监测单元安装条件的采样口，并设置人工采样口。

（2）流量计安装处设置有对超声波探头检修和比对的工作平台，可方便实现对流量计的检修和比对工作。

（3）监测站房专室专用，新建监测站房面积应不小于 15 m^2，站房高度不低于 2.8 m。

（4）水质自动采样单元应实现采集瞬时水样和混合水样、混匀及暂存水样、自动润洗及排空混匀桶的功能；实现混合水样和瞬时水样的留样功能；实现 pH 水质自动分析仪、温度计原位测量或测量瞬时水样功能；实现 COD_{Cr}、TOC、NH_3-N、TP、TN 水质自动分析仪测量混合水样功能。

（5）数据控制单元可协调统一运行水污染源在线监测系统，采集、储存、显示监测数据及运行日志，将污染源监测数据上传至监控中心平台。

9.4.2 在线监测仪器验收要求

9.4.2.1 基本验收要求

（1）水污染源在线监测仪器验收包括对化学需氧量（COD_{Cr}）在线自动监测仪、总有机碳水质自动分析仪、pH 水质自动分析仪、氨氮水质自动分析仪、总磷水质自动分析仪、总氮水质自动分析仪、超声波明渠污水流量计、水质自动采样器等仪器的技术指标的验收。

（2）性能验收内容包括液位比对误差、流量比对误差、采样量误差、温度控制误差、24 h 漂移、准确度以及实际水样比对测试。

9.4.2.2　性能验收

（1）化学需氧量（COD_{Cr}）在线自动监测仪、总有机碳水质自动分析仪、pH 水质自动分析仪、氨氮水质自动分析仪和总磷水质自动分析仪、总氮水质自动分析仪验收应包括 24 h 漂移、准确度、实际水样比对。验收指标要求见《水污染源在线监测系统（COD_{Cr}、NH_3-N 等）验收技术规范》（HJ 354—2019）表 2。

（2）超声波明渠污水流量计验收应包括液位比对误差、流量比对误差。验收指标要求见《水污染源在线监测系统（COD_{Cr}、NH_3-N 等）验收技术规范》（HJ 354—2019）表 2。

（3）水质自动采样器验收应包括采样量误差、温度控制误差。验收指标要求见《水污染源在线监测系统验收技术规范（试行）》（HJ 354—2019）表 2。

9.4.3　联网验收

联网验收由通信验收、数据传输正确性验收、联网稳定性、现场故障模拟恢复试验、生成统计报表等内容组成。

9.4.3.1　通信验收

通信验收包括通信的稳定性、数据传输的安全性、通信协议的正确性 3 部分内容。

（1）通信的稳定性：数据控制单元和监控中心平台之间通信稳定，不应出现经常性的通信连接中断、数据丢失、数据不完整等问题。数据控制单元在线率为 90%以上，正常情况下，掉线后应在 5 min 之内重新上线。数据采集传输仪每日掉线次数在 5 次以内。数据传输的稳定性在 99%以上，当出现数据错误或丢失时，能够启动纠错逻辑，要求数据采集传输仪重新发送数据。

（2）数据传输的安全性：数据采集传输仪在需要时可按照 HJ 212—2017 中规定的加密方法进行加密处理传输，以保证数据传输的安全性。

（3）通信协议的正确性：采用的通信协议应完全符合 HJ 212—2017 的相关要求。

9.4.3.2 数据传输正确性验收

（1）系统稳定运行一个月后，任取其中不少于连续 7 d 的数据进行检查，要求监控中心平台接收的数据和数据控制单元采集和存储的数据完全一致。

（2）同时检查水污染源在线连续自动分析仪器存储的测定值、数据控制单元所采集并存储的数据和监控中心平台接收的数据，这三个环节的实时数据误差应小于 1%。

9.4.3.3 联网稳定性验收

在连续一个月内，系统能稳定运行，不出现除通信稳定性、通信协议正确性、数据传输安全性以外的其他联网问题。

9.4.3.4 其他要求

（1）验收过程中应进行现场故障模拟恢复试验，人为模拟现场断电、断水和断气等故障，在恢复供电等外部条件后，水污染源在线连续自动监测系统应能正常自启动和远程控制启动。在数据控制单元中保存故障前完整分析的分析结果，并在故障过程中不被丢失。数据控制系统完整记录所有故障信息。

（2）在线监测系统能够按照规定要求自动生成日统计表、月统计表和年统计表。

9.4.4 运行与维护方案验收

运行与维护方案应包含水污染源在线监测系统情况说明、运行与维护作业指导书及记录表格，并形成书面文件进行有效管理。

（1）水污染源在线监测系统情况说明应至少包含如下内容：排污单位基本情况，水污染在线监测系统构成图，水质自动采样系统流路图，数据控制系统构成图，所安装的水污染源在线监测仪器方法原理、选定量程、主要参数、所用试剂，以及按照 HJ 355—2019 中的规定建立的各组成部分的维护要点及维护程序。

（2）运行与维护作业指导书内容应至少包含如下内容：水污染在线监测系统

各组成部分的维护方法，所安装的水污染源在线监测仪器的操作方法、试剂配制方法、维护方法，流量监测单元、水样自动采集单元及数据控制单元的维护方法。

（3）记录表格应满足运行与维护作业指导书中的设定要求。

9.4.5 验收报告要求

依据上述验收内容，编制验收报告（格式详见《水污染源在线监测系统（COD_{Cr}、NH_3-N 等）验收技术规范》（HJ 354—2019）附录 A）。验收报告后应附验收比对监测报告、联网证明和安装调试报告。验收报告内容全部合格或符合要求后，方可通过验收。

9.5 运行管理要求

水污染源自动监测设备通过验收后，自动监测设备即被认定为已处于正常运行状态，设备运行维护单位应按照相关技术规范的要求做好日常运行管理。

9.5.1 总体要求

水污染源在线监测设备运维单位应根据相关技术规范及仪器使用说明书进行运行管理工作，并制定完善的水污染源自动监测设备运行维护管理制度，确定系统运行操作人员和管理维护人员的工作职责。运维人员应具备相关专业知识，通过相应的培训教育和能力确认/考核等活动，熟练掌握水污染源在线监测设备的原理、使用和维护方法。

设备验收完成后应对设备相关参数进行备案。备案参数应与设备参数保持一致。如需修改相关参数，应提交情况说明，重新进行备案。

9.5.2 运维单位

运维单位应在所服务的省（区、市）无不良运行维护记录，未出现过故意干扰在线监测仪器、在线监测数据弄虚作假的案例。运维单位应严格按照技术规范开展日常运行维护工作，建立完善的运行维护管理制度并有档案资料备查，应备有所运行在线监测仪器的备用仪器，同时应配备相应仪器参比方法实际水样比对试验装置。能够提供驻地运行维护服务，设备出现故障 12 小时内到达现场及时处理，能与在线监测仪器建设单位保持良好的沟通，确保在最短时间内修复故障。

9.5.3 管理制度

运维单位应建立水污染源自动监测设备运行维护管理制度，主要包括仪器设备运行与维护的作业指导书；日常巡检制度及巡检内容；定期维护制度及定期维护内容；定期校验和校准制度及内容；易损、易耗品的定期检查和更换制度；废药剂的收集处置制度；设备故障及应急处理制度；运行维护记录等。

9.5.4 日常维护总体要求

运维单位应按照相关技术规范及仪器使用说明书建立日常巡检制度，开展日常巡检工作并做好记录。日常巡检内容主要包括每日通过远程检查或现场察看的方式检查仪器运行状态、数据传输系统以及视频监控系统是否正常，设备出现故障时应第一时间处理解决；除日常维护工作外，应按照相关要求和设备说明书完成每周、每月、每季度检查维护内容。每日数据传输情况、定期的设备检查及保养情况应记录并归档。每次进行备件或材料更换时，应记录所更换的备件或材料的品名、规格、数量等并归档。如更换标准物质或标准样品，还需记录标准物质或标准样品的浓度、配制时间、更换时间、有效期等信息。对日常巡检或维护保养中发现的故障或问题，系统管理维护人员应及时处理并记录。

9.5.5 运行技术总体要求

运维单位应按照相关技术规范要求定期进行自动标样核查和自动校准，同时定期进行实际水样比对试验。

9.6　质量保证要求

9.6.1　总体要求

水污染源自动监测设备日常运行质量保证是保障设备正常稳定运行、持续提供有质量保证的监测数据的必要手段。操作维护人员每日远程检查或现场察看检测设备运行状态，发现异常应立即前往；操作维护人员每周至少一次对设备进行现场维护，包括试剂添加、设备状态检查、采样系统维护、供电系统检查等；操作维护人员每月一次对现场设备进行保养，包括检查和保养易损耗件、测量部件和对设备外壳进行清洗；每季度检查及更换易损耗件，用专用容器回收仪器设备产生的废液；操作维护人员每月至少进行一次实际水样比对试验，定期对设备进行自动标样核查和自动校准。当设备因故障或维护原因不能正常运行时，应在 24 小时内向当地环境保护主管部门报告。以月为周期，每月设备有效数据率不得小于 90%，以保证监测数据的数量要求。

有效数据率=（仪器实际获得的有效数据个数/应获得的有效数据个数）×100%

9.6.2　日常检查维护

9.6.2.1　运行和日常维护

（1）每日远程检查或现场察看仪器运行状态，检查数据传输系统以及视频监控系统是否正常，如发现数据有持续异常情况，应立即前往站点进行检查。

（2）每周至少一次对监测系统进行现场维护。现场维护的内容包括：

检查自来水供应、泵取水情况；检查内部管路是否通畅，仪器自动清洗装置是否运行正常；检查各自动分析仪的进样水管和排水管是否清洁，必要时进行清洗；定期清洗水泵和过滤网。

检查站房内电路系统、通信系统是否正常。

对于用电极法测量的仪器，检查标准溶液和电极填充液，进行电极探头的清洗。

若部分站点使用气体钢瓶，应检查载气气路系统是否密封，气压是否满足使用要求。

检查各仪器标准溶液和分析试剂是否在有效使用期内，按相关要求定期更换标准溶液和分析试剂。

观察数据采集传输仪的运行情况，并检查连接处有无损坏，对数据进行抽样检查，检查自动分析仪、数据采集传输仪及监控中心平台接收到的数据是否一致。

检查水质自动采样系统管路是否清洁，采样泵、采样桶和留样系统是否正常工作，留样保存温度是否正常。

（3）每月现场维护的内容包括：

水质自动采样系统：根据情况更换蠕动泵管、清洗混合采样瓶等。

总有机碳水质自动分析仪：检查 TOC-COD_{Cr}转换系数是否适用，必要时进行修正。对 TOC 水质自动分析仪的泵、管、加热炉温度等进行一次检查，检查试剂余量（必要时添加或更换），检查卤素洗涤器、冷凝器水封容器、增湿器，必要时加蒸馏水；

化学需氧量（COD_{Cr}）水质在线自动监测仪：检查内部试管是否被污染，必要时进行清洗；

氨氮水质自动分析仪：检查气敏电极表面是否清洁，必要时对仪器管路进行保养、清洁；

流量计：检查超声波流量计液位传感器高度是否发生变化，检查超声波探头与水面之间是否有干扰测量的物体，对堰体内影响流量计测定的干扰物进行清理；检查管道电磁流量计的检定证书是否在有效期内。

pH 水质自动分析仪：用酸液清洗一次电极，检查 pH 电极是否钝化，必要时进行校准或更换。

温度计：每月至少进行一次现场水温比对试验，必要时进行校准或更换。

每月的现场维护应包括对水污染源在线监测仪器进行一次保养，对仪器分析系统进行维护；对数据存储或控制系统的工作状态进行一次检查；检查监测仪器接地情况；检查监测站房防雷措施；检查和保养仪器易损耗件，必要时进行更换；检查及清洗取样单元、消解单元、检测单元、计量单元等。

（4）每季度现场维护的内容包括：

检查及更换仪器易损耗件；检查关键零部件的可靠性，如计量单元的准确性、反应室的密封性等，必要时进行更换。对于水污染源在线监测仪器所产生的废液应以专用容器回收，并交由有危险废物处理资质的单位处理，不得随意排放或回流入污水排放口。

（5）其他预防性维护

要保证监测站房的安全性。进出监测站房应进行登记，包括出入时间、人员、出入站房的原因等。应设置视频监控系统。

保持监测站房的清洁，保持设备的清洁，保证监测站房内的温度、湿度满足仪器正常运行的需求。

保持各仪器管路通畅，出水正常，无漏液。

对电源控制器、空调、排风扇、供暖设备、消防设备等辅助设备要经常进行检查。

此处未提及的维护内容，应按相关仪器说明书的要求进行（包括易耗品的定期更换工作）。

9.6.2.2　维护记录

操作人员应详细了解水污染源在线监测系统的基本情况，填写相关记录表格。在对系统进行日常维护时，应做好巡检维护记录。巡检维护记录应包含日志检查、耗材检查、辅助设备检查、采样系统检查、水污染源在线监测仪器检查、数据采集传输系统检查等必检项目和记录，以及仪器使用说明书中规定的其他检查项目和仪器参数设置记录、标样核查及校准结果记录、检修记录、易耗品更换记录、标准样品更换记录、实际水样比对试验结果记录。

9.6.3 运行技术要求

运行技术要求包括自动标样核查和自动校准、实际水样比对试验。

9.6.3.1 自动标样核查和自动校准

选用浓度约为现场工作量程上限值0.5倍的标准样品定期进行自动标样核查。如果自动标样核查结果不满足《水污染源在线监测系统（COD_{Cr}、NH_3-N 等）运行技术规范》（HJ 355—2019）表 1（以下简称表 1）的规定，则应对仪器进行自动校准。仪器自动校准完后应使用标准溶液进行验证（可使用自动标样核查代替该操作）。验证结果应符合表 1 的规定，如不符合则应重新进行一次校准和验证，6 h 内如仍不符合表 1 的规定，则应进入人工维护状态。

在线监测仪器自动校准及验证时间如果超过 6 h，则应采取人工监测的方法向相应的环境保护主管部门报送数据。数据报送每天不少于 4 次，间隔不得超过 6 h。

自动标样核查周期最长间隔不得超过 24 h，校准周期最长间隔不得超过 168 h。

9.6.3.2 实际水样比对试验

除流量外，运维人员每月应对每个站点的所有自动分析仪至少进行一次实际水样比对试验；对于超声波明渠流量计，每季度至少用便携式明渠流量计比对装置进行一次比对试验，试验结果均应满足表 1 中的要求。

（1）COD_{Cr}、TOC、NH_3-N、TP、TN 水质自动分析仪

每月至少进行一次实际水样比对试验。采用水质自动分析仪与国家环境监测分析方法标准分别对相同的水样进行分析，将两者的测量结果组成一个测定数据对，至少获得 3 个测定数据对，计算实际水样比对试验的绝对误差或相对误差。

当实际水样比对试验的结果不满足标准规定的性能指标要求时，应对仪器进行校准和标准溶液验证后再次进行实际水样比对试验。如第二次实际水样比对试

验结果仍不符合性能指标要求，仪器应进入维护状态，同时此次实际水样比对试验至上次仪器自动校准或自动标样核查期间所有的数据均判断为无效数据。

仪器维护时间超过 6 h 时，应采取人工监测的方法向相应的生态环境主管部门报送数据。数据报送每天不少于 4 次，间隔不得超过 6 h。

（2）pH 水质自动分析仪和温度计

每月至少进行一次实际水样比对试验，采用 pH 水质自动分析仪和温度计分别按国家环境监测分析方法标准对相同的水样进行分析，计算仪器测量值与国家环境监测分析方法标准测定值的绝对误差。

如果比对结果不符合标准规定的性能指标要求，则应对 pH 水质自动分析仪和温度计进行校准，校准完成后需再次进行比对，直至合格。

（3）超声波明渠流量计

每季度至少用便携式明渠流量计比对装置对现场安装使用的超声波明渠流量计进行一次比对试验（比对前应对便携式明渠流量计进行校准）。如比对结果不符合标准规定的性能指标要求，应对超声波明渠流量计进行校准，校准完成后需再次进行比对，直至合格。

- 液位比对：分别用便携式明渠流量计比对装置（液位测量精度≤1 mm）和超声波明渠流量计测量同一水位观测断面处的液位值，进行比对试验，每 2 min 读取一次数据，连续读取 6 次，计算每一组数据的误差值，选取最大的一组误差值作为流量计的液位误差。
- 流量比对：分别用便携式明渠流量计比对装置和超声波明渠流量计测量同一水位观测断面处的瞬时流量，进行比对试验，待数据稳定后，开始计时。计时 10 min，然后分别读取明渠流量比对装置该时段内的累积流量和超声波明渠流量计该时段内的累积流量，最终计算出流量比对误差。

9.6.3.3　有效数据率

以月为周期，每个周期内水污染源在线监测仪实际获得的有效数据的个数占应获得的有效数据的个数的百分比不得小于 90%。有效数据的判定参见 HJ 356—2019 的相关规定。

9.6.4 检修和故障处理要求

污染源自动监测设备发生故障后，应该严格按照相关技术规范及管理要求进行设备检修，具体情况如下：

（1）水污染源在线监测系统需维修的，应在维修前报相应生态环境管理部门备案；需停运、拆除、更换、重新运行的，应经相应生态环境管理部门批准。

（2）因不可抗力和突发性原因致使水污染源在线监测系统停止运行或不能正常运行时，应当在 24 h 内报告相应生态环境管理部门并书面报告停运原因和设备情况。

（3）运行单位发现故障或接到故障通知，应在规定的时间内赶到现场处理并排除故障。无法及时处理的应安装备用仪器。

（4）水污染源在线监测仪器经过维修后，在正常使用和运行之前应确保其维修全部完成并通过校准和比对试验。若在线监测仪器进行了更换，在正常使用和运行之前，要确保其性能指标满足 HJ 355—2019 表 1 的要求。维修和更换的仪器，可由第三方或运行单位自行出具比对检测报告。

（5）数据采集传输仪若发生故障，应在相应生态环境管理部门规定的时间内修复或更换，并能保证已采集的数据不丢失。

（6）运行单位应有足够的备品备件及备用仪器，对其使用情况进行定期清点，并根据实际需要进行增购。

（7）水污染源在线监测仪器因故障或维护等原因不能正常工作时，应及时向相应生态环境主管部门报告，必要时采取人工监测，监测周期间隔不大于 6 h，数据报送每天不少于 4 次，监测技术要求参照《污水监测技术规范》（HJ 91.1—2019）执行。

9.6.5　运行比对监测要求

9.6.5.1　在线监测系统采样管理

比对监测时，应记录水污染源在线监测系统是否按照 HJ 353—2019 进行采样并在报告中说明有关情况。比对监测时应及时、正确地做好原始记录，并及时、正确地粘贴样品标签，以免混淆。

9.6.5.2　仪器质量控制要求

比对监测时，应核查水污染源在线监测仪器的参数设置情况，必要时进行标准溶液抽查，以核查标准溶液是否符合相关规定要求，在记录和报告中说明有关情况；比对监测所使用的标准样品和实际水样应符合现场安装仪器的量程；比对监测期间，不允许对在线监测仪器进行任何调试。

9.6.5.3　比对监测仪器性能要求

比对监测期间应对水污染源在线监测仪器进行比对试验，并符合 HJ 355—2019 表 1 的要求。

9.6.6　运行档案与记录

（1）水污染源在线监测系统运行的技术档案包括仪器的说明书、HJ 353—2019 要求的系统安装记录和 HJ 354—2019 要求的验收记录、仪器的检测报告以及各类运行记录表格。

（2）运行记录应清晰、完整，现场记录应在现场及时填写。要确保能够从记录中查阅和了解仪器设备的使用、维修和性能检验等方面的全部历史资料，以对运行的各台仪器设备做出正确评价。与仪器相关的记录可放置在现场并妥善保存。

（3）运行记录表格主要包括水污染源在线监测系统基本情况表、巡检维护记录表、水污染源在线监测仪器参数设置记录表、标样核查及校准结果记录表、检修记录表、易耗品更换记录表、标准样品更换记录表、实际水样比对试验结果记录表、水污染源在线监测系统运行比对监测报告、运行工作检查表等（表格样式详见 HJ 355—2019）。运行单位可根据实际需求及管理需要调整及增加不同的表格。

9.6.7 数据有效性判别流程

水污染源在线监测系统的运行状态分为正常采样监测时段和非正常采样监测时段。数据有效性判别流程见图 9-1。

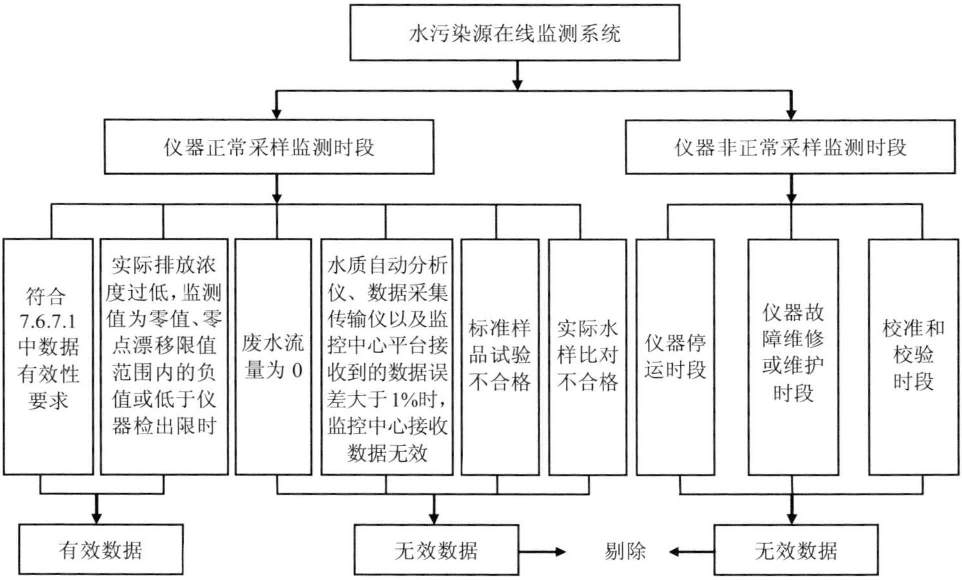

图 9-1 水污染源在线监测系统数据有效性判别流程

9.6.7.1 数据有效性判别指标

（1）实际水样比对试验误差

1）COD_{Cr}、TOC、NH_3-N、TP、TN 水质自动分析仪

对每个站点安装的 COD_{Cr}、TOC、NH_3-N、TP、TN 水质自动分析仪进行自动监

测方法与 HJ 356—2019 表 1 中规定的国家环境监测分析方法标准的比对试验，将两者的测量结果组成一个测定数据对，至少获得 3 个测定数据对。比对过程中应尽可能保证比对样品均匀一致，实际水样比对试验结果应满足 HJ 355—2019 表 1 的要求。

2）pH 水质自动分析仪与温度计

对每个站点安装的 pH 水质自动分析仪、温度计进行自动监测方法与 HJ 356—2019 表 1 中规定的国家环境监测分析方法标准的比对试验，将两者的测量结果组成一个测定数据对。比对过程中应尽可能保证比对样品均匀一致，实际水样比对试验结果应满足 HJ 355—2019 表 1 的要求。

（2）标准样品试验误差

标准样品试验包括自动标样核查、标准溶液验证。

对每个站点安装的 COD_{Cr}、TOC、NH_3-N、TP、TN 水质自动分析仪，采用有证标准样品作为质控考核样品，用浓度约为现场工作量程上限值 0.5 倍的标准样品进行自动标样核查试验，试验结果应满足 HJ 355—2019 表 1 的要求，否则应对仪器进行自动校准。仪器自动校准完成后应使用标准溶液进行验证（可使用自动标样核查代替该操作），验证结果应满足 HJ 355—2019 表 1 的要求。

（3）超声波明渠流量计比对试验误差

对每个站点安装的超声波明渠流量计进行自动监测方法与手工监测方法的比对试验。比对试验的方法按照 9.6.3.2 的相关规定进行。比对试验结果应满足 HJ 355—2019 表 1 的要求。

9.6.7.2　数据有效性判别方法

（1）有效数据判别

- 正常采样监测时段获取的监测数据，满足 9.6.7.1 的数据有效性判别标准，可判别为有效数据。
- 监测值为零值、零点漂移限值范围内的负值或低于仪器检出限时，需要通过现场检查、实际水样比对试验、标准样品试验等质控手段来识别，对于因实际排放浓度过低而产生的上述数据，仍判断为有效数据。

- 监测值如出现急剧升高、急剧下降或连续不变时，需要通过现场检查、实际水样比对试验、标准样品试验等质控手段来识别，再做判别和处理。
- 水污染源在线监测系统的运维记录中应当记载运行过程中报警、故障维修、日常维护、校准等内容。运维记录可作为数据有效性判别的证据。
- 水污染源在线监测系统应可调阅和查看详细的日志，日志记录可作为数据有效性判别的证据。

（2）无效数据判别

- 当流量为零时，在线监测系统输出的监测值为无效数据。
- 水质自动分析仪、数据采集传输仪以及监控中心平台接收到的数据误差大于 1%时，监控中心平台接收到的数据为无效数据。
- 发现标准样品试验不合格、实际水样比对试验不合格时，从此次不合格时刻至上次校准校验（自动校准、自动标样核查、实际水样比对试验中的任何一项）合格时刻期间的在线监测数据均判断为无效数据；从此次不合格时刻起至再次校准校验合格时刻期间的数据，作为非正常采样监测时段数据，判断为无效数据。
- 水质自动分析仪停运期间、因故障维修或维护期间、有计划（质量保证和质量控制）地维护保养期间、校准和校验等非正常采样监测时间段内输出的监测值为无效数据，但对该时段数据作标记，作为监测仪器检查和校准的依据予以保留。

判断为无效的数据应注明原因，并保留原始记录。

9.6.7.3 有效均值的计算

（1）数据统计

正常采样监测时段获取的有效数据，应全部参与统计。

监测值为零值、零点漂移限值范围内的负值或低于仪器检出限，并判断为有效数据时，应采用修正后的值参与统计。修正规则：COD_{Cr} 修正值为 2 mg/L，NH_3-N 修正值为 0.01 mg/L，TP 修正值为 0.005 mg/L，TN 修正值为 0.025 mg/L。

（2）有效日均值

有效日均值是对应于以每日为一个监测周期内获得的某种污染物（COD_{Cr}、NH_3-N、TP、TN）的所有有效监测数据的平均值，参与统计的有效监测数据数量应不少于当日应获得数据数量的 75%。有效日均值是以流量为权的某种污染物的有效监测数据的加权平均值。

（3）有效月均值

有效月均值是对应于以每月为一个监测周期内获得的某种污染物（COD_{Cr}、NH_3-N、TP、TN）的所有有效日均值的算术平均值，参与统计的有效日均值数量应不少于当月应获得数据数量的 75%。

9.6.7.4　无效数据的处理

正常采样监测时段，当 COD_{Cr}、NH_3-N、TP 和 TN 监测值判断为无效数据，且无法计算有效日均值时，其污染物日排放量可以用上次校准校验合格时刻前 30 个有效日排放量中的最大值进行替代，污染物浓度和流量不进行替代。非正常采样监测时段，当 COD_{Cr}、NH_3-N、TP 和 TN 监测值判断为无效数据，且无法计算有效日均值时，优先使用人工监测数据进行替代。每天获取的人工监测数据应不少于 4 次。替代数据包括污染物日均浓度、污染物日排放量。如无人工监测数据替代，其污染物日排放量可以用上次校准校验合格时刻前 30 个有效日排放量中的最大值进行替代，污染物浓度和流量不进行替代。

流量为零时的无效数据不进行替代。

第 10 章　废气手工监测技术要点

与废水手工监测类似，废气手工监测也是一个全面性、系统性的工作。我国同样有一系列监测技术规范和方法标准用于指导和规范废气手工监测。本章立足于现有的技术规范和标准，结合日常工作经验，分别针对有组织废气、无组织废气归纳总结了常见的方法和操作要求，以及方法使用过程中的重点注意事项。对于一些虽然适用，但不够便捷，目前实际应用很少的方法，本书中未进行列举。若排污单位根据实际情况，确实需要采用这类方法的，应严格按照方法的适用条件和要求开展相关监测活动。

10.1　有组织废气监测

10.1.1　监测方式

有组织废气监测主要是针对排污单位通过排气筒排放的污染物排放浓度、排放速率、排气参数等开展的监测。主要的监测方式有现场测试和“现场采样+实验室分析”两种。

（1）现场测试：指采用便携式仪器在污染源现场直接采集气态样品，通过预处理后进行即时分析，现场得到污染物的相关排放信息。目前，采用现场测试的主要指标包括二氧化硫，氮氧化物，一氧化碳，硫化氢，排气参数（温度、氧含量、含湿量、流速）等。测试方法主要包括定电位电解法、非分散红外法、皮托管法、热电偶法、干湿球法等。

（2）"现场采样+实验室分析"：是指采用特定仪器采集一定量的污染源废气并妥善保存，然后带回实验室进行分析。目前我国多数污染物指标仍采用这种监测方式。主要的采样方式包括直接采样法（用气袋、注射器、真空瓶等采样）和富集（浓缩）采样法（活性炭吸附、滤筒、滤膜捕集、吸收液吸收等）。主要的分析方法包括重量法、色谱法、质谱法、分光光度法等。

10.1.2　现场采样

10.1.2.1　现场采样方式

（1）现场直接采样

现场直接采样包括注射器采样、气袋采样、采样管采样和真空瓶（管）采样。现场采样时，应按照《固定污染源排气中颗粒物测定与气态污染物采样方法》的规定配备相应的采样系统。

1）注射器采样

常用 100 mL 注射器采集样品。采样时，先用现场气体抽洗 2～3 次，然后抽取 100 mL，密封进气口，带回实验室分析。样品存放时间不宜过长，一般应当天分析完。

气相色谱分析法常采用此法取样。取样后，应将注射器进气口朝下，垂直放置，以使注射器内压略大于外压。要避光保存。

2）气袋采样

应选不吸附、不渗漏，也不与样气中污染组分发生化学反应的气袋，如聚四氟乙烯袋、聚乙烯袋、聚氯乙烯袋和聚酯袋等，还有用金属薄膜做衬里（如衬银、衬铝）的气袋。

采样时，先用待测废气冲洗 2～3 次，再充满样气，夹封进气口，带回实验室尽快分析。

3）采样管采样

采样时，打开两端旋塞，用抽气泵接在采样管的一端，迅速抽进比采样管容积大 6～10 倍的待测气体，使采样管中原有气体被完全置换出，然后关上旋塞。采样管体积即为采气体积。

4）真空瓶采样

真空瓶是一种具有活塞的耐压玻璃瓶。采样前，先用抽真空装置把真空瓶内的气体抽走，抽气减压到绝对压力为 1.33 kPa。采样时打开旋塞，采完关闭旋塞，则采样体积即为真空瓶体积。

（2）富集（浓缩）采样法

富集（浓缩）采样法主要包括溶液吸收法、填充柱阻留法和滤料阻留法等。

1）溶液吸收法

原理：采样时，用抽气装置将待测废气以一定流量抽入装有吸收液的吸收瓶。采样结束后，送实验室进行测定。

常用吸收液：酸碱溶液、有机溶剂等。

选用吸收液应遵循的原则：

①反应快，溶解度大；

②稳定时间长；

③吸收后利于分析；

④毒性小，价格低，易于回收。

2）填充柱阻留法

原理：填充柱是用一根长 6～10 cm、内径 3～5 mm 的玻璃管或塑料管，内装颗粒状填充剂制成。采样时，让气样以一定流速通过填充柱，待测组分因吸附、溶解或化学反应等作用被阻留在填充剂上，达到浓缩采样的目的。采样后，通过解吸或溶剂洗脱，使被测组分从填充剂上释放出来，即可进行测定。

填充剂主要类型：

①吸附型：活性炭、硅胶、分子筛、高分子多孔微球等；

②分配型：涂高沸点有机溶剂的惰性多孔颗粒物；

③反应型：惰性多孔颗粒物、纤维状物表面能与被测组分发生化学反应。

3）滤料阻留法

原理：该方法是将过滤材料（滤筒、滤膜等）放在采样装置内，用抽气装置抽气，废气中的待测物质被阻留在过滤材料上，根据相应分析方法测定出待测物质的含量。

常用过滤材料：玻璃纤维滤筒、石英滤筒、刚玉滤筒、玻璃纤维滤膜、过氯乙烯滤膜、聚苯乙烯滤膜、微孔滤膜、核孔滤膜等。

10.1.2.2　现场采样技术要点

有组织废气排放监测时，采样点位布设、采样频次、时间、监测分析方法以及质量保证等均应符合《固定污染源排气中颗粒物测定与气态污染物采样方法》（GB/T 16157—1996）和《固定源废气监测技术规范》（HJ/T 397—2007）的规定。

（1）采样位置和采样点

1）采样位置应避开对测试人员操作有危险的场所。

2）采样位置应优先选择垂直管段，避开烟道弯头和断面急剧变化的部位。采样位置应设置在距弯头、阀门、变径管下游方向不小于 6 倍直径，和距上述部件上游方向不小于 3 倍直径处。采样断面的气流速度最好在 5 m/s 以上。采样孔内径应不小于 80 mm，宜选用 90～120 mm 内径的采样孔。

3）测试现场空间位置有限，很难满足上述要求时，可选择比较适宜的管段采样，但采样断面与弯头等的距离须至少是烟道直径的 1.5 倍，并应适当增加测点的数量和采样频次。

4）对于气态污染物，由于混合比较均匀，其采样位置可不受上述规定限制，但应避开涡流区。

5）采样平台应有足够的工作面积，以便工作人员能够安全、方便地操作。监测平台长度应≥2 m，宽度≥2 m或不小于采样枪长度外延1 m，周围设置1.2 m以上的安全护栏，有牢固并符合要求的安全措施；当采样平台设置在离地面高度≥2 m的位置时，应有通往平台的斜梯（或Z字梯、旋梯），宽度应≥0.9 m；当采样平台设置在离地面高度≥20 m的位置时，应有通往平台的升降梯。

6）颗粒物和废气流量测量时，根据采样位置尺寸进行多点分布采样测量；一般情况下排气参数（温度、含湿量、氧含量）和气态污染物在管道中心位置测定。

（2）排气参数的测定

1）温度的测定：常用测定方法为热电偶法或电阻温度计法。一般情况下可在靠近烟道中心的一点测定，封闭测孔，待温度计读数稳定后读取数据。

2）含湿量的测定：常用测定方法为干湿球法。在靠近烟道中心的一点测定，封闭测孔，使气体在一定的速度下流经干球、湿球温度计，然后根据干球、湿球温度计的读数和测点处排气的压力，计算出排气的水分含量。

3）氧含量的测定：常用测定方法为电化学法或氧化锆氧分仪法。在靠近烟道中心的一点测定，封闭测孔，待氧含量读数稳定后读取数据。

4）流速、流量的测定：常用测定方法为皮托管法。根据测得的某点处的动压、静压及温度、断面截面积等参数计算出排气流速和流量。

（3）采样频次和采样时间

采样频次和采样时间确定的主要依据：相关标准和规范的规定和要求；实施监测的目的和要求；被测污染源污染物排放特点、排放方式及排放规律，生产设施和治理设施的运行状况；被测污染源污染物排放浓度的高低和所采用的监测分析方法的检出限。

具体要求如下：

1）相关标准中对采样频次和采样时间有规定的，按相关标准的规定执行。

2）相关标准中没有明确规定的，排气筒中废气的采样以连续 1 h 的采样获取平均值，或在 1 h 内，以等时间间隔采集 3～4 个样品，并计算平均值。

3）特殊情况下，若某排气筒的排放为间断性排放，排放时间小于 1 h，应在排放时段内实行连续采样，或在排放时段内等间隔采集 2～4 个样品，并计算平均值；若某排气筒的排放为间断性排放，排放时间大于 1 h，则应在排放时段内按 2）的要求采样。

（4）监测分析方法的选择

选择监测分析方法时，应遵循以下原则：

1）监测分析方法的选用应充分考虑相关排放标准的规定、被测污染源排放特点、污染物排放浓度的高低、所采用监测分析方法的检出限和干扰等因素。

2）相关排放标准中有监测分析方法的规定时，应采用标准中规定的方法。

3）对相关排放标准未规定监测分析方法的污染物项目，应选用国家环境保护标准、环境保护行业标准规定的方法。

4）在某些项目的监测中，尚无方法标准的，可采用国际标准化组织（ISO）或其他国家的等效方法标准，但应经过验证，其检出限、准确度和精密度达到质控要求才能采用。

（5）质量保证要求

1）属于国家强制检定目录内的工作计量器具，必须按期送计量部门检定。检定合格，取得检定证书后方可用于监测工作。

2）排气温度、氧含量、含湿量、流速测定、烟气、烟尘测定等仪器应根据要求定期校准。对一些仪器使用的电化学传感器应根据使用情况及时更换。

3）采样前应对采样系统进行气密性检查，防止系统漏气。须检查采样嘴、皮托管等是否变形或损坏。

4）要确保滤筒、滤料等外观无裂纹、空隙或破损，无挂毛或碎屑，能耐受一定的高温和机械强度。采样管、连接管、滤筒、滤料等不被腐蚀，不与待测组分发生化学反应。

5）样品采集完毕后要注意样品的保存要求，并应尽快送到实验室进行分析。

10.1.3 监测指标测试

各监测指标除遵循 10.1.1 监测方式和 10.1.2 现场采样的相关要求外，还应遵循各自的具体要求。根据石油炼制、石油化学行业涉及的有组织废气监测指标，实验室常见分析方法、所需设备见表 10-1。企业开展自行监测时，所采用的方法和使用的设备不限于表 10-1 中所列内容。若有其他适用的方法，也可以使用，但须按照《排污单位自行监测技术指南 总则》（HJ 819—2017）及相关要求开展方法的验证。

表 10-1 有组织废气监测项目、标准方法及所需设备

监测项目	标准方法	所需设备
二氧化硫	《固定污染源废气 二氧化硫的测定 定电位电解法》（HJ 57—2017）	定电位电解法二氧化硫测定仪：包括分析仪、采样管、导气管、除湿装置、便携式打印机等；标准气体钢瓶；集气袋；一般实验室常用仪器
	《固定污染源废气 二氧化硫的测定 非分散红外吸收法》（HJ 629—2011）	非分散红外法二氧化硫气体分析仪或带非分散红外法二氧化硫气体分析的多组分分析仪，对二氧化碳、一氧化碳、水、二氧化氮、一氧化氮等杂质的干扰误差应小于满量程的±2%，精确度：±1%（满量程）；采样管及样气处理器；一般实验室常用仪器
	《固定污染源烟气（二氧化硫和氮氧化物）便携式紫外吸收法测量仪器技术要求及检测方法》（HJ 1045—2019）	便携式紫外吸收法测量仪器；一般实验室常用仪器
	《固定污染源排气中二氧化硫的测定 碘量法》（HJ/T 56—2000）	烟气采样器；多孔玻板吸收管；棕色酸式滴定管；大气压力计；烟尘测试仪或能测定管道气体参数的其他测试仪；一般实验室常用仪器
	《固定污染源废气 二氧化硫的测定 便携式紫外吸收法》（HJ 1131—2020）	紫外吸收法二氧化硫测定仪：包括分析仪（含光源、检测器、吸收池、控制单元等）、气体流量计、抽气泵、采样管、导气管、除湿除尘装置、打印机等

监测项目	标准方法	所需设备
氮氧化物	《固定污染源废气　氮氧化物的测定　定电位电解法》（HJ 693—2014）	定电位电解法氮氧化物测定仪：包括分析仪、采样管、导气管、除湿装置、便携式打印机等；标准气体钢瓶；集气袋；一般实验室常用仪器
	《固定污染源废气　氮氧化物的测定　非分散红外吸收法》（HJ 692—2014）	便携式紫外吸收法测量仪器；一般实验室常用仪器
	《固定污染源烟气（二氧化硫和氮氧化物）便携式紫外吸收法测量仪器技术要求及检测方法》（HJ 1045—2019）	定电位电解法氮氧化物测定仪；标准气体钢瓶；集气袋；气体流量计；一般实验室常用仪器
	《固定污染源排气　氮氧化物的测定　酸碱滴定法》（HJ 675—2013）	真空采样瓶；负压表；真空抽气泵；硅橡胶管（氟橡胶管）或厚壁胶管：5～8 mm；水止夹；采样瓶布套；往返振荡器；250 mL 锥形瓶；100 mL 移液管；碱式滴定管；一般实验室常用仪器
	《固定污染源排气中氮氧化物的测定　盐酸萘乙二胺分光光度法》（HJ/T 43—1999）	分光光度计；多孔玻板吸收管；双球玻璃管；具塞比色管；采样器；一般实验室常用仪器
	《固定污染源排气中氮氧化物的测定　紫外分光光度法》（HJ/T 42—1999）	紫外分光光度计；采样装置；玻璃棉；一般实验室常用仪器
	《固定污染源废气　氮氧化物的测定　便携式紫外吸收法》（HJ 1132—2020）	紫外吸收法氮氧化物测定仪：包括分析仪（含光源、检测器、吸收池、控制单元等）、气体流量计、抽气泵、采样管、导气管、除湿除尘装置、打印机等
颗粒物	《固定污染源废气低浓度颗粒物的测定　重量法》（HJ 836—2017）	废气水分含量测定装置；废气温度、压力、流速测定装置；废气颗粒物采集装置；温度计；湿度计；滤膜；滤膜保存盒；电子天平：精度 0.01 mg；恒温恒湿设备；烘箱；马弗炉；一般实验室常用仪器
非甲烷总烃	《环境空气和废气　总烃、甲烷和非甲烷总烃便携式监测仪技术要求及检测方法》（HJ 1012—2018）	便携式总烃、甲烷和非甲烷总烃监测仪；一般实验室常用仪器
	《固定污染源废气　总烃、甲烷和非甲烷总烃的测定　气相色谱法》（HJ 38—2017）	采样容器；采样装置；样品保存箱；气相色谱仪；一般实验室常用仪器

监测项目	标准方法	所需设备
氯化氢	《环境空气和废气　氯化氢的测定　离子色谱法》（HJ 549—2016）	空气采样器；烟气采样器；烟尘采样器；聚四氟乙烯滤膜或石英滤膜；冰水浴；冲击式吸收瓶；离子色谱仪；乙酸纤维微孔滤膜；一次性注射器；一般实验室常用仪器
	《固定污染源废气　氯化氢的测定　硝酸银容量法》（HJ 548—2016）	烟气采样器；烟尘采样器；多孔玻板吸收瓶或大型气泡吸收瓶；棕色酸式滴定管；乙酸纤维微孔滤膜；冰水浴；一般实验室常用仪器
	《固定污染源排气中氯化氢的测定　硫氰酸汞分光光度法》（HJ/T 27—1999）	分光光度计；具塞比色管；采样装置；一般实验室常用仪器
氟化氢	《固定污染源废气　氟化氢的测定　离子色谱法》（HJ 688—2019）	恒温加热采样管；烟气采样器；烟尘采样器；吸收瓶；冰水浴；离子色谱仪；一次性水系微孔滤膜；注射器；一般实验室常用仪器
	《大气固定污染源　氟化物的测定　离子选择电极法》（HJ/T 67—2001）	烟气采样器；烟尘采样器；氟离子选择电极；饱和甘汞电极；磁力搅拌器；大型冲击式吸收瓶；多孔玻板吸收瓶；聚乙烯塑料瓶；离子活度计或精密酸度计；小型超声波清洗器；一般实验室常用仪器
溴化氢	《固定污染源废气　溴化氢的测定　离子色谱法》（HJ 1040—2019）	烟气采样器；空气采样器；颗粒物采样器；棕色气泡吸收瓶；离子色谱仪；注射器；一般实验室常用仪器
氯气	《固定污染源废气　氯气的测定　碘量法》（HJ 547—2017）	烟气采样器；采样管；多孔玻板吸收瓶；棕色酸式滴定管；碘量瓶；一般实验室常用仪器
	《固定污染源排气中氯气的测定　甲基橙分光光度法》（HJ/T 30—1999）	分光光度计；采样仪器；多孔玻板吸收管；一般实验室常用仪器
硫化氢	《空气质量　硫化氢、甲硫醇、甲硫醚和二甲二硫的测定　气相色谱法》（GB/T 14678—1993）	气相色谱仪；采样装置；浓缩装置；解吸装置；一般实验室常用仪器
二氧化碳	《固定污染源废气　二氧化碳的测定　非分散红外吸收法》（HJ 870—2017）	非分散红外吸收法二氧化碳测定仪，示值误差：不超过±5%，系统误差：不超过±5%，零点漂移：不超过±3%，量程漂移：不超过±3%，具有清除干扰功能，除湿装置应符合 GB/T 16175 的要求，采样管加热及保湿温度在120～160℃内可设、可调；标准气体钢瓶；集气袋；一般实验室常用仪器

监测项目	标准方法	所需设备
一氧化碳	《固定污染源废气　一氧化碳的测定定电位电解法》（HJ 973—2018）	定电位电解法一氧化碳测定仪，示值误差：不超过±5%，系统误差：不超过±5%，零点漂移：不超过±3%，量程漂移：不超过±3%，具有采样流量显示功能；标准气体钢瓶；集气袋；一般实验室常用仪器
	《固定污染源排气中一氧化碳的测定　非色散红外吸收法》（HJ/T 44—1999）	非色散红外气体分析仪，抗干扰：对二氧化碳和水分别具有 2 000∶1 和 1 000∶1 或更好的抗干扰，精确度：±3%（满刻度），量程 0～50 000 mg/m^3；采样管；抽气泵；采气袋；除湿装置；一般实验室常用仪器
黑度	《固定污染源排放烟气黑度的测定　林格曼烟气黑度图法》（HJ/T 398—2007）	林格曼烟气黑度图；计时器；烟气黑度图支架；风向、风速测定仪
汞及其化合物	《固定污染源废气　气态汞的测定　活性炭吸附/热裂解原子吸收分光光度法》（HJ 917—2017）	采样系统，活性炭吸附管、采样探头、温度传感器、除湿装置、采样控制器、采样泵；具有热裂解单元的测汞仪，采用原子吸收分光光度法定量分析汞；一般实验室常用仪器
	《固定污染源废气　汞的测定　冷原子吸收分光光度法（暂行）》（HJ 543—2009）	烟气采样器：0.1～1 L/min；大型气泡吸收管：10 mL；冷原子吸收测汞仪；汞反应瓶；汞吸收塔：250 mL 玻璃干燥塔，内填充碘-活性炭；一般实验室常用仪器
镉及其化合物	《大气固定污染源　镉的测定　火焰原子吸收分光光度法》（HJ/T 64.1—2001）	原子吸收分光光度计及相应辅助设备；总悬浮颗粒物采样器；烟尘采样器；玻璃纤维滤筒；过氯乙烯滤膜；一般实验室常用仪器
	《大气固定污染源　镉的测定　石墨炉原子吸收分光光度法》（HJ/T 64.2—2001）	原子吸收分光光度计及相应辅助设备；总悬浮颗粒物采样器；烟尘采样器；玻璃纤维滤筒；过氯乙烯滤膜；一般实验室常用仪器
	《大气固定污染源　镉的测定　对-偶氮苯重氮氨基偶氮苯磺酸分光光度法》（HJ/T 64.3—2001）	分光光度计；玻璃漏斗；总悬浮颗粒物采样器；烟尘采样器；玻璃纤维滤筒；过氯乙烯滤膜；一般实验室常用仪器
	《空气和废气　颗粒物中金属元素的测定　电感耦合等离子体发射光谱法》（HJ 777—2015）	切割器；颗粒物采样器：5～80 L/min；电感耦合等离子体发射光谱仪；微波消解装置；电热板；陶瓷剪刀；聚四氟乙烯烧杯、聚四氟乙烯容量瓶；一般实验室常用仪器
	《空气和废气　颗粒物中铅等金属元素的测定　电感耦合等离子体质谱法》（HJ 657—2013）	切割器，TSP 切割器，PM_{10} 切割器，$PM_{2.5}$ 切割器；颗粒物采样器；电感耦合等离子体质谱仪；微波消解装置；电热板；陶瓷剪刀；聚四氟乙烯烧杯、聚四氟乙烯容量瓶；一般实验室常用仪器

监测项目	标准方法	所需设备
砷及其化合物	《空气和废气　颗粒物中金属元素的测定　电感耦合等离子体发射光谱法》（HJ 777—2015）	切割器；颗粒物采样器：5～80 L/min；电感耦合等离子体发射光谱仪；微波消解装置；电热板；陶瓷剪刀；聚四氟乙烯烧杯、聚四氟乙烯容量瓶；一般实验室常用仪器
	《空气和废气　颗粒物中铅等金属元素的测定　电感耦合等离子体质谱法》（HJ 657—2013）	切割器，TSP 切割器，PM_{10} 切割器，$PM_{2.5}$ 切割器；颗粒物采样器；电感耦合等离子体质谱仪；微波消解装置；电热板；陶瓷剪刀；聚四氟乙烯烧杯、聚四氟乙烯容量瓶；一般实验室常用仪器
	《固定污染源废气　砷的测定　二乙基二硫代氨基甲酸银分光光度法》（HJ 540—2016）	烟尘采样器：5～80 L/min；可见分光光度计；可调温电热板：40～200℃；聚四氟乙烯剪刀；砷化氢发生与吸收装置；超声波洗涤器：30～80 kHz；一般实验室常用仪器
镍及其化合物	《空气和废气　颗粒物中金属元素的测定　电感耦合等离子体发射光谱法》（HJ 777—2015）	切割器；颗粒物采样器：5～80 L/min；电感耦合等离子体发射光谱仪；微波消解装置；电热板；陶瓷剪刀；聚四氟乙烯烧杯、聚四氟乙烯容量瓶；一般实验室常用仪器
	《空气和废气　颗粒物中铅等金属元素的测定　电感耦合等离子体质谱法》（HJ 657—2013）	切割器，TSP 切割器，PM_{10} 切割器，$PM_{2.5}$ 切割器；颗粒物采样器；电感耦合等离子体质谱仪；微波消解装置；电热板；陶瓷剪刀；聚四氟乙烯烧杯、聚四氟乙烯容量瓶；一般实验室常用仪器
	《大气固定污染源　镍的测定　火焰原子吸收分光光度法》（HJ/T 63.1—2001）	原子吸收分光光度计及相应辅助设备；总悬浮颗粒物采样器；烟尘采样器；玻璃纤维滤筒；过氯乙烯滤膜；一般实验室常用仪器
	《大气固定污染源　镍的测定　石墨炉原子吸收分光光度法》（HJ/T 63.2—2001）	原子吸收分光光度计及相应辅助设备；总悬浮颗粒物采样器；烟尘采样器；玻璃纤维滤筒；过氯乙烯滤膜；一般实验室常用仪器
	《大气固定污染源　镍的测定　丁二酮肟-正丁醇萃取分光光度法》（HJ/T 63.3—2001）	分光光度计；总悬浮颗粒物采样器；烟尘采样器；玻璃纤维滤筒；过氯乙烯滤膜；一般实验室常用仪器
铅及其化合物	《空气和废气　颗粒物中金属元素的测定　电感耦合等离子体发射光谱法》（HJ 777—2015）	切割器；颗粒物采样器：5～80 L/min；电感耦合等离子体发射光谱仪；微波消解装置；电热板；陶瓷剪刀；聚四氟乙烯烧杯、聚四氟乙烯容量瓶；一般实验室常用仪器
	《空气和废气　颗粒物中铅等金属元素的测定　电感耦合等离子体质谱法》（HJ 657—2013）	切割器，TSP 切割器，PM_{10} 切割器，$PM_{2.5}$ 切割器；颗粒物采样器；电感耦合等离子体质谱仪；微波消解装置；电热板；陶瓷剪刀；聚四氟乙烯烧杯、聚四氟乙烯容量瓶；一般实验室常用仪器
	《固定污染源废气　铅的测定　火焰原子吸收分光光度法》（HJ 685—2014）	火焰原子吸收分光光度计；烟尘采样器：5～80 L/min；石英纤维滤筒；可调温电热板：40～200℃；聚四氟乙烯剪刀；抽滤装置；一般实验室常用仪器

监测项目	标准方法	所需设备
铬及其化合物	《空气和废气　颗粒物中金属元素的测定　电感耦合等离子体发射光谱法》（HJ 777—2015）	切割器；颗粒物采样器：5～80L/min；电感耦合等离子体发射光谱仪；微波消解装置；电热板；陶瓷剪刀；聚四氟乙烯烧杯、聚四氟乙烯容量瓶；一般实验室常用仪器
	《空气和废气　颗粒物中铅等金属元素的测定　电感耦合等离子体质谱法》（HJ 657—2013）	切割器，TSP 切割器，PM_{10} 切割器，$PM_{2.5}$ 切割器；颗粒物采样器；电感耦合等离子体质谱仪；微波消解装置；电热板；陶瓷剪刀；聚四氟乙烯烧杯、聚四氟乙烯容量瓶；一般实验室常用仪器
	《固定污染源排气中铬酸雾的测定　二苯基碳酰二肼分光光度法》（HJ/T 29—1999）	分光光度计；采样装置；一般实验室常用仪器
锡及其化合物	《空气和废气　颗粒物中金属元素的测定　电感耦合等离子体发射光谱法》（HJ 777—2015）	切割器；颗粒物采样器：5～80 L/min；电感耦合等离子体发射光谱仪；微波消解装置；电热板；陶瓷剪刀；聚四氟乙烯烧杯、聚四氟乙烯容量瓶；一般实验室常用仪器
	《空气和废气　颗粒物中铅等金属元素的测定　电感耦合等离子体质谱法》（HJ 657—2013）	切割器，TSP 切割器，PM_{10} 切割器，$PM_{2.5}$ 切割器；颗粒物采样器；电感耦合等离子体质谱仪；微波消解装置；电热板；陶瓷剪刀；聚四氟乙烯烧杯、聚四氟乙烯容量瓶；一般实验室常用仪器
	《大气固定污染源　锡的测定　石墨炉原子吸收分光光度法》（HJ/T 65—2001）	原子吸收分光光度计及相应辅助设备；热解石墨管；总悬浮颗粒物采样器；烟尘采样器；玻璃纤维滤筒；过氯乙烯滤膜；一般实验室常用仪器
锑及其化合物	《空气和废气　颗粒物中金属元素的测定　电感耦合等离子体发射光谱法》（HJ 777—2015）	切割器；颗粒物采样器：5～80 L/min；电感耦合等离子体发射光谱仪；微波消解装置；电热板；陶瓷剪刀；聚四氟乙烯烧杯、聚四氟乙烯容量瓶；一般实验室常用仪器
	《空气和废气　颗粒物中铅等金属元素的测定　电感耦合等离子体质谱法》（HJ 657—2013）	切割器，TSP 切割器，PM_{10} 切割器，$PM_{2.5}$ 切割器；颗粒物采样器；电感耦合等离子体质谱仪；微波消解装置；电热板；陶瓷剪刀；聚四氟乙烯烧杯、聚四氟乙烯容量瓶；一般实验室常用仪器
铜及其化合物	《空气和废气　颗粒物中金属元素的测定　电感耦合等离子体发射光谱法》（HJ 777—2015）	切割器；颗粒物采样器：5～80 L/min；电感耦合等离子体发射光谱仪；微波消解装置；电热板；陶瓷剪刀；聚四氟乙烯烧杯、聚四氟乙烯容量瓶；一般实验室常用仪器
	《空气和废气　颗粒物中铅等金属元素的测定　电感耦合等离子体质谱法》（HJ 657—2013）	切割器，TSP 切割器，PM_{10} 切割器，$PM_{2.5}$ 切割器；颗粒物采样器；电感耦合等离子体质谱仪；微波消解装置；电热板；陶瓷剪刀；聚四氟乙烯烧杯、聚四氟乙烯容量瓶；一般实验室常用仪器

监测项目	标准方法	所需设备
锰及其化合物	《空气和废气　颗粒物中金属元素的测定　电感耦合等离子体发射光谱法》（HJ 777—2015）	切割器；颗粒物采样器：5～80 L/min；电感耦合等离子体发射光谱仪；微波消解装置；电热板；陶瓷剪刀；聚四氟乙烯烧杯、聚四氟乙烯容量瓶；一般实验室常用仪器
	《空气和废气　颗粒物中铅等金属元素的测定　电感耦合等离子体质谱法》（HJ 657—2013）	切割器，TSP 切割器，PM_{10} 切割器，$PM_{2.5}$ 切割器；颗粒物采样器；电感耦合等离子体质谱仪；微波消解装置；电热板；陶瓷剪刀；聚四氟乙烯烧杯、聚四氟乙烯容量瓶；一般实验室常用仪器
二噁英类	《环境空气和废气　二噁英类的测定　同位素稀释高分辨气相色谱-高分辨质谱法》（HJ 77.2—2008）	二噁英类采样装置；前处理装置，索式提取器，浓缩装置，玻璃填充柱；高分辨气相色谱-高分辨质谱；一般实验室常用仪器
臭气	《空气质量　恶臭的测定　三点比较式臭袋法》（GB/T 14675—93）	标准臭液和无臭液；无臭纸；无臭空气净化装置；聚酯无臭袋；真空处理装置；注射器；一般实验室常用仪器
氨	《空气质量　氨的测定　离子选择电极法》（GB/T 14669—93）	氨敏感膜电极；pH 计，精确到 0.2 mV；磁力搅拌棒；大气采样器；一般实验室常用仪器
	《环境空气和废气　氨的测定　纳氏试剂分光光度法》（HJ 533—2009）	空气采样器：0～1 L/min；具塞比色管：10 mL；玻板吸收瓶或大气冲击式吸收瓶；分光光度计；聚四氟乙烯管：内径 6～7 mm；干燥管；一般实验室常用仪器
苯、甲苯、二甲苯	《固定污染源废气　挥发性有机物的采样　气袋法》（HJ 732—2014）	气袋采样系统；真空箱；活性炭过滤器；抽气泵；样品加热箱；样品保存容器：具有避光保温功能；一般实验室常用仪器
	《固定污染源废气　挥发性有机物的测定　固相吸附-热脱附/气相色谱-质谱法》（HJ 734—2014）	气相色谱-质谱仪；热脱附装置；老化装置；无油采样泵：20～200 mL/min；校准流量计；半导体制冷除湿装置或冰浴小型冲击式水分收集器；微量注射器；一般实验室常用仪器
挥发性有机物	《固定污染源废气　挥发性有机物的采样　气袋法》（HJ 732—2014）	气袋采样系统；真空箱；活性炭过滤器；抽气泵；样品加热箱；样品保存容器：具有避光保温功能；一般实验室常用仪器
	《固定污染源废气　挥发性有机物的测定　固相吸附-热脱附/气相色谱-质谱法》（HJ 734—2014）	气相色谱-质谱仪；热脱附装置；老化装置；无油采样泵：20～200 mL/min；校准流量计；半导体制冷除湿装置或冰浴小型冲击式水分收集器；微量注射器；一般实验室常用仪器
硫酸雾	《固定污染源废气　硫酸雾的测定　离子色谱法》（HJ 544—2016）	烟尘采样器：5～50 L/min，烟枪具备加热和保温功能；中流量颗粒物采样器：80～130 L/min；冲击式吸收瓶：75 mL；离子色谱仪；分析天平：感量 0.1 mg；冰水浴；超声波清洗器；电炉或电热板；水性抽气过滤装置；具塞比色管：50 mL、100 mL；一般实验室常用仪器

监测项目	标准方法	所需设备
沥青烟	《固定污染源排气中沥青烟的测定　重量法》（HJ/T 45—1999）	采样装置；玻璃纤维滤筒；索式提取器；调温电热碗；尼龙筛布：100～120 目；分析天平；一般实验室常用仪器
苯并[*a*]芘	《固定污染源排气中苯并[*a*]芘的测定　高效液相色谱法》（HJ/T 40—1999）	高效液相色谱仪：具有荧光检测器；烟气采样仪；恒温水浴锅；索式提取设备；浓缩设备；净化装置；一般实验室常用仪器
	《环境空气和废气　气相和颗粒物中多环芳烃的测定　高效液相色谱法》（HJ 647—2013）	高效液相色谱仪：具有荧光检测器或紫外检测器和梯度洗脱功能；采样器；索式提取设备；浓缩设备；固相萃取净化装置；玻璃层析柱；恒温水浴；微量注射器；气密性注射器；一般实验室常用仪器
	《环境空气和废气　气相和颗粒物中多环芳烃的测定　气相色谱-质谱法》（HJ 646—2013）	气相色谱-质谱仪；采样器；索式提取设备；浓缩设备；固相萃取净化装置；玻璃层析柱；恒温水浴；微量注射器；气密性注射器；一般实验室常用仪器
正己烷	《固定污染源废气　挥发性有机物的测定　固相吸附-热脱附/气相色谱-质谱法》（HJ 734—2014）	气相色谱-质谱仪；热脱附装置；老化装置；无油采样泵：20～200 mL/min；校准流量计；半导体制冷除湿装置或冰浴小型冲击式水分收集器；微量注射器；一般实验室常用仪器
环己烷	暂无	—
氯甲烷	《固定污染源废气挥发性卤代烃的测定气袋采样-气相色谱法》（HJ 1006—2018）	气相色谱仪（ECD）；气袋采样系统；采样管；烟尘采样仪；气体稀释装置；烘箱；气密性注射器；一般实验室常用仪器
二氯甲烷	《固定污染源废气挥发性卤代烃的测定气袋采样-气相色谱法》（HJ 1006—2018）	气相色谱仪（ECD）；气袋采样系统；采样管；烟尘采样仪；气体稀释装置；烘箱；气密性注射器；一般实验室常用仪器
三氯甲烷	《固定污染源废气挥发性卤代烃的测定气袋采样-气相色谱法》（HJ 1006—2018）	气相色谱仪（ECD）；气袋采样系统；采样管；烟尘采样仪；气体稀释装置；烘箱；气密性注射器；一般实验室常用仪器
四氯化碳	《固定污染源废气挥发性卤代烃的测定气袋采样-气相色谱法》（HJ 1006—2018）	气相色谱仪（ECD）；气袋采样系统；采样管；烟尘采样仪；气体稀释装置；烘箱；气密性注射器；一般实验室常用仪器
1,2-二氯乙烷	《固定污染源废气挥发性卤代烃的测定气袋采样-气相色谱法》（HJ 1006—2018）	气相色谱仪（ECD）；气袋采样系统；采样管；烟尘采样仪；气体稀释装置；烘箱；气密性注射器；一般实验室常用仪器
1,2-二氯丙烷	《固定污染源废气挥发性卤代烃的测定气袋采样-气相色谱法》（HJ 1006—2018）	气相色谱仪（ECD）；气袋采样系统；采样管；烟尘采样仪；气体稀释装置；烘箱；气密性注射器；一般实验室常用仪器
溴甲烷	《固定污染源废气挥发性卤代烃的测定气袋采样-气相色谱法》（HJ 1006—2018）	气相色谱仪（ECD）；气袋采样系统；采样管；烟尘采样仪；气体稀释装置；烘箱；气密性注射器；一般实验室常用仪器

监测项目	标准方法	所需设备
溴乙烷	《固定污染源废气 挥发性卤代烃的测定气袋采样-气相色谱法》（HJ 1006—2018）	气相色谱仪（ECD）；气袋采样系统；采样管；烟尘采样仪；气体稀释装置；烘箱；气密性注射器；一般实验室常用仪器
1,3-丁二烯	暂无	—
氯乙烯	《固定污染源排气中氯乙烯的测定 气相色谱法》（HJ/T 34—1999）	气相色谱仪（FID）；采样仪器；流量计量装置；抽气泵；贮气袋；一般实验室常用仪器
	《固定污染源废气 挥发性卤代烃的测定气袋采样-气相色谱法》（HJ 1006—2018）	气相色谱仪（ECD）；气袋采样系统；采样管；烟尘采样仪；气体稀释装置；烘箱；气密性注射器；一般实验室常用仪器
三氯乙烯	《固定污染源废气 挥发性卤代烃的测定气袋采样-气相色谱法》（HJ 1006—2018）	气相色谱仪（ECD）；气袋采样系统；采样管；烟尘采样仪；气体稀释装置；烘箱；气密性注射器；一般实验室常用仪器
四氯乙烯	《固定污染源废气 挥发性卤代烃的测定气袋采样-气相色谱法》（HJ 1006—2018）	气相色谱仪（ECD）；气袋采样系统；采样管；烟尘采样仪；气体稀释装置；烘箱；气密性注射器；一般实验室常用仪器
氯丙烯	《固定污染源废气 挥发性卤代烃的测定气袋采样-气相色谱法》（HJ 1006—2018）	气相色谱仪（ECD）；气袋采样系统；采样管；烟尘采样仪；气体稀释装置；烘箱；气密性注射器；一般实验室常用仪器
氯丁二烯	《固定污染源废气 挥发性卤代烃的测定气袋采样-气相色谱法》（HJ 1006—2018）	气相色谱仪（ECD）；气袋采样系统；采样管；烟尘采样仪；气体稀释装置；烘箱；气密性注射器；一般实验室常用仪器
二氯乙炔	暂无	—
环氧乙烷	暂无	—
环氧丙烷	暂无	—
环氧氯丙烷	《固定污染源废气 挥发性卤代烃的测定气袋采样-气相色谱法》（HJ 1006—2018）	气相色谱仪（ECD）；气袋采样系统；采样管；烟尘采样仪；气体稀释装置；烘箱；气密性注射器；一般实验室常用仪器
乙苯 苯乙烯	《固定污染源废气 挥发性有机物的测定 固相吸附-热脱附/气相色谱-质谱法》（HJ 734—2014）	气相色谱-质谱仪；热脱附装置；老化装置；无油采样泵：20～200 mL/min；校准流量计；半导体制冷除湿装置或冰浴小型冲击式水分收集器；微量注射器；一般实验室常用仪器
氯苯类	《固定污染源废气 氯苯类化合物的测定 气相色谱法》（HJ 1079—2019）	空气采样器：0.1～1 L/min；固定污染源废气采样系统；气相色谱仪（FID）；超声清洗仪；一般实验室常用仪器
氯萘	暂无	—
硝基苯类	《空气质量 硝基苯类（一硝基和二硝基化合物）的测定 锌还原-盐酸萘乙二胺分光光度法》（GB/T 15501—1995）	采样器：0.2～1 L/min；皂膜流量计；多孔玻板吸收管；具塞比色管；分光光度计；倾斜式微压计；空盒气压表；水银温度计：0～100℃；一般实验室常用仪器

监测项目	标准方法	所需设备
甲醇	《固定污染源排气中甲醇的测定 气相色谱法》(HJ/T 33—1999)	气相色谱仪(FID);采样仪器;流量计量装置;抽气泵;贮气袋;一般实验室常用仪器
乙二醇	暂无	—
甲醛	《空气质量 甲醛的测定 乙酰丙酮分光光度法》(GB/T 15516—1995)	采样器:0.2~1 L/min;皂膜流量计;多孔玻板吸收管;具塞比色管;分光光度计;倾斜式微压计;空盒气压表;水银温度计:0~100℃;pH 酸度计;水浴锅;一般实验室常用仪器
乙醛	《固定污染源排气中乙醛的测定 气相色谱法》(HJ/T 35—1999)	气相色谱仪(FID);采样仪器;流量计量装置;抽气泵;样品吸收装置;一般实验室常用仪器
丙烯醛	《固定污染源排气中丙烯醛的测定 气相色谱法》(HJ/T 36—1999)	气相色谱仪(FID);采样仪器;流量计量装置;抽气泵;铝箔复合膜气袋;一般实验室常用仪器
丙酮	《固定污染源废气 挥发性有机物的测定 固相吸附-热脱附/气相色谱-质谱法》(HJ 734—2014)	气相色谱-质谱仪;热脱附装置;老化装置;无油采样泵:20~200 mL/min;校准流量计;半导体制冷除湿装置或冰浴小型冲击式水分收集器;微量注射器;一般实验室常用仪器
2-丁酮	暂无	—
异佛尔酮	暂无	—
酚类	《固定污染源排气中酚类化合物的测定 4-氨基安替比林分光光度法》(HJ/T 32—1999)	采样系统;皂膜流量计;全玻璃蒸馏器;具塞比色管;分光光度计;分液漏斗;一般实验室常用仪器
氯甲基甲醚	暂无	—
二氯甲基醚	暂无	—
氯乙酸	暂无	—
丙烯酸	暂无	—
邻苯二甲酸酐	暂无	—
马来酸酐	暂无	—
乙酸乙烯酯	暂无	—
甲基丙烯酸甲酯	暂无	—
异氰酸甲酯	暂无	—

监测项目	标准方法	所需设备
甲苯二异氰酸酯	暂无	—
硫酸二甲酯	暂无	—
乙腈	暂无	—
丙烯腈	《固定污染源排气中丙烯腈的测定　气相色谱法》（HJ/T 37—1999）	气相色谱仪（FID）；采样仪器；流量计量装置；抽气泵；活性炭吸附管；一般实验室常用仪器
苯胺类	《大气固定污染源　苯胺类的测定　气相色谱法》（HJ/T 68—2001）	空气采样器：0～1 L/min；5 mL 具塞带刻度离心管；气相色谱仪（FID）；硅胶吸附管；固定污染源采样器；一般实验室常用仪器
	《空气质量　苯胺类的测定　盐酸萘乙二胺分光光度法》（GB/T 15502—1995）	采样器：0.2～1 L/min；皂膜流量计；多孔玻板吸收管；具塞比色管；分光光度计；倾斜式微压计；空盒气压表；水银温度计：0～100℃；一般实验室常用仪器
二甲基甲酰胺	《环境空气和废气　酰胺类化合物的测定　液相色谱法》（HJ 801—2016）	高效液相色谱仪：配合紫外检测器或二极管阵列检测器；大气采样器；烟气采样器；棕色多孔玻板吸收管；棕色多孔玻板吸收瓶；天平：精度 0.000 1 g；水相针式过滤器；冷藏箱；一般实验室常用仪器
丙烯酰胺	《环境空气和废气　酰胺类化合物的测定　液相色谱法》（HJ 801—2016）	高效液相色谱仪：配合紫外检测器或二极管阵列检测器；大气采样器；烟气采样器；棕色多孔玻板吸收管；棕色多孔玻板吸收瓶；天平：精度 0.000 1 g；水相针式过滤器；冷藏箱；一般实验室常用仪器
肼（联氨）	暂无	—
甲肼	暂无	—
偏二甲肼	暂无	—
吡啶	暂无	—
四氢呋喃	暂无	—
光气	《固定污染源排气中光气的测定　苯胺紫外分光光度法》（HJ/T 31—1999）	紫外分光光度计；多孔玻板吸收瓶；U 形多孔玻板吸收管；具塞比色管；双联玻璃球管；采样仪器；一般实验室常用仪器
氰化氢	《固定污染源排气中氰化氢的测定　异烟酸-吡唑啉酮分光光度法》（HJ/T 28—1999）	分光光度计；具塞比色管；棕色酸式滴定管；采样仪器；一般实验室常用仪器
二硫化碳	《固定污染源废气　甲硫醇等 8 种含硫有机化合物的测定　气袋采样-预浓缩/气相色谱-质谱法》（HJ 1078—2019）	气相色谱-质谱仪；气体冷肼浓缩仪；浓缩自动进样器；罐清洗装置；气体稀释装置；采样罐；气袋；液氮罐；真空压力表；气密进样针；一般实验室常用仪器
多氯联苯	暂无	—

10.1.3.1　二氧化硫（SO_2）的监测

（1）常用方法

二氧化硫（SO_2）是有组织废气排放的主要常规污染物之一，目前主要的监测方法有定电位电解法和非分散红外吸收法两种现场测试方法。监测标准方法详见表 10-2。

表 10-2　常用二氧化硫监测标准方法

序号	标准方法	原理及特点
1	《固定污染源废气　二氧化硫的测定　定电位电解法》（HJ 57—2017）	（1）废气被抽入主要由电解槽、电解液和电极组成的传感器中。二氧化硫通过渗透膜扩散到电极表面，发生氧化反应，产生的极限电流大小与二氧化硫浓度成正比。 （2）需要配备除湿性能好的预处理器，以去除水分对监测的影响。 （3）测定时，易受一氧化碳干扰
2	《固定污染源废气　二氧化硫的测定　非分散红外吸收法》（HJ 629—2011）	（1）二氧化硫气体在 6.82～9 μm 红外光谱波长具有选择性吸收。一束恒定波长为 7.3 μm 的红外光通过二氧化硫气体时，其光通量的衰减与二氧化硫的浓度符合朗伯-比尔定律定量。 （2）需要配备除湿性能好的预处理器，以排除水分对监测的影响
3	《固定污染源废气　二氧化硫的测定　便携式紫外吸收法》（HJ 1131—2020）	二氧化硫对紫外光区内 190～230 nm 或 280～320 nm 特征波长光具有选择性吸收，根据朗伯-比尔定律定量测定废气中二氧化硫的浓度

（2）注意事项

1）水分对二氧化硫测定影响较大。废气中的高含水量和水蒸气会对测定结果造成负干扰，还会对仪器检测器/检测室造成损坏和污染，因此监测时，特别是在废气含湿量较高的情况下，应使用除湿性能较好的预处理设备，及时排空除湿装置中的冷凝水，防止影响测定结果。

2）对于定电位电解法而言，一氧化碳对二氧化硫监测会存在一定程度的干扰。监测仪器应具有一氧化碳测试功能。当一氧化碳浓度高于 50 μmol/mol 时，应根据《固定污染源废气　二氧化硫的测定　定电位电解法》（HJ 57—2017）中的附录A进行一氧化碳干扰试验，确定仪器的适用范围，根据一氧化碳、二氧化硫浓度是否超出了干扰试验允许的范围，从而对二氧化硫数据是否有效进行判定。

3）监测结果一般应在校准量程的20%～100%，特别是应注意不能超过校准量程，因此监测活动正式开展前，应根据历史监测资料，预判二氧化硫可能的浓度范围，从而选择合适的标准气体进行校准，确定校准量程。

4）开展监测活动全过程中，仪器不得关机。

5）定电位电解法仪器测定二氧化硫的传感器更换后，应重新开展干扰试验。对于未开展一氧化碳干扰试验的定电位电解法仪器，有组织废气监测过程中，一氧化碳浓度高于50 μmol/mol时同步测得的二氧化硫数据，应作为无效数据予以剔除。

6）根据《固定污染源废气　二氧化硫的测定　便携式紫外吸收法》（HJ 1131—2020），仪器应在其规定的环境温度、环境湿度等条件下工作；测定前应确保采样管和导气管畅通，并清洁颗粒物过滤装置，必要时更换滤料；测定前应检查采样管加热系统是否正常工作，采样管是否加热到预设温度，仪器必须充分地预热；如有除湿冷却装置，测定前应确保正常运行，测定全过程应注意观察冷凝水，及时将其排出，防止影响测定结果；当监测点位负压过大时，容易导致仪器无法正常采集烟气，影响测试结果的准确性。应选择抗负压能力大于烟道负压的仪器或将负压烟道气引出到平衡装置内等手段消除影响，然后进行测定。测定过程中做好随时监控。

10.1.3.2　氮氧化物（NO_x）的监测

（1）常用方法

有组织废气中的氮氧化物（NO_x）包括以一氧化氮（NO）和二氧化氮（NO_2）两种形式存在的氮的氧化物，因此对有组织废气中氮氧化物（NO_x）监测的实际上是通过对一氧化氮（NO）和二氧化氮（NO_2）的监测实现的。

表 10-3 中给出了有组织废气中氮氧化物监测标准方法的原理及特点。

表 10-3　常用氮氧化物监测标准方法

序号	标准方法	原理及特点
1	《固定污染源废气　氮氧化物的测定　定电位电解法》（HJ 693—2014）	（1）废气被抽入主要由电解槽、电解液和电极组成的传感器中，一氧化氮或二氧化氮通过渗透膜扩散到电极表面，发生氧化还原反应，产生的极限电流大小与一氧化氮或二氧化氮浓度成正比。 （2）两个不同的传感器分别测定一氧化氮（结果以 NO_2 计）和二氧化氮，两者测定之和为氮氧化物（以 NO_2 计）
2	《固定污染源废气　氮氧化物的测定　非分散红外吸收法》（HJ 692—2014）	（1）利用 NO 对红外光谱区，特别是 5.3 μm 波长光的选择性吸收，由朗伯-比尔定律定量 NO 和废气中 NO_2 通过转换器还原为 NO 后的浓度。 （2）一般先将废气通入转换器，将废气中的二氧化氮还原为一氧化氮，再将废气通入非分散红外吸收法仪器进行监测，此时，由二氧化氮转化而来的一氧化氮，将和废气中原有的一氧化氮一起经过分析测试，测得结果为总的氮氧化物（以 NO_2 计）
3	《固定污染源废气　氮氧化物的测定　便携式紫外吸收法》（HJ 1132—2020）	一氧化氮对紫外光区内 200～235 nm 特征波长光，二氧化氮对紫外光区内 220～250 nm 或 350～500 nm 特征波长光具有选择性吸收，根据朗伯-比尔定律定量测定废气中一氧化氮和二氧化氮的浓度

从表 10-3 中可以看出，常用的有组织废气中氮氧化物（NO_x）监测方法主要包括定电位电解法、非分散红外吸收法两种现场测试方法。这两种方法实现氮氧化物测定的过程方式有所不同，但最终监测结果均以 NO_2 计。

（2）注意事项

1）测定结果一般应在校准量程的 20%～100%，特别是应注意不能超过校准量程。

2）开展监测活动全过程中，仪器不得关机。

3）非分散红外吸收法测定氮氧化物时，应注意至少每半年做一次 NO_2 的转化效率的测定，转化效率不能低于 85%，否则应更换还原剂；监测活动中，进入

转换器 NO_2 的浓度不要大于 200 μmol/mol。

4）根据《固定污染源废气　氮氧化物的测定　便携式紫外吸收法》（HJ 1132—2020），仪器应在其规定的环境温度、环境湿度等条件下工作；测定前应确保采样管和导气管畅通，并清洁颗粒物过滤装置，必要时更换滤料；测定前应检查采样管加热系统是否正常工作，采样管是否加热到预设温度，仪器必须充分预热；如有除湿冷却装置，测定前应确保正常运行，测定全过程应注意观察冷凝水，及时将其排出，防止影响测定结果；当监测点位负压过大时，容易导致仪器无法正常采集烟气，影响测试结果准确性。应选择抗负压能力大于烟道负压的仪器或将负压烟道气引出到平衡装置内等手段消除影响，然后进行测定。测定过程中做好随时监控。

10.1.3.3　颗粒物的监测

（1）常见方法

颗粒物的监测一般使用重量法，采用“现场采样+实验室分析”的监测方式，利用等速采样原理，抽取一定量的含颗粒物的废气，根据所捕集到的颗粒物质量和同时抽取的废气体积，计算出废气中颗粒物的浓度。

目前颗粒物监测方法标准主要有《固定污染源排气中颗粒物测定与气态污染物采样方法》（GB/T 16157—1996）、《固定污染源废气　低浓度颗粒物的测定　重量法》（HJ 836—2017）。根据原环境保护部的相关规定，在测定有组织废气中颗粒物的浓度时，应遵循表 10-4 中的规定选择合适的监测方法标准。

表 10-4　常用颗粒物监测标准方法的适用范围

序号	废气中颗粒物浓度范围	适用的标准方法
1	≤20 mg/m³	《固定污染源废气　低浓度颗粒物的测定　重量法》（HJ 836—2017）
2	>20 mg/m³，且≤50 mg/m³	《固定污染源废气　低浓度颗粒物的测定　重量法》（HJ 836—2017）、《固定污染源排气中颗粒物测定与气态污染物采样方法》（GB/T 16157—1996）均适用
3	>50 mg/m³	《固定污染源排气中颗粒物测定与气态污染物采样方法》（GB/T 16157—1996）

依据《固定污染源排气中颗粒物测定与气态污染物采样方法》（GB/T 16157—1996）进行颗粒物监测时，仅将滤筒作为样品，进行采样前、采样后的分析称量。依据《固定污染源废气　低浓度颗粒物的测定　重量法》（HJ 836—2017）进行低浓度颗粒物监测时，需要将装有滤膜的采样头作为样品，进行采样前、采样后的整体称量。

（2）注意事项

1）样品采集时，采样嘴应对准气流方向，与气流方向的偏差不得大于 10°；不同于气态污染物，颗粒物在排气筒监测断面（即横截面）上的分布是不均匀的，须多点等速采样，各点等时长采样，每个点采样时间不少于 3 min。

2）应选择在气流平稳的工况下进行采样。采样前后，排气筒内气流流速变化不应大于 10%，否则应重新测量。

3）每次开展低浓度颗粒物监测时，每批次应采集全程序空白样品。实际监测样品的增重若低于全程序空白样品的增重，则认定该实际监测样品无效，低浓度颗粒物样品采样体积为 1 m^3 时，方法检出限为 1.0 mg/m^3；废气中颗粒物浓度低于方法检出限时，全程序空白样品采样前后重量之差的绝对值不得超过 0.5 mg。

4）采样前后样品称重环境条件应保持一致。低浓度颗粒物样品称重使用的恒温恒湿设备的温度控制在 15～30℃之间的任意一点，控温精度±1℃；相对湿度应保持在（50±5）%RH 范围内。

10.1.3.4　汞排放监测

（1）常见方法

废气中汞排放监测主要依据《固定污染源废气　汞的测定　冷原子吸收分光光度法（暂行）》（HJ 543—2009）。采用“气泡吸收管+烟气采样器”进行现场吸收液采集样品，之后送到实验室采用冷原子吸收分光光度法进行分析测定。

（2）注意事项

1）由于橡皮管会吸附汞，采样管与吸收管之间应采用聚乙烯管连接，接口处用聚四氟乙烯生料带密封；

2）当汞浓度较高时，可采用大型冲击式吸收采样瓶。全部玻璃器皿在使用前要用 10%硝酸溶液浸泡过液或用（1+1）硝酸溶液浸泡 40 min，以除去器壁上吸附的汞。

3）测定样品前必须做试剂空白试验，空白值不超过 0.005 μg 汞。

4）采样结束后，封闭吸收管进出气口，置于样品箱内运输，并注意避光。样品采集后应尽快分析测定。若不能及时测定，应置于冰箱内 0～4℃保存，5 d 内测定。

10.1.3.5 氨排放监测

（1）常用方法

氨排放监测主要依据《环境空气和废气　氨的测定　纳氏试剂分光光度法》（HJ 533—2009）。采用气泡吸收管+小流量采样器进行现场吸收液采集样品，之后送到实验室采用纳氏试剂分光光度法进行分析测定。

（2）注意事项

1）当烟道气的温度明显高于环境温度时，应对采样管线加热，防止烟气在采样管线中结露。

2）开启采样泵前，确认采样系统的连接正确。采样泵的进气口端通过干燥管（或缓冲管）与采样管的出气口相连，如果接反会导致酸性吸收液倒吸，污染和损坏仪器。万一出现倒吸的情况，应及时将流量计拆下来，用酒精清洗、干燥，并重新安装，经流量校准合格后方可继续使用。

3）为避免采样管中的吸收液被污染，运输和贮存过程中勿将采样管倾斜或倒置，并应及时更换采样管的密封接头。

4）采样时，应带采样全程空白吸收管。采样后应尽快分析，以防止吸收空气中的氨。

5）样品中含有三价铁等金属离子、硫化物和有机物时，应注意消除干扰。

10.1.3.6　烟气黑度的监测

（1）常用方法

烟气黑度的监测，主要依据《固定污染源排放烟气黑度的测定　林格曼烟气黑度图法》（HJ/T 398—2007）。现场对照林格曼烟气黑度图进行观测比对。

（2）注意事项

1）观测者与烟囱的距离应足以保证对烟气排放情况进行清晰的观察。观察者的视线应尽量与烟气飘动的方向垂直，观察排气的仰视角尽可能低，应尽量避免在过于陡峭的角度下观察。观察烟气宜在比较均匀的天空照明下进行。

2）应使用符合规范要求的林格曼烟气黑度图，并注意保持图面的整洁、不被污损或褪色。

3）图片面向观测者，尽可能使图位于观测者至烟囱顶部的连线上，并使图与烟气有相似的天空背景。图与观测者之间应有足够的距离，以使图上的线条看起来融合在一起，从而使每个方块都有均匀的黑度。

4）观察烟气的部位应选择在烟气黑度最大的地方，该部位应没有冷凝水蒸气存在。

10.1.3.7　非甲烷总烃的监测

《固定污染源废气　总烃、甲烷和非甲烷总烃的测定　气相色谱法》（HJ 38—2017）

该标准适用于固定污染源有组织排放废气中的总烃、甲烷和非甲烷总烃的测定。当进样体积为 1.0 mL 时，该方法测定总烃、甲烷的检出限均为 0.06 mg/m^3（以甲烷计），测定下限均为 0.24 mg/m^3（以甲烷计）；非甲烷总烃的检出限为 0.07 mg/m^3（以碳计），测定下限为 0.28 mg/m^3（以碳计）。

注意事项：

1）采样容器在采样现场应存放在密闭的样品保存箱中，以避免被污染。

2）分析高沸点组分样品后，可通过提高柱温等方式去除分析系统残留的影响，并通过分析除烃空气予以确认。

10.1.3.8 氯化氢的监测

（1）《环境空气和废气　氯化氢的测定　离子色谱法》（HJ 549—2016）

该标准适用于环境空气和废气中氯化氢的测定。

对于固定污染源废气，当采样体积为 10 L（标准状态），定容体积为 50.0 mL 时，该方法检出限为 0.2 mg/m^3，测定下限为 0.80 mg/m^3。

注意事项：

1）吸收瓶、连接管及各器皿均应用实验用水反复洗涤并防止被污染，操作中应防止自来水、空气微尘及手上氯化物的干扰。

2）采样时，采样器与滤膜夹、滤膜夹与吸收瓶、吸收瓶之间的连接管均应尽可能短，并检查系统的气密性和可靠性。将滤膜置于滤膜夹内，串联两只各装有 10 mL 去离子水作为吸收液的 25 mL 冲击式吸收瓶，与空气采样器连接。以 0.5～1.0 L/min 的采样流量，连续 1 h 采样，或在 1 h 内以等时间间隔采集 3～4 个样品计平均值。如浓度偏低可适当延长采样时间。采样前后流量偏差应≤5%。

3）颗粒态氯化物对测定有干扰，采样时可用聚四氟乙烯滤膜或石英滤膜去除其干扰。氯气对测定有干扰，使用酸性吸收液串联碱性吸收液采样，分别吸收氯化氢和氯气可去除其干扰。每次采集样品应至少带两套全程序空白样品。将同批次装好吸收液的吸收瓶带至采样现场，不与采样器连接，采样结束后带回实验室待测。

4）样品采集后用连接管密封吸收瓶，于 4℃以下冷藏保存，48 h 内完成分析测定。如不能及时分析，应将样品转移至聚乙烯瓶中，于 4℃以下冷藏可保存 7 d。

5）每次分析样品结束后，应用淋洗液清洗仪器管路。实验结束后用实验用水清洗仪器泵及抑制器，以免受到淋洗液腐蚀。如出现仪器分析精度下降，应检查柱效及抑制器的工作状态，必要时进行更换，以确保分析数据的准确性。

（2）《固定污染源废气　氯化氢的测定　硝酸银容量法》（HJ 548—2016）

该标准适用于固定污染源废气中氯化氢的测定。

当采样体积为 15 L（标准状态），该方法检出限为 2 mg/m^3，测定下限为 8.0 mg/m^3。

注意事项：

1）用硝酸银标准溶液滴定时，样品溶液应为中性或微碱性（pH=6.5～10.5），当样品溶液 pH 偏低时，会导致滴定体积增大，产生正误差；当样品溶液 pH 偏高时，Ag^+形成 Ag_2O 沉淀，影响滴定终点判定。若样品溶液中存在 NH_4^+，须控制样品溶液的 pH=6.5～7.2，因为碱性条件下 Ag^+与 NH_3 易形成 $Ag(NH_3)_2^+$配离子。

2）滴定时必须剧烈摇动，防止 Cl^-被 AgCl 吸附，使溶液中 Cl^-浓度降低，导致终点提前产生，引起负误差。

（3）《固定污染源排气中氯化氢的测定　硫氰酸汞分光光度法》（HJ/T 27—1999）

该标准适用于固定污染源有组织排放和无组织排放的氯化氢测定。

在无组织排放样品分析中，当采气体积为 60 L 时，氯化氢的检出限为 0.05 mg/m^3，定量测定的浓度范围为 0.16～0.80 mg/m^3。在有组织排放样品分析中，当采气体积为 10 L 时，氯化氢的检出限为 0.9 mg/m^3，定量测定的浓度范围为 3.0～24 mg/m^3。

在该标准规定的显色条件下，当采气体积为 100 L，氟化氢（HF）浓度高于 0.2 mg/m^3，硫化氢（H_2S）浓度高于 0.1 mg/m^3，以及氰化氢（HCN）浓度高于 0.1 mg/m^3 时，将对氯化氢的测定产生干扰。

注意事项：

1）由于分析时所用的试剂及去离子水均含有微量 Cl^-，试剂空白液吸光度较高。

2）在采集有组织排放样品时，采样管与第一吸收瓶、第一吸收瓶与第二吸收瓶之间不可用乳胶管连接，应用聚乙烯管或用聚四氟乙烯塑料管以内接外套法连接，即将塑料管插入吸收瓶管口，用聚四氟乙烯胶带缠好后，外面再用一段硅橡胶管接好管口。

3）废气中含有固体氯化物颗粒时，应在第一吸收瓶之前增加滤膜夹。

4）用过的吸收瓶、具塞比色管、连接管等，将溶液倒出后，直接用去离子水洗涤，不要用自来水洗涤；在操作过程中应注意防尘；手指不要触摸吸收瓶管口、比色管磨口处，以防氯化物沾污。

5）采样分析时，样品溶液、标准溶液和空白对照必须用同一批试剂同时操作，所加试剂量也要准确。

6）试剂空白液吸光度较高而且不够稳定时，应多次测定其吸光度。在获得稳定数值后，再绘制校准曲线及测定样品。

10.1.3.9 氟化氢的监测

（1）《固定污染源废气　氟化氢的测定　离子色谱法》（HJ 688—2019）

该标准适用于固定污染源废气中氟化氢的测定。当采样体积为 20 L（标准状态），定容体积为 100 mL 时，该方法检出限为 0.08 mg/m^3，测定下限为 0.32 mg/m^3。

注意事项：

1）钛合金具有化学惰性，表面光滑，耐腐蚀，可在 450～550℃下使用。聚四氟乙烯使用温度不得高于 250℃，否则将分解并释放氟化物。新制聚四氟乙烯器件可能释放氟化物气体，需要提前在采样的温度下进行加热处理。

2）滤膜夹与吸收瓶之间的连接管应尽可能短，并要检查系统的气密性。

3）滤膜夹与吸收瓶间的连接管保持平缓下行方式，防止样品气体中的水汽在连接管内冷凝后回流至滤膜夹内。

4）每次分析样品结束后，应用淋洗液清洗仪器管路。

5）该方法灵敏度高，吸收瓶、连接管及器皿均应仔细洗涤。操作中要注意防止器皿残留的氟化物、自来水及空气中氟化物的干扰。

（2）《大气固定污染源　氟化物的测定　离子选择电极法》（HJ/T 67—2001）

该标准适用于大气固定污染源有组织排放中氟化物的测定。不能测定碳氟化物，如氟利昂。

当采样体积为 150 L 时，检出限为 6×10^{-2} mg/m^3，测定范围为 1～1 000 mg/m^3。

注意事项：

1）污染源中尘氟和气态氟共存时，采用烟尘采样方法进行等速采样，在采样管的出口串联三个装有 75 mL 吸收液的大型冲击式吸收瓶，分别捕集尘氟和气态氟。

2）若污染源中只存在气态氟，可采用烟气采样方法，采样管与吸收瓶之间的连接管选用聚四氟乙烯管，并应尽量短。

10.1.3.10　溴化氢的监测

《固定污染源废气　溴化氢的测定　离子色谱法》（HJ 1040—2019）

该标准适用于固定污染源有组织排放废气和无组织排放监控点空气中溴化氢的测定。对于有组织排放废气，当采样体积为 20 L（标准状态），定容体积为 50.0 mL 时，该方法检出限为 0.05 mg/m^3，测定下限为 0.20 mg/m^3。

对于无组织排放监控点空气，当采样体积为 30 L（标准状态），定容体积为 10.0 mL 时，方法检出限为 0.008 mg/m^3，测定下限为 0.032 mg/m^3。

注意事项：采样管与吸收瓶之间的连接管应尽可能短。

10.1.3.11　氯气的监测

（1）《固定污染源废气　氯气的测定　碘量法》（HJ 547—2017）

该标准适用于固定污染源有组织排放废气中氯气的测定，不适用于无组织排放的测定。当采样体积为 10 L 时，方法检出限为 12 mg/m^3，测定下限为 48 mg/m^3。

注意事项：采样时吸收瓶进气口端和串联的两个吸收瓶之间不可用乳胶管连接，应采用聚四氟乙烯软管或聚乙烯塑料管以内接外套法连接，即将塑料管插入吸收瓶管口，用聚四氟乙烯胶带缠好后，外面再用一段硅橡胶管接好管口，连接管应尽量短。

（2）《固定污染源排气中氯气的测定　甲基橙分光光度法》（HJ/T 30—1999）

该标准适用于固定污染源有组织排放和无组织排放的氯气测定。

当采集无组织排放样品体积为 30 L 时，该方法的检出限为 0.030 mg/m^3，定量测定的浓度范围为 0.086～3.3 mg/m^3。当采集有组织排气样品体积为 5.0 L 时，方法的检出限为 0.2 mg/m^3，定量测定的浓度范围为 0.52～20 mg/m^3。

注意事项：

1）温度低于 20℃时，校准曲线绘制和样品测定都必须延长反应显色时间，或将反应后的吸收液置于 20～30℃恒温水浴中 40 min。

2）在现场采样时，如氯气浓度较高，则操作人员应在上风向并戴好防毒口罩操作，严防氯气中毒。

10.1.3.12 硫化氢的监测

《空气质量 硫化氢、甲硫醇、甲硫醚和二甲二硫的测定 气相色谱法》（GB/T 14678—1993）

该方法适用于恶臭污染源排气和环境空气中硫化氢、甲硫醇、甲硫醚和二甲二硫的同时测定。气相色谱仪的火焰光度检测器（GC-FPD）对四种成分的检出限为 0.2×10^{-9}～1.0×10^{-9} g，当气体样品中四种成分浓度高于 1.0 mg/m^3 时，可取 1～2 mL 气体样品直接注入气相色谱仪分析。对 1 L 气体样品进行浓缩，四种成分的方法检出限为 0.2×10^{-3}～1.0×10^{-3} mg/m^3。

注意事项：

（1）本实验中使用的苯、二硫化碳、硫化氢属于有毒物质，易损伤神经系统，其他所用试剂亦均属于易燃、发味较大的物质，因此对试剂、标准样品的使用和保管要绝对注意安全。

（2）实验中使用的液态氧必须用专用容器存放。操作中要严格避免液氧溅出，确保操作人员的安全。

（3）采样瓶使用前要认真检查有无破损迹象，以免炸裂。

10.1.3.13　二氧化碳的监测

《固定污染源废气　二氧化碳的测定　非分散红外吸收法》（HJ 870—2017）

该标准适用于固定污染源废气中二氧化碳的测定。仪器量程值为 20%（体积浓度）条件下，该标准的方法检出限为 0.03%（0.6 g/m^3），测定下限为 0.12%（24 g/m^3）。

注意事项：

1）仪器应在规定的环境温度、环境湿度等条件下工作。

2）测量前，应及时清洁或更换采样滤尘装置，防止阻塞气路。

3）测量时，应检查采样管加热系统工作是否正常。

4）及时排空除湿装置的冷凝水，防止影响测定结果。

5）仪器应具有抗负压能力，保证采样流量不低于其规定的流量范围。

10.1.3.14　一氧化碳的监测

（1）《固定污染源废气　一氧化碳的测定　定电位电解法》（HJ 973—2018）

该标准适用于固定污染源废气中一氧化碳的测定。该标准的方法检出限为 3 mg/m^3，测定下限为 12 mg/m^3。

注意事项：

1）测定仪应在其规定的环境温度、环境湿度等条件下工作。

2）进入定电位电解法传感器的废气温度应不高于 40℃。

3）测定仪应具有抗负压能力，保证采样流量不低于其规定的流量范围。

4）测定仪应装有可充电电池，能自动显示剩余电量，且使用中应保证有足够的电量；测定仪长期不用时，每月应至少通电开机运行一次，以保持传感器的极化条件。

5）应及时清洁测定仪滤尘装置，防止阻塞气路。

6）当与其他目标污染物同时测定时，可根据需要，选用加热采样管。

（2）《固定污染源排气中一氧化碳的测定　非色散红外吸收法》（HJ/T 44—1999）

该标准适用于固定污染源有组织排放中一氧化碳的测定。该标准检出限为 20 mg/m^3，定量测量的浓度范围为 60～15×10^4 mg/m^3。

注意事项：

1）采样时如遇负压锅炉，需接大功率泵，将仪器本身的泵关闭。

2）采样时注意安全，对一氯化碳浓度较高的采样点，采样开孔应安装防喷装置；采祥人员要站在上风处，防止一氧化碳中毒。

3）室温下的饱和水蒸气对测定无干扰，但更高的含湿量对测定有正干扰，需采取适当的除湿措施。

10.1.3.15　镉及其化合物的监测

（1）《大气固定污染源　镉的测定　火焰原子吸收分光光度法》（HJ/T 64.1—2001）

该标准适用于大气固定污染源有组织和无组织排放中镉及其化合物的测定。当采集体积为 10 m^3 气体的滤膜制备成 10 mL 样品时，最低检出限为 3×10^{-6} mg/m^3，测定范围 0.05～1.0×10^{-3} mg/m^3。

注意事项：当钙浓度高于 1 000 mg/L 时，会抑制镉的吸收。

（2）《大气固定污染源　镉的测定　石墨炉原子吸收分光光度法》（HJ/T 64.2—2001）

该标准适用于大气固定污染源有组织和无组织排放中镉及其化合物的测定。当采集体积为 10 m^3 时，将滤膜制备成 10 mL 样品进行测定，检出限为 3×10^{-8} mg/m^3，测定范围 0.5～10 ng/m^3。

注意事项：对于过氯乙烯滤膜，建议加硝酸后过夜，以免由于有机物过多，加入高氯酸后发生爆炸。

（3）《大气固定污染源　镉的测定　对-偶氮苯重氮氨基偶氮苯磺酸分光光度法》（HJ/T 64.3—2001）

该标准适用于大气固定污染源有组织和无组织排放中镉及其化合物的测定。

采气体积为 2 m^3，定容体积为 25 mL，使用光程 10 mm 比色皿，该方法最低检出浓度为 1.0×10^{-4} mg/m^3。

注意事项：

1）氰化钾为剧毒物质，操作时应十分小心。加入氰化钾一酒石酸钾钠掩蔽剂前，应保持待测体系为碱性，以免产生 HCN 气体，毒害人体。

2）样品消解时，高氯酸烟应尽量赶尽，否则，过滤时易使滤纸破损，直接显色时还影响溶液酸度。

3）对于用有机滤膜采集的样品或有机物含量高的样品，消解时应先用硝酸氧化有机物，然后加入高氯酸，以避免爆炸。

（4）《空气和废气　颗粒物中金属元素的测定　电感耦合等离子体发射光谱法》（HJ 777—2015）

该标准适用于环境空气、无组织排放和固定污染源废气颗粒物中镉（Cd）等 24 种金属元素的测定。

污染源废气采样量为 0.600 m^3（标准状态干烟气），样品预处理采用硝酸-盐酸混合溶液，定容体积为 50 mL 时，使用石英滤筒基体的微波消解测定镉的检出限为 0.8 μg/m^3，测定下限为 3 μg/m^3；使用电热板测定镉的检出限为 0.8 μg/m^3，测定下限为 3 μg/m^3。

注意事项：

1）各种型号仪器的测定条件不尽相同，应根据仪器说明书选择合适的测量条件。

2）砷、铅、镍等金属元素有毒性，实验过程中应做好安全防护工作。

（5）《空气和废气　颗粒物中铅等金属元素的测定　电感耦合等离子体质谱法》（HJ 657—2013）

该标准适用于环境空气 $PM_{2.5}$、PM_{10}、TSP 以及无组织排放和污染源废气颗粒物中的镉（Cd）等金属元素的测定。

当污染源废气采样量为 0.600 m^3（标准状态干烟气）时，测定废气中镉的方法检出限为 0.008 μg/m^3。

注意事项：铊、砷、铅、镍等金属元素有毒性，实验过程中应做好安全防护工作。

10.1.3.16 砷及其化合物的监测

（1）《固定污染源废气 砷的测定 二乙基二硫代氨基甲酸银分光光度法》（HJ 540—2016）

该标准适用于固定污染源废气中以颗粒物形态存在的砷及其化合物的测定。采样体积为 0.4 m^3（标准状态），定容体积为 50.0 mL 时，本方法检出限为 0.004 mg/m^3，测定下限为 0.016 mg/m^3（均以 As 计）。

注意事项：试样中 100 μg 以下的汞、锰、铜、镍、钴、铅和铁，50 μg 以下的镉和锑，30 μg 以下的铋，20 μg 以下的铬，10 μg 以下的硒，对测定没有明显干扰。试样中锑的含量大于 50 μg 时，会干扰砷的测定。加入 3 mL 氯化亚锡和 5 mL 碘化钾溶液，可抑制 300 μg 锑的干扰。硫化物的干扰可用乙酸铅脱脂棉除去。

（2）《空气和废气 颗粒物中金属元素的测定 电感耦合等离子体发射光谱法》（HJ 777—2015）

该标准适用于环境空气、无组织排放和固定污染源废气颗粒物中砷（As）等 24 种金属元素的测定。

污染源废气采样量为 0.600 m^3（标准状态干烟气），样品预处理采用硝酸-盐酸混合溶液，定容体积为 50 mL 时，使用石英滤筒基体的微波消解测定砷的检出限为 2 $μg/m^3$，测定下限为 7 $μg/m^3$；使用电热板测定砷的检出限为 0.9 $μg/m^3$，测定下限为 4 $μg/m^3$。

注意事项见 10.1.3.15。

（3）《空气和废气 颗粒物中铅等金属元素的测定 电感耦合等离子体质谱法》（HJ 657—2013）

该标准适用于环境空气 $PM_{2.5}$、PM_{10}、TSP 以及无组织排放和污染源废气颗粒物中的砷（As）等金属元素的测定。

当污染源废气采样量为 0.600 m^3（标准状态干烟气）时，测定废气中砷的方法检出限为 0.2 μg/m^3。

注意事项见 10.1.3.15。

10.1.3.17　镍及其化合物的监测

（1）《大气固定污染源　镍的测定　火焰原子吸收分光光度法》（HJ/T 63.1—2001）

该标准适用于大气固定污染源有组织和无组织排放中镍及其化合物的测定。当采样体积为 10 m^3 时，将滤膜制备成 10 mL 样品进行测定，检出限为 3×10^{-5} mg/m^3，测定范围为 10～500 μg/m^3。

注意事项：在使用高氯酸时，实验人员应注意安全，做好防护。

（2）《大气固定污染源　镍的测定　石墨炉原子吸收分光光度法》（HJ/T 63.2—2001）

该标准适用于大气固定污染源有组织和无组织排放中镍及其化合物的测定。当采样体积为 10 m^3 时，将滤膜制备成 10 mL 样品进行测定，检出限为 3×10^{-6} mg/m^3，测定范围为 5～200 ng/m^3。

注意事项：在使用高氯酸时，实验人员应注意安全，做好防护。

（3）《大气固定污染源　镍的测定　丁二酮肟-正丁醇萃取分光光度法》（HJ/T 63.3—2001）

该标准适用于大气固定污染源有组织和无组织排放中镍及其化合物的测定。当采样体积为 50 L 时，将滤膜或滤筒制备成 25 mL 样品溶液进行测定，检出限为 0.002 mg/L，测定范围为 0.4～1.6 mg/L。

注意事项：

1）加入碘溶液后，必须加水至约 20 mL 摇匀，否则加入丁二酮肟后不能正常显色。

2）必须在加入丁二酮肟溶液并摇匀后，再加入 Na_2-EDTA 溶液，否则将不能正常显色。

3）用氢氧化钠溶液中和样品呈中性后，应立即加入柠檬酸铵浴液，因样品在中性介质中不稳定。

4）有组织排放污染物滤筒采集的样品消解时，加热回流时间最多不能超过16 h，否则滤筒在酸液中泡糟，消解时易出现暴沸现象。

（4）《空气和废气　颗粒物中金属元素的测定　电感耦合等离子体发射光谱法》（HJ 777—2015）

该标准适用于环境空气、无组织排放和固定污染源废气颗粒物中镍（Ni）等24 种金属元素的测定。

污染源废气采样量为 0.600 m^3（标准状态干烟气），样品预处理采用硝酸-盐酸混合溶液，定容体积为 50 mL 时，使用石英滤筒基体的微波消解测定镍的检出限 1 μg/m^3，测定下限为 4 μg/m^3；使用电热板测定镍的检出限为 0.9 μg/m^3，测定下限为 4 μg/m^3。

注意事项见 10.1.3.15。

（5）《空气和废气　颗粒物中铅等金属元素的测定　电感耦合等离子体质谱法》（HJ 657—2013）

该标准适用于环境空气 $PM_{2.5}$、PM_{10}、TSP 以及无组织排放和污染源废气颗粒物中的镍（Ni）等金属元素的测定。

当污染源废气采样量为 0.600 m^3（标准状态干烟气）时，测定废气中镍的方法检出限为 0.1 μg/m^3。

注意事项见 10.1.3.15。

10.1.3.18　铅及其化合物的监测

（1）《固定污染源废气　铅的测定　火焰原子吸收分光光度法》（HJ 685—2014）

该标准适用于固定污染源废气颗粒物中铅的测定。

当采样体积为 0.5 m^3，定容体积为 50.0 mL 时，该标准方法的检出限为 1.0×10^{-2} mg/m^3，测定下限为 4.0×10^{-2} mg/m^3。

注意事项：

1）在式样溶液蒸发至近干时，温度不宜太高，以免崩溅。

2）实验用的玻璃和塑料器皿用洗涤剂洗净后，放在硝酸溶液中浸泡，使用前用水冲洗干净。

（2）《空气和废气　颗粒物中金属元素的测定　电感耦合等离子体发射光谱法》（HJ 777—2015）

该标准适用于环境空气、无组织排放和固定污染源废气颗粒物中铅（Pb）等 24 种金属元素的测定。

污染源废气采样量为 0.600 m^3（标准状态干烟气），样品预处理采用硝酸-盐酸混合溶液，定容体积为 50 mL 时，使用石英滤筒基体的微波消解测定铅的检出限 2 $\mu g/m^3$，测定下限为 8 $\mu g/m^3$；使用电热板测定铅的检出限为 2 $\mu g/m^3$，测定下限为 5 $\mu g/m^3$。

注意事项见 10.1.3.15。

（3）《空气和废气　颗粒物中铅等金属元素的测定　电感耦合等离子体质谱法》（HJ 657—2013）

该标准适用于环境空气 $PM_{2.5}$、PM_{10}、TSP 以及无组织排放和污染源废气颗粒物中的铅（Pb）等金属元素的测定。

当污染源废气采样量为 0.600 m^3（标准状态干烟气）时，测定废气中铅的方法检出限为 0.2 $\mu g/m^3$。

注意事项见 10.1.3.15。

10.1.3.19　铬及其化合物的监测

（1）《固定污染源排气中铬酸雾的测定　二苯基碳酰二肼分光光度法》（HJ/T 29—1999）

该标准适用于固定污染源有组织排放和无组织排放的铬酸雾的测定。在无组织排放样品分析中，当采样体积为 60 L 时，方法的检出限为 5×10^{-4} mg/m^3，方法的定量测定浓度范围为 1.8×10^{-3}～30.3 mg/m^3。在有组织排放样品分析中，当采样体积为 30 L 时，方法的检出限为 5×10^{-4} mg/m^3，方法的定量测定浓度范围为 1.8×10^{-2}～12 mg/m^3。

注意事项：应使用不锈钢材质、头部具有滤筒夹的采样管。

（2）《空气和废气　颗粒物中金属元素的测定　电感耦合等离子体发射光谱法》（HJ 777—2015）

该标准适用于环境空气、无组织排放和固定污染源废气颗粒物中铬（Cr）等24种金属元素的测定。

污染源废气采样量为 0.600 m^3（标准状态干烟气），样品预处理采用硝酸-盐酸混合溶液，定容体积为 50 mL 时，使用石英滤筒基体的微波消解测定铬的检出限为 2 $\mu g/m^3$，测定下限为 8 $\mu g/m^3$；使用电热板测定铬的检出限为 4 $\mu g/m^3$，测定下限为 15 $\mu g/m^3$。

注意事项见 10.1.3.15。

（3）《空气和废气　颗粒物中铅等金属元素的测定　电感耦合等离子体质谱法》（HJ 657—2013）

该标准适用于环境空气 $PM_{2.5}$、PM_{10}、TSP 以及无组织排放和污染源废气颗粒物中的铬（Cr）等金属元素的测定。

当污染源废气采样量为 0.600 m^3（标准状态干烟气）时，测定废气中铬的方法检出限为 0.3 $\mu g/m^3$。

注意事项见 10.1.3.15。

10.1.3.20　锡及其化合物的监测

（1）《大气固定污染源　锡的测定　石墨炉原子吸收分光光度法》（HJ/T 65—2001）

该标准适用于大气固定污染源有组织和无组织排放中锡及其化合物的测定。当将采集 10 m^3 气体的滤膜制备成 10 mL 样品时，最低检出限为 3×10^{-3} $\mu g/m^3$，测定范围为 5×10^{-3}～100×10^{-3} $\mu g/m^3$。

注意事项：当 Mg^{2+}的浓度高于 500 mg/L 时，对该方法有干扰。

（2）《空气和废气　颗粒物中金属元素的测定　电感耦合等离子体发射光谱法》（HJ 777—2015）

该标准适用于环境空气、无组织排放和固定污染源废气颗粒物中锡（Sn）等

24 种金属元素的测定。

污染源废气采样量为 0.600 m^3（标准状态干烟气），样品预处理采用硝酸-盐酸混合溶液，定容体积为 50 mL 时，使用石英滤筒基体的微波消解测定锡的检出限为 2 μg/m^3，测定下限为 8 μg/m^3；使用电热板测定锡的检出限为 2 μg/m^3，测定下限为 9 μg/m^3。

注意事项见 10.1.3.15。

（3）《空气和废气　颗粒物中铅等金属元素的测定　电感耦合等离子体质谱法》（HJ 657—2013）

该标准适用于环境空气 $PM_{2.5}$、PM_{10}、TSP 以及无组织排放和污染源废气颗粒物中的锡（Sn）等金属元素的测定。

当污染源废气采样量为 0.600 m^3（标准状态干烟气）时，测定废气中锡的方法检出限为 0.3 μg/m^3。

注意事项见 10.1.3.15。

10.1.3.21　锑及其化合物的监测

（1）《空气和废气　颗粒物中金属元素的测定　电感耦合等离子体发射光谱法》（HJ 777—2015）

该标准适用于环境空气、无组织排放和固定污染源废气颗粒物中锑（Sb）等 24 种金属元素的测定。

污染源废气采样量为 0.600 m^3（标准状态干烟气），样品预处理采用硝酸-盐酸混合溶液，定容体积为 50 mL 时，使用石英滤筒基体的微波消解测定锑的检出限为 0.8 μg/m^3，测定下限为 3 μg/m^3；使用电热板测定锑的检出限为 0.8 μg/m^3，测定下限为 3 μg/m^3。

注意事项见 10.1.3.15。

（2）《空气和废气　颗粒物中铅等金属元素的测定　电感耦合等离子体质谱法》（HJ 657—2013）

该标准适用于环境空气 $PM_{2.5}$、PM_{10}、TSP 以及无组织排放和污染源废气颗粒物中的锑（Sb）等金属元素的测定。

当污染源废气采样量为 0.600 m^3（标准状态干烟气）时，测定废气中锑的方法检出限为 0.02 μg/m^3。

注意事项见 10.1.3.15。

10.1.3.22　铜及其化合物的监测

（1）《空气和废气　颗粒物中金属元素的测定　电感耦合等离子体发射光谱法》（HJ 777—2015）

该标准适用于环境空气、无组织排放和固定污染源废气颗粒物中铜（Cu）等 24 种金属元素的测定。

污染源废气采样量为 0.600 m^3（标准状态干烟气），样品预处理采用硝酸-盐酸混合溶液，定容体积为 50 mL 时，使用石英滤筒基体的微波消解测定铜的检出限为 0.8 μg/m^3，测定下限为 3 μg/m^3；使用电热板测定铜的检出限为 0.9 μg/m^3，测定下限为 4 μg/m^3。

注意事项见 10.1.3.15。

（2）《空气和废气　颗粒物中铅等金属元素的测定　电感耦合等离子体质谱法》（HJ 657—2013）

该标准适用于环境空气 $PM_{2.5}$、PM_{10}、TSP 以及无组织排放和污染源废气颗粒物中的铜（Cu）等金属元素的测定。

当污染源废气采样量为 0.600 m^3（标准状态干烟气）时，测定废气中铜的方法检出限为 0.2 μg/m^3。

注意事项见 10.1.3.15。

10.1.3.23　锰及其化合物的监测

（1）《空气和废气　颗粒物中金属元素的测定　电感耦合等离子体发射光谱法》（HJ 777—2015）

该标准适用于环境空气、无组织排放和固定污染源废气颗粒物中锰（Mn）等

24 种金属元素的测定。

污染源废气采样量为 0.600 m^3（标准状态干烟气），样品预处理采用硝酸-盐酸混合溶液，定容体积为 50 mL 时，使用石英滤筒基体的微波消解测定锰的检出限为 0.9 μg/m^3，测定下限为 4 μg/m^3；使用电热板测定锰的检出限为 2 μg/m^3，测定下限为 8 μg/m^3。

注意事项见 10.1.3.15。

（2）《空气和废气　颗粒物中铅等金属元素的测定　电感耦合等离子体质谱法》（HJ 657—2013）

该标准适用于环境空气 $PM_{2.5}$、PM_{10}、TSP 以及无组织排放和污染源废气颗粒物中的锰（Mn）等金属元素的测定。

当污染源废气采样量为 0.600 m^3（标准状态干烟气）时，测定废气中锰的方法检出限为 0.07 μg/m^3。

注意事项见 10.1.3.15。

10.1.3.24　二噁英类的监测

《环境空气和废气　二噁英类的测定　同位素稀释高分辨气相色谱-高分辨质谱法》（HJ 77.2—2008）

该标准适用于环境空气中二噁英类污染物的采样、样品处理及其定性和定量分析。该标准适用于固定源排放废气中二噁英类污染物的采样、样品处理及其定性和定量分析，方法检出限取决于所使用的分析仪器的灵敏度、样品中的二噁英类质量浓度以及干扰水平等多种因素，2,3,7,8-T_4CDD 仪器检出限应低于 0.1 pg。当废气采样量为 4 m^3（标准状态）时，该方法对 2,3,7,8-T_4CDD 的最低检出限应低于 1 pg/m^3；当环境空气采样量为 1 000 m^3（标准状态）时，本方法对 2,3,7,8-T_4CDD 的最低检出限应低于 0.005 pg/m^3。

注意事项：本方法中提及的试剂及化合物具有一定的健康风险，应尽量减少分析人员在这些化合物中的暴露。

1）分析人员应了解二噁英类分析操作以及相关的风险，并接受相关的专业培训。建议实验室的分析人员定期进行体检。

2）实验室应选用可直接使用的低质量浓度标准物质，减少或避免对高质量浓度标准物质的操作。

3）实验室应配备手套、试验服、安全眼镜、面具、通风橱等保护措施。

10.1.3.25 臭气的监测

《空气质量　恶臭的测定　三点比较式臭袋法》（GB/T 14675—93）

该标准规定了恶臭污染源排气及环境空气样品臭气浓度的人的嗅觉器官测定法。该标准适用于各类恶臭源以不同形式排放的气体样品和环境空气样品臭气浓度的测定，样品包括仅含一种恶臭物质的样品和含两种以上恶臭物质的复合臭气样品。该标准测定方法不受恶臭物质种类、种类数目、浓度范围及所含成分浓度比例的限制。

注意事项：

1）方法实验中使用的标准恶臭气体样品应妥善保管，严防泄漏造成恶臭污染。经嗅辨后的样品袋不得在嗅辨室内排气。

2）要通过技术培训，使嗅辨员了解典刑恶臭物质的气味特性，提高对各种臭气的嗅辨能力。

3）稀释臭气样品所需的无臭清洁气体由该标准的空气净化器提供，与空气净化效果有关的通气速度、活性炭充填量、活性炭使用更换周期等均根据嗅辨员对净化气体有无气味的嗅辨检验结果来决定。与供气口连接的气袋充气管内径要稍大于气体净化器供气管外径，这样既能保证气袋定量充满清洁空气，又可防止充气过量、过压导致气袋破裂。

4）可采用无油空气泵向空气净化器供气。严禁使用含油或其他散发气味的供气设备。

10.1.3.26　苯、甲苯、二甲苯的监测

《固定污染源废气　挥发性有机物的测定　固相吸附-热脱附/气相色谱-质谱法》（HJ 734—2014）

该标准适用于固定污染源废气中 24 种挥发性有机物的测定，24 种挥发性有机物包括丙酮、异丙醇、正己烷、乙酸乙酯、苯、六甲基二硅氧烷、3-戊酮、正庚烷、甲苯、环戊酮、乳酸乙酯、乙酸丁酯、丙二醇单甲醚乙酸酯、乙苯、对/间二甲苯、2-庚酮、苯乙烯、邻二甲苯、苯甲醚、苯甲醛、1-癸烯、2-壬酮、1-十二烯，其他挥发性有机物经过验证后也可使用本方法。

当采样体积为 300 mL 时，苯的方法检出限为 0.004 mg/m^3，测定下限为 0.016 mg/m^3；甲苯的方法检出限为 0.004 mg/m^3，测定下限为 0.016 mg/m^3；对/间二甲苯的方法检出限为 0.009 mg/m^3，测定下限为 0.036 mg/m^3；苯的方法检出限为 0.004 mg/m^3，测定下限为 0.016 mg/m^3。

注意事项：

1）老化后的吸附采样管两端须立即用密封帽密封，放在气密性好的密封袋或密封盒中保存。密封袋或密封盒存放于装有活性炭的盒子或干燥器中，4℃保存。必要时，采样前在老化好的吸附管中加入一定量（一般为校准曲线中间浓度）的替代物。

2）若采样前后流量变化大于 5%，但不大于 10%，应进行修正；若流量变化大于 10%，应重新采样。

10.1.3.27　挥发性有机物的监测

《固定污染源废气　挥发性有机物的测定　固相吸附-热脱附/气相色谱-质谱法》（HJ 734—2014）

该标准适用于固定污染源废气中 24 种挥发性有机物的测定，24 种挥发性有机物包括丙酮、异丙醇、正己烷、乙酸乙酯、苯、六甲基二硅氧烷、3-戊酮、正

庚烷、甲苯、环戊酮、乳酸乙酯、乙酸丁酯、丙二醇单甲醚乙酸酯、乙苯、对/间二甲苯、2-庚酮、苯乙烯、邻二甲苯、苯甲醚、苯甲醛、1-癸烯、2-壬酮、1-十二烯，其他挥发性有机物经过验证后也可使用本方法。

当采样体积为 300 mL 时，该标准的方法检出限为 0.001～0.01 mg/m^3，测定下限为 0.004～0.04 mg/m^3。

注意事项见 10.1.3.26。

10.1.3.28 硫酸雾的监测

《固定污染源废气 硫酸雾的测定 离子色谱法》（HJ 544—2016）

该标准适用于固定污染源废气中硫酸雾的测定。

测定有组织排放废气，当采样体积为 0.40 m^3（标准状态），定容体积为 100 mL，进样体积为 25 μL 时，方法检出限为 0.2 mg/m^3，测定下限为 0.80 mg/m^3。测定无组织排放废气，当采样体积为 3.0 m^3（标准状态），定容体积为 50.0 mL，进样体积为 25 μL 时，方法检出限为 0.005 mg/m^3，测定下限为 0.020 mg/m^3。

注意事项：

1）每次分析样品结束后，应用淋洗液清洗仪器管路。实验结束后，要用实验用水清洗仪器泵及抑制器，以免其受到淋洗液腐蚀。

2）如出现仪器分析精度下降，应检查柱效及抑制器的工作状态，必要时进行更换，以确保测定结果的准确性。

3）实验所用器具均不可用硫酸浸泡清洗，避免空白值较高。

10.1.3.29 沥青烟的监测

《固定污染源排气中沥青烟的测定 重量法》（HJ/T 45—1999）

该标准适用于固定污染源有组织排放的沥青烟的测定。沥青烟的检出限为 5.1 mg，定量测定范围为 17.0～2 000 mg。

注意事项：

1）沥青烟含多种有毒物质，故采样和分析人员要注意自身防护和操作安全。样品的收集和处理要有专用工具和器皿；测试完毕后的样品要专门收集，予以销毁。衣服用品要彻底清洗，以防二次污染。

2）沥青烟样品具有一定的挥发性，样品应及时处理和分析。样品保存要有专用干燥器。采有样品的和未经使用的滤筒、烧杯等要分开放置在不同的干燥器中，以防相互沾污。

3）采样管采集浓度高的沥青烟样品后，应用环己烷或其他溶剂彻底清洗后，方可重复使用。

10.1.3.30 苯并[*a*]芘的监测

（1）《固定污染源排气中苯并[*a*]芘的测定　高效液相色谱法》（HJ/T 40—1999）

该标准适用于固定污染源有组织排放的苯并[*a*]芘测定。

当采样体积为 1.0 m^3，样品定容 1.0 mL，色谱进样量为 10 μL 时，苯并[*a*]芘的检出限为 2 ng/m^3，定量测定的浓度范围为 7.6 ng/m^3～4.0 $\mu g/m^3$。

注意事项：

1）由于苯并[*a*]芘是多环芳烃中最危险的强致癌物之一，因此操作时必须极其小心。不允许人体与苯并[*a*]芘（包括多环芳烃）固体物质、溶剂萃取物及标准品接触。苯并[*a*]芘（多环芳烃）可随溶剂一起挥发而黏附于具塞瓶子的外部，因此处理与之有关的容器及实验操作过程必须使用抗溶剂的手套。被苯并[*a*]芘（多环芳烃）污染的容器可用紫外灯在 364 nm 紫外线照射下检查，并置于铬酸洗液中浸泡 4 h。标准溶液应在有适当设备（如合适的毒气橱、防护衣服、防尘面罩等）的实验室中配制。对于用固体苯并[*a*]芘配制标准溶液，在没有合适的安全设备及尚未准确掌握使用技术之前，不能进行。

2）本实验所用的甲醇、环己烷、二氯甲烷及丙酮等均为易燃的有机溶剂，应在通风橱中操作。

3）本实验均应在避开直接阳光照射下进行。

4）实验废液不能随意丢弃，应集中回收在玻璃容器中，统一处理。

（2）《环境空气和废气　气相和颗粒物中多环芳烃的测定　高效液相色谱法》（HJ 647—2013）

该标准适用于环境空气、固定污染源排气和无组织排放空气中气相和颗粒物中 16 种多环芳烃的测定。16 种多环芳烃（PAHs）包括萘、苊烯、苊、芴、菲、蒽、荧蒽、芘、苯并[*a*]蒽、䓛、苯并[*b*]荧蒽、苯并[*k*]荧蒽、苯并[*a*]芘、茚并[1,2,3-*c*,*d*]芘、二苯并[*a*,*h*]蒽、苯并[*g*,*h*,*i*]苝。若通过验证，该标准也适用于其他多环芳烃的测定。

当采集固定源废气 1 m^3 时，苯并[*a*]芘的检出限为 0.02 μg/m^3，测定下限为 0.08 μg/m^3。

注意事项：样品采集、贮存和处理过程中受热、臭氧、氮氧化物、紫外光都会引起多环芳烃的降解，故样品需要密闭、低温、避光保存。

（3）《环境空气和废气　气相和颗粒物中多环芳烃的测定　气相色谱-质谱法》（HJ 646—2013）

该标准适用于环境空气、固定污染源排气和无组织排放空气中气相和颗粒物中 16 种多环芳烃（PAHs）的测定。16 种多环芳烃包括萘、苊烯、苊、芴、菲、蒽、荧蒽、芘、苯并[*a*]蒽、䓛、苯并[*b*]荧蒽、苯并[*k*]荧蒽、苯并[*a*]芘、茚并[1,2,3-*c*,*d*]芘、二苯并[*a*,*h*]蒽、苯并[*g*,*h*,*i*]苝。若通过验证，该标准也适用于其他多环芳烃的测定。

当采集固定源废气 1 m^3 时，采用全扫描方式测定，苯并[*a*]芘的检出限为 0.12 μg/m^3，测定下限 0.48 μg/m^3。

注意事项：

1）杂环类多环芳烃和烷基取代的多环芳烃与待测化合物在相同的保留时间出峰时，可以通过质谱检测辅助定性离子加以区别。

2）样品在采集、贮存和处理过程中受热、臭氧、氮氧化物、紫外光都会引起多环芳烃的降解，故需要密闭、低温、避光保存。

10.1.3.31　正己烷、乙苯、苯乙烯、丙酮的监测

《固定污染源废气　挥发性有机物的测定　固相吸附-热脱附/气相色谱-质谱法》（HJ 734—2014）

该标准适用于固定污染源废气中 24 种挥发性有机物的测定，24 种挥发性有机物包括丙酮、异丙醇、正己烷、乙酸乙酯、苯、六甲基二硅氧烷、3-戊酮、正庚烷、甲苯、环戊酮、乳酸乙酯、乙酸丁酯、丙二醇单甲醚乙酸酯、乙苯、对/间二甲苯、2-庚酮、苯乙烯、邻二甲苯、苯甲醚、苯甲醛、1-癸烯、2-壬酮、1-十二烯。其他挥发性有机物经过验证后也可使用本方法。

当采样体积为 300 mL 时，正己烷的方法检出限为 0.004 mg/m^3，测定下限为 0.016 mg/m^3；乙苯的方法检出限为 0.006 mg/m^3，测定下限为 0.024 mg/m^3；苯乙烯的方法检出限为 0.004 mg/m^3，测定下限为 0.016 mg/m^3；丙酮的方法检出限为 0.01 mg/m^3，测定下限为 0.04 mg/m^3。

注意事项见 10.1.3.26。

10.1.3.32　氯甲烷、二氯甲烷、三氯甲烷、四氯化碳、1,2-二氯乙烷、1,2-二氯丙烷、溴甲烷、溴乙烷、三氯乙烯、四氯乙烯、氯丙烯、氯丁二烯、环氧氯丙烷的监测

《固定污染源废气　挥发性卤代烃的测定　气袋采样-气相色谱法》（HJ 1006—1018）

该标准适用于固定污染源废气中氯甲烷、氯乙烯、溴甲烷、溴乙烷、氯丙烯、二氯甲烷、氯丁二烯、三氯甲烷、四氯化碳、1,2-二氯乙烷、三氯乙烯、1,2-二氯丙烷、环氧氯丙烷、四氯乙烯等 14 种挥发性卤代烃的测定。

当进样体积为 10 mL 时，该方法检出限为 0.000 3～0.6 mg/m^3，测定下限为 0.001 2～2.4 mg/m^3。

注意事项：

1）采样气袋重复使用时，应在清洗后进行空白试验检查。如果测定结果低于

方法检出限，可继续使用该气袋，否则必须弃用。

2）采样管进气口位置应尽量靠近排放管道中心位置。采样管的长度应尽可能短。

10.1.3.33 氯乙烯的监测

（1）《固定污染源排气中氯乙烯的测定 气相色谱法》（HJ/T 34—1999）

该标准适用于固定污染源有组织排放和无组织排放的氯乙烯测定。

当色谱进样量为 3 mL 时，方法的检出限为 0.08 mg，定量测定的浓度下限为 0.26 mg/m^3，上限可达 1×10^4 mg/m^3 浓度范围。

注意事项：如有三种以上不同浓度的氯乙烯标准气（钢瓶），且浓度适当，可直接用标准气绘制校准曲线，不必再配制标准系列。

（2）《固定污染源废气 挥发性卤代烃的测定 气袋采样-气相色谱法》（HJ 1006—1018）

该标准适用于固定污染源废气中氯甲烷、氯乙烯、溴甲烷、溴乙烷、氯丙烯、二氯甲烷、氯丁二烯、三氯甲烷、四氯化碳、1,2-二氯乙烷、三氯乙烯、1,2-二氯丙烷、环氧氯丙烷、四氯乙烯等 14 种挥发性卤代烃的测定。

当进样体积为 10 mL 时，氯乙烯检出限为 0.3 mg/m^3，测定下限为 1.2 mg/m^3。

注意事项见 10.1.3.32。

10.1.3.34 氯苯类的监测

《固定污染源废气 氯苯类化合物的测定 气相色谱法》（HJ 1079—2019）

该标准适用于固定污染源废气和无组织排放监控点空气中氯苯、2-氯甲苯、3-氯甲苯、4-氯甲苯、1,3-二氯苯、1,4-二氯苯、1,2-二氯苯、1,3,5-三氯苯、1,2,4-三氯苯、1,2,3-三氯苯等 10 种氯苯类化合物的测定。

当固定污染源废气采样体积为 10 L（标准状态）、解吸液体积 2.00 mL 时，方法检出限为 0.02～0.04 mg/m^3，测定下限为 0.08～0.16 mg/m^3；当无组织排放监控点空气采样体积为 30 L（标准状态）、解吸液体积 1.00 mL 时，该方法检出限为 0.007～0.01 mg/m^3，测定下限为 0.028～0.04 mg/m^3。

注意事项：实验中所使用的氯苯类化合物、二硫化碳等均具有一定的毒性。样品前处理和溶液配制应在通风柜中进行。操作时应按要求佩戴防护器具，避免直接接触皮肤和衣物。气相色谱氢火焰离子化检测器燃烧产生的废气应通过排风罩排至室外。

10.1.3.35　硝基苯类的监测

《空气质量　硝基苯类（一硝基和二硝基化合物）的测定　锌还原-盐酸萘乙二胺分光光度法》（GB/T 15501—1995）

该标准规定了测定工业废气和环境空气中硝基苯类化合物的锌还原-盐酸萘乙二胺分光光度法。在采样体积为 0.5～10.0 L 时，测定范围为 6～1 000 mg/m^3。

注意事项：日光照射和气温过高，都会引起吸收液和硝基苯的挥发，以至浓度发生变化，因此在采样、样品输送和存放过程中都应采取避光和低温的措施。

10.1.3.36　甲醇的监测

《固定污染源排气中甲醇的测定　气相色谱法》（HJ/T 33—1999）

该标准适用于固定污染源有组织排放和无组织排放的甲醇测定。

以 3 倍噪声色谱峰高值计算，当色谱进样量为 1.0 mL 时，该方法的检出限为 2 mg/m^3；定量测定的浓度范围为 5.0～10^4 mg/m^3。

注意事项：如发现样品浓度过高，应于测定前用高纯氮或干净空气稀释。

10.1.3.37　甲醛的监测

《空气质量　甲醛的测定　乙酰丙酮分光光度法》（GB/T 15516—1995）

该标准适用于树脂制造、涂料、人造纤维、塑料、橡胶、染料、制药、油漆、制革等行业的排放废气以及作医药消毒、防腐、熏蒸时产生的甲醛蒸气测定。

在采样体积为 0.5～10.0 L 时，测定范围为 0.5～800 mg/m^3。当甲醛浓度为 20 μg/10 mL 时，共存 8 mg 苯酚（400 倍），10 mg 乙醛（500 倍），600 mg 铵离子（30 000 倍）无干扰影响；共存 SO_2，小于 20 μg，NO_x 小于 50 μg，甲醛回收率不低于 95%。

注意事项：日光照射能使甲醛氧化，因此在采样时要选用棕色吸收管；在样品运输和存放过程中，都应采取避光措施。

10.1.3.38 乙醛的监测

《固定污染源排气中乙醛的测定 气相色谱法》（HJ/T 35—1999）

该标准适用于固定污染源有组织排放和无组织排放的乙醛测定。

当采样体积为 100 L，进样体积为 1 μL 时，乙醛的检出限为 4×10^{-2} mg/m^3，乙醛的定量测定浓度范围为 0.14～30 mg/m^3。

注意事项：

1）乙醛是一种易燃、易挥发的危险品。在制备新鲜乙醛时，为了防止乙醛外溢，应用水浴加热，不能直接加热，而且应用冰浴接收装置，将接收管的尾气通入下水道。

2）在较高气温下，连续长时间采集环境空气中的乙醛时，如吸收液体积有明显减少，需适当补加吸收液，使吸收液的体积维持在 5 mL 左右。

10.1.3.39 丙烯醛的监测

《固定污染源排气中丙烯醛的测定 气相色谱法》（HJ/T 36—1999）

该标准适用于固定污染源有组织排放和无组织排放的丙烯醛测定。

该标准的检出限为 0.1 mg/m^3，当进样量为 1 mL 时，定量测定的浓度范围为 0.31～100 mg/m^3。

注意事项：丙烯醛极易在样品采集和样品保存过程中被氧化，因此应严格按该标准的规定条件采集和保存样品，并尽快进行分析。

10.1.3.40 酚类的监测

《固定污染源排气中酚类化合物的测定 4-氨基安替比林分光光度法》（HJ/T 32—1999）

该标准适用于固定污染源有组织排放和无组织排放的酚类化合物测定。

在有组织排放样品分析中，当采样体积为 10 L、吸收液体积为 50 mL，用蒸馏-直接比色法测定酚类化合物的检出限为 0.3 mg/m^3，定量测定的浓度范围为 1.0～80 mg/m^3。

注意事项：用本方法测定酚类化合物的主要干扰为高浓度的二氧化硫、硫化物等还原性物质和氯、溴等酸性气体。

10.1.3.41 丙烯腈的监测

《固定污染源排气中丙烯腈的测定 气相色谱法》（HJ/T 37—1999）

该标准适用于固定污染源有组织排放和无组织排放的丙烯腈测定。

当采样体积为 30 L 时，方法的检出限为 0.2 mg/m^3，方法的定量测定浓度范围为 0.26～33.0 mg/m^3。

注意事项：

1）二硫化碳沸点较低，极易挥发，因此在配制标准溶液和对样品进行解吸时，均应注意随时盖紧容器的磨口塞。室内温度不要超过 30℃，否则应将盛解吸液的试管置于冷水中。

2）由于二硫化碳不溶于水，使用过的玻璃仪器可用热的稀碱溶液清洗。例如，把 5%Na_2CO_3 溶液加热后作为洗涤剂，然后用清水冲洗干净后，干燥备用。

10.1.3.42 苯胺类的监测

（1）《大气固定污染源 苯胺类的测定 气相色谱法》（HJ/T 68—2001）

该标准适用于大气固定污染源有组织排放和无组织排放中气态苯胺类的测定。

当采样体积为 12 L，用 1.00 mL 解吸溶剂解吸，取 2 μL 色谱进样时，该方法的检出限分别为苯胺 0.05 mg/m^3，*N*,*N*-二甲基苯胺 0.05 mg/m^3，2,5-二甲基苯胺 0.08 mg/m^3，*o*-硝基苯胺 0.06 mg/m^3，*m*-硝基苯胺 0.08 mg/m^3，*p*-硝基苯胺 0.2 mg/m^3。

注意事项：在进行有组织废气采样时应注意防止吸附管过载穿孔。

（2）《空气质量　苯胺类的测定　盐酸萘乙二胺分光光度法》（GB/T 15502—1995）

该标准规定了测定工业废气和环境空气中苯胺（芳香伯胺）类化合物的盐酸萘乙二胺分光光度法。

在采样体积为 0.5～10.0 L 时，吸收效率达 99%，测定范围为 0.5～600 mg/m^3。

注意事项：

1）当苯胺浓度为 10 μg/10 mL 时，共存 NH_4^+的含量不大于 400 mg，NO_x 含量不大于 3 mg 时，无明显干扰。

2）日光照射能使苯胺氧化，因此在采样时，宜选用棕色吸收管；在样品运输和存放过程中，都应采取避光措施。

3）本法为非特征性反应，所测定物质为芳香伯胺类，测定结果以苯胺计。

10.1.3.43　二甲基甲酰胺、丙烯酰胺的监测

《环境空气和废气　酰胺类化合物的测定　液相色谱法》（HJ 801—2016）

该标准适用于环境空气和固定污染源废气中甲酰胺、*N*,*N*-二甲基甲酰胺、*N*,*N*-二甲基乙酰胺和丙烯酰胺的测定。

当固定污染源废气采样体积为 30 L（标准状态），吸收液体积为 50 mL 时，本方法甲酰胺、*N*,*N*-二甲基甲酰胺、*N*,*N*-二甲基乙酰胺和丙烯酰胺的检出限分别为 0.2 mg/m^3、0.1 mg/m^3、0.2 mg/m^3 和 0.1 mg/m^3，测定下限分别为 0.8 mg/m^3、0.4 mg/m^3、0.8 mg/m^3 和 0.4 mg/m^3。

注意事项：当采样气体温度较高时，可用冰水浴冷却多孔玻板吸收瓶。

10.1.3.44　光气的监测

《固定污染源排气中光气的测定　苯胺紫外分光光度法》（HJ/T 31—1999）

该标准适用于固定污染源有组织排放和无组织排放的光气测定。

在有组织排放样品分析中，当采样体积为 15 L 时，光气的检出限为 0.4 mg/m^3，定量测定的浓度范围为 1.2～20 mg/m^3。

注意事项：

1）在该标准规定的条件下，氯气浓度大于 1 600 mg/m^3 时对光气测定有干扰。

2）在现场采样时，如排气管道处于正压且浓度较高，应于采样孔装防喷阀门，操作人员应在上风向并佩戴防毒口罩操作，严防光气中毒。

3）当氯气浓度大于 1 600 mg/m^3 时，对光气测定产生正干扰，为消除干扰，应于吸收管（瓶）前装一双联玻璃球管，两球内分别加入 10 g 硫代硫酸钠和 5 g 无水碳酸钠。要将玻璃球管两端分别用无碱玻璃棉塞住，中间用无碱玻璃棉隔开。

4）分析步骤中萃取时，为使有机相与水相分离更完全，可在振摇后将上层有机相移入 10 mL 离心管中，以 2 000 r/min 离心分离 2 min 后，取澄清液比色。

10.1.3.45　氰化氢的监测

《固定污染源排气中氰化氢的测定　异烟酸-吡唑啉酮分光光度法》（HJ/T 28—1999）

该标准适用于固定污染源有组织排放和无组织排放的氰化氢测定。

在有组织排气样品分析中，当采样体积为 5 L 时，方法的检出限为 0.09 mg/m^3，定量测定浓度范围为 0.29～8.8 mg/m^3。

注意事项：

1）氰化氢是易挥发的有毒物质，因此在操作过程中，除了加试剂外，比色管都应盖严。

2）绘制校准曲线和样品测定时的温度之差应不超过 3℃。

3）如能获得硝酸银基准试剂，可用直接法配制硝酸银标准溶液，免去标定步骤。

4）为降低试剂空白值，实验中以选用无色的 *N,N*-二甲基甲酰胺为宜。

5）含氧化钾的废液应加三价铁盐或漂白粉处理后排放。

10.1.3.46　二硫化碳的监测

《固定污染源废气　甲硫醇等 8 种含硫有机化合物的测定　气袋采样-预浓缩/气相色谱-质谱法》（HJ 1078—2019）

该标准适用于固定污染源废气中甲硫醇、乙硫醇、甲硫醚、甲乙硫醚、二硫化碳、乙硫醚、二甲二硫、噻吩共 8 种含硫有机化合物的测定。

当取样量为 50.0 mL 时，该标准测定二硫化碳的方法检出限为 0.01 mg/m^3，测定下限为 0.04 mg/m^3。

注意事项：

1）气相色谱-质谱联用仪内部加装微控流板等部件时，应确认加装部件是否会吸附含硫有机化合物。

2）分析高浓度样品后，须增加空白分析。如发现分析系统有残留，可启用气体冷阱浓缩仪的烘烤模式，去除污染物残留，然后用空白分析确认系统无残留。

3）对存放样品的罐应进行加温加湿清洗。清洗完毕后，将罐抽至真空（$<$10 Pa），待用。每清洗 20 只罐应至少取一只罐注入氮气分析，确定清洗过程是否有效。存放高浓度样品的罐应增加清洗循环次数，清洗后应进行本底分析。

4）如固定污染源废气样品中含湿量较高，含硫有机化合物的回收率和保存期会受到影响，应尽快分析。

10.2　无组织废气监测

10.2.1　监测方式

无组织废气监测是指排污单位对没有经过排气筒无规则排放的废气或者废气虽经排气筒排放但排气筒高度没有达到有组织排放要求的低矮排气筒排放的废气污染物浓度进行监测。

无组织废气排放监测的主要方式为“现场采样+实验室分析”，与有组织废气的监测方式相同，就是采用特定仪器采集一定量的无组织废气并妥善保存后带回实验室进行分析。主要的采样方式包括现场直接采样法（注射器、气袋、采样管、真空瓶等）和富集（浓缩）采样法（活性炭吸附、滤筒、滤膜捕集、吸收液吸收等），主要的分析方法包括重量法、色谱法、质谱法、分光光度法等。

10.2.2　现场采样

10.2.2.1　现场采样技术要点

无组织废气排放监测的主要参考标准为《大气污染物无组织排放监测技术导则》（HJ/T 55—2000）、《大气污染物综合排放标准》（GB 16297—1996）和排污单位具体执行的行业标准。

（1）控制无组织排放的基本方式

按照《大气污染物综合排放标准》（GB 16297—1996）的规定，我国以控制无组织排放所造成的后果来对无组织排放实行监督和限制。采用的基本方式是规定设立监控点（即监测点）和规定监控点的污染物浓度限值。在设置监测点时，有的污染物要求除在下风向设置监控点外，还要在上风向设置对照点，监控浓度限值为监控点与参照点的浓度差值。有的污染物要求只在周界外浓度最高点设置监控点。

（2）设置监控点的位置和数目

根据《大气污染物综合排放标准》（GB 16297—1996）的规定，二氧化硫、氮氧化物、颗粒物和氟化物的监控点设在无组织排放源下风向 2～50 m 的浓度最高点，相对应的参照点设在排放源上风向 2～50 m 内；其余物质的监控点设在单位周界外 10 m 范围内的浓度最高点。按规定监控点最多可设 4 个，参照点只设 1 个。

（3）采样频次的要求

按《大气污染物无组织排放监测技术导则》（HJ/T 55—2000）规定对无组织排放实行监测时，实行连续 1 h 的采样，或者实行在 1 h 内以等时间间隔采集 4 个样品计平均值。在进行实际监测时，为了捕捉到监控点最高浓度的时段，实际安排的采样时间可超过 1 h。

（4）工况的要求

由于大气污染物排放标准对无组织排放实行限制的原则是在最大负荷下生产和排放，以及在最不利于污染物扩散稀释的条件下，无组织排放监控值不应超过排放标准所规定的限制，因此，监测人员应在不违反上述原则的前提下，选择尽可能高的生产负荷及不利于污染物扩散稀释的条件进行监测。

针对以上基本要求，如果排污单位执行的行业排放标准中对无组织排放有明确要求的，按照行业标准执行。

10.2.2.2 监测前准备工作

（1）单位基本情况调查

1）了解主要原、辅材料和主、副产品，相应用量和产量、来源及运输方式等，重点了解用量大和可产生大气污染的材料和产品，列表说明，并予以必要的注释。

2）注意车间和其他主要建筑物的位置和尺寸，有组织排放和无组织排放口位置及其主要参数，排放污染物的种类和排放速率；单位周界围墙的高度和性质（封闭式或通风式）；单位区域内的主要地形变化等。对单位周界外的主要环境敏感点

（影响气流运动的建筑物和地形分布、有无排放被测污染物的源存在）进行调查，并标于单位平面布置图中。

3）了解环境保护影响评价、工程建设设计、实际建设的污染治理设施的种类、原理、设计参数、数量以及目前的运行情况等。

（2）无组织排放源基本情况调查

除调查排放污染物的种类和排放速率（估计值）之外，还应重点调查被监测无组织排放源的形状、尺寸、高度及其在建筑群中所处的具体位置等。

（3）仪器设备准备

按照被测物质的对应标准分析方法中有关无组织排放监测的采样部分所规定仪器设备和试剂做好准备。所用仪器应通过计量监督部门的性能检定，并在使用前做必要的调试和检查。采样时应注意检查电路系统、气路部分、校正流量计。

（4）监测条件

监测时，被测无组织排放源的排放负荷应处于相对较高，或者处于正常生产和排放状态。主导风向（平均风速）利于监控点的设置，并使监控点和被测无组织排放源之间的距离尽可能缩小。通常情况下，选择冬季有微风的日子，避开阳光辐射较强烈的中午时段进行监测是比较适宜的。

10.2.3　监测指标测试

各监测指标除遵循 10.2.1 监测方式和 10.2.2 现场采样的相关要求外，还应遵循各自的具体要求。根据石油炼制、石油化学行业涉及的无组织废气监测指标，实验室常见的分析方法、所需设备见表 10-5。企业开展自行监测时，所采用的方法和使用的设备不限于表 10-5 中所列内容。若有其他适用的方法，也可以使用，但应按照《排污单位自行监测技术指南　总则》（HJ 819—2017）及相关要求开展方法的验证。

表 10-5 无组织废气监测项目、标准方法及所需设备

监测项目	标准方法	所需设备
颗粒物	《环境空气颗粒物（$PM_{2.5}$）手工监测方法（重量法）技术规范》（HJ 656—2013）	$PM_{2.5}$ 采样器；流量校准器；温度计；气压计；湿度计；滤膜；滤膜保存盒；分析天平：精度 0.1 mg；恒温恒湿设备；一般实验室常用仪器
	《环境空气　总悬浮颗粒物的测定　重量法》（GB/T 15432—1995）	采样器；流量计；U 型管压差计；滤膜；滤膜保存盒；分析天平：精度 0.1 mg；恒温恒湿设备；一般实验室常用仪器
非甲烷总烃	《环境空气和废气　总烃、甲烷和非甲烷总烃便携式监测仪技术要求及检测方法》（HJ 1012—2018）	便携式总烃、甲烷和非甲烷总烃监测仪；一般实验室常用仪器
	《环境空气　总烃、甲烷和非甲烷总烃的测定　直接进样-气相色谱法》（HJ 604—2017）	采样容器；真空气体采样箱；样品保存箱；气相色谱仪；一般实验室常用仪器
氯化氢	《环境空气和废气　氯化氢的测定　离子色谱法》（HJ 549—2016）	空气采样器；烟气采样器；烟尘采样器；聚四氟乙烯滤膜或石英滤膜；冰水浴；冲击式吸收瓶；离子色谱仪；乙酸纤维微孔滤膜；一次性注射器；一般实验室常用仪器
硫化氢	《空气质量　硫化氢、甲硫醇、甲硫醚和二甲二硫的测定　气相色谱法》（GB/T 14678—1993）	气相色谱仪；采样装置；浓缩装置；解吸装置；一般实验室常用仪器
臭气	《空气质量　恶臭的测定　三点比较式臭袋法》（GB/T 14675—93）	标准臭液和无臭液；无臭纸；无臭空气净化装置；聚酯无臭袋；真空处理装置；注射器；一般实验室常用仪器
氨	《空气质量　氨的测定　离子选择电极法》（GB/T 14669—93）	氨敏感膜电极；pH 计：精确到 0.2 mV；磁力搅拌棒；大气采样器；一般实验室常用仪器
	《环境空气　氨、甲胺、二甲胺和三甲胺的测定　离子色谱法》（HJ 1076— 2019）	空气采样器：0～1 L/min；离子色谱仪，电导检测器；具塞比色管：10 mL；多孔玻板吸收管；一般实验室常用仪器
	《环境空气和废气　氨的测定　纳氏试剂分光光度法》（HJ 533—2009）	空气采样器：0～1 L/min；具塞比色管：10 mL；玻板吸收瓶或大气冲击式吸收瓶；分光光度计；聚四氟乙烯管：内径 6～7 mm；干燥管；一般实验室常用仪器
	《环境空气　氨的测定　次氯酸钠-水杨酸分光光度法》（HJ 534—2009）	空气采样泵：1～10 L/min；大型气泡吸收管；具塞比色管：10 mL；分光光度计；干燥管；一般实验室常用仪器

监测项目	标准方法	所需设备
苯、甲苯、二甲苯	《环境空气　苯系物的测定　活性炭吸附/二硫化碳解吸-气相色谱法》（HJ 584—2010）	气相色谱仪（FID）；无油采样泵：0～1.5 L/min；活性炭采样管；温度计：精度 0.1℃；气压计：精度 0.01 kPa；微量注射器；移液管；磨口具塞试管：5 mL；一般实验室常用仪器
	《环境空气　苯系物的测定　固体吸附/热脱附-气相色谱法》（HJ 583—2010）	气相色谱仪（FID）；无油采样泵：0～1.5 L/min；Twnax 采样管；热脱附装置；老化装置；温度计：精度 0.1℃；气压计：精度 0.01 kPa；微量注射器；移液管；一般实验室常用仪器
	《环境空气　挥发性有机物的测定　罐采样/气相色谱-质谱法》（HJ 759—2015）	气相色谱-质谱仪；气体冷肼浓缩仪；浓缩自动进样器；罐清洗装置；气体稀释装置；采样罐；液氮罐；流量控制器；校准流量计；真空压力表；过滤器；一般实验室常用仪器
	《环境空气　挥发性有机物的测定　吸附管采样-热脱附/气相色谱-质谱法》（HJ 644—2013）	气相色谱-质谱仪；热脱附装置；老化装置；校准流量计；微量注射器；一般实验室常用仪器
苯并[a]芘	《环境空气　苯并[a]芘的测定　高效液相色谱法》（HJ 956—2018）	高效液相色谱仪：具有荧光检测器和梯度洗脱功能；采样器；提取设备；浓缩设备；净化装置；一般实验室常用仪器
	《环境空气和废气　气相和颗粒物中多环芳烃的测定　高效液相色谱法》（HJ 647—2017）	高效液相色谱仪：具有荧光检测器或紫外检测器和梯度洗脱功能；采样器；索式提取设备；浓缩设备；固相萃取净化装置；玻璃层析柱；恒温水浴；微量注射器；气密性注射器；一般实验室常用仪器
	《环境空气和废气　气相和颗粒物中多环芳烃的测定　气相色谱-质谱法》（HJ 646—2013）	气相色谱-质谱仪；采样器；索式提取设备；浓缩设备；固相萃取净化装置；玻璃层析柱；恒温水浴；微量注射器；气密性注射器；一般实验室常用仪器
挥发性有机物	《环境空气　挥发性有机物的测定　罐采样/气相色谱-质谱法》（HJ 759—2015）	气相色谱-质谱仪；气体冷肼浓缩仪；浓缩自动进样器；罐清洗装置；气体稀释装置；采样罐；液氮罐；流量控制器；校准流量计；真空压力表；过滤器；一般实验室常用仪器
	《环境空气　挥发性有机物的测定　吸附管采样-热脱附/气相色谱-质谱法》（HJ 644—2013）	气相色谱-质谱仪；热脱附装置；老化装置；校准流量计；微量注射器；一般实验室常用仪器
	《泄漏和敞开液面排放的挥发性有机物检测技术导则》（HJ 733—2014）	便携式挥发性有机物检测仪；红外热成像仪；傅里叶红外成像光谱仪；泄漏超声探测仪；一般实验室常用仪器

10.2.3.1 恶臭无组织排放监测

恶臭污染物是指一切刺激嗅觉器官引起人们不愉快及损害生活环境的异味气体。

（1）常用方法

无组织废气监测时，臭气浓度监测主要依据的方法标准有《恶臭污染物排放标准》（GB 14554—93）和《恶臭污染环境监测技术规范》（HJ 905—2017）。臭气浓度的分析方法采用《空气质量　恶臭的测定　三点比较式臭袋法》（GB/T 14675—93）。

（2）监测点位

恶臭的无组织排放采样点一般设置在厂界，在工厂厂界的下风向或有臭气方位的边界线上。在实际监测过程中，可以参照《大气污染物无组织排放监测技术导则》（HJ/T 55—2000）的规定，在厂界（距离臭气无组织排放源较近处）下风向设置，一般设置 3 个点位，根据风向变化情况可适当增加或减少监测点位。当围墙通透性很好时，可紧靠围墙外侧设监控点；当围墙的通透性不好时，也可紧靠围墙设置监控点，但采气口要高出围墙 20～30 cm；当围墙通透性不好，又不便于把采气口抬高时，为避开围墙造成的涡流区，应将监控点设于距离围墙 1.5～2.0 倍围墙高度，且距地面 1.5 m 的地方。具体设置时，应避免周边环境的影响，包括花丛树木、污水沟渠、垃圾收集点等。

现场监测时，无组织排放源与下风向周界之间，如果存在阻挡气流运动的建筑、树木等物体，监测人员可以根据具体的地形、气象条件研究和分析，发挥创造性，综合确定采样点位，以保证获取污染物最大排放浓度值。

（3）监测指标

《恶臭污染物排放标准》（GB 14554—93）中给出了 9 种污染物限值，污染物分别是氨、三甲胺、硫化氢、甲硫醇、甲硫醚、二甲二硫、二硫化碳、苯乙烯和臭气浓度。在开展恶臭无组织监测时，一般监测臭气浓度指标，如技术规范、监测指南或环境管理有特殊要求，再增加具体特征污染物指标的监测。

（4）分析方法

恶臭无组织采样方法参照《大气污染物无组织排放监测技术导则》（HJ/T 55—2000）

恶臭污染物的分析方法见表 10-6。

表 10-6　恶臭浓度及恶臭污染物监测方法

序号	控制项目	测定方法
1	氨	环境空气和废气　氨的测定　纳氏试剂分光光度法（HJ 533—2009）
		环境空气　氨的测定　次氯酸钠-水杨酸分光光度法（HJ 534—2009）
2	三甲胺	环境空气　氨、甲胺、二甲胺和三甲胺的测定　离子色谱法（HJ 1076—2019）
3	硫化氢	空气质量　硫化氢、甲硫醇、甲硫醚和二甲二硫的测定　气相色谱法（GB/T 14678—1993）
4	甲硫醇	环境空气　挥发性有机物的测定　罐采样/气相色谱-质谱法（HJ 759—2015）
		空气质量　硫化氢、甲硫醇、甲硫醚和二甲二硫的测定　气相色谱法（GB/T 14678—1993）
5	甲硫醚	环境空气　挥发性有机物的测定　罐采样/气相色谱-质谱法（HJ 759—2015）
		空气质量　硫化氢、甲硫醇、甲硫醚和二甲二硫的测定　气相色谱法（GB/T 14678—1993）
6	二甲二硫	空气质量　硫化氢、甲硫醇、甲硫醚和二甲二硫的测定　气相色谱法（GB/T 14678—1993）
7	二硫化碳	环境空气　挥发性有机物的测定　罐采样/气相色谱-质谱法（HJ 759—2015）
		空气质量　二硫化碳的测定　二乙胺分光光度法（GB/T 14680—1993）
8	苯乙烯	环境空气　挥发性有机物的测定　罐采样/气相色谱-质谱法（HJ 759—2015）
		环境空气　苯系物的测定　固体吸附/热脱附-气相色谱法（HJ 583—2010）
9	臭气浓度	空气质量 恶臭的测定　三点比较式臭袋法（GBT 14675—1993）

10.2.3.2　氯化氢无组织排放监测

（1）常用方法

无组织废气监测时，氯化氢浓度监测主要依据《环境空气和废气　氯化氢的测定　离子色谱法》（HJ 549—2016）。

（2）注意事项

1）吸收瓶、连接管及各器皿均应用实验用水反复洗涤并防止被污染。操作中应防止自来水、空气微尘及手上氯化物的干扰。

2）采样时，采样器与滤膜夹、滤膜夹与吸收瓶、吸收瓶之间的连接管均应尽可能短，并检查系统的气密性和可靠性。将滤膜置于滤膜夹内，串联两只各装有10 mL 去离子水作为吸收液的25 mL 冲击式吸收瓶，与空气采样器连接。以0.5～1.0 L/min 的采样流量，连续1 h 采样，或在1 h 内以等时间间隔采集3～4个样品计平均值。如浓度偏低可适当延长采样时间，采样前后流量偏差应≤5%。

3）颗粒态氯化物对测定有干扰，采样时可用聚四氟乙烯滤膜或石英滤膜去除其干扰。氯气对测定有干扰，使用酸性吸收液串联碱性吸收液采样，分别吸收氯化氢和氯气可去除其干扰。每次采集样品应至少带两套全程序空白样品。将同批次装好吸收液的吸收瓶带至采样现场，不与采样器连接，采样结束后带回实验室待测。

4）样品采集后用连接管密封吸收瓶，于4℃以下冷藏保存，48 h 内完成分析测定。如不能及时分析，应将样品转移至聚乙烯瓶中，于4℃以下冷藏可保存7 d。

5）每次分析样品结束后，应用淋洗液清洗仪器管路。实验结束后用实验用水清洗仪器泵及抑制器，以免受到淋洗液腐蚀。如出现仪器分析精度下降，应检查柱效及抑制器工作状态，必要时进行更换，以确保分析数据的准确性。

10.2.3.3　颗粒物无组织排放监测

《环境空气　总悬浮颗粒物的测定　重量法》（GB/T 15432—1995）

该标准适合于用大流量或中流量总悬浮颗粒物采样器（简称采样器）进行空气中总悬浮颗粒物的测定。方法的检测限为0.001 mg/m^3。总悬浮颗粒物含量过高或雾天采样使滤膜阻力大于10 kPa 时，本方法不适用。

注意事项：

（1）每张滤膜均需用X光看片机进行检查，不得有针孔或任何缺陷。在选中的滤膜光滑表面的两个对角上打印编号，滤膜袋上打印同样的编号备用。

（2）将滤膜放在恒温恒湿箱中平衡 24 h，平衡温度取 15～30℃中任一点，记录下平衡温度与湿度。

（3）在上述平衡条件下称量滤膜，大流量采样器滤膜称量精确到 1 mg，中流量采样器滤膜称量精确到 0.1 mg，记录下滤膜重量。

（4）将称量好的滤膜平展地放在滤膜保存盒中，采样前不得将滤膜弯曲或折叠。

10.2.3.4　非甲烷总烃无组织排放监测

《环境空气　总烃、甲烷和非甲烷总烃的测定　直接进样-气相色谱法》（HJ 604—2017）

该标准适用于环境空气中总烃、甲烷和非甲烷总烃的测定，也适用于污染源无组织排放监控点空气中总烃、甲烷和非甲烷总烃的测定。

当进样体积为 1.0 mL 时，该标准测定总烃、甲烷的检出限均为 0.06 mg/m^3（以甲烷计），测定下限均为 0.24 mg/m^3（以甲烷计）；非甲烷总烃的检出限为 0.07 mg/m^3（以碳计），测定下限为 0.28 mg/m^3（以碳计）。

注意事项：

（1）采样容器使用前应洗净，经气密性检查合格后，置于密闭采样箱中以避免被污染。

（2）样品返回实验室时，应平衡至环境温度后再进行测定。

（3）测定复杂样品后，如发现分析系统内有残留，可通过提高柱温等方式去除，以分析除烃空气确认。

10.2.3.5　硫化氢无组织排放监测

《空气质量　硫化氢、甲硫醇、甲硫醚和二甲二硫的测定　气相色谱法》（GB/T 14678—1993）

该标准适用于恶臭污染源排气和环境空气中硫化氢、甲硫醇、甲硫醚和二甲二硫的同时测定。气相色谱仪的火焰光度检测器（GC-FPD）对四种成分的检出限为 0.2×10^{-9}～1.0×10^{-9} g，当气体样品中四种成分浓度高于 1.0 mg/m^3 时，可取 1～2 mL 气体样品直接注入气相色谱仪分析。对 1 L 气体样品进行浓缩，四种成分的方法检出限为 0.2×10^{-3}～1.0×10^{-3} mg/m^3。

注意事项：

（1）本实验中使用的苯、二硫化碳、硫化氢属于有毒物质，易损伤神经系统，其他所用试剂亦均属于易燃、发味较大的物质，故对试剂、标准样品的使用和保管要绝对注意安全。

（2）实验中使用的液态氧必须用专用容器存放．操作中要严格避免液氧溅出，确保操作人员安全。

（3）采样瓶使用前要认真检查有无破损迹象，以免炸裂。

10.2.3.6　氨无组织排放监测

（1）《空气质量　氨的测定　离子选择电极法》（GB/T 14669—93）

该标准适用于测定空气和工业废气中的氨。

本方法检测限为 10 mL 吸收溶液中 0.7μg 氨。当样品溶液总体积为 10 mL，采样体积为 60 L 时，最低检测浓度为 0.014 mg/m^3。

（2）《环境空气　氨、甲胺、二甲胺和三甲胺的测定　离子色谱法》（HJ 1076—2019）

该标准适用于环境空气和固定污染源无组织排放监控点空气中氨、甲胺、二甲胺和三甲胺的测定。

环境空气采样体积为 30 L，吸收液体积为 10 mL 时，该标准氨、甲胺、二甲胺和三甲胺的检出限分别为 0.003 mg/m^3、0.009 mg/m^3、0.009 mg/m^3 和 0.007 mg/m^3，测定下限分别为 0.012 mg/m^3、0.036 mg/m^3、0.036 mg/m^3 和 0.028 mg/m^3。

注意事项：

1）实验器具及实验环境应防止氨被污染。

2）实际样品的酸度对色谱柱的使用寿命有影响，故应选择容量大、耐酸性良好的色谱柱。当样品浓度较高时，可适当稀释，以保护色谱柱。

（3）《环境空气和废气　氨的测定　纳氏试剂分光光度法》（HJ 533—2009）

该标准适用于环境空气中氨的测定，也适用于制药、化工、炼焦等工业行业废气中氨的测定。该标准的方法检出限为 0.5 μg/10 mL 吸收液。当吸收液体积为 50 mL，采气为 10 L 时，氨的检出限为 0.25 mg/m^3，测定下限为 1.0 mg/m^3，测定上限为 20 mg/m^3。当吸收液体积为 10 mL，采气为 45 L 时，氨的检出限为 0.01 mg/m^3，测定下限为 0.04 mg/m^3，测定上限为 0.88 mg/m^3。

注意事项：

样品中含有三价铁等金属离子、硫化物和有机物干扰测定时，可通过下列方法消除：

1）三价铁等金属离子：分析时加入 0.50 mL 酒石酸钾钠溶液络合掩蔽，可消除三价铁等金属离子的干扰。

2）硫化物：若样品因产生异色而引起干扰（如硫化物存在时为绿色），可在样品溶液中加入稀盐酸去除干扰。

3）有机物：某些有机物质（如甲醛）生成沉淀干扰测定，可在比色前用 0.1 mol/L 的盐酸溶液将吸收液酸化到 pH 不大于 2 后煮沸除之。

（4）《环境空气　氨的测定　次氯酸钠-水杨酸分光光度法》（HJ 534—2009）

该标准适用于环境空气中氨的测定，也适用于恶臭源厂界空气中氨的测定。

该标准的方法检出限为 0.1 μg/10 mL 吸收液。当吸收液总体积为 10 mL，采样体积为 1～4 L 时，氨的检出限为 0.025 mg/m^3，测定下限为 0.10 mg/m^3，测定上限为 12 mg/m^3。当吸收液总体积为 10 mL，采样体积为 25 L 时，氨的检出限为 0.004 mg/m^3，测定下限为 0.016 mg/m^3。

注意事项：有机胺浓度大于 1 mg/m^3 时对测定有干扰，不适用于该标准。

10.2.3.7 苯、甲苯、二甲苯无组织排放监测

（1）《环境空气 苯系物的测定 活性炭吸附/二硫化碳解吸-气相色谱法》（HJ 584—2010）

该标准适用于环境空气和室内空气中苯、甲苯、乙苯、邻二甲苯、间二甲苯、对二甲苯、异丙苯和苯乙烯的测定。该标准也适用于常温下低湿度废气中苯系物的测定。

当采样体积为 10 L 时，苯、甲苯、乙苯、邻二甲苯、间二甲苯、对二甲苯、异丙苯和苯乙烯的方法检出限均为 1.5×10^{-3} mg/m^3，测定下限均为 60×10^{-3} mg/m^3。

注意事项：本方法主要干扰来自二硫化碳的杂质，二硫化碳在使用前应经过气相色谱仪鉴定是否存在干扰峰。如有干扰峰，应对二硫化碳进行提纯。

（2）《环境空气 苯系物的测定 固体吸附/热脱附-气相色谱法》（HJ 583—2010）

该标准适用于环境空气及室内空气中苯、甲苯、乙苯、邻二甲苯、间二甲苯、对二甲苯、异丙苯和苯乙烯的测定。该标准也适用于常温下低浓度废气中苯系物的测定。当采样体积为 1 L 时，使用毛细血管柱时苯、甲苯、乙苯、邻二甲苯、间二甲苯、对二甲苯、异丙苯和苯乙烯的方法检出限为 5.0×10^{-4} mg/m^3，测定下限为 2.0×10^{-3} mg/m^3。

注意事项：新装填的采样管应用老化装置或具有老化功能的热脱附仪进行老化，老化后的采样管两端应立即用聚四氟乙烯帽密封，放在密封袋或保护管中保存，密封袋或保护管存放于装有活性炭的盒子或干燥器中 4℃保存，老化后的采样管应在 2 周内使用。

（3）《环境空气 挥发性有机物的测定 罐采样/气相色谱-质谱法》（HJ 759—2015）

该标准适用于环境空气中丙烯等 67 种挥发性有机物的测定。其他挥发性有机物如果通过方法适用性验证，也可采用该标准测定。

当取样量为 400 mL 时，全扫描模式下，苯、甲苯、间/对-二甲苯、邻-二甲

苯本方法的检出限分别为 0.3 μg/m^3、0.5 μg/m^3、0.6 μg/m^3、0.6 μg/m^3；测定下限分别为 1.2 μg/m^3、2.0 μg/m^3、2.4 μg/m^3、2.4 μg/m^3。

注意事项：

1）实验环境应远离有机溶剂，降低、消除有机溶剂和其他挥发性有机物的本底干扰。

2）进样系统、冷阱浓缩系统中气路连接材料挥发出的挥发性有机物会对分析造成干扰。可适当升高、延长烘烤时间，以便将干扰降至最低。

3）所有样品经过的管路和接头均需进行惰性化处理，并保温以消除样品吸附、冷凝和交叉污染。

4）易挥发性有机物（尤其是二氯甲烷和氟碳化合物）在运输保存过程中可能会经阀门等部件扩散进入采样罐中污染样品。样品采集结束后，须确认阀门完全关闭，并用密封帽密封采样罐采样口，隔绝外界气体，这样可有效降低此类干扰。

5）分析高浓度样品后，须增加空白分析。如发现分析系统有残留，可启用气体冷阱浓缩仪的烘烤程序，去除残留。

（4）《环境空气　挥发性有机物的测定　吸附管采样-热脱附/气相色谱-质谱法》（HJ 644—2013）

该标准适用于环境空气中 35 种挥发性有机物的测定。若通过验证，该标准也可适用于其他非极性或弱极性挥发性有机物的测定。

当采样体积为 2 L 时，苯、甲苯、间/对-二甲苯、邻-二甲苯本方法的检出限分别为 0.4 μg/m^3、0.4 μg/m^3、0.6 μg/m^3、0.6 μg/m^3；测定下限分别为 1.6 μg/m^3、1.6 μg/m^3、2.4 μg/m^3、2.4 μg/m^3。

注意事项：

1）吸附管中残留的 VOCs 对测定的干扰较大，严格执行老化和保存程序能将此干扰降到最低。

2）新购吸附管都应标记唯一性代码和表示样品气流方向的箭头，并建立吸附管信息卡片，记录包括吸附管填装或购买日期、最高允许使用温度和使用次数等信息。

10.2.3.8 苯并[*a*]芘无组织排放监测

（1）《环境空气 苯并[*a*]芘的测定 高效液相色谱法》（HJ 956—2018）

该标准适用于环境空气和无组织排放监控点空气颗粒物（$PM_{2.5}$、PM_{10}或 TSP 等）中苯并[*a*]芘的测定。

用二氯甲烷提取，定容体积为 1.0 mL 时，方法检出量为 0.008 μg，方法测定量下限为 0.032 μg；用 5.0 mL 乙腈提取时，方法检出量为 0.040 μg，方法测定量下限为 0.160 μg。

当采样体积为 144 m^3（标准状态下），用二氯甲烷提取，定容体积为 1.0 mL 时，方法的检出限为 0.1 ng/m^3，测定下限为 0.4 ng/m^3；当采样体积为 6 m^3（标准状态下），用二氯甲烷提取，定容体积为 1.0 mL 时，方法的检出限为 1.3 ng/m^3，测定下限为 5.2 ng/m^3。

当采样体积为 1 512 m^3（标准状态下），取 1/10 滤膜，用二氯甲烷提取，定容体积为 1.0 mL 时，方法的检出限为 0.1 ng/m^3，测定下限为 0.4 ng/m^3；用 5.0 mL 乙腈提取时，方法的检出限为 0.3 ng/m^3，测定下限为 1.2 ng/m^3。

注意事项：当样品基质复杂，干扰测定时，可采用硅胶固相萃取柱去除或减少干扰。

（2）《环境空气和废气 气相和颗粒物中多环芳烃的测定 高效液相色谱法》（HJ 647—2013）

该标准适用于环境空气、固定污染源排气和无组织排放空气中气相和颗粒物中 16 种多环芳烃的测定。16 种多环芳烃（PAHs）包括萘、苊烯、苊、芴、菲、蒽、荧蒽、芘、苯并[*a*]蒽、䓛、苯并[*b*]荧蒽、苯并[*k*]荧蒽、苯并[*a*]芘、茚并[1,2,3-*c*,*d*]芘、二苯并[*a*,*h*]蒽、苯并[*g*,*h*,*i*]苝。若通过验证，该标准也适用于其他多环芳烃的测定。

当以 100 L/min 采集环境空气 24 h 时，苯并[*a*]芘的检出限为 0.14 ng/m^3，测定下限为 0.56 ng/m^3。

注意事项：样品采集、贮存和处理过程中受热、臭氧、氮氧化物、紫外光都会引起多环芳烃的降解，故需要密闭、低温、避光保存。

（3）《环境空气和废气　气相和颗粒物中多环芳烃的测定　气相色谱-质谱法》（HJ 646—2013）

该标准适用于环境空气、固定污染源排气和无组织排放空气中气相和颗粒物中 16 种多环芳烃（PAHs）的测定。16 种多环芳烃包括萘、苊烯、苊、芴、菲、蒽、荧蒽、芘、苯并[*a*]蒽、䓛、苯并[*b*]荧蒽、苯并[*k*]荧蒽、苯并[*a*]芘、茚并[1,2,3-*c*,*d*]芘、二苯并[*a*,*h*]蒽、苯并[*g*,*h*,*i*]苝。若通过验证，该标准也适用于其他多环芳烃的测定。

当以 100 L/min 采集环境空气 24 h 时，采用全扫描方式测定，苯并[*a*]芘的检出限为 0.000 9 μg/m^3，测定下限为 0.003 6 μg/m^3；当以 225 L/min 采集环境空气 24 h 时，采用全扫描方式测定，苯并[*a*]芘的检出限为 0.000 4 μg/m^3，测定下限为 0.001 6 μg/m^3。

注意事项：

1）杂环类多环芳烃和烷基取代的多环芳烃与待测化合物在相同的保留时间出峰时，可以通过质谱检测辅助定性离子加以区别。

2）样品采集、贮存和处理过程中受热、臭氧、氮氧化物、紫外光都会引起多环芳烃的降解，故需要密闭、低温、避光保存。

10.2.3.9　挥发性有机物无组织排放监测

（1）《环境空气　挥发性有机物的测定　罐采样/气相色谱-质谱法》（HJ 759—2015）

该标准适用于环境空气中丙烯等 67 种挥发性有机物的测定。其他挥发性有机物如果通过方法适用性验证，也可采用该标准测定。

当取样量为 400 mL 时，全扫描模式下，该方法的检出限为 0.2～2 μg/m^3，测定下限为 0.8～8.0 μg/m^3。

注意事项：

1）实验环境应远离有机溶剂，降低、消除有机溶剂和其他挥发性有机物的本底干扰。

2）进样系统、冷阱浓缩系统中气路连接材料挥发出的挥发性有机物会对分析造成干扰。适当升高、延长烘烤时间，可将干扰降至最低。

3）所有样品经过的管路和接头均需进行惰性化处理并保温，以消除样品吸附、冷凝和交叉污染。

4）易挥发性有机物（尤其是二氯甲烷和氟碳化合物）在运输保存过程中可能会经阀门等部件扩散进入采样罐中污染样品。样品采集结束后，须确认阀门完全关闭，并用密封帽密封采样罐采样口，隔绝外界气体，这样可以有效降低此类干扰。

5）分析高浓度样品后，须增加空白分析。如发现分析系统有残留，可启用气体冷阱浓缩仪的烘烤程序，去除残留。

（2）《环境空气　挥发性有机物的测定　吸附管采样-热脱附/气相色谱-质谱法》（HJ 644—2013）

该标准适用于环境空气中 35 种挥发性有机物的测定。若通过验证，该标准也可适用于其他非极性或弱极性挥发性有机物的测定。当采样体积为 2 L 时，该标准的方法检出限为 0.3～1.0 μg/m^3，测定下限为 1.2～4.0 μg/m^3。

注意事项：

1）吸附管中残留的 VOCs 对测定的干扰较大，严格执行老化和保存程序能将此干扰降到最低。

2）新购吸附管都应标记唯一性代码和表示样品气流方向的箭头，并建立吸附管信息卡片，记录包括吸附管填装或购买日期、最高允许使用温度和使用次数等信息。

（3）《泄漏和敞开液面排放的挥发性有机物检测技术导则》（HJ 733—2014）

本导则规定了源自设备泄漏和敞开液面排放的挥发性有机物（VOCs）的检测技术要求，规定了对设备泄漏和敞开液面等无组织排放源的 VOCs 的检测方法、仪器设备要求、质量保证与控制等。本导则不适用直接测定泄漏和敞开液面排放源的 VOCs 质量排放速率。

注意事项：

1）使用前应核查或实验，确保其检测器对待测排放源所排放的主要 VOCs 组分有响应。仪器检测器类型包括火焰离子化检测器、光离子化检测器和红外吸收检测器等，也可以是其他类型的检测器。

2）仪器的量程应能满足相关控制标准中的标准浓度限值的测定要求；且其分辨率应保证在排放标准中泄漏控制浓度或标准浓度限值的±2.5%范围内可读。

3）配置能提供持续流量的电动采样泵。在安装用于保护仪器的玻璃棉塞或过滤器的采样探头的顶端测得的采样流量应在 0.10～3.0 L/min 范围内。

4）配置采样探头，采样探头前端的外径应保证能进入各类设备狭小缝隙进行检测，一般不超过 7 mm。

5）仪器必须具有防爆安全性并通过防爆安全检验认证。

10.2.3.10　其他污染物无组织排放监测

（1）监控点布设方法

根据《大气污染物综合排放标准》（GB 16297—1996）的规定，监控点布设方法有两种：

1）在排放源上、下风向分别设置参照点和监控点的方法：对于 1997 年 1 月 1 日之前设立的污染源，监测二氧化硫、氮氧化物、颗粒物和氟化物污染物无组织排放时，在排放源的上风向设参照点，下风向设监控点，监控点设于排放源下风向的浓度最高点，不受单位周界的限制。

2）在单位周界外设置监控点的方法：对于 1997 年 1 月 1 日之后设立的污染源，监测其污染物无组织排放时，监控点设置在单位周界外污染物浓度最高点处，监控点设置方法参照《大气污染物无组织排放监测技术导则》（HJ/T 55—2000）标准文本中条目 9.1。对于 1997 年 1 月 1 日之前设立的污染源，监测除二氧化硫、氮氧化物、颗粒物和氟化物之外的污染物无组织排放时，也用此方法布设监控点。

设置参照点的原则要求：参照点应不受或尽可能少受被测无组织排放源的影响，参照点要力求避开其近处的其他无组织排放源和有组织排放源的影响，尤其要注意避开那些可能对参照点造成明显影响而同时对监控点无明显影响的排放源；参照点的设置，要以能够代表监控点的污染物本底浓度为原则。具体设置方法参见《大气污染物无组织排放监测技术导则》（HJ/T 55—2000）标准文本中条目 9.2.1。

设置监控点的原则要求：监控点应设置于无组织排放下风向，距排放源 2～50 m 范围内的浓度最高点。设置监控点是不需要回避其他排放源的影响。具体设置方法参见《大气污染物无组织排放监测技术导则》（HJ/T 55—2000）标准文本中条目 9.2.2。

3）复杂情况下的监控点设置

在特别复杂的情况下，不可能单独运用上述各点的内容来设置监控点，需对情况作仔细分析，综合运用《大气污染物综合排放标准》（GB 16297—1996）和《大气污染物无组织排放监测技术导则》（HJ/T 55—2000）的有关条款设置监控点。同时，也不大可能对污染物的运动和分布作确切的描述和得出确切的结论，此时监测人员应尽可能利用现场可利用的条件，如利用无组织排放废气的颜色、嗅味、烟雾分布、地形特点等，甚至采用人造烟源或其他情况，借以分析污染物的运动和可能的浓度最高点，并据此设置监控点。

（2）样品采集

1）有与大气污染物排放标准相配套的国家标准分析方法的污染物项目，应按照配套标准分析方法中适用于无组织排放采样的方法执行。

2）尚缺少配套标准分析方法的污染物项目，应按照环境空气监测方法中的采样要求进行采样。

3）无组织排放监测的采样频次，参见 10.2.2.1（3）。

（3）分析方法

1）有与大气污染物排放标准相配套的国家标准分析方法的污染物项目，应按照配套标准分析方法（其中适用于无组织排放部分）执行。

2）个别没有配套标准分析方法的污染物项目，应按照适用于环境空气监测的标准分析方法执行。

（4）计值方法

1）在污染源单位周界外设监控点的监测结果，以最多四个监控点中的测定浓度最高点的测值作为无组织排放监控浓度值。

注意：浓度最高点的测值应是 1 h 连续采样或由等时间间隔采集的四个样品所得的 1 h 平均值。

2）在无组织排放源上、下风向分别设置参照点和监控点的监测结果，以最多四个监控点中的浓度最高点测值扣除参照点测值所得之差值，作为无组织排放监控浓度值。

注意：监控点和参照点测值是指 1 h 连续采样或由等时间间隔采集的四个样品所得的 1 h 平均值。

第 11 章　废气自动监测建设及运维技术要点

废气自动监测系统因其实时、自动等功能，在环境管理中发挥着越来越大的作用。为了确保废气自动监测数据能够有效应用，排污单位须加强废气自动监测系统的运维和管理，使其能够稳定、良好地运行。本章基于《固定污染源烟气（SO_2、NO_x、颗粒物）排放连续监测技术规范》《固定污染源烟气（SO_2、NO_x、颗粒物）排放连续监测系统技术要求及检测方法》标准，对废气自动监测系统的建设、验收、运行维护时应注意的技术要点进行了梳理。

11.1　废气自动监测系统组成及性能要求

11.1.1　基本概念

废气自动监测系统通常是指烟气排放连续监测系统（Continuous Emission Monitoring System，CEMS），该系统能够实现对固定污染源排放的颗粒物和（或）气态污染物的排放浓度和排放量进行连续、实时的自动监测。废气自动监测管理是指对系统中包含的所有设备进行规范安装、调试、验收、运行维护，从而实现对自动监测数据的质量保证。

11.1.2 CEMS 组成和功能要求

一套完整的 CEMS 主要由颗粒物监测单元、气态污染物监测单元、烟气参数监测单元、数据采集与传输单元以及相应的建筑设施等组成。

颗粒物监测单元：主要对排放烟气中的颗粒物浓度进行测量。

气态污染物监测单元：主要对排放烟气中 SO_2、NO_x、CO、CO_2 等气态形式的污染物进行监测。

烟气参数监测单元：主要对排放烟气的温度、压力、湿度、含氧量等参数进行监测，用于污染物排放量的计算，以及将污染物的实测浓度折算成标准干烟气状态下或排放标准中规定的过剩空气系数下的浓度。

数据采集与传输单元：主要完成测量数据的采集、存储、统计功能，并按相关标准要求的格式将数据传输到环境监管部门。

从水泥行业的特点来看，需要对水泥窑及窑尾预热利用系统排放的 SO_2、NO_x 和颗粒物开展自动监测，在选择 CEMS 时，应选择具备测量烟气中气态污染物 SO_2、NO_x、颗粒物浓度和烟气参数（温度、压力、流速、湿度、含氧量等），同时计算烟气中污染物排放速率和排放量，显示（可支持打印）和记录各种数据和参数形成相关图表，并通过数据、图文等方式传输至管理部门等功能。

对于氮氧化物监测单元，NO_2 可以直接测量，也可通过转化炉转化为 NO 后一并测量，但不允许只监测烟气中的 NO。NO_2 转换为 NO 的效率不小于 95%。

11.2 CEMS 现场安装要求

CEMS 的现场安装主要涉及现场监测站房、废气排放口、自动监控点位设置及监测断面等内容。现场监测站房必须能满足仪器设备功能需求且专室专用，保障供电、给排水、温湿度控制、网络传输等必需的运行条件，配备安装必要的电源、通信网络、温湿度控制、视频监视和安全防护设施；排放口应设置符合 GB 15562.1—1995 要求的环境保护图形标志牌。排放口应按照原环境保护部和地方生态环境主管部门的相关要求，进行规范化设置；自动监控点位应尽可能选取固定污染源烟气排放状况有代表性的点位。具体要求见第 7 章的 7.3 节的相关内容。

11.2.1 现场监测站房要求

现场监测站房必须能满足仪器设备功能需求且专室专用，保障供电、给排水、温湿度控制、网络传输等必需的运行条件，配备安装必要的电源、通信网络、温湿度控制、视频监视和安全防护设施。具体要求如下：

（1）监测站房与采样点之间距离应尽可能近，原则上不超过 70 m。

（2）监测站房的基础荷载强度应≥2 000 kg/m^2。若站房内仅放置单台机柜，面积应≥（2.5×2.5）m^2。若同一站房内放置多套分析仪表，则每增加一台机柜，站房面积至少增加 3 m^2，以便开展运维操作。站房空间高度应≥2.8 m，站房要建在标高≥0 m 处。

（3）监测站房内应安装空调和采暖设备，室内温度应保持在 15～30℃，相对湿度应≤60%，空调应具有来电自动重启功能，站房内应安装排风扇或其他通风设施。

（4）监测站房内配电功率应能够满足仪表实际要求，功率不小于 8 kW，至少预留三孔插座 5 个、稳压电源 1 个、UPS 电源一个。

（5）监测站房内应配备不同浓度的有证标准气体，且在有效期内。标准气体应当包含零气（即含二氧化硫、氮氧化物浓度均≤0.1 μmol/mol 的标准气体，一般为高纯氮气，纯度≥99.999%；当测量烟气中二氧化碳时，零气中二氧化碳≤400 μmol/mol，含有其他气体的浓度不得干扰仪器的读数）和 CEMS 测量的各种气体（SO_2、NO_x、O_2）的量程标气，以满足日常零点、量程校准、校验的需要。低浓度标准气体可由高浓度标准气体通过经校准合格的等比例稀释设备获得（精密度≤1%），也可单独配备。

（6）监测站房应有必要的防水、防潮、隔热、保温措施，在特定场合还应具备防爆功能。

（7）监测站房应具有能够满足 CEMS 数据传输要求的通信条件。

11.2.2 CEMS 安装位置要求

11.2.2.1 排放口设置

排放口应设置符合 GB 15562.1—1995 要求的环境保护图形标志牌。排放口应按照生态环境部和地方生态环境主管部门的相关要求，进行规范化设置。

11.2.2.2 监控点位设置

（1）CEMS 应准确可靠地安装在固定污染源烟气排放状况有代表性的位置上，位于固定污染源排放控制设备的下游和比对监测断面上游，尽可能选择在气流稳定的直管段，避开烟道弯头和断面急剧变化的部位，不漏风，不受环境光线和电磁辐射的影响，烟道振动幅度尽可能小，避开烟气中水滴和水雾的干扰，以保证采样断面烟气、颗粒物和流速分布相对均匀，监测断面无紊流。

（2）安装 CEMS 的工作区域应设置防水低压配电箱，内设漏电保护器、不少于 2 个 10 A 插座，以保证监测设备所需的电力。

（3）对于颗粒物和流速的测量应优先选择在垂直管段和烟道负压区域，确保所采集样品的代表性，测点位置应设置在距弯头、阀门、变径管下游方向不小于 4 倍烟道直径处，以及距上述部件上游方向不小于 2 倍烟道直径处；对于气态污染物的测量，测点位置应设置在距弯头、阀门、变径管下游方向不小于 2 倍烟道直径处，以及距上述部件上游方向不小于 0.5 倍烟道直径处。但测点位置距离排气出口至少应是烟道直径的 1.5 倍；矩形烟道直径按当量直径计算，当量直径 $D=2AB/(A+B)$，式中 A、B 为边长。

（4）合理布置采样平台与采样孔：

①采样或监测平台长度应≥2 m，宽度应≥2 m 或不小于采样枪长度外延 1 m，周围设置 1.2 m 以上的安全防护栏，有牢固并符合要求的安全措施，便于日常维护（清洁光学镜头、检查和调整光路准直、检测仪器性能和更换部件等）和比对监测。

②采样或监测平台应易于人员和监测仪器到达，当采样平台设置在离地面高度≥2 m 的位置时，应有通往平台的斜梯（或 Z 字梯、旋梯），宽度应≥0.9 m；当采样平台设置在离地面高度≥20 m 的位置时，应有通往平台的升降梯。

③当 CEMS 安装在矩形烟道时，若烟道截面的高度＞4 m，则不宜在烟道顶层开设参比方法采样孔；若烟道截面的宽度＞4 m，则应在烟道两侧开设参比方法采样孔，并设置多层采样平台。

④在 CEMS 监测断面下游应预留参比方法采样孔，采样孔位置和数目按照 GB/T 16157—1996 的要求确定。现有污染源参比方法采样孔内径应≥80 mm，新建或改建污染源参比方法采样孔内径应≥90 mm。在互不影响测量的前提下，参比方法采样孔应尽可能靠近 CEMS 监测断面。当烟道为正压烟道或有毒气时，应采用带闸板阀的密封采样孔。

（5）为了便于颗粒物与流速参比方法的校验和比对监测，CEMS 不宜安装在烟道内烟气流速＜5 m/s 的位置。

（6）若一个固定污染源排气先通过多个烟道或管道后进入该固定污染源的总排气管，则应尽可能将 CEMS 安装在总排气管上，但要便于用参比方法校验 CEMS；不得只在其中的一个烟道或管道上安装 CEMS，并将测定值作为该源的排放结果；但允许在每个烟道或管道上安装 CEMS。

（7）固定污染源烟气净化设备设置有旁路烟道时，应在旁路烟道内安装 CEMS 或烟温、流量 CMS。其安装、运行、维护、数据采集、记录和上传应符合该标准要求。

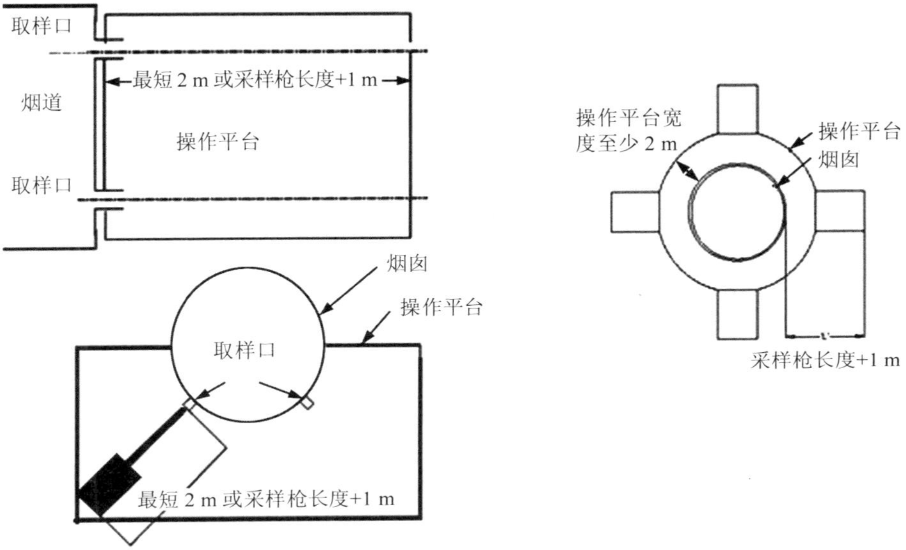

图 11-1　采样平台与采样孔示意图

11.3　CEMS 技术指标调试检测

11.3.1　CEMS 技术指标调试检测

CEMS 在现场安装运行以后，在接受验收前，应进行技术性能指标的调试检测。调试检测的技术指标包括：

颗粒物 CEMS 零点漂移、量程漂移；

颗粒物 CEMS 线性相关系数、置信区间、允许区间；

气态污染物的气量染物（含信号、开设参比方法采样孔；若烟道截面的宽度大于 CEMS 和氧气 CMS 零点漂移、量程漂移）；

气态污染物的气量染物（含信号、开设参比方法采样孔；若烟道截面的宽度大于 CEMS 和氧气 CMS 示值误差）；

气态污染物的气量染物（含信号、开设参比方法采样孔；若烟道截面的宽度大于 CEMS 和氧气 CMS 系统响应时间）；

气态污染物的气量染物（含信号、开设参比方法采样孔；若烟道截面的宽度大于 CEMS 和氧气 CMS 准确度）；

流速 CMS 速度场系数；

流速 CMS 速度场系数精密度；

温度 CMS 准确度；

湿度 CMS 准确度。

11.3.2 联网技术要求

安装调试完成后 15 天内，按《污染物在线监控（监测）系统数据传输标准》（HJ 212—2017）技术要求与生态环境主管部门联网。

11.4 CEMS 验收要求

技术验收包括 CEMS 技术指标验收和联网验收。

CEMS 在完成安装、调试检测并与环保部门联网，并同时符合下列要求后，可组织实施技术验收工作。

（1）CEMS 的安装位置及手工采样位置应符合 11.2.2 的要求。

（2）数据采集和传输以及通信协议均应符合 HJ 212—2017 的要求，并提供一个月内数据采集和传输自检报告，报告应对数据传输标准的各项内容做出响应。

（3）根据 11.3.1 的要求进行 72 小时的调试检测，并提供调试检测合格报告及调试检测结果数据。

（4）调试检测后至少稳定运行 7 天。

技术验收包括 CEMS 技术指标验收和联网验收。

11.4.1　CEMS 技术指标验收

11.4.1.1　验收要求

CEMS 技术指标验收包括颗粒物 CEMS、气态污染物 CEMS、烟气参数 CMS 技术指标验收。符合下列要求后，即可进行技术指标验收。

（1）现场验收期间，生产设备应正常且稳定运行，可通过调节固定污染源烟气净化设备达到某一排放状况，该状况在测试期间应保持稳定。

（2）日常运行中更换 CEMS 分析仪表或变动 CEMS 取样点位时，应进行再次验收。

（3）现场验收时必须采用有证标准物质或标准样品。较低浓度的标准气体可以使用高浓度的标准气体采用等比例稀释方法获得，等比例稀释装置的精密度在 1%以内。标准气体要求贮存在铝或不锈钢瓶中，不确定度不超过±2%。

（4）对于光学法颗粒物 CEMS，校准时须对实际测量光路进行全光路校准，确保发射光先经过出射镜片，再经过实际测量光路，到校准镜片后，再经过入射镜片到达接受单元。不得只对激光发射器和接收器进行校准。对于抽取式气态污染物 CEMS，当对全系统进行零点校准和量程校准、示值误差和系统响应时间的检测时，零气和标准气体应通过预设管线输送至采样探头处，经由样品传输管线回到站房，经过全套预处理设施后进入气体分析仪。

（5）验收前检查直接抽取式气态污染物采样伴热管的设置，设置的加热温度应≥120℃，并高于烟气露点温度 10℃以上，实际温度能够在机柜或系统软件中查询。冷干法 CEMS 冷凝器的设置和实际控制温度应保持在 2～6℃。

11.4.1.2　验收内容

颗粒物 CEMS 技术指标验收包括颗粒物的零点漂移、量程漂移和准确度验收。气态污染物 CEMS 和氧气 CMS 技术指标验收包括零点漂移、量程漂移、示值误差、系统响应时间和准确度验收。

现场验收时，应先做示值误差和系统响应时间的验收测试。不符合技术要求的，可不再继续开展其余项目的验收。

通入零气和标气时，均应通过 CEMS 系统，不得直接通入气体分析仪。

示值误差、系统响应时间、零点漂移和量程漂移验收技术需满足表 11-1 中的要求。

表 11-1 示值误差、系统响应时间、零点漂移和量程漂移验收技术要求

<table>
<tr><th colspan="3">检测项目</th><th>技术要求</th></tr>
<tr><td rowspan="6">气态污染物 CEMS</td><td rowspan="3">二氧化硫</td><td>示值误差</td><td>当满量程≥100 μmol/mol（286 mg/m^3）时，示值误差不超过±5%（相对于标准气体标称值）；
当满量程＜100 μmol/mol（286 mg/m^3）时，示值误差不超过±2.5%（相对于仪表满量程值）</td></tr>
<tr><td>系统响应时间</td><td>≤200 s</td></tr>
<tr><td>零点漂移、量程漂移</td><td>不超过±2.5%</td></tr>
<tr><td rowspan="3">氮氧化物</td><td>示值误差</td><td>当满量程≥200 μmol/mol（410 mg/m^3）时，示值误差不超过±5%（相对于标准气体标称值）；
当满量程＜200 μmol/mol（410 mg/m^3）时，示值误差不超过±2.5%（相对于仪表满量程值）</td></tr>
<tr><td>系统响应时间</td><td>≤200 s</td></tr>
<tr><td>零点漂移、量程漂移</td><td>不超过±2.5%</td></tr>
<tr><td rowspan="3">氧气 CMS</td><td rowspan="3">O_2</td><td>示值误差</td><td>±5%（相对于标准气体标称值）</td></tr>
<tr><td>系统响应时间</td><td>≤200 s</td></tr>
<tr><td>零点漂移、量程漂移</td><td>不超过±2.5%</td></tr>
<tr><td>颗粒物 CEMS</td><td>颗粒物</td><td>零点漂移、量程漂移</td><td>不超过±2.0%</td></tr>
</table>

注：氮氧化物以 NO_2 计。

准确度验收技术需满足表 11-2 中的要求。

表 11-2　准确度验收技术要求

检测项目			技术要求
气态污染物 CEMS	二氧化硫	准确度	排放浓度≥250 μmol/mol（715 mg/m³）时，相对准确度≤15%
			50 μmol/mol（143 mg/m³）≤排放浓度＜250 μmol/mol（715 mg/m³）时，绝对误差不超过±20 μmol/mol（57 mg/m³）
			20 μmol/mol（57 mg/m³）≤排放浓度＜50 μmol/mol（143 mg/m³）时，相对误差不超过±30%
			排放浓度＜20 μmol/mol（57 mg/m³）时，绝对误差不超过±6 μmol/mol（17 mg/m³）
	氮氧化物	准确度	排放浓度≥250 μmol/mol（513 mg/m³）时，相对准确度≤15%
			50 μmol/mol（103 mg/m³）≤排放浓度＜250 μmol/mol（513 mg/m³）时，绝对误差不超过±20 μmol/mol（41 mg/m³）
			20 μmol/mol（41 mg/m³）≤排放浓度＜50 μmol/mol（103 mg/m³）时，相对误差不超过±30%
			排放浓度＜20 μmol/mol（41 mg/m³）时，绝对误差不超过±6 μmol/mol（12 mg/m³）
	其他气态污染物	准确度	相对准确度≤15%
氧气 CMS	O_2	准确度	＞5.0%时，相对准确度≤15%
			≤5.0%时，绝对误差不超过±1.0%
颗粒物 CEMS	颗粒物	准确度	排放浓度＞200 mg/m³ 时，相对误差不超过±15%
			100 mg/m³＜排放浓度≤200 mg/m³ 时，相对误差不超过±20%
			50 mg/m³＜排放浓度≤100 mg/m³ 时，相对误差不超过±25%
			20 mg/m³＜排放浓度≤50 mg/m³ 时，相对误差不超过±30%
			10 mg/m³＜排放浓度≤20 mg/m³ 时，绝对误差不超过±6 mg/m³
			排放浓度≤10 mg/m³，绝对误差不超过±5 mg/m³
流速 CMS	流速	准确度	流速＞10 m/s 时，相对误差不超过±10%
			流速≤10 m/s 时，相对误差不超过±12%
温度 CMS	温度	准确度	绝对误差不超过±3℃
湿度 CMS	湿度	准确度	烟气湿度＞5.0%时，相对误差不超过±25%
			烟气湿度≤5.0%时，绝对误差不超过±1.5%

注：氮氧化物以 NO_2 计，以上各参数区间划分以参比方法测量结果为准。

11.4.2　联网验收

联网验收由通信及数据传输验收、现场数据比对验收和联网稳定性验收三部分组成。

11.4.2.1 通信及数据传输验收

按照 HJ 212—2017 的规定检查通信协议的正确性。数据采集和处理子系统与监控中心之间的通信应稳定，不出现经常性的通信连接中断、报文丢失、报文不完整等问题。为保证监测数据在公共数据网上传输的安全性，所采用的数据采集和处理子系统应进行加密传输。监测数据在向监控系统传输的过程中，应由数据采集和处理子系统直接传输。

11.4.2.2 现场数据比对验收

数据采集和处理子系统稳定运行一个星期后，对数据进行抽样检查，对比上位机接收到的数据和现场机存储的数据是否一致，精确至一位小数。

11.4.2.3 联网稳定性验收

在连续一个月内，子系统能稳定运行，不出现除通信稳定性、通信协议正确性、数据传输正确性以外的其他联网问题。

11.4.2.4 联网验收技术指标要求

表 11-3 联网验收技术指标要求

验收检测项目	考核指标
通信稳定性	1. 现场机在线率为 95%以上。 2. 正常情况下，掉线后，应在 5 min 之内重新上线。 3. 单台数据采集传输仪每日掉线次数在 3 次以内。 4. 报文传输稳定性在 99%以上。当出现报文错误或丢失时，启动纠错逻辑，要求数据采集传输仪重新发送报文
数据传输安全性	1. 对所传输的数据应按照 HJ 212—2017 中规定的加密方法进行加密处理传输，以保证数据传输的安全性。 2. 服务器端对请求连接的客户端进行身份验证

验收检测项目	考核指标
通信协议正确性	现场机和上位机的通信协议应符合 HJ 212—2017 的规定，正确率达到 100%
数据传输正确性	系统稳定运行一星期后，对一星期的数据进行检查，对比接收的数据和现场的数据一致，精确至一位小数，抽查数据正确率达到 100%
联网稳定性	系统稳定运行一个月，不出现除通信稳定性、通信协议正确性、数据传输正确性以外的其他联网问题

11.5　CEMS 日常运行管理要求

11.5.1　总体要求

CEMS 运维单位应根据 CEMS 使用说明书和本节要求编制仪器运行管理规程，确定系统运行操作人员和管理维护人员的工作职责。运维人员应当熟练掌握烟气排放连续监测仪器设备的原理、使用和维护方法。CEMS 日常运行管理应包括日常巡检、日常维护保养及 CEMS 的校准和检验。

11.5.2　日常巡检

CEMS 运维单位应根据本节要求和仪器使用说明中的相关要求制订巡检规程，严格按照规程开展日常巡检工作并做好记录。日常巡检记录应包括检查项目、检查日期、被检项目的运行状态等内容，每次巡检应记录并归档。CEMS 日常巡检时间间隔不超过 7 天。

日常巡检可参照 HJ 75—2017 附录 G 中的表 G.1～表 G.3 的形式记录。

11.5.3　日常维护保养

应根据 CEMS 说明书的要求对 CEMS 系统保养内容、保养周期或耗材更换周期等做出明确规定，每次保养情况应记录并归档。每次进行备件或材料更换时，更换的备件或材料的品名、规格、数量等应记录并归档。如更换有证标准物质或标准样品，还需记录新标准物质或标准样品的来源、有效期和浓度等信息。对日常巡检或维护保养中发现的故障或问题，系统管理维护人员应及时处理并记录。

CEMS 日常运行管理参照 HJ 75—2017 附录 G 中的格式记录。

11.5.4 CEMS 的校准和检验

应根据 11.7 节规定的方法和质量保证规定的周期制订 CEMS 系统的日常校准和校验操作规程。校准和校验记录应及时归档。

11.6 CEMS 日常运行质量保证要求

11.6.1 总体要求

CEMS 日常运行质量保证是保障 CEMS 正常稳定运行、持续提供有质量保证监测数据的必要手段。当 CEMS 不能满足技术指标而失控时，应及时采取纠正措施，并应缩短下一次校准、维护和校验的间隔时间。

11.6.2 定期校准

CEMS 运行过程中的定期校准是质量保证中的一项重要工作。定期校准应做到：

（1）具有自动校准功能的颗粒物 CEMS 和气态污染物 CEMS 每 24 小时至少自动校准一次仪器零点和量程，同时测试并记录零点漂移和量程漂移；

（2）无自动校准功能的颗粒物 CEMS 每 15 天至少校准一次仪器的零点和量程，同时测试并记录零点漂移和量程漂移；

（3）无自动校准功能的直接测量法气态污染物 CEMS 每 15 天至少校准一次仪器的零点和量程，同时测试并记录零点漂移和量程漂移；

（4）无自动校准功能的抽取式气态污染物 CEMS 每 7 天至少校准一次仪器零点和量程，同时测试并记录零点漂移和量程漂移；

（5）抽取式气态污染物 CEMS 每 3 个月至少进行一次全系统的校准，要求零气和标准气体从监测站房发出，经采样探头末端与样品气体通过的路径（应包括采样管路、过滤器、洗涤器、调节器、分析仪表等）一致，进行零点和量程漂移、示值误差和系统响应时间的检测；

（6）具有自动校准功能的流速 CMS 每 24 小时至少进行一次零点校准，无自动校准功能的流速 CMS 每 30 天至少进行一次零点校准；

（7）校准技术指标应满足表 11-4 要求。定期校准记录按 HJ 75—2017 附录 G 中的表 G.4 的形式记录。

表 11-4　CEMS 定期校准校验技术指标要求及数据失控时段的判别

<table>
<tr><th>项目</th><th colspan="2">CEMS 类型</th><th>校准功能</th><th>校准周期</th><th>技术指标</th><th>技术指标要求</th><th>失控指标</th><th>最少样品数（对）</th></tr>
<tr><td rowspan="15">定期校准</td><td colspan="2" rowspan="4">颗粒物 CEMS</td><td rowspan="2">自动</td><td rowspan="2">24 h</td><td>零点漂移</td><td>不超过±2.0%</td><td>超过±8.0%</td><td rowspan="10">—</td></tr>
<tr><td>量程漂移</td><td>不超过±2.0%</td><td>超过±8.0%</td></tr>
<tr><td rowspan="2">手动</td><td rowspan="2">15 d</td><td>零点漂移</td><td>不超过±2.0%</td><td>超过±8.0%</td></tr>
<tr><td>量程漂移</td><td>不超过±2.0%</td><td>超过±8.0%</td></tr>
<tr><td rowspan="6">气态污染物 CEMS</td><td rowspan="2">抽取测量或直接测量</td><td rowspan="2">自动</td><td rowspan="2">24 h</td><td>零点漂移</td><td>不超过±2.5%</td><td>超过±5.0%</td></tr>
<tr><td>量程漂移</td><td>不超过±2.5%</td><td>超过±10.0%</td></tr>
<tr><td rowspan="2">抽取测量</td><td rowspan="2">手动</td><td rowspan="2">7 d</td><td>零点漂移</td><td>不超过±2.5%</td><td>超过±5.0%</td></tr>
<tr><td>量程漂移</td><td>不超过±2.5%</td><td>超过±10.0%</td></tr>
<tr><td rowspan="2">直接测量</td><td rowspan="2">手动</td><td rowspan="2">15 d</td><td>零点漂移</td><td>不超过±2.5%</td><td>超过±5.0%</td></tr>
<tr><td>量程漂移</td><td>不超过±2.5%</td><td>超过±10.0%</td></tr>
<tr><td colspan="2" rowspan="2">流速 CMS</td><td>自动</td><td>24 h</td><td>零点漂移或绝对误差</td><td>零点漂移不超过±3.0%或绝对误差不超过±0.9 m/s</td><td>零点漂移超过±8.0%且绝对误差超过±1.8 m/s</td><td>—</td></tr>
<tr><td>手动</td><td>30 d</td><td>零点漂移或绝对误差</td><td>零点漂移不超过±3.0%或绝对误差不超过±0.9 m/s</td><td>零点漂移超过±8.0%且绝对误差超过±1.8 m/s</td><td>—</td></tr>
<tr><td colspan="3">颗粒物 CEMS</td><td rowspan="3">3 个月或 6 个月</td><td rowspan="3">准确度</td><td rowspan="3">满足该标准 9.3.8</td><td rowspan="3">超过该标准 9.3.8 规定范围</td><td>5</td></tr>
<tr><td colspan="3">气态污染物 CEMS</td><td>9</td></tr>
<tr><td colspan="3">流速 CMS</td><td>5</td></tr>
</table>

11.6.3 定期维护

CEMS 运行过程中的定期维护是日常巡检的一项重要工作，维护频次按照 HJ 75—2017 中附表 G.1～表 G.3 的说明进行。定期维护应做到：

（1）污染源停运到开始生产前应及时到现场清洁光学镜面。

（2）定期清洗隔离烟气与光学探头的玻璃视窗，检查仪器光路的准直情况；定期对清吹空气保护装置进行维护，检查空气压缩机或鼓风机、软管、过滤器等部件。

（3）定期检查气态污染物 CEMS 的过滤器、采样探头和管路的结灰和冷凝水情况、气体冷却部件、转换器、泵膜老化状态。

（4）定期检查流速探头的积灰和腐蚀情况、反吹泵和管路的工作状态。

（5）定期维护记录按 HJ 75—2017 附录 G 中的表 G.1～表 G.3 的形式记录。

11.6.4 定期校验

CEMS 投入使用后，燃料、除尘效率的变化、水分的影响、安装点的振动等都会对测量结果的准确性产生影响。定期校验应做到：

（1）有自动校准功能的测试单元每 6 个月至少做一次校验，没有自动校准功能的测试单元每 3 个月至少做一次校验；校验用参比方法和 CEMS 同时段数据进行比对，按 HJ 75—2017 进行。

（2）校验结果应符合表 11-4 中的要求，不符合时，则应扩展为对颗粒物 CEMS 的相关系数的校正或/和评估气态污染物 CEMS 的准确度或/和流速 CMS 的速度场系数（或相关性）的校正，直到 CEMS 达到表 11-2 中的要求，方法见 HJ 75—2017 附录 A。

（3）定期校验记录按 HJ 75—2017 附录 G 中的表 G.5 的形式记录。

11.6.5　常见故障分析及排除

当 CEMS 发生故障时，系统管理维护人员应及时处理并记录。设备维修记录见 HJ 75—2017 附录 G 中的表 G.6。维修处理过程中，要注意以下几点：

（1）CEMS 需要停用、拆除或者更换的，应当事先报经主管部门批准。

（2）运行单位发现故障或接到故障通知，应在 4 小时内赶到现场进行处理。

（3）对于一些容易诊断的故障，如电磁阀控制失灵、膜裂损、气路堵塞、数据采集仪死机等，可携带工具或者备件到现场进行针对性维修。此类故障维修时间不应超过 8 小时。

（4）仪器经过维修后，在正常使用和运行之前应确保维修内容全部完成，性能通过检测程序，按 11.6.2 节对仪器进行校准检查。若监测仪器进行了更换，在正常使用和运行之前应对系统进行重新调试和验收。

（5）若数据存储/控制仪发生故障，应在 12 小时内修复或更换，并保证已采集的数据不丢失。

（6）监测设备因故障不能正常采集、传输数据时，应及时向生态环境主管部门报告。缺失数据按 11.7.2.2 进行处理。

11.6.6　CEMS 定期校准校验技术指标要求及数据失控时段的判别与修约

CEMS 在定期校准、校验期间的技术指标要求及数据失控时段的判别标准见表 11-4。

当发现任一参数不满足技术指标要求时，应及时按照规范及仪器说明书等的相关要求，采取校准、调试乃至更换设备重新验收等纠正措施直至满足技术指标要求为止。当发现任一参数数据失控时，应记录失控时段（即从发现失控数据起到满足技术指标要求后止的时间段）及失控参数，并进行数据修约。

11.7 CEMS 数据审核和处理

11.7.1 CEMS 数据审核

固定污染源生产状况下，经验收合格的 CEMS 正常运行时段为 CEMS 数据有效时间段。CEMS 非正常运行时段（如 CEMS 故障期间、维修期间、超该标准 11.6.2 节规定的期限未校准时段、失控时段以及有计划的维护保养、校准等时段）均为 CEMS 数据无效时间段。

污染源计划停运一个季度以内的，不得停运 CEMS，日常巡检和维护要求仍按第 11.5、11.6 节执行；计划停运超过一个季度的，可停运 CEMS，但应报当地生态环境主管部门备案。污染源启运前，应提前启运 CEMS 系统，并进行校准。在污染源启运后的两周内进行校验，满足表 11-4 技术指标要求的，视为启运期间自动监测数据有效。

11.7.2 CEMS 数据无效时间段数据处理

CEMS 因发生故障需停机进行维修时，其维修期间的数据替代按表 11-6 处理；亦可以用参比方法监测的数据替代，频次不低于一天一次，直至 CEMS 技术指标调试到符合表 11-1 和表 11-2 时为止。如使用参比方法监测的数据替代，则监测过程应按照 GB/T 16157—1996、HJ 836—2017 和 HJ/T 397—2007 要求进行，替代数据包括污染物浓度、烟气参数和污染物排放量。

CEMS 系统数据失控时段污染物排放量按照表 11-5 进行修约，污染物浓度和烟气参数不修约。CEMS 系统超期未校准的时段视为数据失控时段，污染物排放量按照表 11-5 进行修约，污染物浓度和烟气参数不修约。

表 11-5　失控时段的数据处理方法

季度有效数据捕集率（α）	连续失控小时数（N）/h	修约参数	选取值
$\alpha \geq 90\%$	$N \leq 24$	二氧化硫、氮氧化物、颗粒物的排放量	上次校准前 180 个有效小时排放量最大值
	$N > 24$		上次校准前 720 个有效小时排放量最大值
$75\% \leq \alpha < 90\%$	—		上次校准前 2 160 个有效小时排放量最大值

CEMS 系统有计划（质量保证/质量控制）的维护保养、校准及其他异常导致的数据无效时段，该时段污染物排放量按照表 11-6 处理，污染物浓度和烟气参数不修约。

表 11-6　维护期间和其他异常导致的数据无效时段的处理方法

季度有效数据捕集率（α）	连续无效小时数（N）/h	修约参数	选取值
$\alpha \geq 90\%$	$N \leq 24$	二氧化硫、氮氧化物、颗粒物的排放量	失效前 180 个有效小时排放量最大值
	$N > 24$		失效前 720 个有效小时排放量最大值
$75\% \leq \alpha < 90\%$	—		失效前 2 160 个有效小时排放量最大值

11.7.3　数据记录与报表

11.7.3.1　记录

按 HJ 75—2017 附录 D 的表格形式记录监测结果。

11.7.3.2　报表

按 HJ 75—2017 附录 D（表 D.9～表 D.12）的表格形式定期将 CEMS 监测数据上报，报表中应给出最大值、最小值、平均值、排放累计量以及参与统计的样本数。

第 12 章　厂界环境噪声及周边环境影响监测

厂界环境噪声及周边环境质量监测应按照相关的标准和规范开展。对于厂界环境噪声而言，重点是监测点位的布设，应能够反映厂内噪声源对厂外，尤其是对厂外居民等敏感点的影响。对于周边环境质量监测，对于石油炼制、石油化学行业排污单位来说，主要考虑对地表水环境的影响，确保监测点的代表性和监测采样的规范性是地表水环境影响监测的重要考虑因素。本章围绕着厂界环境噪声和地表水、近岸海域海水监测的关键点进行介绍和说明。

12.1　厂界环境噪声监测

12.1.1　环境噪声的含义

《噪声污染防治法》第二条规定：本法所称环境噪声污染，是指所产生的环境噪声超过国家规定的环境噪声排放标准，并干扰他人正常生活、工作和学习的现象。所以在测量厂界环境噪声时应重点关注：①噪声排放是否超过标准规定的排放限值；②是否干扰他人正常生活、工作和学习。

12.1.2　厂界环境噪声布点原则

《工业企业厂界环境噪声排放标准》（GB 12348—2008）中规定应根据工业企

业声源、周围噪声敏感建筑物的布局以及毗邻的区域类别，在工业企业厂界布设多个厂界环境噪声监测点位，包括距噪声敏感建筑物较近的以及受被测声源影响大的位置。《排污单位自行监测技术指南 总则》（HJ 819—2017）则更具体地指出了厂界环境噪声监测点位设置应遵循的原则：①根据厂内主要噪声源距厂界位置布点；②根据厂界周围敏感目标布点；③“厂中厂”是否需要监测由内部和外围排污单位协商确定；④面临海洋、大江、大河的厂界原则上不布点；⑤厂界紧邻交通干线不布点；⑥厂界紧邻另一个排污单位的，在临近另一个排污单位侧是否布点由排污单位协商确定。

厂界一侧长度在 100 m 以下，原则上可布设 1 个监测点位；300 m 以下的可布设点位 2～3 个；300 m 以上的可布设点位 4～6 个。通常所说的厂界，是指由法律文书（如土地使用证、土地所有证、租赁合同等）中所确定的业主拥有使用权（或所有权）的场所或建筑边界，各种产生噪声的固定设备的厂界为其实际占地边界。

设置测量点时，一般情况下，应选在工业企业厂界外 1 m，高度为 1.2 m 以上的位置；当厂界有围墙且周围有受影响的噪声敏感建筑物时，测点应选在厂界外 1 m、高于围墙 0.5 m 以上的位置；当厂界无法测量到声源的实际排放状况时（如声源位于高空、厂界设有声屏障等），应在厂界外高于围墙 0.5 m 处设置测点，同时在受影响的噪声敏感建筑物的户外 1 m 处另设测点，建筑物高于 3 层时，可考虑分层布点；当厂界与噪声敏感建物距离小于 1 m 时，厂界环境噪声应在噪声敏感建筑物内测量，室内测量点位设在距任何反射面至少 0.5 m 以上、距地面 1.2 m 高度处，在受噪声影响方向的窗户开启状态下测量；固定设备结构传声至噪声敏感建筑物室内，在噪声敏感建筑物室内测量时，测点应距任何反射面至少 0.5 m 以上，距地面 1.2 m、距外窗 1 m 以上，窗户关闭状态下测量，具体要求参照《环境噪声监测技术规范 结构传播固定设备室内噪声》（HJ 707—2014）。

12.1.3 环境噪声测量仪器

测量厂界环境噪声使用的测量仪器为积分平均声级计或环境噪声自动监测仪，其性能应不低于《电声学　声级计　第1部分：规范》（GB/T 3785.1—2010）中对2型仪器的要求。测量35 dB以下的噪声时应使用1型声级计，且测量范围应满足所测量噪声的需要。校准所用仪器应符合《电声学　声校准器》（GB/T 15173—2010）对1级或2级声校准器的要求。当需要进行噪声的频谱分析时，仪器性能应符合《电声学　倍频程和分数倍频程滤波器》（GB/T 3241—2010）中对滤波器的要求。

测量仪器和校准仪器应定期检定是否合格，并在有效使用期限内使用；每次测量前后必须在测量现场进行声学校准，其前后校准示值偏差不得大于0.5天，否则测量结果无效。测量时传声器加防风罩。测量仪器时间计权特性设为“F”档，采样时间间隔不大于1 s。

12.1.4 环境噪声监测注意事项

测量应在无雨雪、无雷电天气，风速为5 m/s以下时进行。不得不在特殊气象条件下测量时，应采取必要措施保证测量的准确性，同时注明当时所采取的措施及气象情况。测量应在被测声源正常工作时间进行，同时注明当时的工况。

分别在昼间、夜间两个时段测量。夜间有频发、偶发噪声影响时同时测量最大声级。被测声源是稳态噪声，采用1 min的等效声级。被测声源是非稳态噪声，测量被测声源有代表性时段的等效声级，必要时测量被测声源整个正常工作时段的等效声级。噪声超标时，必须测量背景值。背景噪声的测量及修正按照《环境噪声监测技术规范　噪声测量值修正》（HJ 706—2014）进行。

12.1.5 监测结果评价

各个测点的测量结果应单独评价。同一测点每天的测量结果按昼间、夜间进行评价。最大声级直接评价。当厂界与噪声敏感建物距离小于1 m，厂界环境噪声在噪声敏感建筑物内测量时，应将相应的噪声标准限制减 10 dB 作为评价依据。

12.2　地表水监测

本节仅针对监测断面设置和现场采样进行介绍，样品保存、运输以及实验室分析部分参考第 8 章内容。

12.2.1　监测断面设置

排污单位厂界周边的地表水环境质量影响监测点位应参照排污单位环境影响评价文件及其批复和其他环境管理要求设置。

如环境影响评价文件及其批复和其他文件中均未作出要求，排污单位需要开展周边环境质量影响监测的，环境质量影响监测点位设置的原则和方法参照《环境影响评价技术导则　总纲》（HJ 2.1—2016）、《环境影响评价技术导则　地表水环境》（HJ 2.3—2018）和《地表水和污水监测技术规范》（HJ/T 91—2002）等执行。

《环境影响评价技术导则　地表水环境》（HJ 2.3—2018）规定环境影响评价中，应提出地表水环境质量监测计划，包括监测断面或点位位置（经纬度）、监测因子、监测频次、监测数据采集与处理、分析方法等。地表水环境质量监测断面或点位设置需与水环境现状监测、水环境影响预测的断面或点位相协调，并应强化其代表性、合理性。

（1）河流监测断面设置

根据《环境影响评价技术导则　地表水环境》（HJ 2.3—2018）对补充调查监测布点的规定，应布设对照断面、控制断面。对照断面宜布置在排放口上游 500 m 以内。控制断面应根据受纳水域水环境质量控制管理要求设置。控制断面可结合水环境功能区或水功能区、水环境控制单元区划情况，直接采用国家及地方确定的水质控制断面。评价范围内不同水质类别区、水环境功能区或水功能区、水环境敏感区及需要进行水质预测的水域，应布设水质监测断面。评价范围以外的调查或预测范围，可以根据预测工作需要增设相应的水质监测断面。水质取样断面上取样垂线的布设按照《地表水和污水监测技术规范》（HJ/T 91—2002）的规定执行。

（2）湖库监测点位设置

根据《环境影响评价技术导则　地表水环境》（HJ 2.3—2018），可采用以排放口为中心，沿放射线布设或网格布设的方法，按照下列原则及方法设置水质取样垂线：一级评价　在评价范围内布设的水质取样垂线数宜不少于 20 条；二级评价　在评价范围内布设的水质取样垂线宜不少于 16 条。评价范围内不同水质类别区、水环境功能区或水功能区、水环境敏感区、排放口和需要进行水质预测的水域，应布设取样垂线。水质取样垂线上取样点的布设按照《地表水和污水监测技术规范》（HJ/T 91—2002）的规定执行。

12.2.2　水样采集

12.2.2.1　基本要求

（1）河流

对开阔河流采样时，应包括下列几个基本点：用水地点的采样；污水流入河流后，对充分混合的地点及流入前的地点采样；支流合流后，对充分混合的地点及混合前的主流与支流地点的采样；主流分流后地点的选择；根据其他需要设定的采样地点。各采样点原则上应在河流横向及垂向的不同位置采集样品。采样时间一般选择在采样前至少连续两天晴天，水质较稳定的时间。

（2）水库和湖泊

由于采样地点和温度的分层现象可引起很大的水质差异，因此在调查水质状况时，应考虑到成层期与循环期的水质明显不同。了解循环期水质，可布设和采集表层水样；了解成层期水质，应按照深度布设及分层采样。

12.2.2.2 水样采集要点内容

（1）采样器材

采样器材主要有采样器和水样容器。采样器包括聚乙烯塑料桶、单层采水瓶、直立式采水器、自动采样器。水样容器包括聚乙烯瓶（桶）、硬质玻璃瓶和聚四氟乙烯瓶。聚乙烯瓶一般用于大多数无机物的样品，硬质玻璃瓶用于有机物和生物样品，玻璃或聚四氟乙烯瓶用于微量有机污染物（挥发性有机物）样品。

（2）采样量

在地表水质监测中通常采集瞬时水样。采样量参照规范要求，即考虑重复测定和质量控制的需要的量，并留有余地。

（3）采样方法

在可以直接汲水的场合，可用适当的容器采样，如在桥上等地方用系着绳子的水桶投入水中汲水，但要注意不能混入漂浮于水面上的物质；在采集一定深度的水时，可用直立式或有机玻璃采水器。

（4）水样保存

在水样采入或装入容器中后，应按规范要求加入保存剂。

（5）油类采样

采样前先破坏可能存在的油膜，用直立式采水器把玻璃容器安装在采水器的支架中，将其放到 300 mm 深的地方，边采水边向上提升，在到达水面时剩余适当空间（避开油膜）。

12.2.2.3 注意事项

《地表水环境质量标准》（GB 3838—2002）中规定的项目标准值，要求水样采集后自然沉降 30 min，取上层非沉降部分按规定方法进行分析。对于某些湖库河道等地表水体一般不存在可沉降物的情况，建议在采样比对验证无显著影响后，省略自然沉降步骤。规定补充说明：由于地表水水质包括水相、颗粒相、生物相和沉积相，且水质的这四种相态在我国地表水体之间差别较大，如黄河的泥沙等，造成监测分析结果和数据的可比性差异很大，因此规定所有地表水水样均在采集后自然沉降 30 min，取上层清液按规定方法分析，以尽可能地消除监测分析结果的差异。

水样采集过程中应注意以下方面：

（1）采样时不可搅动水底的沉积物。

（2）采样时应保证采样点的位置准确，必要时用定位仪（GPS）定位。

（3）认真填写采样记录表。

（4）采样结束前，核对采样方案、记录和水样是否正确。若不正确则应补采。

（5）测定油类水样，应在水面至 300 mm 范围内采集柱状水样，并单独采集，全部用于测定。采样瓶不得用采集的水样冲洗。

（6）测定溶解氧（DO）、生化需氧量和有机污染物等项目时，水样必须注满容器，上部不留空间，并用水封口。

（7）如果水样中含沉降性固体，如泥沙等，应分离除去，分离方法为将所采水样摇匀后倒入筒形玻璃容器，静置 30 min，将不含沉降性固体但含有悬浮性固体的水样移入盛样容器，并加入保存剂。测定总悬浮物和油类除外。

（8）测定湖库水的化学需氧量、高锰酸盐指数、叶绿素 a、总氮、总磷时的水样，静置 30 min 后，用吸管一次或几次移取水样，吸管进水尖嘴应插至水样表层 50 mm 以下位置，再加保护剂保存。

（9）测定油类、BOD_5、DO、硫化物、余氯、粪大肠菌群、悬浮物、挥发性有机物、放射性等项目时要单独采样。

（10）降雨与融雪期间地表径流的变化，也是影响水质的因素，在采样时应予以注意并做好采样记录。

12.3 近岸海域海水影响监测

12.3.1 监测点位设置

排污单位厂界周边的海水环境质量影响监测点位应参照排污单位环境影响评价文件及其批复和其他环境管理要求设置。

如环境影响评价文件及其批复和其他文件中均未作出要求，排污单位需要开展周边环境质量影响监测的，环境质量影响监测点位设置的原则和方法参照《环境影响评价技术导则 总纲》（HJ 2.1—2016）、《环境影响评价技术导则 地表水环境》（HJ 2.3—2018）、《近岸海域环境监测技术规范》（HJ 442—2020）、《近岸海域环境监测点位布设技术规范》（HJ 730—2014）等执行。

根据《环境影响评价技术导则 地表水环境》（HJ 2.3—2018），一级评价可布设 5～7 个取样断面，二级评价可布设 3～5 个取样断面。根据垂向水质分别特点，参照《海洋调查规范》（GB/T 12763—2007）、《近岸海域环境监测技术规范》（HJ 442—2020）、《近岸海域环境监测点位布设技术规范》（HJ 730—2014）执行。排放口位于感潮河段内的，其上游设置的水质取样断面，应根据时间情况参照河流决定；其下游断面的布设与近岸海域相同。

12.3.2 水样采集基本要求

12.3.2.1 采样前环境情况检查

每次采样前均应仔细检查装置的性能及采样点周围的状况。

（1）岸上采样

如果水是流动的，采样人员站在岸边，必须面对水流动方向操作。若底部沉积物受到扰动，则不能继续取样。

（2）船上采样

由于船体本身就是一个重要的污染源，船上采样要始终采取适当措施防止船上各种污染源可能带来的影响。采痕量金属水样应尽量避免使用铁质或其他金属制成的小船，采用逆风逆流采样，一般应在船头取样，将来自船体的各种沾污控制在一个尽量低的水平上。当船体到达采样点位后，应该根据风向和流向，立即将采样船周围海面划分为船体沾污区、风成沾污区和采样区三部分，然后在采样区采样。或者待发动机关闭后，当船体仍在缓慢前进时，将抛浮式采水器从船头部位尽力向前方抛出，或者使用小船离开大船一定距离后采样；采样人员应坚持向风操作，采样器不能直接接触船体任何部位，裸手不能接触采样器排水口，采样器内的水样应先放掉一部分后再取样；采样深度的选择是采样的重要部分，通常要特别注意避开微表层而采集表层水样，也不要在被悬浮沉积物富集的底层水附近采集底层水样；采样时应避免剧烈搅动水体，如发现底层水浑浊，应停止采样；当水体表面漂浮杂质时，应防止其进入采样器，否则要重新采样；采集多层次深水水域的样品时，按从浅到深的顺序采集；因采水器容积有限不能一次完成时，可进行多次采样，将各次采集的水样集装在大容器中，分样前应充分摇匀。混匀样品的方法不适于溶解氧、BOD、油类、细菌学指标、硫化物及其他有特殊要求的项目；测溶解氧、BOD、pH 等项目的水样，采样时需充满，避免残留空气对测项的干扰；其他测项，装水样至少留出容器体积 10%的空间，以便样品分析前充分摇匀；取样时，应沿样品瓶内壁注入，除溶解氧等特殊要求外，放水管不要插入液面下装样；除现场测定项目外，样品采集后应按要求进行现场加保存剂，颠倒数次使保存剂在样品中均匀分散；水样取好后，仔细塞好瓶塞，不能有漏水现象。如需将水样转送他处或不能立刻分析，应用石蜡或水漆封口。对不同水深，采样层次按照《近岸海域环境监测技术规范》（HJ 442—2020）确定。

12.3.2.2 现场采样注意事项

（1）项目负责人或技术负责人同船长协调海上作业与船舶航行的关系，在保证安全的前提下，航行应满足监测作业的需要。

（2）按监测方案要求获取样品和资料。

（3）水样分装顺序的基本原则是不过滤的样品先分装，需过滤的样品后分装；一般按悬浮物和溶解氧（生化需氧量）→pH→营养盐→重金属→COD（其他有机物测定项目）→叶绿素 a→浮游植物（水采样）的顺序进行；如化学需氧量和重金属汞需测试非过滤态，则按悬浮物和溶解氧（生化需氧量）→COD（其他有机物测定项目）→汞→pH→盐度→营养盐→其他重金属→叶绿素 a→浮游植物（水采样）的顺序进行。

（4）在规定时间内完成应在海上现场测试的样品，同时做好非现场检测样品的预处理。

（5）采样事项：船到达点位前 20 min，停止排污和冲洗甲板，关闭厕所通海管路，直至监测作业结束；严禁用手沾污所采样品，防止样品瓶塞（盖）沾污；观测和采样结束，应立即检查有无遗漏，在确信没有遗漏后方可通知船方起航；在大雨等特殊气象条件下应停止海上采样工作；遇有赤潮和溢油等情况时，应按应急监测规定要求进行跟踪监测。

12.4　地下水监测

12.4.1　监测点位设置

石油炼制、石油化学工业排污单位周边地下水环境质量监测，主要针对石油炼制、石油化学类企业；排污单位厂界周边的地下水环境质量影响监测点位参照排污单位环境影响评价文件及其批复和其他环境管理要求设置。

如环境影响评价文件及其批复和其他文件中均未作出要求，排污单位需要开展周边环境质量影响监测的，地下水环境质量影响监测点位设置的原则和方法参照《环境影响评价技术导则　地下水环境》（HJ 610—2016）、《地下水环境监测技术规范》（HJ 164—2020）等执行。

参考《环境影响评价技术导则　地下水环境》（HJ 610—2016），根据排污单位类别及地下水环境敏感程度，划分排污单位对地下水环境影响的等级见表 12-1，进而确定地下水监测点（井）的数量及分布。

表 12-1　排污单位周边地下水环境影响等级分级

敏感程度[①]	项目类别[②]		
	Ⅰ类项目	Ⅱ类项目	Ⅲ类项目
敏感	一级	一级	二级
较敏感	一级	二级	三级
不敏感	二级	三级	三级

注：[①]参见《环境影响评价技术导则　地下水环境》（HJ 610—2016）表 1；
[②]参见《环境影响评价技术导则　地下水环境》（HJ 610—2016）附录 A。

地下水环境质量影响监测点位（井）数量及设置要求：影响等级为一级、二级的排污单位，点位一般不少于 3 个，应至少在排污单位上、下游各布设 1 个。一级排污单位还应在重点污染风险源处增设监测点。影响等级为三级的排污单位，点位一般不少于 1 个，应至少在排污单位下游布置 1 个。

12.4.2　监测井的建设与管理

开展周边地下水环境质量影响监测的排污单位可选择符合点位布设要求、常年使用的现有井（如经常使用的民用井）作为监测井；在无合适现有井时，可设置专门的监测井。多数情况下地下水可能存在污染的部分集中在接近地表的潜水中，排污单位应根据所在地及周边水文地质条件确定地下水埋藏深度，进而确定地下水监测井井深或取水层位置。

地下水的监测井建设与管理的其他具体要求，应符合《地下水环境监测技术规范》（HJ 164—2020）中第 2 章、第 4 章的规定。

地下水样品的现场采集、保存、实验室分析及质量控制的具体操作过程，应符合《地下水环境监测技术规范》（HJ 164—2020）中第 6～10 章的规定。

12.5　土壤监测

石油炼制、石油化学工业排污单位周边土壤环境质量监测主要针对石油炼制、石油化学企业；排污单位厂界周边的土壤环境质量影响监测点位参照排污单位环境影响评价文件及其批复和其他环境管理要求设置。如环境影响评价文件及其批复和其他文件中均未作出要求，排污单位需要开展周边环境质量影响监测的，土壤环境质量影响监测点位设置的原则和方法参照《环境影响评价技术导则　土壤环境（试行）》（HJ 964—2018）、《土壤环境监测技术规范》（HJ/T 166—2004）等执行。

参考《环境影响评价技术导则　土壤环境（试行）》（HJ 964—2018）中有关污染影响型建设项目的要求，根据排污单位类别、占地面积大小及土壤环境的敏感程度，确定监测点位布设的范围、数量及采样深度。

首先根据表 12-2 的规定，确定排污单位对周边土壤环境影响的等级。

表 12-2　排污单位对周边土壤环境影响等级分级

敏感程度[①]	Ⅰ类建设项目[②]			Ⅱ类建设项目			Ⅲ类建设项目		
	占地面积[③]			占地面积			占地面积		
	大	中	小	大	中	小	大	中	小
敏感	一级	一级	一级	二级	二级	二级	三级	三级	三级
较敏感	一级	一级	二级	二级	二级	三级	三级	三级	—
不敏感	一级	二级	二级	二级	三级	三级	三级	—	—

注：①参见《环境影响评价技术导则　土壤环境（试行）》（HJ 964—2018）中表 3；

②参见《环境影响评价技术导则　土壤环境（试行）》（HJ 964—2018）中附录 A；

③排污单位占地面积分为大型（≥50 hm^2）、中型（5～50 hm^2）、小型（≤5 hm^2）。

其次，在确定排污单位对土壤环境影响的等级后，可根据表 12-3 的规定确定监测点布设的范围及点位数量。

表 12-3 排污单位对周边土壤环境质量影响监测点位布设范围及数量

土壤环境影响等级	周边土壤环境监测点的布设范围[①]	点位数量
一级	1 km^2	4 个表层点[②]
二级	0.2 km^2	2 个表层点[②]
三级	0.02 km^2	—[③]

注：[①]涉及大气沉降途径影响的，可根据主导风向下风向最大浓度落地点适当调整监测点位布设范围。

[②]影响等级为三级的排污单位，除有特殊要求的，一般可不考虑布设周边土壤环境监测点。

[③]表层点一般在 0～0.2 m 采样。

土壤样品的现场采集、样品流转、制备、保存、实验室分析及质量控制的具体过程应符合《土壤环境监测技术规范》（HJ/T 166—2004）中的相关技术规定。

第 13 章　监测质量保证与质量控制体系

监测质量保证与质量控制是提高监测数据质量的重要保障，是监测过程的重中之重，同时也涉及监测过程方方面面的内容。本章立足现有经验，对污染源监测应关注的重点内容、质控要点进行梳理，提供了经验性的参考，但很难面面俱到。排污单位或社会化检测机构在开展污染源监测过程中，可参考本章的内容，结合自身实际情况，制定切实有效的监测质量保证与质量控制方案，提高监测数据质量。

13.1　基本概念

监测质量保证和质量控制是环境监测过程中的两个重要概念。《环境监测质量管理技术导则》（HJ 630—2011）中这样定义：质量保证是指为了提供足够的信任表明实体能够满足质量要求，而在质量体系中实施并根据需要证实的全部有计划和有系统的活动。质量控制是指为达到质量要求所采取的作业技术或活动。

采取质量保证的目的是获取他人对质量的信任，是为使他人确信某实体提供的数据、产品或者服务等能满足质量要求而实施的并根据需要进行证实的全部有计划、有系统的活动。质量控制则是通过监视质量形成过程，消除生产数据、产品或者提供服务的所有阶段中可能引起不合格或不满意效果的因素，使其达到质量要求而采用的各种作业技术和活动。

环境监测的质量保证与质量控制，是依靠系统的文件规定来实施的内部的技术和管理手段。它们既是生产出符合国家质量要求的检测数据的技术管理制度和活动，也是一种“证据”，即向任务委托方、环境管理机构和公众等表明该检测数据是在严格的质量管理中完成的，具有足够的管理和技术上的保证手段，数据是准确可信的。

13.2 质量体系

证明数据质量可靠性的技术管理制度与活动可以千差万别，但是也有其共同点。为了实现质量保证和质量控制的目的，往往需要建立一套并保证有效运行的质量体系。它应覆盖环境检测活动所涉及的全部场所、所有环节，以使检测机构的质量管理工作程序化、文件化、制度化和规范化。

建立一个良好运行的质量体系，对于专业的向政府、企事业单位或者个人提供排污情况监测数据的社会化检测机构，按照国家的《检验检测机构资质认定管理办法》（质检总局令　第163号）、《检验检测机构资质认定评审准则》和《检验检测机构资质认定评审准则及释义》的要求建立并运行质量体系是必要的。若检测实验室仅为排污单位内部提供数据，质量管理活动的目的则是为本单位管理层、环境管理机构和公众提供证据，证明数据准确可信。质量手册不是必需的，但有利于检测实验室数据质量得到保证的一些程序性规定和记录是必要的（如实验室具体分析工作的实施流程、数据质量相关的管理流程等的详细规定，具体方法或设备使用的指导性详细说明，数据生产过程和监督数据生产需使用的各种记录表格等）。

建立质量体系不等于需要通过资质认定。质量体系的繁简程度与检测实验室的规模、业务范围、服务对象等密切相关，有时还需要根据业务委托方的要求修改完善质量体系。质量体系一般包括质量手册、程序文件、作业指导书和记录。有效的质量控制体系应满足“对检测工作进行全面规范，且保证全过程留痕”的基本要求。

13.2.1　质量手册

质量手册是检测实验室质量体系运行的纲领性文件，阐明检测实验室的质量目标，描述检测实验室全部检测质量活动的要素，规定检测质量活动相关人员的责任、权限和相互之间的关系，明确质量手册的使用、修改和控制的规定等。质量手册至少应包括批准页、自我声明、授权书、检测实验室概述、检测质量目标、组织机构、检测人员、设施和环境、仪器设备和标准物质，以及检测实验室为保证数据质量所做的一系列规定等。

（1）批准页：其主要内容是说明编制质量体系的目的以及质量手册的内容，并由最高管理者批准实施。

（2）自我声明：检测实验室关于独立承担法律责任、遵守《中华人民共和国计量法》和监测技术标准规范等相关法律法规、客观出具数据等的承诺。

（3）授权书：检测实验室有多种情形需要授权，包括但不限于：在最高管理者外出期间，授权给其他人员替其行使职权；最高管理者授权人员担任质量负责人、技术负责人等关键岗位；授权检测实验室的大型贵重仪器的人员使用等。

（4）检测实验室概述：简要介绍检测实验室的地理位置、人员构成、设备配置概况、隶属关系等基本信息。

（5）检测质量目标：即定量描述检测工作所达到的质量。

（6）组织结构：即明确检测实验室与检测工作相关的外部管理机构的关系，与本单位中其他部门的关系，完成检测任务相关部门之间的工作关系等，通常以组织结构框图的方式表明。与检测任务相关的各部门的职责应予以明确和细化。例如，可规定检测质量管理部具有下列职责：①牵头制订检测质量管理年度计划，监督实施，并编制质量管理年度总结。②负责组织质量管理体系建设，并运行管理，包括质量体系文件编制、宣贯、修订、内部审核、管理评审、质量督查、检测报告抽查、实验室和现场监督检查、质量保证和质量控制等工作。③负责组织人员开展内部持证上岗考核相关工作。④负责组织参加外部机构组织的能力验证、能力考核、比对抽测等各项考核工作。⑤负责组织仪器设备检定/校准工作，包括编制检定/校准计划、组织实施和确认。⑥负责标准物质管理工作，包括建立标准物质清册，管理标准物质样品库，标准样品的验收、入库、建档及期间核查等。

（7）检测人员：包括检测岗位划分和检测人员管理两部分内容。

检测岗位划分指检测实验室将检测相关工作分为若干具体的检测工序，并明确各检测工序的职责。以检测实验室为例，岗位划分可描述为质量负责人，技术负责人，报告签发人，采样岗位，分析岗位，质量监督人，档案管理人等。可以由同一个人兼任不同的岗位，也可以专职从事某一个岗位。但报告编制、审核和签发应由 3 名人员承担，不能由一个人兼任其中的两个职责。

检测人员管理部分则规定从事采样、分析等检测相关工作的人员应接受的教育、培训，应掌握的技能，应履行的职责等。以分析岗位为例，人员管理可描述为：①分析人员必须经过培训，熟练掌握与承担分析项目有关的标准监测方法或技术规范及有关法规，且具备对检验检测结果做出评价的判断能力，经内部考核合格后持证上岗。②熟练掌握所用分析仪器设备的基本原理、技术性能，以及仪器校准、调试、维护和常见故障的排除技术。③熟悉并遵守质量手册的规定，严格按监测标准、规范或作业指导书开展监测分析工作，熟悉记录的控制与管理程序，按时完成任务，保证监测数据准确可靠。④认真做好样品分析前的各项准备工作，分析样品的交接工作以及样品分析工作，确保按业务通知单或监测方案要求完成样品分析。⑤分析人员必须确保分析选用的分析方法现行有效，分析依据正确。⑥负责所使用仪器设备日常维护、使用和期间核查，编制/修订其操作规程、维护规程、期间核查规程和自校规程，并在计量检定/校准有效期内使用，负责做好使用、维护和期间核查记录。⑦确保分析质控措施和质控结果符合有关监测标准或技术规范及相关规定要求。⑧当分析仪器设备、分析环境条件或被测样品不符合监测技术标准或技术规范要求时，监测分析人员有权暂停工作，并及时向上级报告。⑨认真做好分析原始记录并签字，要求字迹清楚、内容完整、编号无误。

⑩分析人员对分析数据的准确性和真实性负责。⑪校对上级安排的其他检测人员的分析原始记录。

检测实验室建立人员配备情况一览表（参考表 13-1），有助于提高人员管理效率。

表 13-1　检测人员一览（样表）

序号	姓名	性别	出生年月	文化程度	职务/职称	所学专业	从事本技术领域年限	所在岗位	持证项目情况	备注
1	张三	男	1988 年 8 月	本科	工程师	分析化学	5	分析岗	水和废水：化学需氧量、氨氮	质量负责人
……										

（8）设施和环境：检测实验室的设施和环境条件指检测实验室配备必要的设施硬件，并建立制度保证监测工作环境适应监测工作需求。检测实验室的设施通常包括空调、除湿机、干湿度温度计、通风橱、纯水机、冷藏柜、超声波清洗仪、电子恒温恒湿箱、灭火器等检测辅助设备。至少应明确以下规定：

1）防止交叉污染的规定。例如，规定监测区域应有明显标识；严格控制进入和使用影响检测质量的实验区域；对相互有影响的活动区域进行有效隔离，防止交叉污染。比较典型的交叉污染例子有挥发酚项目的检测分析会对在同一实验室进行的氨氮检测分析造成交叉污染；在分析总砷、总铅、总汞、总镉等项目时，如果不同的样品间浓度差异较大，规定高、低浓度的采样瓶和分析器皿分别用专用酸槽浸泡洗涤，以免交叉污染。必要时，用优级纯酸稀释后浸泡超低浓度样品所用器皿等。

2）对可能影响检测结果质量的环境条件，规定检测人员进行监控和记录，保证其符合相关技术要求。例如，万分之一以上精度的电子天平正常工作对环境温度、湿度有控制要求，检测实验室应有监控设施，并有记录表格记录环境条件。

3）规定有效控制危害人员安全和人体健康的潜在因素。如配备通风橱、消防器材等必要的防护和处置措施。

4）对化学品、废弃物、火、电、气和高空作业等安全相关因素做出规定等。

（9）仪器设备和标准物质：检测用仪器设备和标准物质是保障检测数据量值溯源的关键载体。检测实验室应配备满足检测方法规定的原理、技术性能要求的设备，应对仪器设备的购置、使用、标识、维护、停用、租借等管理做出明确规定，保证仪器设备得到合理配置、正确使用和妥善维护，提高检测数据的准确可靠性。例如，对于设备的配备可规定：

1）根据检测项目和工作量的需要及相关技术规范的要求，合理配备采样、样品制备、样品测试、数据处理和维持环境条件所要求的所有仪器设备种类和数量，并对仪器技术性能进行科学的分析评价和确认。

2）如果需要借用外单位的仪器设备，必须严格按本单位仪器设备的管理进行有效控制。建立仪器设备配备情况一览表，往往有助于提高设备管理效率。仪器设备配备情况参考样表见表 13-2。

表 13-2 仪器设备配备情况一览（样表）

序号	设备名称	设备型号	出厂编号	检定/校准方式	检定/校准周期	仪器摆放位置
1	电子天平	TE212L	####	检定	一年	205 室
……						

此外，应根据检测项目开展情况配备标准物质，并做好标准物质管理。配备的标准物质应该是有证标准物质，保证标准物质在其证书规定的保存条件下贮存，建立标准物质台账，记录标准物质名称、购买时间、购买数量、领用人、领用时间和领用量等信息。

（10）其他：为保证建立的质量管理体系覆盖检测的各个方面、环节，所有场所，且能持续有效地指导实施质量管理活动，还应对以下质量管理活动做出原则性的规定：

1）质量体系在哪些情形下，由谁提出、谁批准同意修改等。

2）如何正确使用管理质量体系各类管理和技术文件，即如何编制、审批、发放、修改、收回、标识、存档或销毁等处理各种文件。

3）如何购买对监测质量有影响的服务（如委托有资质的机构检定仪器即为购买服务），以及如何购买、验收和存储设备、试剂、消耗材料。

4）对检测工作中出现的与相关规定不符合的事项，应如何采取措施。

5）质量管理、实际样品检测等工作中相关记录的格式模板应如何编制，以及实际工作过程中如何填写、更改、收集、存档和处置记录。

6）如何定期组织单位内部熟悉检测质量管理相关规定的人员，对相关规定的执行情况进行内部审核。

7）管理层如何就内部审核或者日常检测工作中发现的相关问题，定期研究解决。

8）检测工作中，如何选用、证实/确认检测方法。

9）如何对现场检测、样品采集、运输、贮存、接收、流转、分析、监测报告编制与签发等检测工作全过程的各个环节都采取有效的质量控制措施，以保证监测工作质量。

10）如何编制监测报告格式模板，实际检测工作中如何编写、校核、审核、修改和签发检测报告等。

13.2.2　程序文件

程序文件是规定质量活动方法和要求的文件，是质量手册的支持性文件，主要目的是对产生检测数据的各个环节、各个影响因素和各项工作全面规范。包括人员、设备、试剂、耗材、标准物质、检测方法、设施和环境、记录和数据录入发布等各关键因素，明确详细地规定某一项与检测相关的工作，执行人员是谁、经过什么环节、留下哪些记录，以实现在高时效地完成工作的同时保证数据质量。

编写程序文件时，应明确每个程序的控制目的、适用范围、职责分配、活动过程规定和相关质量技术要求，从而使程序文件具有可操作性。例如，制定检测工作程序，对检测任务的下达、检测方案的制定、采样器皿和试剂的准备，样品采集和现场检测，实验室内样品分析，以及测试原始积累的填写等诸多环节，规定分别由谁来实施，以及实施过程中应该填写哪些记录，以保证工作有序开展。

档案管理也是一项涉及较多环节的工作，涉及档案产生后的暂存、收集、交接、保管和借阅查询使用等一系列环节，在各个细节又需要保证档案的完整性，因此制定一个档案管理程序就显得比较重要了。这个程序可以规定档案产生人员如何暂存档案，暂存的时限是多长，档案收集由谁来负责，交给档案收集人员时应履行的手续，档案集中后由谁来负责建立编号，如何保存，借阅查阅时应履行的手续等。

又如检测方案的制定，方案制定人员需要弄清楚的文件有环评报告中的监测章节内容，环保部门做出的环评批复，执行的排放标准，许可证管理的相关要求，行业涉及的自行监测指南等。在明确管理要求后所制定的检测方案，宜请熟悉环境管理、环境监测、生产工艺和治理工艺的专业人员对方案进行审核把关。这样做既有利于保证检测内容和频次等满足管理要求，又可避免不必要的人力、物力浪费。

一般来说，检测实验室需制定的程序性规定应包括人员培训程序、检测工作程序、设备管理程序、标准物质管理程序、档案管理程序、质量管理程序、服务和供应品的采购和管理程序、内务和安全管理程序、记录控制与管理程序等。

13.2.3 作业指导书

作业指导书是指特定岗位工作或活动应达到的要求和遵循的方法。对于下列情形往往需要检测机构制定作业指导书：

（1）标准检测方法中规定可采取等效措施，而检测机构又的确采取了等效措施。

（2）使用非母语的检测方法。

（3）操作步骤复杂的设备。作业指导书应写得尽可能具体，且语言简洁，不令人产生歧义，以保证各项操作的可重复。

13.2.4　记录

记录包括质量记录和技术记录。质量记录是质量体系活动产生的记录，如内审记录、质量监督记录等；技术记录是各项监测工作所产生的记录，如“pH 分析原始记录表”“废水流量监测记录（流速仪法）”。记录是保证从检测方案的制定开始到样品采集、样品运输和保存、样品分析、数据计算、报告编制、数据发布的各个环节留下关键信息的凭证，证明数据生产过程满足技术标准和规范要求的基础。检测实验室的记录既要简洁易懂，也要保证信息量足够让检测工作重现。这就要求认真学习国家的法律法规等管理规定和技术标准规范，把握必须记录备查的关键信息，在设计记录表格样式的时候予以考虑。比如对于样品采集，除采样时间、地点、人员等基础信息外，还应包括检测项目、样品表观（定性描述颜色，悬浮物含量）、样品气味、保存剂的添加情况等信息。对于具体的某一项污染物的分析，需记录分析方法名称及代码，分析时间，分析仪器的名称型号，标准/校准曲线的信息，取样量，样品前处理情况，样品测试的信号值，计算公式，计算结果以及质控样品分析的结果等。

13.3　自行监测质控要点

自行监测的质量控制，既要抓住人员、设备、监测方法、试剂耗材等关键因素，也要重视设施环境等影响因素。每项检测任务都应有足够的证据表明其数据质量可信，在制定该项检测任务实施方案的同时，制定一个质控方案，或者在实施方案中有质量控制的专门章节，明确该项工作应针对性地采取哪些措施来保证数据质量。自行监测工作中，包含自行监测点位，项目和频次，采样、制样和分析应执行哪些技术规范等信息的监测方案在许可证发放时经过了环保部门审查，日常监测工作中，需要落实负责现场监测和采样、制样和分析样品、报告编制工作的具体人员，以及应采取的质控措施。应采取的质控措施可以是一个专门的方案，规定承担采样、制样和分析样品的人员应具备的技能（如经过适当的培训后持有上岗证），各环节的执行人员应该落实哪些措施来自证所开展工作的质量，质量控制人员如何去查证各任务执行人员工作的有效性等。通常来说，质控方案就是保证数据质量所需要满足的人员、设备、监测方法、试剂耗材和环境设施等的共性要求。

13.3.1 人员

人员技能水平是自行监测质量的决定性因素，因此检测机构制定的规章制度性文件中，要明确规定不同岗位人员应具有的技术能力。如应该具有的教育背景，工作经历，胜任该工作应接受的再教育培训，并以考核方式确认是否具有胜任岗位的技能。对于人员适岗的再教育培训，如行业相关的政策法规、标准方法，操作技能等，由检测机构内部组织或者参加外部培训均可。适岗技能考核确认的方式也是多样化的，如笔试或者提问、操作演示、实样测试、盲样考核等。无论采用哪种培训、考核方式，均应有记录来证实工作过程。如内部培训，应至少有培训教材、培训签到表，外部培训有会议通知、培训考核结果证明材料等。需注意对于口头提问和操作演示等考核方式，也应有记录，如口头提问，记录信息至少包括考核者姓名，提问内容，被考核者姓名，回答要点，以及对于考核结果的评价；操作演示的考核记录至少包括考核者姓名，要求考核演示的内容，被考核者姓名，演示情况的概述以及评价结论。在具体执行过程中，切忌人员技能培训走过场，杜绝出现徒有各种培训考核记录但人员技能依然不高的窘境。如某厂自行监测厂界噪声的原始记录中，背景值仅为 30 dB，暴露出监测人员对仪器性能和环境噪声缺乏基本的认知。

13.3.2 仪器设备

监测设备是决定数据质量的另一关键因素。2015 年 1 月 1 日起开始施行的《中华人民共和国环境保护法》第二章第十七条明确规定：监测机构应当使用符合国家标准的监测设备，遵守监测规范。所谓符合国家标准，首先应根据排放标准规定的监测方法选用监测设备，也就是仪器的测定原理，检测范围，测定精密度、准确度以及稳定性等满足方法的要求；其次，设备应根据国家计量的相关要求和仪器性能情况确定检定/校准，列入《中华人民共和国强制检定的工作计量器具目录》或有检定规程的仪器应送有资质的单位进行检定，如烟尘监测仪、天平、砝码、烟气采样器、大气采样器、pH 计、分光光度计、声级计、压力表等。属于非强制检定的仪器与设备可以送有资质的计量检定机构进行校准，无法送去检定或者送去校准的仪器设备，应由仪器使用单位自行溯源，即自己制定校准规范，对部分计量性能或参数进行检测，以确认仪器性能准确可靠。

对于投入使用的仪器，要确保其得到规范使用。应明确规定如何使用、维护、维修和确认仪器设备性能。例如，编写仪器设备操作规程（即仪器操作说明书）和维护规程（即仪器维护说明书），以保证使用人员能够正确使用或者维护仪器。与采样和监测结果的准确性和有效性相关的仪器设备，在投入使用前，必须进行量值溯源，即用前述的检定，校准或者自校手段确认仪器性能。对于送到有资质的检定或者校准单位的仪器，收到设备的检定或者校准证书后，应查看检定/校准单位实施的检定/校准内容是否符合实际的检测工作要求。例如，配备有多个传感器的仪器，检测工作需要使用的传感器是否都得到了检定；对于有多个量程的仪器，其检定或者校准范围是否满足日常工作需求。对于仪器的检定，校准或者自校，并不是一劳永逸的，应根据国家的检定/校准规程或者使用说明书要求，周期性地实施检定/校准或者自校，保持仪器在检定/校准或者自校有效期内使用，且每次监测前，都要使用分析标准溶液、标准气体等方式确认仪器量值，在证实其量值持续符合相应技术要求后使用。如定电位电解法规定烟气中二氧化硫、氮氧化物每次测量前必须用标气进行校准，示值误差≤±5%方可使用。此外，应规定仪器设备的唯一性标识、状态标识，避免误用。仪器设备的唯一性标识既可以是仪器的出厂编码，也可以是检测单位依据自行制定的规则编写的代码。

仪器的相关记录应妥善保存。建议一仪一档。档案的目录包括仪器说明书、仪器验收技术报告、仪器的检定/校准证书或者自校原始记录和报告、仪器的使用日志、维护记录、维修记录，等等，建议这些档案一年归一次档，以免遗失。应特别注意及时如实填写仪器使用日志，切忌事后补记，否则不实的仪器使用记录会影响对数据是否真实的判断。比较常见的明显与事实不符的记录有：同一台现场检测仪器在同一时间，出现在相距几百千米的两个不同检测任务中；仪器使用日志中记录的分析样品量远大于该仪器最大日分析能力等，这种记录会让检查人员对数据的真实性打上巨大的问号。应该有制度规范在必须修改原始记录时如何修改，避免原始记录被误改。

13.3.3 记录

规范使用监测方法，优先使用被检测对象适用的污染物排放标准中规定的监测方法。若有新发布的标准方法替代排放标准中指定的监测方法，应采用新标准。若新发布的监测方法与排放标准指定的方法不同，但适用范围相同，也可使用。如《固定污染源废气 氮氧化物的测定 非分散红外吸收法》(HJ 692—2014)、《固定污染源废气 氮氧化物的测定 定电位电解法》(HJ 693—2014) 的适用范围明确为“固定污染源废气”，因此两项方法均适用于火电厂废气中氮氧化物的监测。

正确使用监测方法。污染源排放情况监测所使用的方法包括国家标准方法和国务院行业部门以文件、技术规范等形式发布的标准方法，特殊情况下也会用等效分析方法。为此，检测机构或者实验室往往需要根据方法的来源确定应实施方法证实还是方法确认，其中方法证实适用于国家标准方法和国务院行业部门以文件、技术规范等形式发布的方法，方法确认适用于等效分析方法。为实现正确使用监测方法，仅仅是检测机构实施了方法证实是不够的，还需要检测机构要求使用该监测方法的每个人员使用该方法获得的检出限、空白、回收率、精密度、准确度等各项指标均满足方法性能的要求，方可认为检测人员掌握了该方法，才算为正确使用监测方法奠定了基础。当然，并非每次检测工作中均需对方法进行证实。一般认为，初次使用标准方法前，应证实能够正确运用标准方法；当标准方法发生了变化时，应重新予以证实。

通常而言，方法证实至少应包括以下 6 个方面的内容：

（1）人员：人员的技能是否得到更新；是否能够适应方法的工作要求；人员数量是否满足工作要求。

（2）设备：设备性能是否满足方法要求；是否需要添置前处理设备等辅助设备；设备数量是否满足要求。

（3）试剂耗材：方法对试剂种类、纯度等的要求如何；数量是否满足；是否建立了购买使用台账。

（4）环境设施条件：方法及其所用设备是否对温度湿度有控制要求；环境条件是否得到监控。

（5）方法技术指标：使用日常工作所用的标准和试剂做方法的技术指标，如校准曲线、检出限、空白、回收率、精密度、准确度等，是否均达到了方法要求。

（6）技术记录：日常检测工作须填写的原始记录格式是否包含了足够的关键信息。

13.3.4　试剂耗材

规范使用标准物质，包括以下注意事项：

（1）应优先考虑使用国家批准的有证标准样品，以保证量值的准确性、可比性与溯源性。

（2）选用的标准样品与预期检测分析的样品，尽可能在基体、形态、浓度水平等性状方面接近。其中基体匹配是需要重点考虑的因素，因为只有使用与被测样品基体相匹配的标准样品，在解释实验结果时才很少或没有困难。

（3）应特别注意标准样品证书中所规定的取样量与取样方法。证书中规定的固体最小取样量、液体稀释办法等是测量结果准确性和可信度的重要影响因素，宜严格遵守。

（4）应妥善贮存标准样品，并建立标准样品使用情况记录台账。有些标准样品有特殊的储存条件要求，应根据标准样品证书规定的储存条件保存标准样品，并在标准样品的有效期内使用，否则可能会影响标准样品量值的准确性。

严格按照方法要求购买和使用试剂/耗材。每种方法都规定了试剂的纯度。需要注意的是，市售的与方法要求的纯度一致的试剂，不一定能满足方法的使用要求，对数据结果有影响的试剂、新购品牌或者产品批次不一致时，在正式用于样品分析前应进行空白样品实验，以验证试剂质量是否满足工作需求。对于试剂纯度不满足方法需求的情形，应购买更高纯度的试剂或者由分析人员自行净化。比较典型的案例是分析水中苯系物的二硫化碳，市售分析纯二硫化碳往往需要实验室自行重蒸，或者购买优级纯的才能满足方法对空白样品的要求；与此类似的还有分析重金属的盐酸、硝酸等，采用分析纯的酸往往会导致较高的空白和背景值，建议筛选品质可靠的优级纯酸。

牢记试剂/耗材有使用寿命。对于试剂，尤其是已经配制好的试剂，应注意遵守检测方法中对试剂有效期的规定。若没有特殊规定，建议参考执行《化学试剂 标准滴定溶液的制备》（GB/T 601—2016）中关于标准滴定溶液有效期的规定，即常温（15～25℃）下保存时间不超过 2 个月。特别应注意表观不被磨损类耗材的质保期，比如定电位电解法的传感器、pH 计的电极等，这些仪器的说明书中明确规定了传感器或者电极的使用次数或者最长使用寿命，应严格遵守，以保证量值的准确性。

13.3.5 数据处理

数据的计算和报出也可能会发生失误，应高度重视。以火电厂排放标准为例，排放标准根据热能转化设施类型的不同，规定了不同的基准氧含量。实测的火电厂烟尘、二氧化硫、氮氧化物和汞及其化合物排放浓度，须折算为基准氧含量下的排放浓度。若忽略了此要求，将现场测试所得结果直接报出，必然导致较大偏差。对于废水检测，须留意在发生样品稀释后检测时，稀释倍数是否纳入了计算。已经完成的测定结果，还应注意计量单位是否正确，最好由熟悉该项目的工作人员校核，各项目结果汇总后，由专人进行数据审核后发出。录入电脑或者信息平台时，注意检查是否有小数点输入的错误。

完备的质量控制体系运行离不开有效的质量监督。检测机构或者实验室应设置覆盖其检测能力范围的监督员。这些监督员可以是专职的，也可以是兼职的。但是无论是哪种情形，监督员都应该熟悉检测程序、方法，并能够评价检测结果，发现可能的异常情况。为了使质量监督达到预期效果，最好在年初就制订监督计划，明确监督人、被监督对象、被监督的内容、被监督的频次等。通常情况下，新进上岗人员，使用的新分析方法，或者新设备，以及生产治理工艺发生变化的初期等实施的污染排放情况检测应受到有效监督。监督的情况应以记录的形式予以妥善保存。此外，检测机构或者实验室应定期总结监督情况，编写监督报告，以保证质量体系中的各标准、规范和质量措施等切实得到落实。

第 14 章　信息记录与报告

监测信息记录与报告是相关法律法规的要求，也是排污许可证制度实施的重要内容，是排污单位必须开展的工作。信息记录和报告的目的是将排污单位与监测相关的内容记录下来，供管理部门和排污单位使用，同时定期按要求进行信息报告，以说明环境守法状况，同时也为社会公众监督提供依据。本章围绕石油炼制、石油化学行业应开展的信息记录和报告的内容进行说明，为石油炼制、石油化学行业排污单位提供参考。

14.1　信息记录的目的与意义

说清污染物排放状况，自证是否正常运行污染治理设施、是否依法排污是法律赋予排污单位的权利和义务。自证守法，首先要有可以作为证据的相关资料。信息记录就是要将所有可以作为证据的信息保留下来，在需要的时候有据可查。具体来说，信息记录的目的和意义体现在以下几个方面。

第一，便于监测结果溯源。监测的环节很多，任何一个环节出现问题，都可能造成监测结果的错误。通过信息记录，将监测过程中的重要环节的原始信息记录下来。一旦发现监测结果存在可疑之处，就可以通过查阅相关记录，检查哪个环节出现了问题。对于不影响监测结果的问题，可以通过追溯监测过程进行校正，从而获得正确的结果。

第二，便于规范监测过程。认真记录各个监测环节的信息，便于规范监测活动，避免由于疏忽而遗忘个别程序，从而影响监测结果。通过对记录信息的分析，也可以发现影响监测过程的一些关键因素，这也有利于监测过程的改进。

第三，可以实现信息间的相互校验。记录各种过程信息，可以更好地反映排污单位的生产、污染治理、排放状况，从而便于建立监测信息与生产、污染治理等相关信息的逻辑关系，为实现信息间的互相校验、加强数据间的质量控制提供基础。通过记录各类信息，可以形成排污单位生产、污染治理、排放等全链条的证据链，避免单方面的信息不足以说明排污状况。

第四，丰富基础信息，利于科学研究。排污单位生产、污染治理、排放过程中一系列过程信息，对研究排污单位污染治理和排放特征具有重要的意义。监测信息记录极大地丰富了污染源排放和治理的基础信息，这为开展科学研究提供了大量基础信息。基于这些基础信息，利用大数据分析方法，可以更好地探索污染排放和治理的规律，为科学制定相关技术要求奠定良好基础。

14.2　信息记录要求和内容

14.2.1　信息记录要求

信息记录是一项具体而琐碎的工作。做好信息记录对于排污单位和管理部门都很重要。一般来说，信息记录应该符合以下要求。

首先，信息记录的目的在于真实反映排污单位生产、污染治理、排放、监测的实际情况，因此信息记录不需要专门针对需要记录的内容进行额外整理，只要保证所要求的记录内容便于查阅即可。为了便于查阅，排污单位应尽可能根据一般逻辑习惯整理成台账保存。保存方式可以为电子台账，也可以为纸质台账，以便于查阅为原则。

其次，信息记录的内容不限于标准规范中要求的内容，排污单位认为有利于说清楚本单位排污状况的其他相关信息，也可以记录。考虑到排污单位污染排放的复杂性，影响排放的因素有很多，而排污单位最了解哪些因素会影响排污状况，因此，排污单位应根据本单位的实际情况，梳理本单位应记录的具体信息，丰富台账资料的内容，从而更好地建立生产、治理、排放的逻辑关系。

14.2.2 信息记录内容

14.2.2.1 手工监测的记录

采用手工监测的指标，至少应记录以下几方面的内容：

（1）采样相关记录，包括采样日期、采样时间、采样点位、混合取样的样品数量、采样器名称、采样人姓名等。

（2）样品保存和交接相关记录，包括样品保存方式、样品传输交接记录。

（3）样品分析相关记录，包括分析日期、样品处理方式、分析方法、质控措施、分析结果、分析人姓名等。

（4）质控相关记录，包括质控结果报告单等。

14.2.2.2 自动监测运维记录

自动监测的正确运行需要定期进行校准、校验和日常运行维护。校准、校验结果、日常运行维护开展情况直接决定了自动监测设备是否能够稳定正常运行，而通过检查运维公司对自动监测设备的运行维护记录，可以对自动监测设备日常运行状态进行初步判断。因此，排污单位或者负责运行维护的公司要如实记录对自动监测设备的运行维护情况，具体包括自动监测系统运行状况、系统辅助设备运行状况、系统校准、校验工作等，仪器说明书及相关标准规范中规定的其他检查项目，校准、维护保养、维修记录等。

14.2.2.3　生产和污染治理设施运行状况

首先，污染物排放状况与排污单位生产和污染治理设施运行状况密切相关，记录生产和污染治理设施运行状况，有利于更好地说清楚污染物排放状况。

其次，考虑到受监测能力的限制，无法做到全面连续监测，记录生产和污染治理设施运行状况可以辅助说明未监测时段的排放状况，同时也可以对监测数据是否具有代表性进行判断。

最后，由于监测结果可能受到仪器设备、监测方法等各种因素的影响，从而造成监测结果的不确定性，记录生产和污染治理设施运行状况，通过不同时段监测信息和其他信息的对比分析，可以对监测结果的准确性进行总体判断。

对于生产和污染治理设施运行状况，主要记录内容包括监测期间企业及各主要生产设施（至少涵盖废气主要污染源相关生产设施）运行状况（包括停机、启动情况）、产品产量、主要原辅料使用量、取水量、主要燃料消耗量、燃料主要成分、污染治理设施主要运行状态参数、污染治理主要药剂消耗情况等。日常生产中上述信息也需整理成台账保存备查。

14.2.2.4　固体废物和危险废物的产生与处理状况

固体废物作为重要的环境管理要素，排污单位应对固体废物和危险废物的产生、处理情况进行记录，同时固体废物和危险废物信息也可以作为废水、废气污染物产生排放的辅助信息。关于固体废物和危险废物的记录内容包括各类固体废物和危险废物的产生量、综合利用量、处置量、贮存量、倾倒丢弃量。对于危险废物，还应详细记录其具体去向。

14.3　生产和污染治理设施运行状况

应详细记录企业以下生产及污染治理设施运行状况，日常生产中也应参照以下内容记录相关信息，并整理成台账保存备查。

14.3.1 生产运行状况记录

根据厂区内生产布置和生产运行实际情况，记录厂内每条生产线的原辅材料用量和产量情况。若厂内不同生产线原辅材料交叉使用，且无法估算各生产线的原辅材料使用量或产量，也可以合起来进行记录，但要进行说明。

取水量（新鲜水）指调查年度从各种水源提取的并用于工业生产活动的水量总和，包括城市自来水用量、自备水（地表水、地下水和其他水）用量、水利工程供水量，以及企业从市场购得的其他水（如其他企业回用水量）。工业生产活动用水主要包括工业生产用水、辅助生产（包括机修、运输、空压站等）用水。厂区附属生活用水（厂内绿化、职工食堂、浴室、保健站、生活区居民家庭、企业附属幼儿园、学校、游泳池等的用水量）如果单独计量且生活污水不与工业废水混排的水量不计入取水量。

主要原辅料（原料皮、蓝湿革、化学药品等）使用量，根据本厂实际从外购买的原辅材料进行整理记录，重点记录与污染物产生相关的原辅材料使用情况。

汽油、采油、润滑油、化工产品等产品的产量，根据排污单位实际生产情况，记录成品的产量。为了更好地掌握污染物产生与生产状况的关系，乙烯、丙烯等作为中间产品而非最终产品的，也应进行记录。

14.3.2 污水处理运行状况记录

为了佐证废水监测数据情况，需按日记录废水处理量、废水回用量、废水排放量、综合污泥产生量（记录含水率）、含铬污泥产生量（记录含水率）、废水处理使用的药剂名称及用量、鼓风机电量等；记录污水处理设施运行、故障及维护情况。

14.4　固体废物产生和处理情况

石油炼制生产中产生的多种固体废物，大多数属于危险废物，部分具有可燃、有毒、易反应的特性；其形态有固态、浆液状、液态等不同类型。固态废物主要产生于生产装置排出的废催化剂；浆液状废物主要有污水处理厂“三泥”、储罐底泥等；液态废物主要有废碱液、废酸液、废溶剂等。要根据各工序逐一记录各类固体废物每班、每日或每月的产生情况、所采取的处置方式。厂区内应建有规范的一般固体废物临时堆场和危废暂存设施，这些堆场和暂存设施必须采取防扬散、防流失、防渗漏措施。对一般固体废物应加强综合利用，对列入《国家危险废物名录》中或按照国家危险废物鉴别标准和鉴定方法认定为危险废物的要按照危险废物管理的程序要求委托有资质的单位进行处理，建立产生、处置台账，对焚烧处理设施进行监测监控，保证处理设施稳定正常运行。

石油化学排污单位产生的废试剂、废聚合物、废催化剂、废包装材料、废滤芯（废滤膜）、酸渣、碱渣、镍底泥、废有机溶剂、废树脂等，应按照石油化学排污单位的要求处置。

14.5　信息报告及信息公开

14.5.1　信息报告要求

为了使排污单位更好地掌握本单位的实际排污状况，也便于更好地对公众说明本单位的排污状况和监测情况，排污单位应编写自行监测年度报告。自行监测年度报告至少应包含以下内容：

（1）监测方案的调整变化情况及变更原因。

（2）企业及各主要生产设施（至少涵盖废气主要污染源相关生产设施）全年

运行天数，各监测点、各监测指标全年监测次数、超标情况、浓度分布情况。

（3）按要求开展的周边环境质量影响状况监测结果。

（4）自行监测开展的其他情况说明。

（5）排污单位实现达标排放所采取的主要措施。

自行监测年报不限于以上信息，任何有利于说明本单位自行监测情况和排放状况的信息，都可以写入自行监测年报中。另外，对于领取了排污许可证的排污单位，按照排污许可证管理要求，每年应提交年度执行报告，其中自行监测情况属于年度执行报告中的重要组成部分，排污单位可以将自行监测年报作为年度执行报告的一部分一并提交。

14.5.2 应急报告要求

由于排污单位非正常排放会对环境或者污水处理设施产生影响，因此对于监测结果出现超标的，排污单位应加密监测，并检查超标原因。短期内无法实现稳定达标排放的，应向生态环境主管部门提交事故分析报告，说明事故发生的原因，采取减轻或防止污染的措施，以及今后的预防及改进措施等；若因发生事故或者其他突发事件，排放的污水可能危及城镇排水与污水处理设施安全运行的，应当立即采取措施消除危害，并及时向城镇排水主管部门和生态环境主管部门等有关部门报告。

14.5.3 信息公开要求

排污单位应根据排污许可证及《企业事业单位环境信息公开办法》（环境保护部令 第31号）及《国家重点监控企业自行监测及信息公开办法（试行）》（环发〔2013〕81 号）进行信息公开，但不限于此，排污单位还可以采取其他便于公众获取的方式进行信息公开。

信息公开应重点考虑两类群体的信息需求。一是排污单位周围居民的信息需求。周边居民是污染排放的直接影响者，最关心污染物排放状况对自身及环境的影响，因此对污染物排放状况及周边环境质量状况有强烈的需求。二是排污单位同类行业或者其他相关者的信息需求。同一行业不同排污单位之间存在一定的竞争关系，当然都希望在污染治理上得到相对公平的待遇，因此会格外关心同行的排放状况，对同行业其他排污单位的排放状况信息有同行监督需求。

为了照顾这两类群体的信息需求，信息公开的方式应该便于这两大类群体获取。排污单位可以通过在厂区外或当地媒体上发布监测信息，使周边居民及时了解本单位的排放状况。这类信息公开应相对灵活，以便于周边居民获取信息。而为了实现同行监督和一些公益组织的监督，也为了便于政府监督，有组织的信息公开方式更有效率。目前，各级生态环境主管部门都在建设不同类型的信息公开平台，排污单位也应该根据相关要求在信息平台上发布信息，以便于各类群体间的相互监督。

第 15 章　自行监测数据报送

为了便于排污单位信息报送和管理部门采集相关信息，受生态环境部生态环境监测司委托，中国环境监测总站组织开发了“全国污染源监测信息管理与共享平台”，排污单位应通过该系统报送监测数据和相关信息。同时，发放了排污许可证的排污单位应通过“全国排污许可证管理信息平台”报送相关信息，为了便于填报，现已实现了“全国污染源监测信息管理与共享平台”和“全国排污许可证管理信息平台”的互联互通，排污单位可以通过其中之一登录系统填报监测数据。对于有地方监测数据管理平台的，可以通过数据交换的方式，实现数据的报送。

15.1　总体架构设计

根据《关于印发 2015 年中央本级环境监测能力建设项目建设方案的通知》（环办函〔2015〕1596 号），中国环境监测总站负责建设“全国污染源监测数据管理与信息共享系统”，面向企业用户、委托机构用户、环保用户、系统管理用户 4 类用户，针对各自不同业务需求，系统提供数据采集、监测体系建设运行考核、数据查询处理与分析、决策支持、数据采集移动终端版、自行监测知识库、排放标准管理、个人工作台、系统管理等功能。

另外，面向其他污染源监测信息采集系统（包括部级建设的固定污染源系统、全国排污许可证公开端、各省重点污染源监测系统）使用数据交换平台进行数据交换，以减少企业重复填报。

系统整体架构如图 15-1 所示。

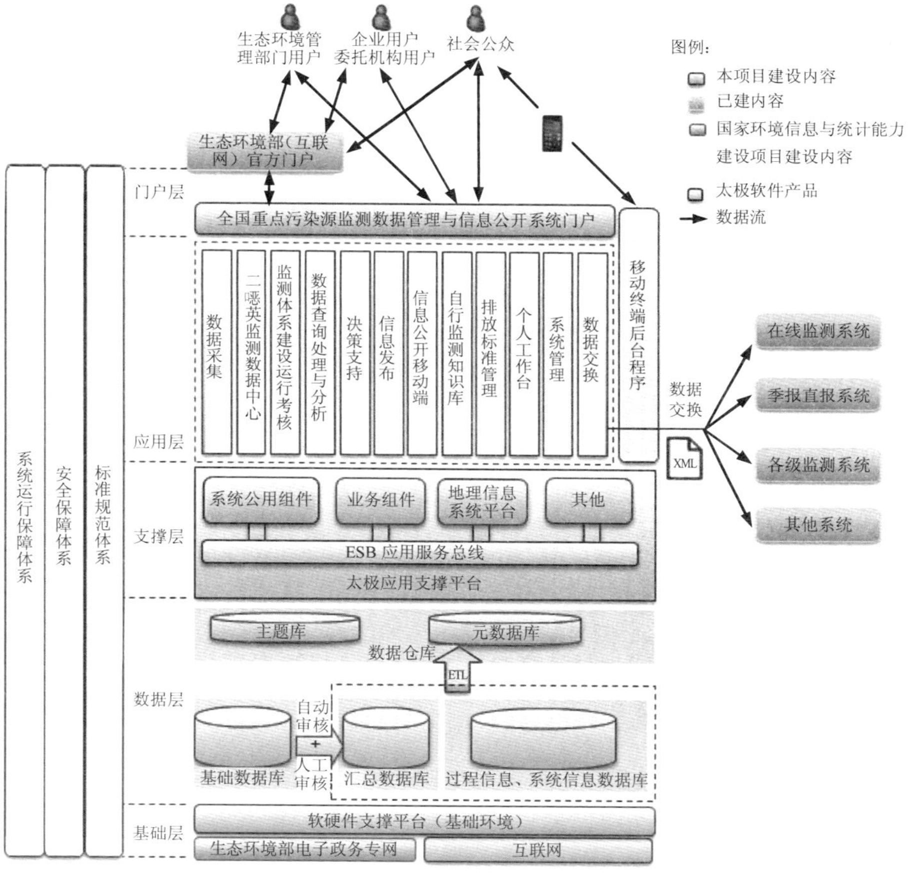

图 15-1 系统总体架构

系统总体架构采用 SOA 面向服务的五层三体系的标准成熟电子政务框架设计，以总线为基础，依托公共组件、通用业务组件和开发工具实现应用系统快速开发和系统集成。系统由基础层、数据层、支撑层、应用层、门户层五层及贯穿项目始终保障项目顺利实施和稳定、安全运行的系统运行保障体系、安全保障体系及标准规范体系构成。

基础层：在利用中国环境监测总站现有的软硬件及网络环境基础上配置相应的系统运行所需软硬件设备及安全保障设备。

数据层：建设项目的基础数据库、元数据库，并在此基础上建设主题数据库、空间数据库提供数据挖掘和决策支持。数据库依据原环保部相关标准及能力建设项目的数据中心相关标准建设。

支撑层：在应用支撑平台企业总线及相关公共组件的基础上，建设本系统的组件，为系统提供足够的灵活性和扩展性，为应用集成提供灵活的框架，也为将来业务变化引起的系统变化提供快速调整的支撑。

应用层：通过 ESB、数据交换实现与包括部级建设的固定污染源系统、全国排污许可证管理信息平台、各省污染源监测系统在内的其他系统对接。

门户层：面向生态环境管理部门用户、企业用户及第三方机构用户提供互联网访问服务。

标准规范体系：制定全国污染源监测信息管理与共享平台数据交换标准规范，确保各应用系统按照统一的数据标准进行数据交换。

为保持系统安全稳定运行，同步配套设计和建设了安全保障体系和系统运行保障体系。

15.2 应用层设计

全国污染源监测数据管理与信息共享平台提供的业务应用包括 10 个子系统，即数据采集、监测体系建设运行考核、数据查询处理与分析、决策支持、数据采集移动终端版、自行监测知识库、排放标准管理、个人工作台、系统管理及数据交换系统。系统功能架构见图 15-2。

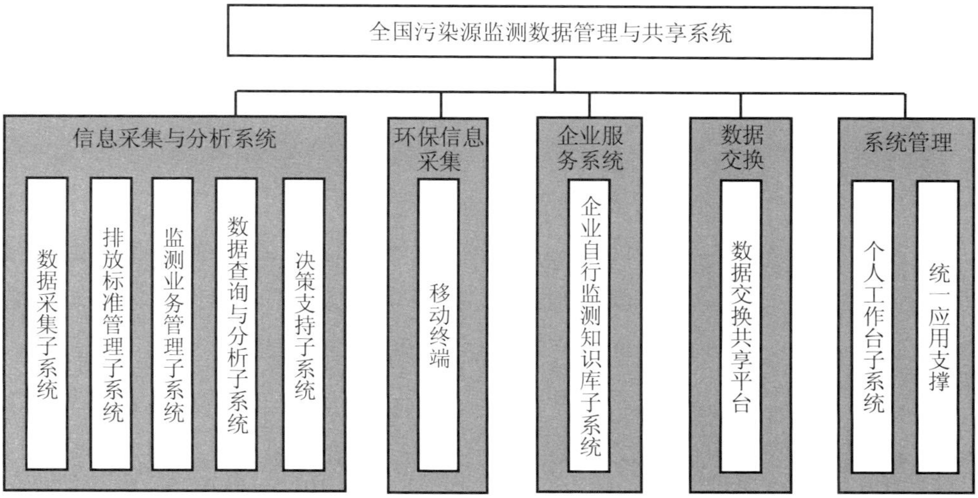

图 15-2　系统功能架构

（1）数据采集：包括对企业自行监测数据和管理部门进行的监督性监测数据的采集；需要面向全国重点监控企业采集监测数据，对不同年份的企业建立不同的企业基础信息库，提供信息填报、审核、查询、发布功能，并形成关联以持续监督。

同时满足各级生态环境主管部门录入监督性监测数据、质控抽测数据、监督检查信息与结果、采集全国自动监控数据、自动监测数据有效性审核情况、监测站标准化建设情况、环境执法与监管情况等。企业的基础信息录入完成后需由属地生态环境主管部门确认。由于不同来源数据的采集频次和采集方式不同，系统提供不同的数据接入方式。

（2）监测体系建设运行考核：根据管理要求，汇总监测体系建设运行总体情况，生成表格。实现按时间、空间、行业、污染源类型等统计应开展监测的企业数量、不具备监测条件的企业数量及原因、实际开展监测的企业数量以及监测点位数量、监测指标数量等各指标的具体情况。

（3）数据查询处理与分析：查询条件可以保存为查询方案，查询时可调用查询方案进行查询。

（4）决策支持：该发布系统除采用基本的数据分析方法外，需要支持 OLAP 等分析技术，对数据中心数据的快速分析访问，向用户显示重要的数据分类、数据集合、数据更新的通知以及用户自己的数据订阅等信息。

提供环保搜索功能，用户可按权限快速查询各类环境信息，也可以直接从系统进行汇总、平均或读取数据，实现多维数据结构的灵活表现。

（5）数据采集移动终端版：数据采集移动端帮助环保用户随时随地了解企业情况并上报检查信息，能够提高污染源数据采集信息的及时性、准确性。

（6）自行监测知识库：企业自行监测知识库系统对企业单位提供自行监测相关的法律法规、政策文件、排放标准、监测规范、方法、自行监测方案范例、相关处罚案例等查询服务，帮助和指导企业做好自行监测工作。

（7）排放标准管理：提供排放标准的维护管理和达标评价功能。管理用户可以对标准进行增删改查操作，以确保标准为最新版本。提供接口，数据录入编辑时、数据进行发布时均可调用该接口判定该数据是否超标，超标的给予提示并按超标比例给出不同的颜色提醒。

（8）个人工作台：包括信息提醒（邮件和短信）、通知管理、数据报送情况查询、数据校验规则设置与管理等。为不同用户提供针对性强、特定的用户体验，方便用户使用。

（9）系统管理：系统管理实现系统维护相关功能，系统维护人员和数据管理人员基于这些功能对数据采集和服务进行管理。综合信息管理主要包括系统管理、个人工作管理、数据管理等方面的功能。

（10）数据交换系统：建立数据交换共享平台，实现系统中各子系统间的内部数据交换，尤其是实现与外部系统的交换。

内部交换包括采集子系统与查询分析子系统、各子系统与信息发布子系统之间的数据交换。

外部交换主要是与其他信息系统的数据对接，将依据能力建设项目的相关标准制定监测数据标准、交换的工作流程标准、安全标准及交换运行保障标准等标准，制定统一的数据接口供各地现行污染源监测信息管理与共享数据。各相关系统按数据标准生成 XML 文件通过接口传递到本系统解析入库，以实现与本系统的互联互通，减少企业重复录入，提高数据质量。

15.3　排污单位自行监测数据报送方式和内容

15.3.1　排污单位自行监测数据报送方式

排污单位自行监测数据采集方式有两种，一种是可直接登录使用本系统录入自行监测方案及数据，另一种是使用各省（自治区、直辖市）自建平台录入自行监测方案及数据，再向本系统传送。本系统与排污许可证管理信息系统互通，可从排污许可证管理信息系统获取已发证企业的基本信息，再将本系统采集的自行监测数据推送给排污许可证管理信息系统进行公开。

直接使用本系统采集和报送数据的企业，可先从排污许可证管理信息系统共享已发证企业基本信息，使用本系统录入完善企业自行监测方案、监测数据等信息，再将监测数据共享到排污许可证管理信息系统进行发布。企业自行监测数据报送流程见图 15-3。

如果各省（自治区、直辖市）使用本地平台采集和发布信息，地方平台将发放许可证的企业信息和方案信息导入地方平台，再由企业在地方平台进行数据录入，然后由地方平台将数据导入国家平台。使用地方平台采集企业自行监测信息的报送流程见图 15-4。

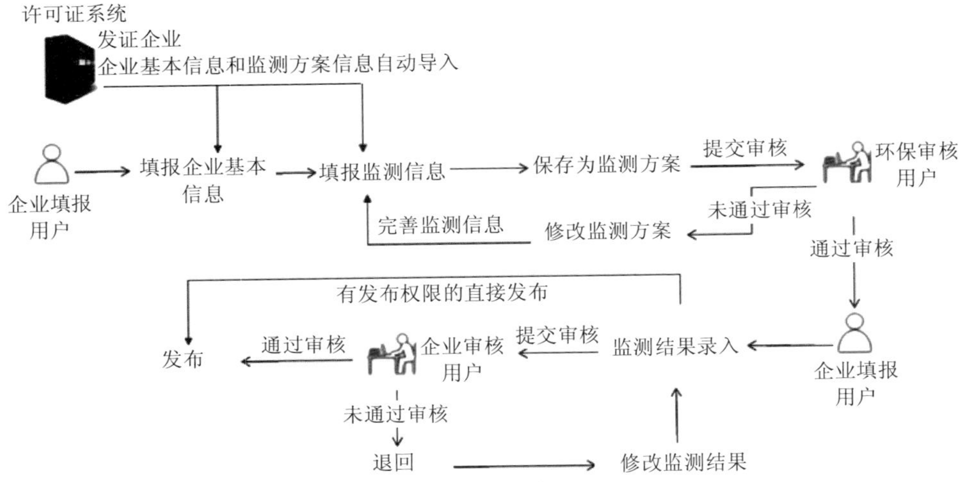

图 15-3 排污单位自行监测数据报送流程

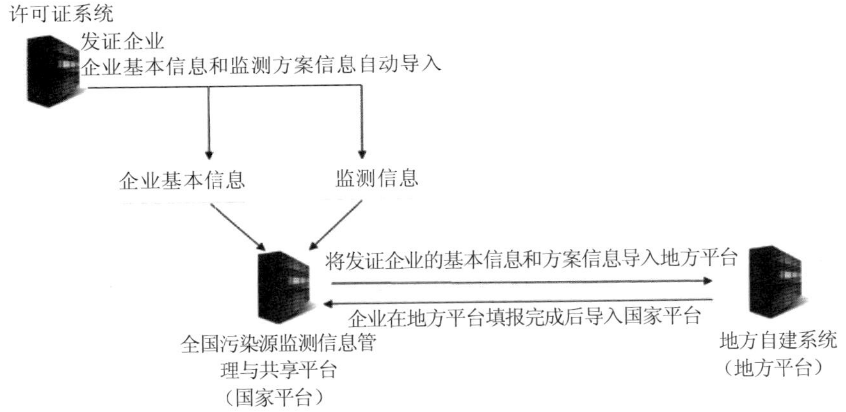

图 15-4 使用地方平台采集自行监测数据的报送流程

15.3.2 方案与数据填报流程

自行监测方案的填报流程：企业用户登录系统，录入企业基本信息、监测信息，保存成方案后提交所属生态环境主管部门审核（审核功能并非强制性，是否需要审核由生态环境主管部门根据本地区管理需求进行设置）。对发放了许可证的企业，这两部分信息会自动从许可证系统导入本系统中，企业仅需要完善即可。

自行监测数据填报流程。方案审核通过的企业按监测方案进行监测数据的填报，企业内部可以进行数据审核，审核通过的进行发布，未通过的退回填报用户修改。具有审核权限的填报用户也可以直接发布。

15.3.3 报送内容

（1）企业基本信息：包括企业名称、统一社会信用代码、组织机构代码（与统一社会信用代码二选一）、企业类别、企业规模、注册类型、行业类别、法定代表人或主要负责人、企业注册地址、企业生产地址、企业地理位置。

（2）监测方案信息：包括各排放设备、排放口、监测点位、点位编号、监测项目、执行的排放标准及限值、监测方法、监测频次、委托服务机构等信息。

（3）监测数据：填报各监测点开展监测的各项污染物的排放浓度、相关参数信息、未监测原因等信息。

15.4 监测信息录入

15.4.1 基础信息录入

企业用户在系统主界面进入“数据采集”—“企业信息填报”—“基本信息录入”后，用户可将自己的基本信息录入系统中，主要包括：

录入【企业名称】、【曾用名】等，选择【企业类别】、【企业规模】、【注册类型】等，上传【排污许可证】、【单位平面图】，点击【提交】按钮即可上传企业的基本信息。其中【企业名称】、【统一社会信用代码】/【组织机构代码】（二选一）、【企业类别】、【行业类别】、【方案审核单位】、【企业生产地址】、【企业地理位置】为必填项。企业在完成自己基本信息填报前不能进行监测点位信息等录入。当基本信息填写完成后，才能进行其他的操作（图 15-5）。

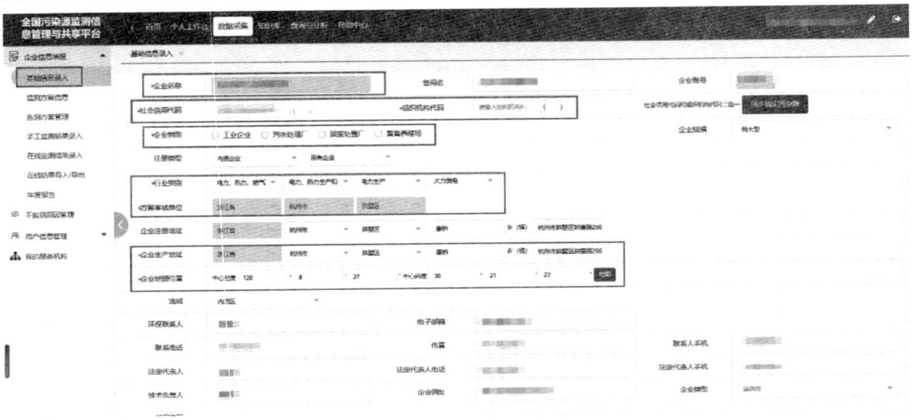

图 15-5　企业基础信息录入界面

15.4.2　监测方案信息维护

发放了许可证的企业，监测方案信息会自动从许可证系统导入本系统中，企业仅需要完善即可。本章以下内容以无排污许可证同步信息为主进行介绍，企业有排污许可证同步方案信息的不需要进行此操作，可参考此步骤编辑完善自行监测方案信息。

企业录入监测方案信息，选择排放类型，废气、废水、无组织、周边环境、厂界噪声，根据排放类型的不同录入的信息流程如下：

废气：首先录入排放设备信息及治理设施信息；然后在排放设备下添加监测点信息；再录入监测点上应监测的项目信息；最后录入监测项目使用的设备和方法信息；

废水：首先录入监测点信息；然后根据监测点是排口还是进口，录入排口及治理设施信息或进口信息；再录入监测点上应监测的项目信息，最后录入监测项目使用的设备和方法信息；

无组织、周边环境和厂界噪声：首先录入监测点信息；然后录入监测点上应监测的项目信息，最后录入监测项目使用的设备和方法信息。

企业用户在系统主界面进入“数据采集”—“企业信息填报”—“监测方案信息”。在【选择方案版本】中选择“版本号名称”即可查看相应版本号的监测信息。如果想修改监测信息，点击右侧【加载该版本】即可，然后在【选择方案版本】处选择【当前编辑】。修改的过程可参照下面介绍的录入过程。录入新的监测信息，应在【选择方案版本】处选择【当前编辑】，然后点击右侧的【编辑】按钮进行编辑。如图 15-6 所示。

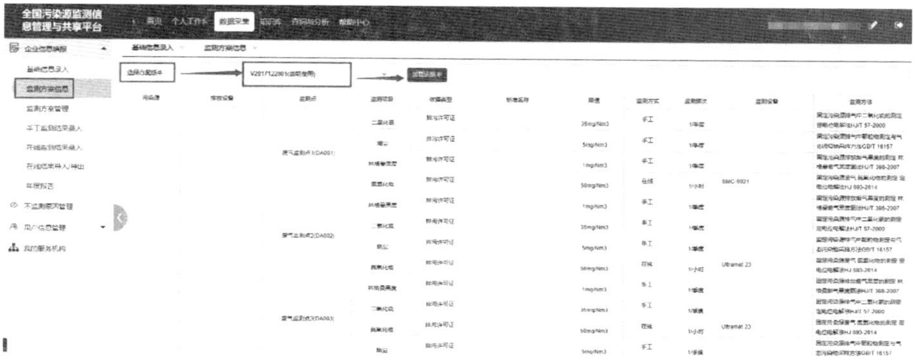

图 15-6　企业监测方案信息加载界面

对许可证导入企业，进入系统，在监测方案信息【当前编辑】中，会有从排污许可证系统同步过来的监测方案信息，包含相关排放设备、监测点、监测项目、排放标准、限值、监测频次等信息。如图 15-7 所示。

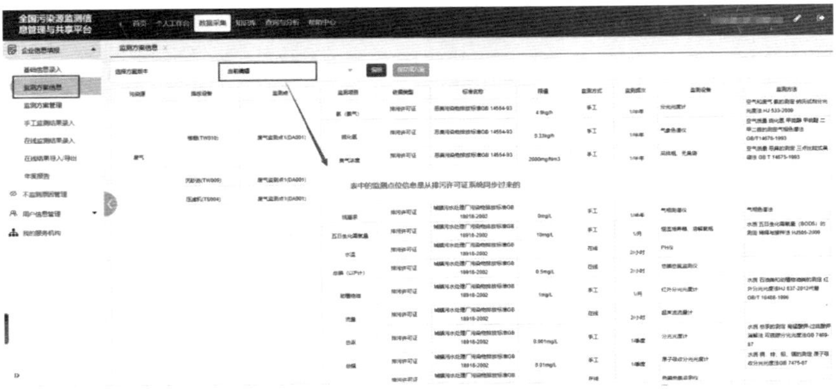

图 15-7　许可证系统导入企业的监测方案信息界面

非排污许可证导入企业，首次进入系统界面如图 15-8 所示。

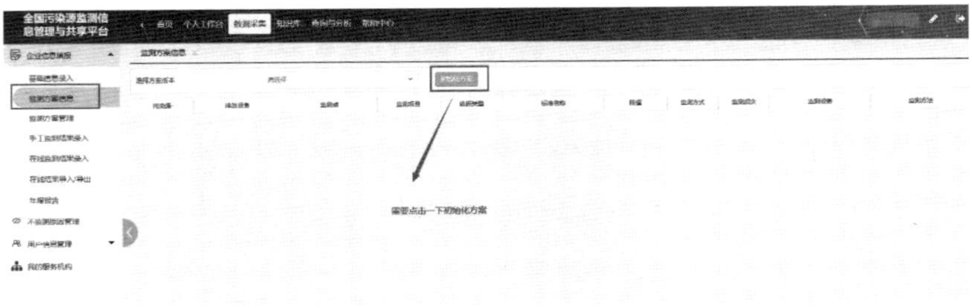

图 15-8　非排污许可证系统导入企业监测方案信息界面

点击【初始化方案】之后，如图 15-9 所示。

图 15-9　非排污许可证系统导入企业监测方案信息编辑界面

15.4.2.1　废气监测信息录入

（1）添加废气排放设备

一个企业的废气监测信息可以有多个排放设备，每个排放设备可以新增多个治理设施。

在编辑状态下，点击废气右上方的【增加排放设备】，弹出排放设备增加页面，通用的填报项目有【排序序号】、【排放设备名称】、【排放设备编号】，点击【新增治理设施】，在下方会增加一行治理设施填报项目，内容包括【安装顺序】、【设施类别】、【设施名称】、【处理工艺】、【处理效率】，每一条项目的右侧均有删除（ ）按钮，可以对错误的添加进行删除操作。如图 15-10、图 15-11 所示。

图 15-10　新增废气排放设备

图 15-11　新增治理设施

在【排放设备类型】处选择【燃烧】，需在页面上选择【燃烧类型】、【燃烧技术】、【低氮燃烧方式】等，输入【装机容量】，如图 15-12 所示。

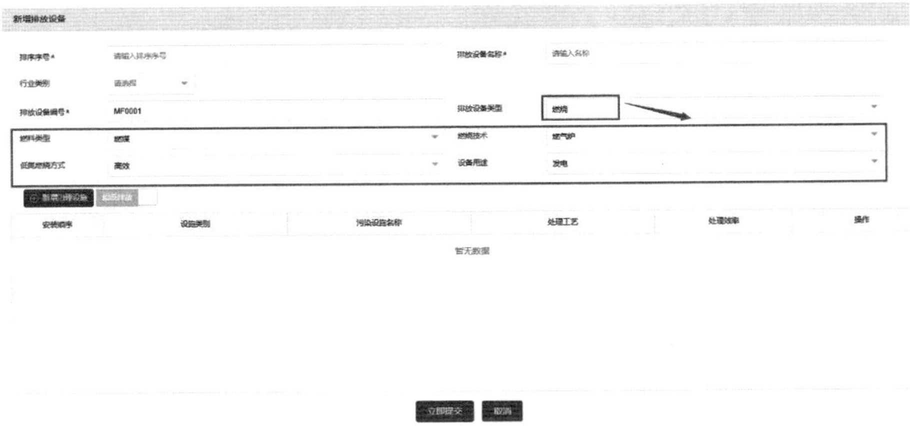

图 15-12　完善排放设备信息—燃烧

在【排放设备类型】处选择【工艺过程】，需在页面上选择【产品名称】、【工艺技术】等，输入【产能单位】、【产能】，如图 15-13 所示。

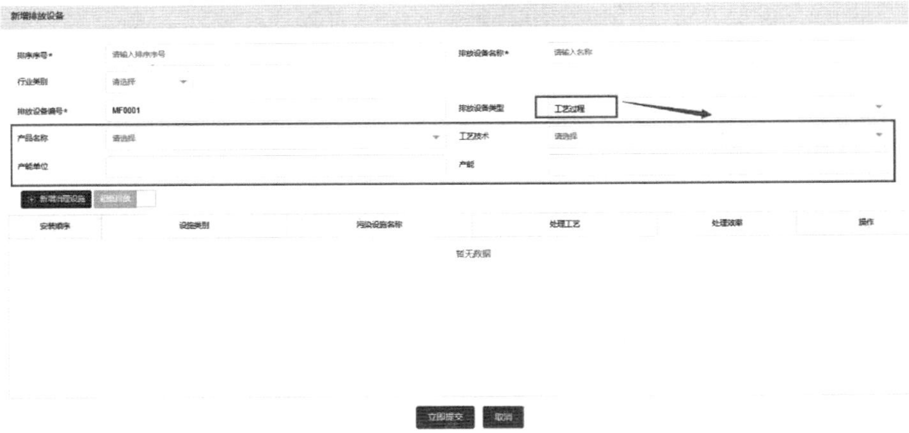

图 15-13　完善排放设备信息—工艺过程

在【排放设备类型】处选择【溶剂使用】，需在页面上选择【溶剂使用过程】、【溶剂类型】、【是否分组】，如图 15-14 所示。

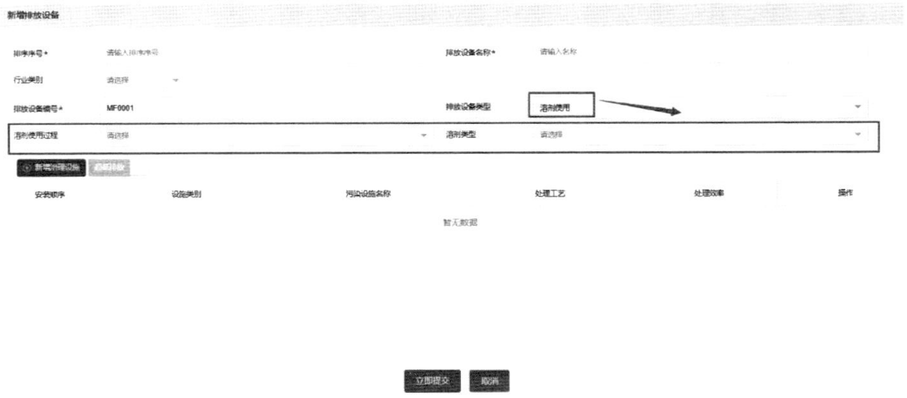

图 15-14　完善排放设备信息—溶剂使用

在【排放设备类型】处选择【储存运输】，需输入【运输产品】，如图 15-15 所示。

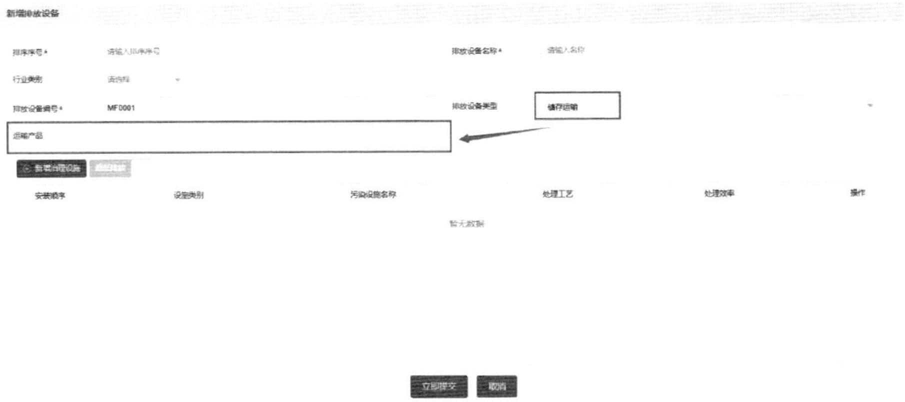

图 15-15　完善排放设备信息—储存运输

在【排放设备类型】处选择【废弃物处理】，需在页面上选择【废弃物类型】、【处理方式】，输入【处理量】，如图 15-16 所示。

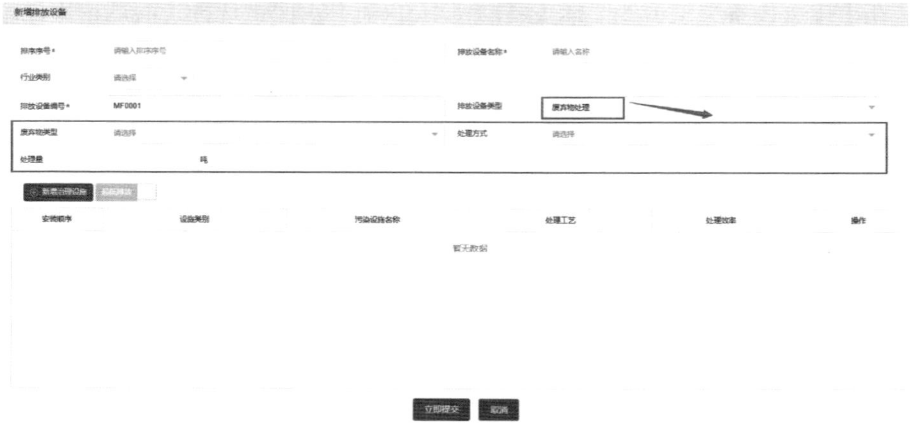

图 15-16　完善排放设备信息—废弃物处理

根据上述的不同条件填写完页面后，点击【立即提交】按钮即可。

（2）添加废气监测点

一个监测点可对应多个排放设备，一个排放设备只对应一个监测点。在添加完废气排放设备之后，点击【增加监测点】，弹出监测点新增页面。

1）选择已存在监测点

在【选择已存在监测点】处选择“是”，在【选择监测点】处选择对应的监测点。点击【立即提交】按钮即可。如图 15-17 所示。

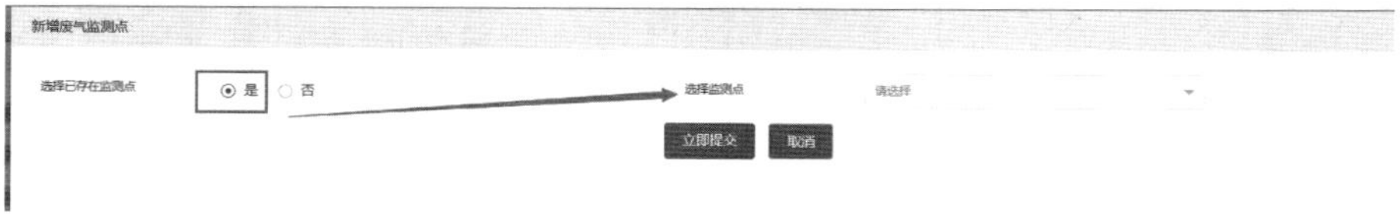

图 15-17　选择已存在监测点

2）新建监测点

在【选择已存在监测点】处选择“否”，依次输入排序序号、监测点名称、监测点编号、监测点位置，选择【点位属性】，如果为“外排”，该检测点即为外排监测点。如果为“内部”，即需选择【关联外排监测点】。如图 15-18 所示。

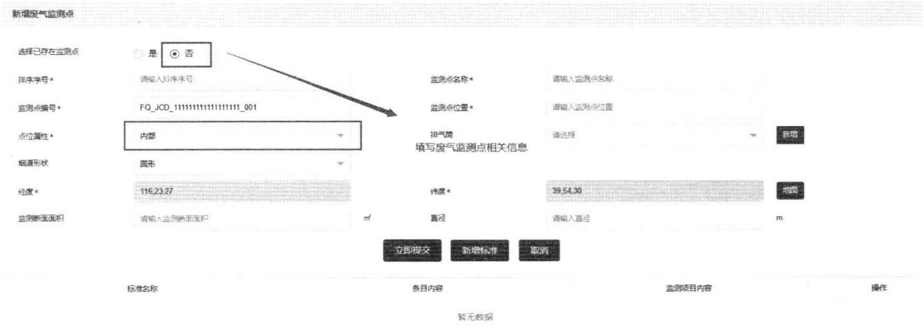

图 15-18 新建监测点

输入经度、纬度、监测断面面积等，点击 ⊕ 按钮可以新增监测点，点击按钮后在弹出的排气筒新增页面，输入排气筒名称、排气筒编号等点击【立即提交】按钮。如图 15-19 所示，即可新增一个监测点。

图 15-19 完善新增监测点信息

点击【新增标准】按钮可以新增一条标准，在弹出的标准新增页面中，选择需要添加的标准。选择一个标准后，打开下方的标准条目，选择要监测的项目，选择完毕后点击【立即提交】按钮，即可新增一条标准。如图 15-20 所示。完善标准信息，如图 15-21 所示。

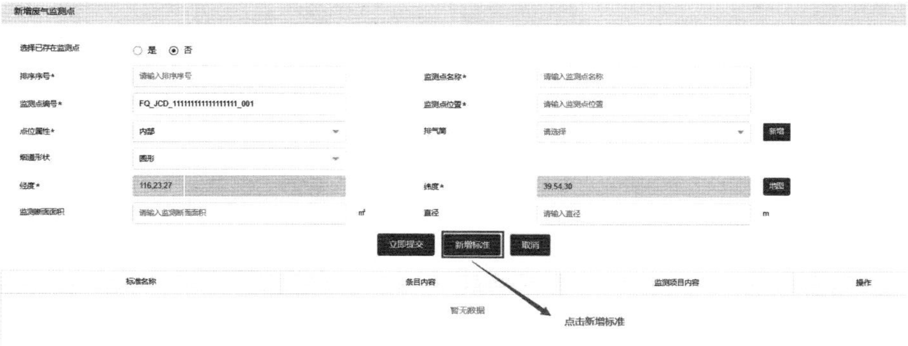

图 15-20　新增标准

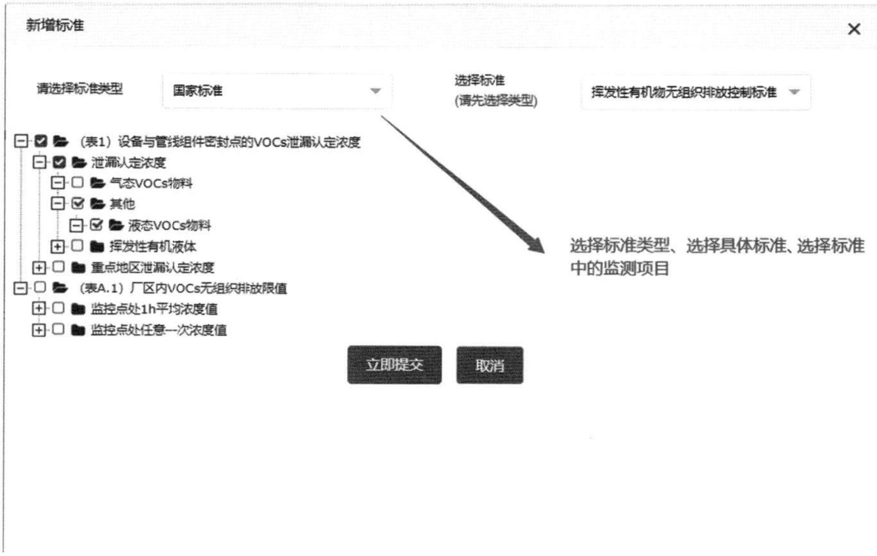

图 15-21　完善标准信息

填写完监测点信息后，点击【立即提交】按钮，即可新增一条监测点信息。如图 15-22 所示。

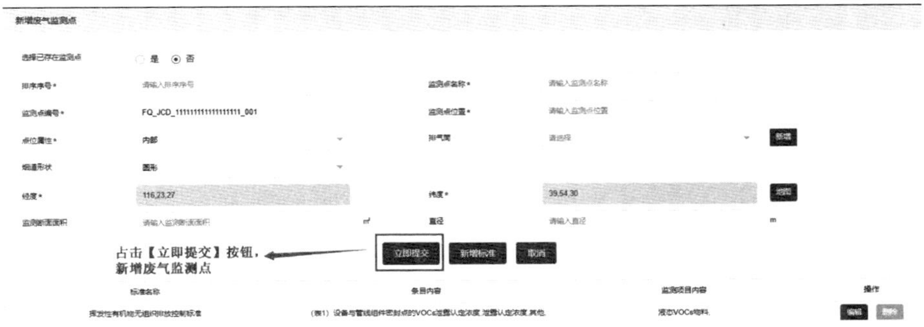

图 15-22　完成监测点新建

（3）添加废气监测项目

一个监测点可能有多个监测项目，在添加完【监测点】之后，点击【增加项目】，弹出监测项目新增页面。如图 15-23 所示。

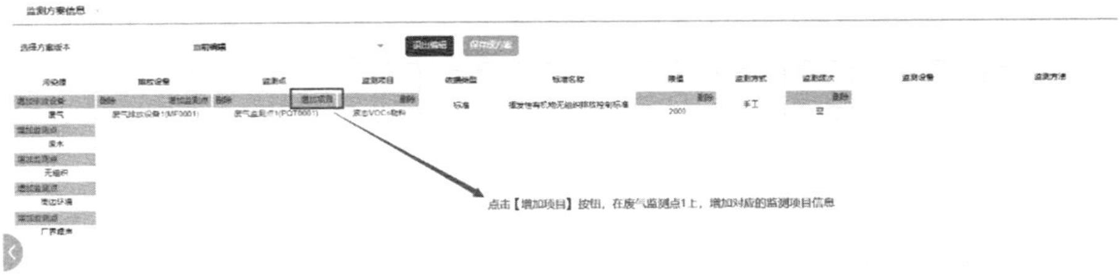

图 15-23　新增废气监测项目

输入排序序号、上限、下限等、选择【监测项目】、【依据类型】、【监测方式】等。依据类型有【排放标准】、【排污许可证】、【环评】、【其他文件】，不同的依据类型有不同的选择项。选择【排放标准】时，需选择依据的排放标准和标准下的条目。如图 15-24 所示。

图 15-24　完善废气监测项目信息

选择【排污许可证】、【环评】、【其他文件】时，需上传依据文件。如图 15-25 所示。

图 15-25　上传依据文件

监测方式有手工、自动两种。当监测方式为手工时还需录入监测方法、监测设备、设备型号、生产厂商、单次采样个数。当监测方式为自动时还需录入监测频次、设备型号、集成商、设备编号、是否委托运营。填写完整信息后，点击【立即提交】上传监测项目信息。如图 15-26 所示。

图 15-26　填写手工监测项目信息

（4）修改废气监测信息项目

修改废气排放设备、监测点、监测项目时，点击相应的名称，即可进入修改页面，修改过程可参照本小节的第 1、2、3 部分的新增过程。如图 15-27 所示。

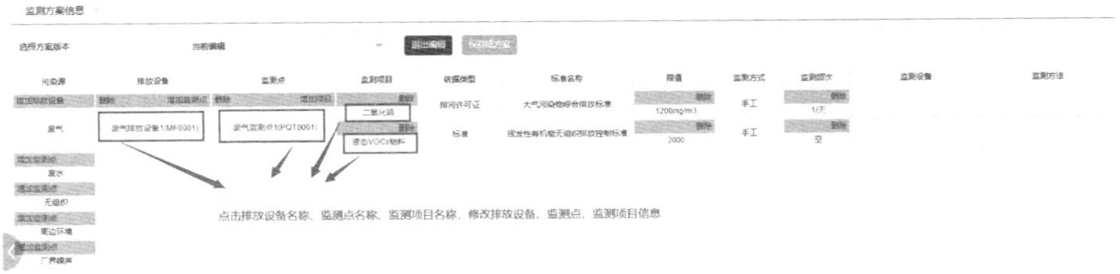

图 15-27　完善废气手工监测项目信息

（5）删除废气监测信息项目

需要删除废气排放设备、监测点、监测项目时，点击相应废气排放设备、监测点、监测项目一栏的【删除】按钮即可。如图 15-28 所示。

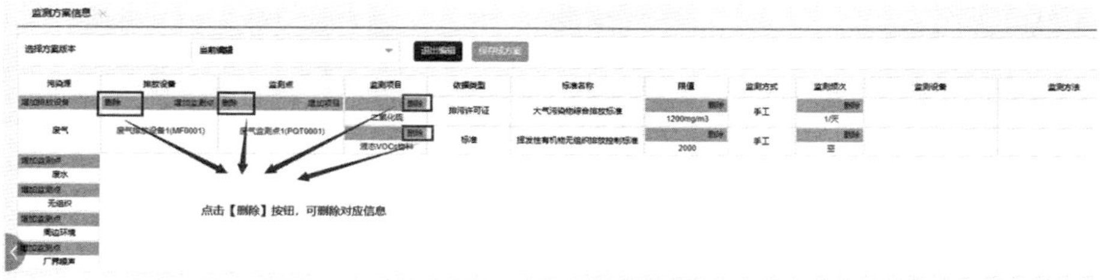

图 15-28　删除废气监测项目信息

15.4.2.2　废水监测信息录入

（1）添加废水监测点

在编辑页面下，点击“废水”右上方的【增加监测点】按钮，弹出监测点新增页面。

1）选择已有排口或进口添加监测点

在【监测点类型】处选择“排口”，在【是否选择已有排口】处选择“是”，在【选择排口】处选择对应的排口。输入监测点排序序号、监测点名称、监测点编号。点击【立即提交】按钮即可。如图 15-29 所示。

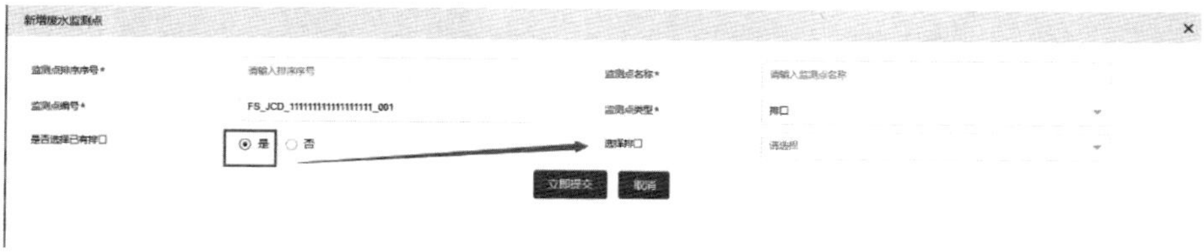

图 15-29　选择已有排口

在【监测点类型】处选择“进口”，在【是否选择已有进口】处选择“是”，在【选择进口】处选择对应的进口。输入监测点排序序号、监测点名称、监测点编号。点击【立即提交】按钮即可。如图 15-30 所示。

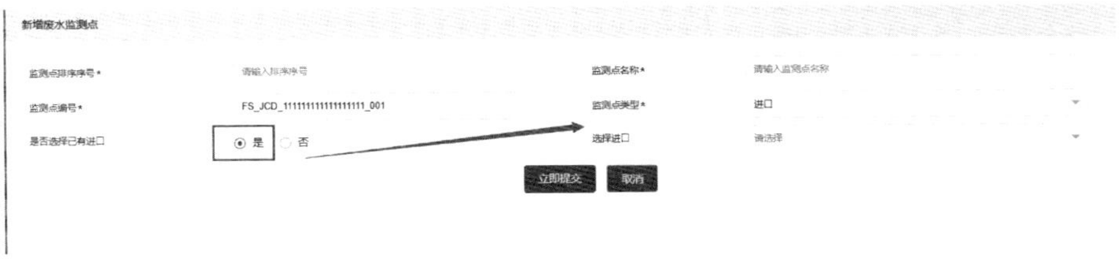

图 15-30　选择已有进口

2）新建排口或进口新建监测点

在【是否选择已有排口】处选择“否”。输入监测点排序序号、监测点名称、监测点编号，选择【排放形式】、【测流装置】，点击【新增标准】弹出新增标准页面。新增标准成功后，点击【立即提交】按钮回到新增监测点页面，在此页面填写完全部信息后，点击【立即提交】按钮即可。如图 15-31、图 15-32 所示。

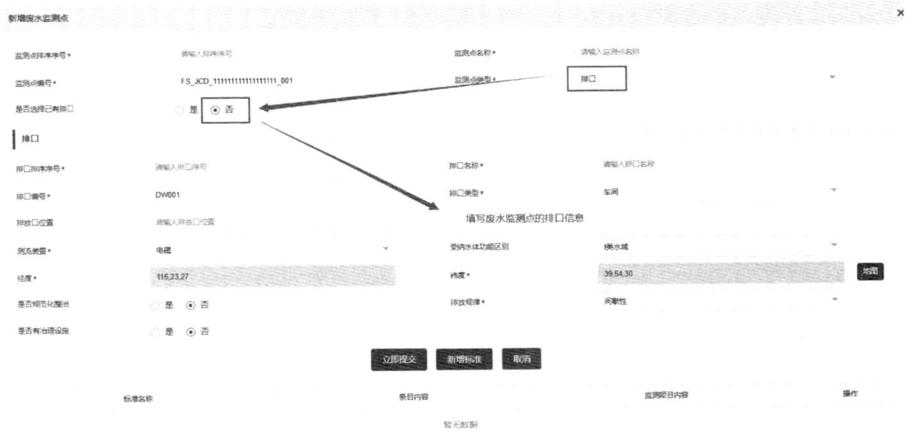

图 15-31　新建排口信息

图 15-32　新增执行标准

在【监测点类型】处选择“进口”，在【是否选择已有进口】处选择“否”，输入监测点排序序号、监测点名称、监测点编号、进口排序序号、进口名称、进口编号。选择【进水口类型】、【排放去向】、【经度】、【纬度】等。如图 15-33 所示。

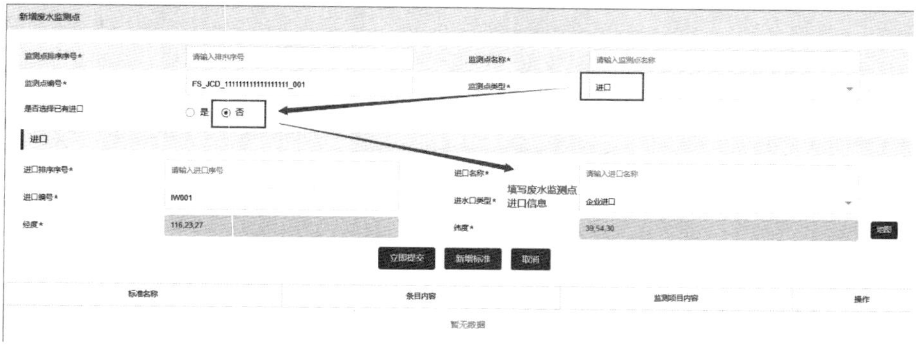

图 15-33　新增进口信息

（2）添加废水监测项目

一个监测点可能有多个监测项目，在添加完【监测点】之后，点击【增加监测项目】，弹出监测项目新增页面。可参照“废气监测信息录入”第 3 部分“添加废气监测项目”。如图 15-34 所示。

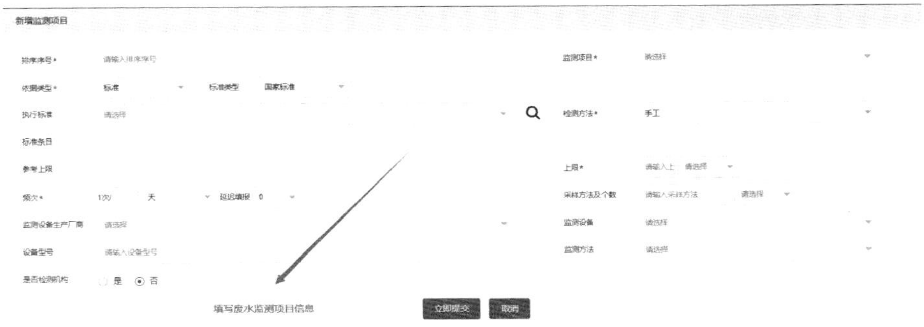

图 15-34　新增废水监测项目信息

（3）修改废水监测信息项目

修改废水监测点、监测项目时，点击相应的名称，即可进入修改页面，修改过程可参照本小节第 1、2 部分的新增过程。如图 15-35 所示。

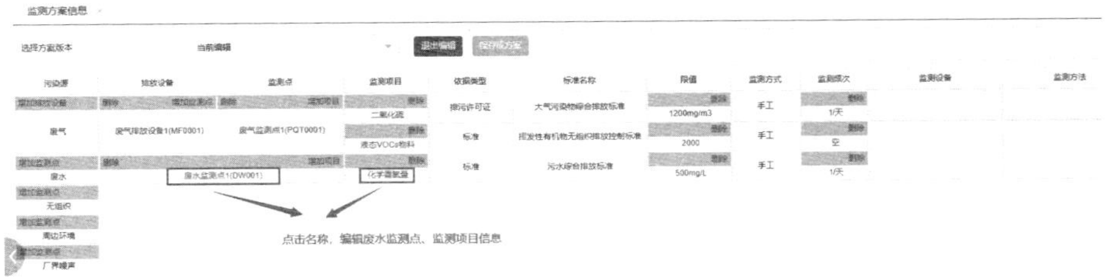

图 15-35　修改废水监测项目信息

（4）删除废水监测信息项目

删除废水监测点、监测项目时，点击相应名称上方或右侧的【删除】按钮即可。如图 15-36 所示。

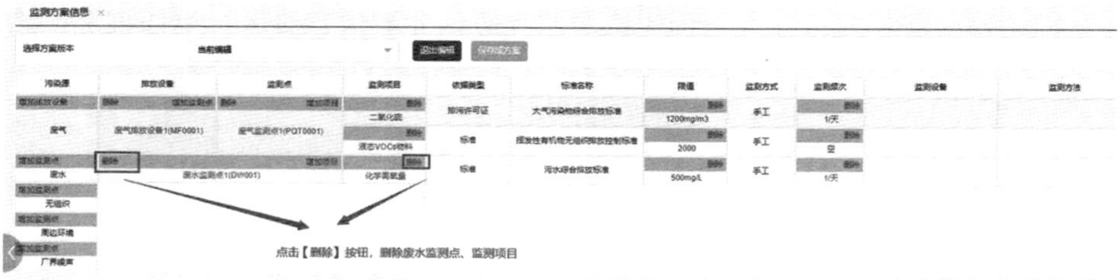

图 15-36　删除废水监测项目信息

15.4.2.3　无组织、周边环境和厂界噪声监测信息录入

（1）添加无组织、周边环境和厂界噪声监测点

在编辑页面下，点击无组织、周边环境和厂界噪声监测点右上方的【增加监测点】，弹出监测点新增页面。输入排序序号、监测点名称、监测点编号、选择经度、纬度、开始时间、结束时间，周边环境还需选择【监测类型】。点击【新增标准】弹出新增标准页面，新增标准成功后，点击【立即提交】按钮回到新增监测点页面，在此页面填写完全部信息后，点击【立即提交】按钮即可。这三类监测点的新增页面类似，如图 15-37～图 15-39 所示。

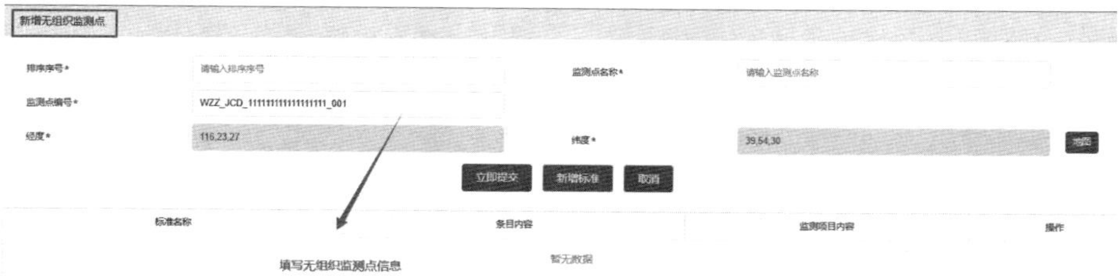

图 15-37　新增无组织监测点信息

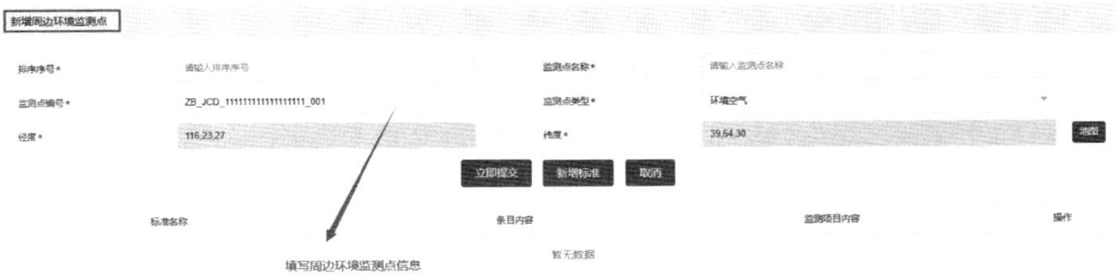

图 15-38　新增周边环境监测点信息

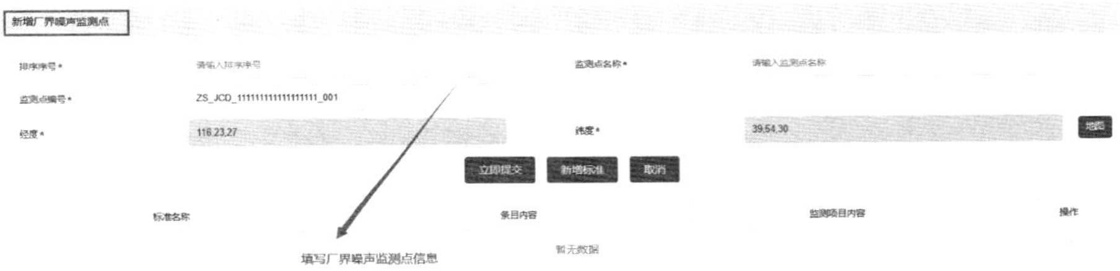

图 15-39　新增厂界噪声监测点信息

（2）添加无组织、周边环境和厂界噪声监测项目

一个监测点可能有多个监测项目，在添加完【监测点】之后，点击【增加项目】，弹出监测项目新增页面。可参照“废气监测信息录入”第 3 部分“添加废气监测项目”。如图 15-40 所示。

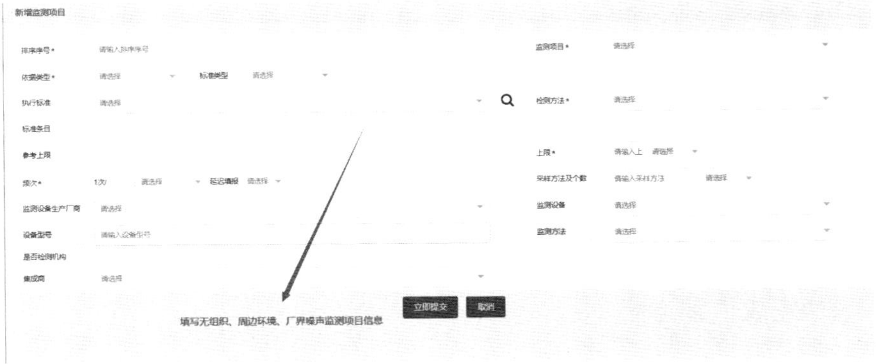

图 15-40　新增监测项目信息

（3）修改无组织、周边环境和厂界噪声监测信息项目

修改无组织、周边环境和厂界噪声监测点、监测项目时，点击相应的名称，即可进入修改页面，修改过程可参照本小节第 1、2 部分的新增过程。如图 15-41 所示。

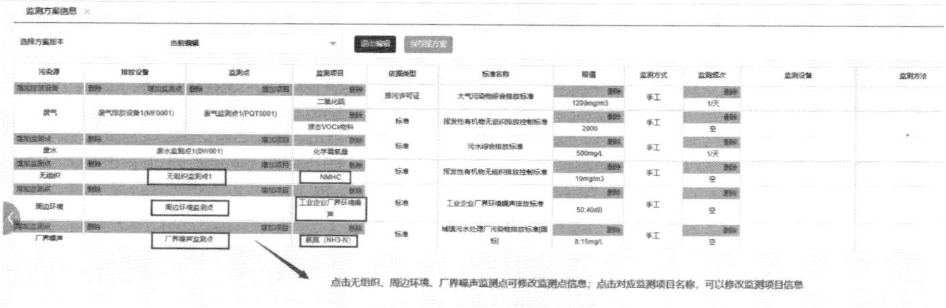

图 15-41　修改监测项目信息

（4）删除无组织、周边环境和厂界噪声监测信息项目

修改无组织、周边环境和厂界噪声监测点、监测项目时，点击相应名称右侧的【删除】按钮即可。如图 15-42 所示。

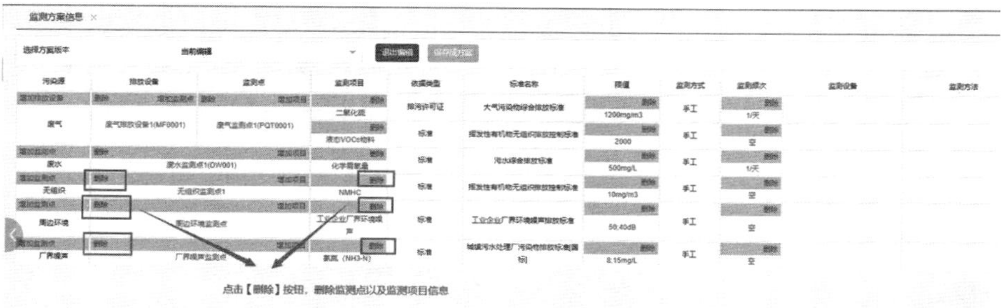

图 15-42　删除监测项目信息

15.4.2.4　完成监测方案

监测信息录入完成后，点击页面上的【保存成方案】按钮，会弹出新建监测

方案页面，输入方案名称、方案版本等，选择公开开始时间、公开结束时间、编制日期，上传单位平面图、监测点位示意图，最后点击提交按钮即可，如图 15-43、图 15-44 所示。

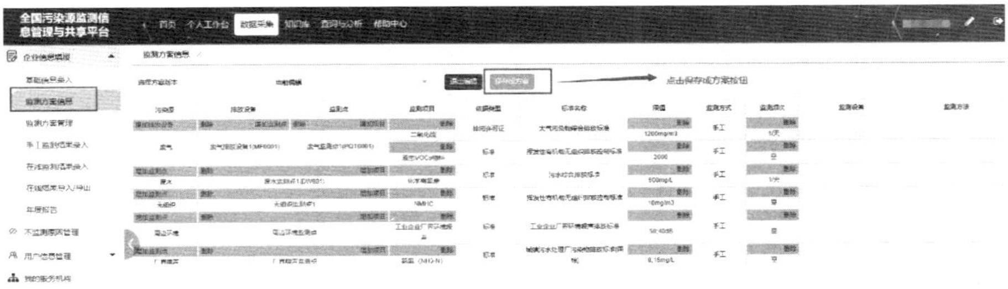

图 15-43　监测方案内容

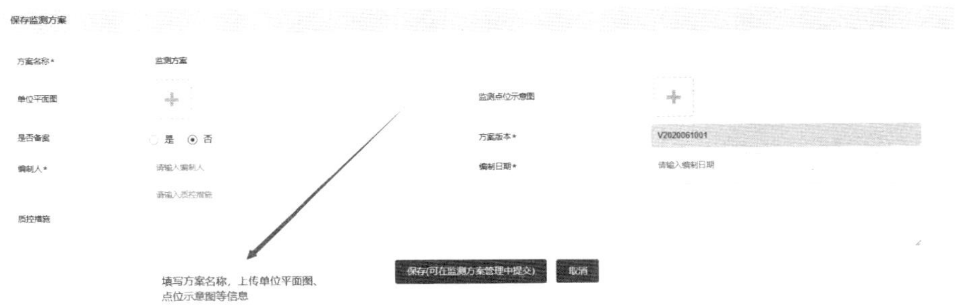

图 15-44　监测方案基本信息

15.4.2.5　监测方案管理

企业用户在系统主界面进入“数据采集”—“企业信息填报”—“监测方案管理”。

（1）查看

根据查询列表结果，点击每条数据右侧的【查看】（🔍）按钮，即可查看方案的部分信息。如图 15-45 所示。

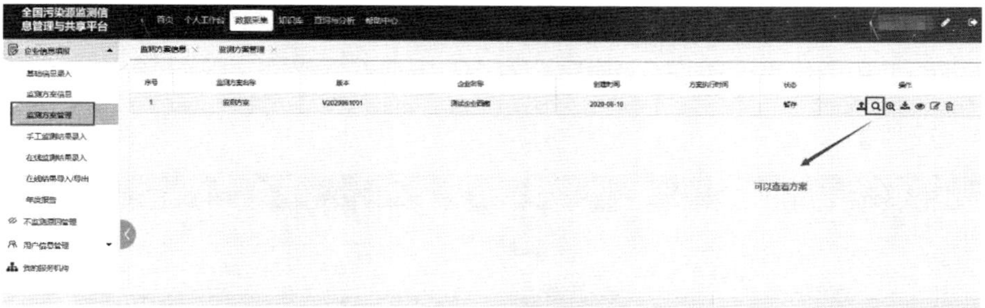

图 15-45　查看监测方案位置

进入监测方案查看信息页面后，点击右下方的【查看详情】按钮，即可查看相应的详细信息，如图 15-46、图 15-47 所示。

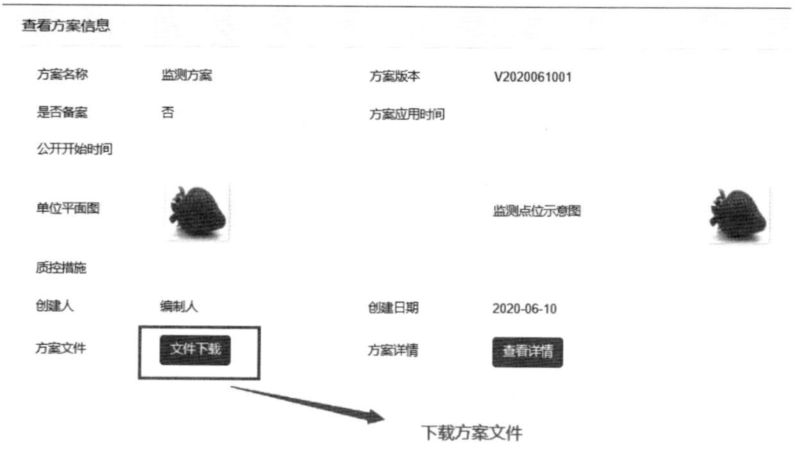

图 15-46　监测方案下载与查看

图 15-47　监测方案内容查看

（2）修改

针对方案状态【未提交】的情况可以对方案进行修改，点击右侧的【修改】按钮，即可对方案进行修改，编辑页面的填写可参照 15.4.2.4 小节进行填写。如图 15-48 所示。

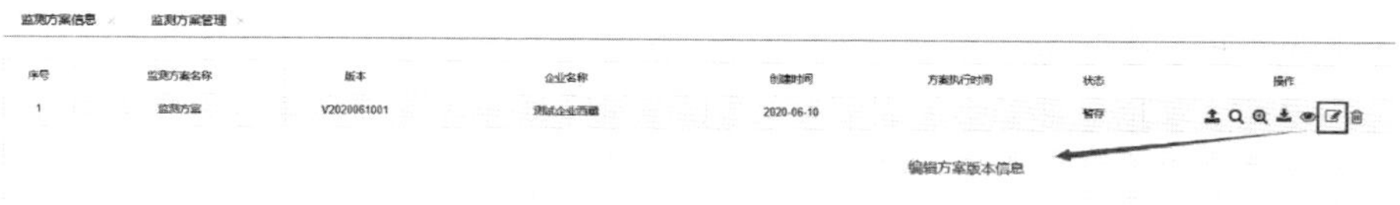

图 15-48 监测方案修改

（3）删除

针对方案状态【未提交】、【审核失败】的情况可以对方案进行删除。点击右侧的删除按钮，即可删除方案。如图 15-49 所示。

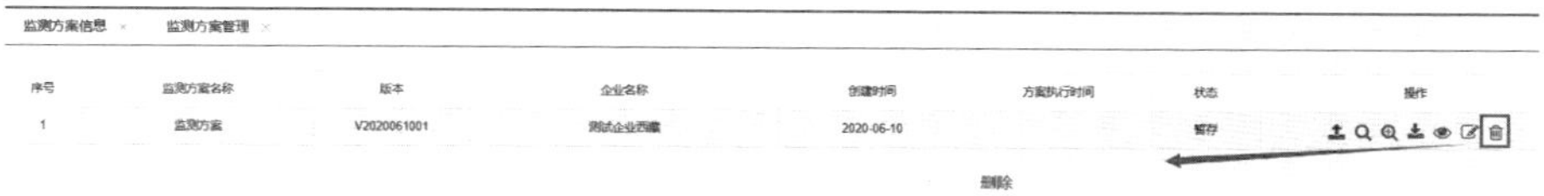

图 15-49 删除监测方案

（4）提交审核

针对方案状态【未提交】、【审核失败】的情况可以对方案进行提交。点击右侧的提交（）按钮，即可提交方案。如图 15-50 所示。

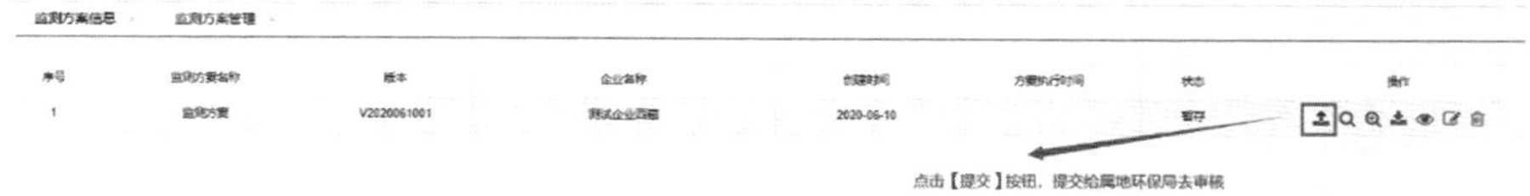

图 15-50 提交监测方案

（5）查看方案流程图

如图 15-51 所示。

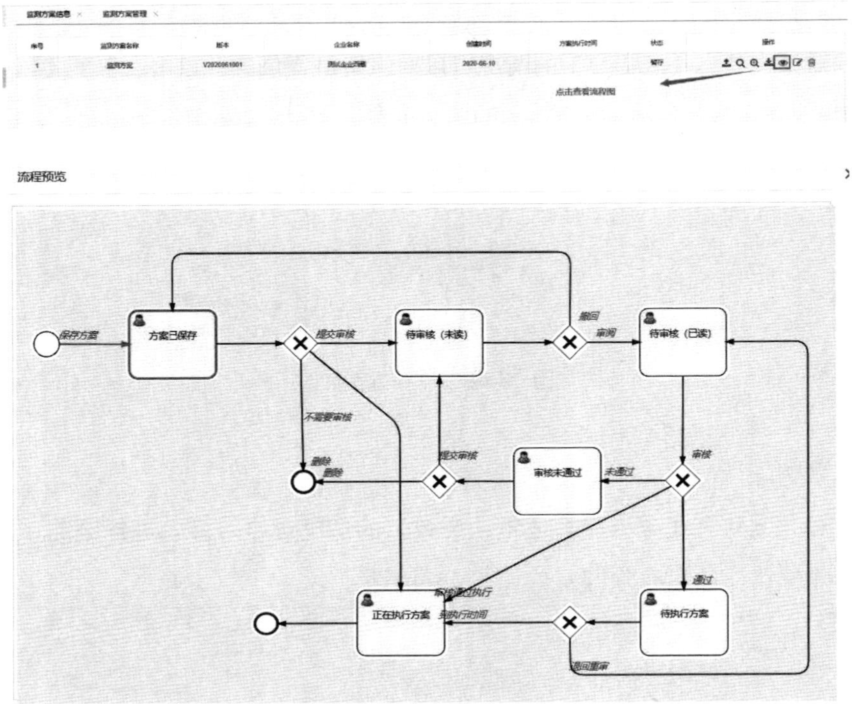

图 15-51 查看监测方案流程

15.4.3 监测数据录入

企业填报账户登录系统进入主界面“数据采集”—“企业信息填报”—“手工监测结果录入”。手工检测结果的录入是在方案审核完成之后，针对监测项目，监测方式为【手工】的，在“手工监测结果录入”中操作。

（1）录入手工监测结果

选择需要录入手工监测结果的采样日期，“黄色”代表未填报完成，“绿色”代表填报完成，“橘色”代表未填报完成且超期，“红色矩形框”代表有超标数据。如图 15-52 所示。

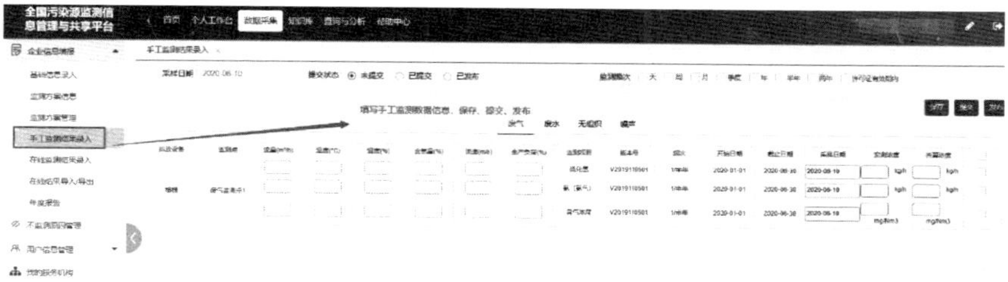

图 15-52　手工监测结果录入

企业选择完填报日期后，可选择不同的提交状态：【未提交】、【已提交】、【已发布】，下方会有【废水】、【废气】、【无组织】、【周边环境】、【噪声】中的一项或多项。

废水录入项有【监测点】、【流量】、【工作负荷】、【监测项目】、【频次单位】、【频次】、【截止日期】、【监测结果】、【备注原因】;

废气录入项有【排放设备】、【监测点】、【流量】、【温度】、【湿度】、【含氧量】、【流速】、【生产负荷】、【监测项目】等;

无组织录入项有【监测点】、【风向】、【风速】、【温度】、【压力】、【监测项目】、【频次单位】、【频次】等。

周边环境录入项有【环境空气监测点】、【湿度】、【气温】、【气压】、【风速】、【风向】、【监测项目】、【频次单位】等。

若录入的监测结果浓度超过标准值，文本所在输入框会变成红色，标识结果超标。如图 15-53 所示。

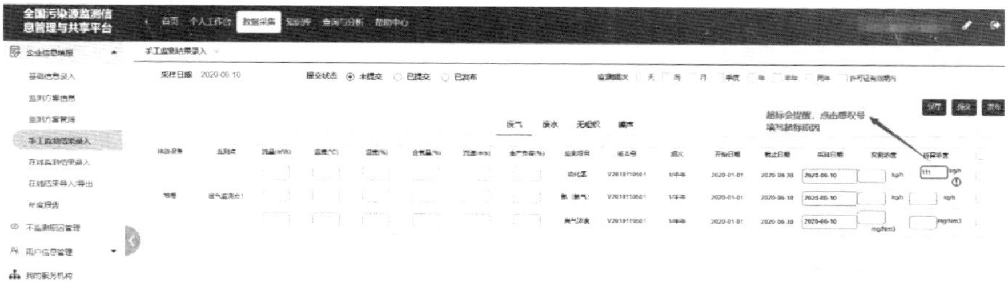

图 15-53　手工监测结果超标提醒

（2）保存手工监测结果

此功能用于保存填报用户填完的手工监测结果，但不提交审核。只需在填报信息后，点击【保存】按钮，即可对之前录入的信息进行保存。如图 15-54 所示。

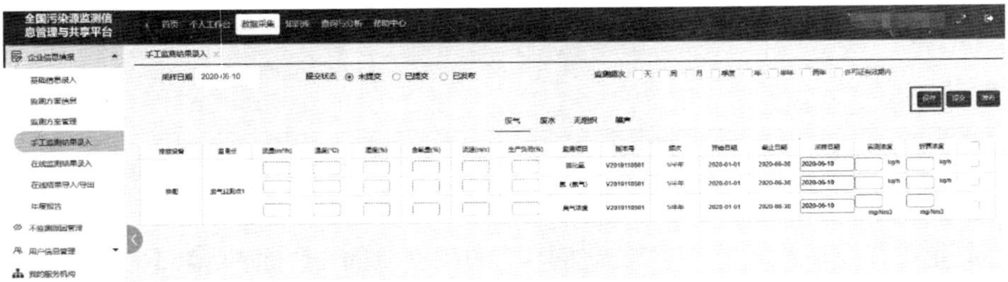

图 15-54　手工监测结果保存

（3）提交审核手工监测结果

此功能用于填报用户提交手工监测结果。针对需要提交的手工监测结果，在每条记录右侧或者【全选】旁的选择框下 □ 进行勾选，再点击上方的【提交】按钮即可。如图 15-55 所示。

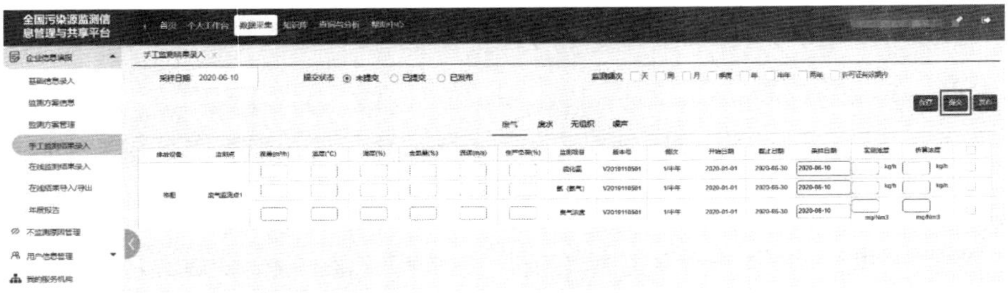

图 15-55　手工监测结果提交

（4）发布

此功能用于企业审核用户，对提交的手工监测结果进行发布处理。针对【提交状态】为【已提交】的手工监测结果，对需要发布的监测结果，在每条记录右侧或者【全选】旁的选择框下 □ 进行勾选，然后点击【发布】按钮对其进行发布。如图 15-56 所示。

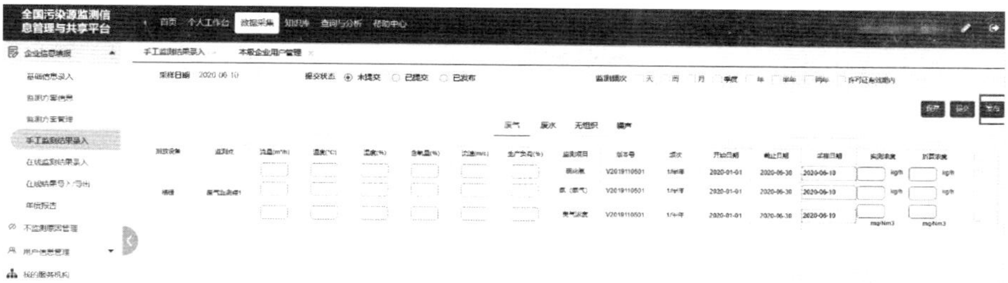

图 15-56　手工监测结果发布

（5）修改已发布数据

企业填报用户可以对已发布的手工数据进行修改。点击结果数据记录右侧的【修改】按钮，修改数据信息，即可完成修改。如图 15-57 所示。

图 15-57　修改已发布手工监测结果

附　录

附录 1

排污单位自行监测技术指南　总则

（HJ 819—2017）

前言

为落实《中华人民共和国环境保护法》《中华人民共和国大气污染防治法》《中华人民共和国水污染防治法》，指导和规范排污单位自行监测工作，制定本标准。

本标准提出了排污单位自行监测的一般要求、监测方案制定、监测质量保证和质量控制、信息记录和报告的基本内容和要求。

本标准为首次发布。

本标准由环境保护部环境监测司、科技标准司提出并组织制订。

本标准主要起草单位：中国环境监测总站。

本标准环境保护部 2017 年 4 月 25 日批准。

本标准自 2017 年 6 月 1 日起实施。

本标准由环境保护部解释。

1 适用范围

本标准提出了排污单位自行监测的一般要求、监测方案制定、监测质量保证和质量控制、信息记录和报告的基本内容和要求。

排污单位可参照本标准在生产运行阶段对其排放的水、气污染物，噪声以及对其周边环境质量影响开展监测。

本标准适用于无行业自行监测技术指南的排污单位；行业自行监测技术指南中未规定的内容按本标准执行。

2 规范性引用文件

本标准引用了下列文件或其中的条款。凡是未注明日期的引用文件，其最新版本适用于本标准。

GB 12348 工业企业厂界环境噪声排放标准

GB/T 16157 固定污染源排气中颗粒物测定与气态污染物采样方法

HJ 2.1 环境影响评价技术导则 总纲

HJ 2.2 环境影响评价技术导则 大气环境

HJ/T 2.3 环境影响评价技术导则 地面水环境

HJ 2.4 环境影响评价技术导则 声环境

HJ/T 55 大气污染物无组织排放监测技术导则

HJ/T 75 固定污染源烟气排放连续监测技术规范（试行）

HJ/T 76 固定污染源烟气排放连续监测系统技术要求及检测方法（试行）

HJ/T 91 地表水和污水监测技术规范

HJ/T 92 水污染物排放总量监测技术规范

HJ/T 164 地下水环境监测技术规范

HJ/T 166　土壤环境监测技术规范

HJ/T 194　环境空气质量手工监测技术规范

HJ/T 353　水污染源在线监测系统安装技术规范（试行）

HJ/T 354　水污染源在线监测系统验收技术规范（试行）

HJ/T 355　水污染源在线监测系统运行与考核技术规范（试行）

HJ/T 356　水污染源在线监测系统数据有效性判别技术规范（试行）

HJ/T 397　固定源废气监测技术规范

HJ 442　近岸海域环境监测规范

HJ 493　水质　样品的保存和管理技术规定

HJ 494　水质　采样技术指导

HJ 495　水质　采样方案设计技术规定

HJ 610　环境影响评价技术导则　地下水环境

HJ 733　泄漏和敞开液面排放的挥发性有机物检测技术导则

《企业事业单位环境信息公开办法》（环境保护部令　第 31 号）

《国家重点监控企业自行监测及信息公开办法（试行）》（环发〔2013〕81 号）

3　术语和定义

下列术语和定义适用于本标准。

3.1　自行监测　self-monitoring

指排污单位为掌握本单位的污染物排放状况及其对周边环境质量的影响等情况，按照相关法律法规和技术规范，组织开展的环境监测活动。

3.2　重点排污单位　key pollutant discharging entity

指由设区的市级及以上地方人民政府环境保护主管部门商有关部门确定的本行政区域内的重点排污单位。

3.3　外排口监测点位　emission site

指用于监测排污单位通过排放口向环境排放废气、废水（包括向公共污水处理系统排放废水）污染物状况的监测点位。

3.4 内部监测点位 internal monitoring site

指用于监测污染治理设施进口、污水处理厂进水等污染物状况的监测点位，或监测工艺过程中影响特定污染物产生排放的特征工艺参数的监测点位。

4 自行监测的一般要求

4.1 制定监测方案

排污单位应查清所有污染源，确定主要污染源及主要监测指标，制定监测方案。监测方案内容包括：单位基本情况、监测点位及示意图、监测指标、执行标准及其限值、监测频次、采样和样品保存方法、监测分析方法和仪器、质量保证与质量控制等。

新建排污单位应当在投入生产或使用并产生实际排污行为之前完成自行监测方案的编制及相关准备工作。

4.2 设置和维护监测设施

排污单位应按照规定设置满足开展监测所需要的监测设施。废水排放口，废气（采样）监测平台、监测断面和监测孔的设置应符合监测规范要求。监测平台应便于开展监测活动，应能保证监测人员的安全。

废水排放量大于 100 t/d 的，应安装自动测流设施并开展流量自动监测。

4.3 开展自行监测

排污单位应按照最新的监测方案开展监测活动，可根据自身条件和能力，利用自有人员、场所和设备自行监测；也可委托其他有资质的检（监）测机构代其开展自行监测。

持有排污许可证的企业自行监测年度报告内容可以在排污许可证年度执行报

告中体现。

4.4 做好监测质量保证与质量控制

排污单位应建立自行监测质量管理制度，按照相关技术规范要求做好监测质量保证与质量控制。

4.5 记录和保存监测数据

排污单位应做好与监测相关的数据记录，按照规定进行保存，并依据相关法规向社会公开监测结果。

5 监测方案制定

5.1 监测内容

5.1.1 污染物排放监测

包括废气污染物（以有组织或无组织形式排入环境）、废水污染物（直接排入环境或排入公共污水处理系统）及噪声污染等。

5.1.2 周边环境质量影响监测

污染物排放标准、环境影响评价文件及其批复或其他环境管理有明确要求的，排污单位应按照要求对其周边相应的空气、地表水、地下水、土壤等环境质量开展监测；其他排污单位根据实际情况确定是否开展周边环境质量影响监测。

5.1.3 关键工艺参数监测

在某些情况下，可以通过对与污染物产生和排放密切相关的关键工艺参数进行测试以补充污染物排放监测。

5.1.4 污染治理设施处理效果监测

若污染物排放标准等环境管理文件对污染治理设施有特别要求的，或排污单位认为有必要的，应对污染治理设施处理效果进行监测。

5.2 废气排放监测

5.2.1 有组织排放监测

5.2.1.1 确定主要污染源和主要排放口

符合以下条件的废气污染源为主要污染源：

a）单台出力 14 MW 或 20 t/h 及以上的各种燃料的锅炉和燃气轮机组；

b）重点行业的工业炉窑（水泥窑、炼焦炉、熔炼炉、焚烧炉、熔化炉、铁矿烧结炉、加热炉、热处理炉、石灰窑等）；

c）化工类生产工序的反应设备（化学反应器/塔、蒸馏/蒸发/萃取设备等）；

d）其他与上述所列相当的污染源。

符合以下条件的废气排放口为主要排放口：

a）主要污染源的废气排放口；

b）“排污许可证申请与核发技术规范”确定的主要排放口；

c）对于多个污染源共用一个排放口的，凡涉及主要污染源的排放口均为主要排放口。

5.2.1.2 监测点位

a）外排口监测点位：点位设置应满足 GB/T 16157、HJ 75 等技术规范的要求。净烟气与原烟气混合排放的，应在排气筒，或烟气汇合后的混合烟道上设置监测点位；净烟气直接排放的，应在净烟气烟道上设置监测点位，有旁路的旁路烟道也应设置监测点位。

b）内部监测点位设置：当污染物排放标准中有污染物处理效果要求时，应在进入相应污染物处理设施单元的进出口设置监测点位。当环境管理文件有要求，或排污单位认为有必要的，可设置开展相应监测内容的内部监测点位。

5.2.1.3 监测指标

各外排口监测点位的监测指标应至少包括所执行的国家或地方污染物排放（控制）标准、环境影响评价文件及其批复、排污许可证等相关管理规定明确要求的污染物指标。排污单位还应根据生产过程的原辅用料、生产工艺、中间及最终产品，确定是否排放纳入相关有毒有害或优先控制污染物名录中的污染物指标，或其他有毒污染物指标，这些指标也应纳入监测指标。

对于主要排放口监测点位的监测指标，符合以下条件的为主要监测指标：

a）二氧化硫、氮氧化物、颗粒物（或烟尘/粉尘）、挥发性有机物中排放量较大的污染物指标；

b）能在环境或动植物体内积蓄对人类产生长远不良影响的有毒污染物指标（存在有毒有害或优先控制污染物相关名录的，以名录中的污染物指标为准）；

c）排污单位所在区域环境质量超标的污染物指标。

内部监测点位的监测指标根据点位设置的主要目的确定。

5.2.1.4 监测频次

a）确定监测频次的基本原则

排污单位应在满足本标准要求的基础上，遵循以下原则确定各监测点位不同监测指标的监测频次：

1）不应低于国家或地方发布的标准、规范性文件、规划、环境影响评价文件及其批复等明确规定的监测频次；

2）主要排放口的监测频次高于非主要排放口；

3）主要监测指标的监测频次高于其他监测指标；

4）排向敏感地区的应适当增加监测频次；

5）排放状况波动大的，应适当增加监测频次；

6）历史稳定达标状况较差的需增加监测频次，达标状况良好的可以适当降低监测频次；

7）监测成本应与排污企业自身能力相一致，尽量避免重复监测。

b）原则上，外排口监测点位最低监测频次按照表 1 执行。废气烟气参数和污染物浓度应同步监测。

表 1 废气监测指标的最低监测频次

排污单位级别	主要排放口		其他排放口的监测指标
	主要监测指标	其他监测指标	
重点排污单位	月—季度	半年—年	半年—年
非重点排污单位	半年—年	年	年
注：为最低监测频次的范围，分行业排污单位自行监测技术指南中依据此原则确定各监测指标的最低监测频次。			

c）内部监测点位的监测频次根据该监测点位设置目的、结果评价的需要、补充监测结果的需要等进行确定。

5.2.1.5 监测技术

监测技术包括手工监测、自动监测两种，排污单位可根据监测成本、监测指标以及监测频次等内容，合理选择适当的监测技术。

对于相关管理规定要求采用自动监测的指标，应采用自动监测技术；对于监测频次高、自动监测技术成熟的监测指标，应优先选用自动监测技术；其他监测指标，可选用手工监测技术。

5.2.1.6 采样方法

废气手工采样方法的选择参照相关污染物排放标准及 GB/T 16157、HJ/T 397 等执行。废气自动监测参照 HJ/T 75、HJ/T 76 执行。

5.2.1.7 监测分析方法

监测分析方法的选用应充分考虑相关排放标准的规定、排污单位的排放特点、污染物排放浓度的高低、所采用监测分析方法的检出限和干扰等因素。

监测分析方法应优先选用所执行的排放标准中规定的方法。选用其他国家、行业标准方法的，方法的主要特性参数（包括检出下限、精密度、准确度、干扰消除等）需符合标准要求。尚无国家和行业标准分析方法的，或采用国家和行业标准方法不能得到合格测定数据的，可选用其他方法，但必须做方法验证和对比实验，证明该方法主要特性参数的可靠性。

5.2.2 无组织排放监测

5.2.2.1 监测点位

存在废气无组织排放源的，应设置无组织排放监测点位，具体要求按相关污染物排放标准及 HJ/T 55、HJ 733 等执行。

5.2.2.2 监测指标

按本标准 5.2.1.3 执行。

5.2.2.3 监测频次

钢铁、水泥、焦化、石油加工、有色金属冶炼、采矿业等无组织废气排放较重的污染源，无组织废气每季度至少开展一次监测；其他涉及无组织废气排放的污染源每年至少开展一次监测。

5.2.2.4 监测技术

按本标准 5.2.1.5 执行。

5.2.2.5 采样方法

参照相关污染物排放标准及 HJ/T 55、HJ 733 执行。

5.2.2.6 监测分析方法

按本标准 5.2.1.7 执行。

5.3 废水排放监测

5.3.1 监测点位

5.3.1.1 外排口监测点位

在污染物排放标准规定的监控位置设置监测点位。

5.3.1.2 内部监测点位

按本标准 5.2.1.2　b）执行。

5.3.2 监测指标

符合以下条件的为各废水外排口监测点位的主要监测指标：

a）化学需氧量、五日生化需氧量、氨氮、总磷、总氮、悬浮物、石油类中排放量较大的污染物指标；

b)污染物排放标准中规定的监控位置为车间或生产设施废水排放口的污染物指标，以及有毒有害或优先控制污染物相关名录中的污染物指标；

c）排污单位所在流域环境质量超标的污染物指标。

其他要求按本标准 5.2.1.3 执行。

5.3.3 监测频次

5.3.3.1 监测频次确定的基本原则

按本标准 5.2.1.4 a）执行。

5.3.3.2 原则上，外排口监测点位最低监测频次按照表 2 执行。各排放口废水流量和污染物浓度同步监测。

表 2 废水监测指标的最低监测频次

排污单位级别	主要监测指标	其他监测指标
重点排污单位	日—月	季度—半年
非重点排污单位	季度	年

注：为最低监测频次的范围，在行业排污单位自行监测技术指南中依据此原则确定各监测指标的最低监测频次。

5.3.3.3 内部监测点位监测频次

按本标准 5.2.1.4 c）执行。

5.3.4 监测技术

按本标准 5.2.1.5 执行。

5.3.5 采样方法

废水手工采样方法的选择参照相关污染物排放标准及 HJ/T 91、HJ/T 92、HJ 493、HJ 494、HJ 495 等执行，根据监测指标的特点确定采样方法为混合采样方法或瞬时采样的方法，单次监测采样频次按相关污染物排放标准和 HJ/T 91 执行。污水自动监测采样方法参照 HJ/T 353、HJ/T 354、HJ/T 355、HJ/T 356 执行。

5.3.6 监测分析方法

按本标准 5.2.1.7 执行。

5.4 厂界环境噪声监测

5.4.1 监测点位

5.4.1.1 厂界环境噪声的监测点位置具体要求按 GB 12348 执行。

5.4.1.2 噪声布点应遵循以下原则：

a）根据厂内主要噪声源距厂界位置布点；

b）根据厂界周围敏感目标布点；

c）“厂中厂”是否需要监测根据内部和外围排污单位协商确定；

d）面临海洋、大江、大河的厂界原则上不布点；

e）厂界紧邻交通干线不布点；

f）厂界紧邻另一排污单位的，在临近另一排污单位侧是否布点由排污单位协商确定。

5.4.2 监测频次

厂界环境噪声每季度至少开展一次监测，夜间生产的要监测夜间噪声。

5.5 周边环境质量影响监测

5.5.1 监测点位

排污单位厂界周边的土壤、地表水、地下水、大气等环境质量影响监测点位参照排污单位环境影响评价文件及其批复及其他环境管理要求设置。

如环境影响评价文件及其批复及其他文件中均未作出要求，排污单位需要开展周边环境质量影响监测的，环境质量影响监测点位设置的原则和方法参照 HJ 2.1、HJ 2.2、HJ/T 2.3、HJ 2.4、HJ 610 等规定。各类环境影响监测点位设置按照 HJ/T 91、HJ/T 164、HJ 442、HJ/T 194、HJ/T 166 等执行。

5.5.2 监测指标

周边环境质量影响监测点位监测指标参照排污单位环境影响评价文件及其批复等管理文件的要求执行，或根据排放的污染物对环境的影响确定。

5.5.3　监测频次

若环境影响评价文件及其批复等管理文件有明确要求的，排污单位周边环境质量监测频次按照要求执行。

否则，涉水重点排污单位地表水每年丰、平、枯水期至少各监测一次，涉气重点排污单位空气质量每半年至少监测一次，涉重金属、难降解类有机污染物等重点排污单位土壤、地下水每年至少监测一次。发生突发环境事故对周边环境质量造成明显影响的，或周边环境质量相关污染物超标的，应适当增加监测频次。

5.5.4　监测技术

按本标准 5.2.1.5 执行。

5.5.5　采样方法

周边水环境质量监测点采样方法参照 HJ/T 91、HJ/T 164、HJ 442 等执行。

周边大气环境质量监测点采样方法参照 HJ/T 194 等执行。

周边土壤环境质量监测点采样方法参照 HJ/T 166 等执行。

5.5.6　监测分析方法

按本标准 5.2.1.7 执行。

5.6　监测方案的描述

5.6.1　监测点位的描述

所有监测点位均应在监测方案中通过语言描述、图形示意等形式明确体现。描述内容包括监测点位的平面位置及污染物的排放去向等。废水监测点需明确其所在废水排放口、对应的废水处理工艺，废气排放监测点位需明确其在排放烟道的位置分布、对应的污染源及处理设施。

5.6.2　监测指标的描述

所有监测指标采用表格、语言描述等形式明确体现。监测指标应与监测点位相对应，监测指标内容包括每个监测点位应监测的指标名称、排放限值、排放限值的来源（如标准名称、编号）等。

国家或地方污染物排放（控制）标准、环境影响评价文件及其批复、排污许可证中的污染物，如排污单位确认未排放，监测方案中应明确注明。

5.6.3 监测频次的描述

监测频次应与监测点位、监测指标相对应，每个监测点位的每项监测指标的监测频次都应详细注明。

5.6.4 采样方法的描述

对每项监测指标都应注明其选用的采样方法。废水采集混合样品的，应注明混合样采样个数。废气非连续采样的，应注明每次采集的样品个数。废气颗粒物采样，应注明每个监测点位设置的采样孔和采样点个数。

5.6.5 监测分析方法的描述

对每项监测指标都应注明其选用的监测分析方法名称、来源依据、检出限等内容。

5.7 监测方案的变更

当有以下情况发生时，应变更监测方案：

a）执行的排放标准发生变化；

b）排放口位置、监测点位、监测指标、监测频次、监测技术任一项内容发生变化；

c）污染源、生产工艺或处理设施发生变化。

6 监测质量保证与质量控制

排污单位应建立并实施质量保证与控制措施方案，以自证自行监测数据的质量。

6.1 建立质量体系

排污单位应根据本单位自行监测的工作需求，设置监测机构，梳理监测方案制定、样品采集、样品分析、监测结果报出、样品留存、相关记录的保存等监测的各个环节中，为保证监测工作质量应制定的工作流程、管理措施与监督措施，建立自行监测质量体系。

质量体系应包括对以下内容的具体描述：监测机构，人员，出具监测数据所需仪器设备，监测辅助设施和实验室环境，监测方法技术能力验证，监测活动质量控制与质量保证等。

委托其他有资质的检（监）测机构代其开展自行监测的，排污单位不用建立监测质量体系，但应对检（监）测机构的资质进行确认。

6.2 监测机构

监测机构应具有与监测任务相适应的技术人员、仪器设备和实验室环境，明确监测人员和管理人员的职责、权限和相互关系，有适当的措施和程序保证监测结果准确可靠。

6.3 监测人员

应配备数量充足、技术水平满足工作要求的技术人员，规范监测人员录用、培训教育和能力确认/考核等活动，建立人员档案，并对监测人员实施监督和管理，规避人员因素对监测数据正确性和可靠性的影响。

6.4 监测设施和环境

根据仪器使用说明书、监测方法和规范等的要求，配备必要的如除湿机、空调、干湿度温度计等辅助设施，以使监测工作场所条件得到有效控制。

6.5 监测仪器设备和实验试剂

应配备数量充足、技术指标符合相关监测方法要求的各类监测仪器设备、标准物质和实验试剂。

监测仪器性能应符合相应方法标准或技术规范要求，根据仪器性能实施自校准或者检定/校准、运行和维护、定期检查。

标准物质、试剂、耗材的购买和使用情况应建立台账予以记录。

6.6 监测方法技术能力验证

应组织监测人员按照其所承担监测指标的方法步骤开展实验活动，测试方法的检出浓度、校准（工作）曲线的相关性、精密度和准确度等指标，实验结果满足方法相应的规定以后，方可确认该人员实际操作技能满足工作需求，能够承担测试工作。

6.7 监测质量控制

编制监测工作质量控制计划，选择与监测活动类型和工作量相适应的质控方法，包括使用标准物质、采用空白试验、平行样测定、加标回收率测定等，定期进行质控数据分析。

6.8 监测质量保证

按照监测方法和技术规范的要求开展监测活动，若存在相关标准规定不明确但又影响监测数据质量的活动，可编写《作业指导书》予以明确。

编制工作流程等相关技术规定，规定任务下达和实施，分析用仪器设备购买、验收、维护和维修，监测结果的审核签发、监测结果录入发布等工作的责任人和完成时限，确保监测各环节无缝衔接。

设计记录表格，对监测过程的关键信息予以记录并存档。

定期对自行监测工作开展的时效性、自行监测数据的代表性和准确性、管理部门检查结论和公众对自行监测数据的反馈等情况进行评估，识别自行监测存在的问题，及时采取纠正措施。管理部门执法监测与排污单位自行监测数据不一致的，以管理部门执法监测结果为准，作为判断污染物排放是否达标、自动监测设施是否正常运行的依据。

7 信息记录和报告

7.1 信息记录

7.1.1 手工监测的记录

7.1.1.1 采样记录：采样日期、采样时间、采样点位、混合取样的样品数量、采样器名称、采样人姓名等。

7.1.1.2 样品保存和交接：样品保存方式、样品传输交接记录。

7.1.1.3 样品分析记录：分析日期、样品处理方式、分析方法、质控措施、分析结果、分析人姓名等。

7.1.1.4 质控记录：质控结果报告单。

7.1.2 自动监测运维记录

包括自动监测系统运行状况、系统辅助设备运行状况、系统校准、校验工作等；仪器说明书及相关标准规范中规定的其他检查项目；校准、维护保养、维修记录等。

7.1.3 生产和污染治理设施运行状况

记录监测期间企业及各主要生产设施（至少涵盖废气主要污染源相关生产设施）运行状况（包括停机、启动情况）、产品产量、主要原辅料使用量、取水量、主要燃料消耗量、燃料主要成分、污染治理设施主要运行状态参数、污染治理主要药剂消耗情况等。日常生产中上述信息也需整理成台账保存备查。

7.1.4 固体废物（危险废物）产生与处理状况

记录监测期间各类固体废物和危险废物的产生量、综合利用量、处置量、贮存量、倾倒丢弃量，危险废物还应详细记录其具体去向。

7.2 信息报告

排污单位应编写自行监测年度报告，年度报告至少应包含以下内容：

a）监测方案的调整变化情况及变更原因；

b）企业及各主要生产设施（至少涵盖废气主要污染源相关生产设施）全年运行天数，各监测点、各监测指标全年监测次数、超标情况、浓度分布情况；

c）按要求开展的周边环境质量影响状况监测结果；

d）自行监测开展的其他情况说明；

e）排污单位实现达标排放所采取的主要措施。

7.3 应急报告

监测结果出现超标的，排污单位应加密监测，并检查超标原因。短期内无法实现稳定达标排放的，应向环境保护主管部门提交事故分析报告，说明事故发生的原因，采取减轻或防止污染的措施，以及今后的预防及改进措施等；若因发生事故或者其他突发事件，排放的污水可能危及城镇排水与污水处理设施安全运行的，应当立即采取措施消除危害，并及时向城镇排水主管部门和环境保护主管部门等有关部门报告。

7.4 信息公开

排污单位自行监测信息公开内容及方式按照《企业事业单位环境信息公开办法》及《国家重点监控企业自行监测及信息公开办法（试行）》执行。非重点排污单位的信息公开要求由地方环境保护主管部门确定。

8 监测管理

排污单位对其自行监测结果及信息公开内容的真实性、准确性、完整性负责。

排污单位应积极配合并接受环境保护行政主管部门的日常监督管理。

附录 2

排污单位自行监测技术指南　石油炼制工业

1　适用范围

本标准提出了石油炼制工业排污单位自行监测的一般要求、监测方案制定、信息记录和报告的基本内容和要求。

本标准适用于石油炼制工业排污单位在生产运行阶段对其排放的水、气污染物，噪声以及对其周边环境质量影响开展监测。

排污单位自备火力发电机组（厂）、配套动力锅炉的自行监测要求按照 HJ 820 执行。

2　规范性引用文件

本标准内容引用了下列文件或其中的条款。凡是不注明日期的引用文件，其有效版本适用于本标准。

GB 14554　恶臭污染物排放标准

GB 18484　危险废物焚烧污染控制标准

GB 31570　石油炼制工业污染物排放标准

HJ/T 55　大气污染物无组织排放监测技术导则

HJ/T 91　地表水和污水监测技术规范

HJ/T 164　地下水环境监测技术规范

HJ/T 166　土壤环境监测技术规范

HJ/T 194　环境空气质量手工监测技术规范

HJ 442　近岸海域环境监测规范

HJ 664　环境空气质量监测点位布设技术规范（试行）

HJ 733　泄漏和敞开液面排放的挥发性有机物检测技术导则

HJ 819　排污单位自行监测技术指南　总则

HJ 820　排污单位自行监测技术指南　火力发电及锅炉

《国家危险废物名录》（环境保护部、国家发展和改革委员会、公安部令 第39号）

3　术语和定义

GB 31570、HJ 819 界定的以及下列术语和定义适用于本标准。

3.1　**石油炼制工业**　petroleum refining industry

以原油、重油等为原料，生产汽油馏分、柴油馏分、燃料油、润滑油、石油蜡、石油沥青和石油化工原料等的工业。

3.2　**挥发性有机物**　volatile organic compounds

指参与大气光化学反应的有机化合物，或者根据规定的方法测量或核算确定的有机化合物。本标准使用非甲烷总烃作为排气筒和企业边界挥发性有机物排放的综合控制指标。

3.3　**含汞原油**　hydrargyrate crude oil

本标准特指汞含量大于 5 μg/g 的原油。

4　自行监测的一般要求

排污单位应查清本单位的污染源，污染物指标及潜在的环境影响，制定监测方案，设置和维护监测设施，按照监测方案开展自行监测，做好质量保证和质量控制，记录和保存监测数据，依法向社会公开监测结果。

5 监测方案制定

5.1 废水排放监测

5.1.1 监测点位

排污单位须在废水总排放口、雨水排放口设置监测点位。车间或生产设施废水排放口监测点位的设置按照表 1 中的规定执行。

5.1.2 监测指标与频次

废水排放监测指标及最低监测频次按表 1 执行。

表 1 废水排放监测指标最低监测频次

监测点位	监测指标	监测频次	
		直接排放	间接排放
废水总排放口	流量、化学需氧量、氨氮	自动监测	周
	石油类、pH 值、悬浮物、总氮、总磷、硫化物、挥发酚	周	月
	五日生化需氧量、总有机碳、总钒、苯、甲苯、邻二甲苯、间二甲苯、对二甲苯、乙苯、总氰化物	月	季度
延迟焦化装置冷焦水、切焦水废水排放口	苯并[*a*]芘	半年[a]	
常减压蒸馏装置电脱盐废水排放口[b]	总汞	月	
	烷基汞	半年[a]	
酸性水汽提装置废水排放口	总砷	月	
催化裂化装置烟气脱硫废水排放口 催化汽油吸附脱硫装置烟气脱硫废水排放口	总镍	月	
航空汽油调和车间废水排放口 四乙基铅生产装置废水排放口	总铅	月	
雨水排放口	pH 值、化学需氧量、氨氮、石油类、悬浮物	日[c]	

注：1. 设区的市级及以上环境保护主管部门明确要求安装自动监测设备的污染物指标，须采取自动监测。

2. 监测污染物浓度时应同步监测流量。

[a]2020 年 1 月 1 日起按月执行。

[b]适用于加工含汞原油的情况。

[c]排放期间按日监测。

5.2 废气排放监测

5.2.1 有组织废气排放监测点位、指标与频次

5.2.1.1 监测点位

废气通过排气筒等方式排放至外环境的，应在烟道上设置监测点位；相同监测指标多股废气混合排放的，应在废气汇合后的共用烟道上或分别在各个烟道上设置监测点位；有旁路的旁路烟道也应设置监测点位；有机废气回收处理装置应分别在其废气进口及排放口设置监测点位。

5.2.1.2 监测指标与频次

有组织废气排放监测指标及最低监测频次按表2执行。

表2 有组织废气监测指标最低监测频次

监测点位	监测指标	监测频次
工艺加热炉排气筒（单台额定功率≥14 MW）	氮氧化物	自动监测
	二氧化硫、颗粒物	季度（月[a]）
工艺加热炉排气筒（单台额定功率＜14 MW）	氮氧化物、二氧化硫、颗粒物	季度（月[a]）
催化裂化催化剂再生烟气排气筒	氮氧化物、二氧化硫、颗粒物	自动监测
	镍及其化合物	季度
重整催化剂再生烟气排气筒 离子液法烷基化装置催化剂再生烟气排气筒	非甲烷总烃	月
	氯化氢	季度
催化汽油吸附脱硫再生烟气排气筒	颗粒物、二氧化硫	季度
酸性气回收装置排气筒	二氧化硫	自动监测
	硫化氢、氮氧化物[b]	月
	硫酸雾[c]	季度
氧化沥青装置排气筒	沥青烟	季度
	苯并[*a*]芘	半年
废水处理有机废气收集处理装置排气筒	非甲烷总烃、硫化氢	月
	苯、甲苯、二甲苯	季度
有机废气回收处理装置进口及其排放口[d]	非甲烷总烃	月

监测点位	监测指标	监测频次
危险废物焚烧炉排气筒[e]	氮氧化物、二氧化硫、颗粒物	自动监测
	烟气黑度、一氧化碳、氟化氢、氯化氢、汞及其化合物、镉及其化合物（砷、镍及其化合物）、铅及其化合物（铬、锡、锑、铜、锰及其化合物）	月
	二噁英类	年

注：1. 设区的市级及以上环境保护主管部门明确要求安装自动监测设备的污染物指标，须采取自动监测。

2. 废气监测须按照相应标准分析方法、技术规范同步监测烟气参数。

[a] 若燃料为净化后干气、瓦斯气、天然气则按季度监测，若采用其他燃料，则在使用期间按月监测。

[b] 适用于采用氧化法尾气污染物控制的酸性气回收装置。

[c] 适用于酸性气回收装置生产硫酸的情况。

[d] 有机废气排放口排气中若含有颗粒物、二氧化硫或氮氧化物，须进行监测。

[e] 危险废物焚烧炉排气筒监测的其他要求按 GB 18484 执行。

5.2.2 无组织废气排放监测点位、指标与频次

无组织废气排放监测点位设置、监测指标及最低监测频次按表 3 执行。

表 3 无组织废气监测指标最低监测频次

监测点位	监测指标	监测频次
企业边界	非甲烷总烃、颗粒物、氯化氢[a]、苯、甲苯、二甲苯、氨、硫化氢、臭气浓度	季度
	苯并[*a*]芘	年
泵、压缩机、阀门、开口阀或开口管线、气体/蒸气泄压设备、取样连接系统	挥发性有机物	季度
法兰及其他连接件、其他密封设备	挥发性有机物	半年

注：1. 对于设备与管线组件密封点泄漏检测，若同一密封点连续三个周期检测无泄漏情况，则检测周期可延长一倍，但在后续监测中该检测点位一旦检测出现泄漏情况，则监测频次按原规定执行。

2. 根据环境影响评价文件及其批复，以及原料工艺等确定是否监测 GB 14554 中的其他恶臭污染物。

3. 挥发性有机物监测的其他要求按 HJ 733 及其他国家挥发性有机物管理规定执行。

[a] 适用于工艺装置中有连续重整装置或采用离子液法的烷基化装置的情况。

5.3 厂界环境噪声监测

厂界环境噪声监测点位设置应遵循 HJ 819 中的原则，主要考虑机泵电机、空冷电机、压缩电机、风机等噪声源在厂区内的分布情况。

厂界环境噪声每季度至少开展一次昼夜监测，监测指标为等效 A 声级。周边有敏感点的，应提高监测频次。

5.4 周边环境质量影响监测

5.4.1 其他环境管理政策，或环境影响评价文件及其批复［仅限 2015 年 1 月 1 日（含）后取得环境影响评价批复的排污单位］有明确要求的，按要求执行。

5.4.2 无明确要求的，若排污单位认为有必要的，可对周边水、土壤、环境空气质量开展监测。可按照 HJ 664、HJ/T 55、HJ/T 164、HJ/T 166、HJ/T 194 中相关规定设置环境空气、地下水、土壤监测点位，对于废水直接排入地表水、海水的排污单位，可按照 HJ/T 91、HJ 442 中相关规定设置周边地表水、海水监测点位，监测指标及最低监测频次可参照表 4 执行。

表 4 周边环境质量影响监测指标最低监测频次

类别	监测指标	监测频次
环境空气[a]	非甲烷总烃、颗粒物、氯化氢[b]、苯、甲苯、二甲苯、氨、硫化氢	半年
	苯并[a]芘	年
地表水	pH 值、化学需氧量、氨氮、石油类、悬浮物、总氮、总磷、硫化物、挥发酚、五日生化需氧量、总有机碳、总钒、苯、甲苯、邻二甲苯、间二甲苯、对二甲苯、乙苯、总氰化物、苯并[a]芘、总砷、总镍、总铅、总汞、烷基汞等	季度
地下水	pH 值、高锰酸盐指数、氨氮、石油类、总氮、总磷、硫化物、挥发酚、五日生化需氧量、总有机碳、总钒、苯、甲苯、邻二甲苯、间二甲苯、对二甲苯、乙苯、总氰化物、苯并[a]芘、总砷、总镍、总铅、总汞、烷基汞等	年

类别	监测指标	监测频次
海水	pH 值、化学需氧量、氨氮、石油类、悬浮物、总氮、总磷、硫化物、挥发酚、五日生化需氧量、总有机碳、总钒、苯、甲苯、邻二甲苯、间二甲苯、对二甲苯、乙苯、总氰化物、苯并[*a*]芘、总砷、总镍、总铅、总汞、烷基汞等	半年
土壤	pH 值、硫化物、苯、甲苯、二甲苯、苯并[*a*]芘、总砷、总镍、总铅、总汞等	年

注：[a] 每次连测 3 天。

[b] 适用于工艺装置中有连续重整装置或采用离子液法的烷基化装置的情况。

5.5 其他要求

5.5.1 除表 1～表 3 中的污染物指标外，5.5.1.1 和 5.5.1.2 中的污染物指标也应纳入监测指标范围，并参照表 1～表 3 和 HJ 819 确定监测频次。

5.5.1.1 排污许可证、所执行的污染物排放（控制）标准、环境影响评价文件及其批复［仅限 2015 年 1 月 1 日（含）后取得环境影响评价批复的排污单位］、相关环境管理规定明确要求的污染物指标。

5.5.1.2 排污单位根据生产过程的原辅用料、生产工艺、中间及最终产品类型、监测结果确定实际排放的，在有毒有害或优先控制污染物相关名录中的污染物指标，或其他有毒污染物指标。

5.5.2 各指标的监测频次在满足本标准的基础上，可根据 HJ 819 中监测频次的确定原则提高监测频次。

5.5.3 采样方法、监测分析方法、监测质量保证与质量控制等按照 HJ 819 执行。

5.5.4 监测方案的描述、变更按照 HJ 819 执行。

6 信息记录和报告

6.1 信息记录

6.1.1 监测信息记录

手工监测记录和自动监测运维记录按照 HJ 819 执行。

6.1.2 生产和污染治理设施运行状况记录要求

6.1.2.1 生产设施运行状况

a）主体设施

按班次记录正常工况各主要生产单元每套装置的运行状态、生产负荷，重点记录各装置的原料用量、辅料用量、主产品产量、副产品产量、取水量（新鲜水）、废水排放量、燃料消耗量、燃料含硫量、原料含硫量与各种金属类含量、运行时间等参数情况。催化裂化装置还应记录新催化剂主要成分及用量、废催化剂排放量、再生催化剂循环量等。

b）公辅设施

包括污水处理装置、储罐、火炬系统、动力站等，储罐包括设计规模、工艺参数（温度、液位、周转量）等，火炬系统应连续记录引燃设施和火炬工作状态（火炬气流量、火炬头温度、火种气流量、火种温度等）。

c）全厂运行情况

年生产时间分正常工况和非正常工况（生产装置或设施开停工、检维修）、原辅燃料使用量、主要产品产量等。辅料重点记录与污染治理设施和污染物排放相关的内容。

6.1.2.2 污染治理设施运行状况

污染治理设施运行管理信息应当包括设备运行校验关键参数，能充分反映生产设施及治理设施运行管理情况。

a）废水治理设施包括预处理设施和集中污水处理设施两部分，需每天记录废水处理量、回用水量、运行参数（包括运行工况等）、药剂使用量、投放频次、电耗、污泥产生量等。如出现设施停运、检维修、事故等异常情况，需进行记录。

b）有组织废气治理设施需记录污染治理设施运行时间、运行参数（包括运行工况等）、使用药剂、投放频次等。如出现设施停运、检维修、事故等异常情况，需进行记录。

6.1.3 一般工业固体废物和危险废物记录

记录一般工业固体废物的产生量、综合利用量、处置量、贮存量；按照危险废物管理的相关要求，按日记录危险废物的产生量、综合利用量、处置量、贮存量及其具体去向。原料或辅助工序中产生的其他危险废物的情况也应记录。一般工业固体废物及危险废物产生情况见表5。

表5 一般工业固体废物及危险废物来源

类别	废物名称
一般工业固体废物	灰渣、脱硫石膏、袋式（电袋）除尘器产生的破旧布袋
危险废物	废碱液、废酸液、废催化剂、含油污泥等。

注：其他可能产生的危险废物按照《国家危险废物名录》或国家规定的危险废物鉴别标准和鉴别方法认定。

6.2 信息报告、应急监测报告、信息公开

按照HJ 819执行。

7 其他

排污单位应如实记录手工监测期间的工况（包括生产负荷、污染治理设施运行情况等），确保监测数据具有代表性。

本标准规定的内容外，按照HJ 819执行。

附录 3

排污单位自行监测技术指南　石油化学工业

1　适用范围

本标准提出了石油化学工业排污单位自行监测的一般要求、监测方案制定、信息记录和报告的基本内容和要求。

本标准适用于石油化学工业和合成树脂工业（聚氯乙烯树脂生产装置除外）排污单位在生产运行阶段对其排放的水、气污染物，噪声以及对其周边环境质量影响开展监测。

排污单位自备火力发电机组（厂）、配套动力锅炉的自行监测要求按照 HJ 820 执行。

2　规范性引用文件

本标准内容引用了下列文件或其中的条款。凡是不注明日期的引用文件，其有效版本适用于本标准。

GB 14554　恶臭污染物排放标准

GB 18484　危险废物焚烧污染控制标准

GB 31571　石油化学工业污染物排放标准

GB 31572　合成树脂工业污染物排放标准

HJ/T 55　大气污染物无组织排放监测技术导则

HJ/T 91　地表水和污水监测技术规范

HJ/T 164　地下水环境监测技术规范

HJ/T 166 土壤环境监测技术规范

HJ/T 194 环境空气质量手工监测技术规范

HJ 442 近岸海域环境监测规范

HJ 664 环境空气质量监测点位布设技术规范（试行）

HJ 733 泄漏和敞开液面排放的挥发性有机物检测技术导则

HJ 819 排污单位自行监测技术指南 总则

HJ 820 排污单位自行监测技术指南 火力发电及锅炉

《国家危险废物名录》（环境保护部、国家发展和改革委员会、公安部令 第39号）

3 术语和定义

GB 31571、GB 31572、HJ 819 界定的以及下列术语和定义适用于本标准。

3.1 石油化学工业 petroleum chemistry industry

以石油馏分、天然气等为原料，生产有机化学品（参见 GB 31571 附录 A）、合成树脂、合成纤维、合成橡胶等的工业。

3.2 合成树脂工业 synthetic resin industry

以低分子化合物——单体为主要原料，采用聚合反应结合成大分子的方式生产合成树脂的工业，或者以普通合成树脂为原料，采用改性等方法生产新的合成树脂产品的工业。也包括以合成树脂为原料，采用混合、共混、改性等工艺，通过挤出、注射、压制、压延、发泡等方法生产合成树脂制品的工业，或者以废合成树脂为原料，通过再生的方法生产新的合成树脂或合成树脂制品的工业。

3.3 废水有机特征污染物 organic characteristic wastewater pollutants

附录 A 列出的废水中的有机污染物。石油化学工业企业根据生产过程使用或产生量大于等于 10 t/a 的原料、产品、副产品和中间产品，对照附录 A 确定企业排放废水中应控制的废水有机特征污染物。

3.4 废气有机特征污染物 organic characteristic air pollutants

附录 B 列出的废气中的有机污染物。石油化学工业企业根据生产过程使用或产生量大于等于 10 t/a 的原料、产品、副产品和中间产品，对照附录 B 确定企业排放废气中应控制的废气有机特征污染物。

3.5 挥发性有机物 volatile organic compounds

指参与大气光化学反应的有机化合物，或者根据规定的方法测量或核算确定的有机化合物。本标准使用非甲烷总烃作为排气筒和企业边界挥发性有机物排放的综合控制指标。

4 自行监测的一般要求

排污单位应查清本单位的污染源、污染物指标及潜在的环境影响，制定监测方案，设置和维护监测设施，按照监测方案开展自行监测，做好质量保证和质量控制，记录和保存监测数据，依法向社会公开监测结果。

5 监测方案制定

5.1 废水排放监测

5.1.1 监测点位

排污单位须在废水总排放口、车间或生产设施废水排放口、雨水排放口设置监测点位。

5.1.2 监测指标与频次

执行 GB 31571 的排污单位，应执行表 1 石油化学工业企业类型相应监测要求，还应根据使用原料，生产工艺过程，生产的产品、副产品，从附录 A 中筛选废水有机特征污染物指标开展自行监测。

执行 GB 31572 的排污单位，应执行表 1 合成树脂工业企业类型相应监测要求，若生产附录 C 中列举的合成树脂，还应根据产品类型从附录 C 中选取其他废水污染物指标开展自行监测。

表 1 废水排放监测指标最低监测频次

企业类型	监测点位	监测指标	监测频次	
			直接排放	间接排放
石油化学工业	废水总排放口	化学需氧量、氨氮、流量	自动监测	周
		pH 值、悬浮物、总氮、总磷、石油类、硫化物、挥发酚	周	月
		五日生化需氧量、总有机碳、氟化物、总钒、总铜、总锌、总氰化物、可吸附有机卤化物	月	季度
		废水有机特征污染物	半年	
	车间或生产设施废水排放口[a]	总铅、总镉、总砷、总镍、总汞、总铬、六价铬	月	
		苯并[*a*]芘、烷基汞	半年[b]	
	雨水排放口	pH 值、化学需氧量、氨氮、石油类、悬浮物	日[c]	
合成树脂工业	废水总排放口	化学需氧量、氨氮、流量	自动监测	周
		pH 值、悬浮物、总氮、总磷	周	月
		五日生化需氧量、总有机碳、可吸附有机卤化物	月	季度
		其他废水污染物[d]	半年	
	车间或生产设施废水排放口	总铅、总镉、总砷、总镍、总汞、总铬、六价铬	月	
		烷基汞	半年[b]	
	雨水排放口	pH 值、化学需氧量、氨氮、悬浮物	日[c]	

注：1. 设区的市级及以上环境保护主管部门明确要求安装自动监测设备的污染物指标，须采取自动监测。

2. 监测污染物浓度时应同步监测流量。

[a] 凡涉及附录 E 中规定的生产工艺及产品种类，须在涉及该生产工艺及产品的车间或生产设施废水排放口监测产生的污染物指标；附录 E 中不涉及的，应根据使用的原料，生产工艺过程，生产的产品、副产品，确定是否在车间或生产设施废水排放口进行该项指标的监测。

[b] 2020 年 1 月 1 日起按月执行。

[c] 排放期间按日监测。

[d] 指附录 C 中列举的其他废水污染物。

5.2 废气排放监测

5.2.1 有组织废气排放监测点位、指标与频次

5.2.1.1 监测点位

废气通过排气筒等方式排放至外环境的，应在烟道上设置监测点位；相同监测指标多股废气混合排放的，应在废气汇合后的共用烟道上或分别在各个烟道上设置监测点位；有机废气回收处理装置应分别在其废气入口及排放口设置监测点位。

5.2.1.2 监测指标与频次

执行 GB 31571 的排污单位，应执行表 2 石油化学工业企业类型相应监测要求，还应根据使用原料，生产工艺过程，生产的产品、副产品，从附录 B 中筛选废气有机特征污染物指标开展自行监测。

执行 GB 31572 的排污单位，应执行表 2 合成树脂工业企业类型相应监测要求，若生产附录 D 中列举的合成树脂，还应根据产品类型从附录 D 中选取其他废气污染物指标开展自行监测。

表 2 有组织废气监测指标最低监测频次

监测点位	监测指标	监测频次
工艺加热炉排气筒（单台额定功率≥14 MW）	氮氧化物	自动监测
	二氧化硫、颗粒物	季度（月[a]）
工艺加热炉排气筒（单台额定功率＜14 MW）	氮氧化物、二氧化硫、颗粒物	季度（月[a]）
含卤代烃有机废气排气筒[c]	非甲烷总烃[b]	月
	氯化氢、氟化氢、溴化氢[d]、氯气	季度
	废气有机特征污染物	半年
其他有机废气排气筒[c]	非甲烷总烃[b]	月
	废气有机特征污染物	半年
废水处理有机废气收集处理装置排气筒	非甲烷总烃、硫化氢	月
	废气有机特征污染物	半年
合成树脂生产设施排气筒	非甲烷总烃、颗粒物	月
	其他废气污染物[e]	半年

监测点位	监测指标	监测频次
合成树脂废水、废气焚烧设施排气筒	非甲烷总烃、颗粒物、二氧化硫、氮氧化物、二氧化碳、一氧化碳	月
	其他废气污染物[e]	半年
	二噁英类[f]	年
危险废物焚烧炉排气筒[g]	氮氧化物、二氧化硫、颗粒物	自动监测
	烟气黑度、一氧化碳、氟化氢、氯化氢、汞及其化合物、镉及其化合物（砷、镍及其化合物）、铅及其化合物（铬、锡、锑、铜、锰及其化合物）	月
	二噁英类	年

注：1. 设区的市级及以上环境保护主管部门明确要求安装自动监测设备的污染物指标，须采取自动监测。

2. 废气监测须按照相应标准分析方法、技术规范同步监测烟气参数。

3. 对于多个乙烯裂解炉（工艺加热炉），仅需选择炉膛温度最高的裂解炉排气筒进行自动监测。

[a] 若燃料为净化后干气、瓦斯气、天然气或甲烷氢，则按季度监测，若采用其他燃料，则在使用期间按月监测，特殊时段时应加密监测频次。

[b] 非甲烷总烃有去除效率要求的，应同时监测污染治理设施进口。

[c] 有机废气排放口排气中若含有颗粒物、二氧化硫或氮氧化物，须按月进行监测。

[d] 待国家污染物监测方法标准发布后实施。

[e] 指附录 D 中列举的其他废气污染物。

[f] 适用于废水、废气中含有卤素的情况。

[g] 危险废物焚烧炉排气筒监测的其他要求按 GB 18484 执行。

5.2.2 无组织废气排放监测点位、指标与频次

无组织废气排放监测点位设置、监测指标及最低监测频次按表 3 执行。

表 3 无组织废气监测指标最低监测频次

监测点位	监测指标	监测频次
企业边界	非甲烷总烃、颗粒物、氯化氢[a]、苯、甲苯、二甲苯[b]、氨、硫化氢、臭气浓度	季度
	苯并[*a*]芘[b]	年
泵、压缩机、阀门、开口阀或开口管线、气体/蒸气泄压设备、取样连接系统	挥发性有机物	季度
法兰及其他连接件、其他密封设备	挥发性有机物	半年

注：1. 对于设备与管线组件密封点泄漏检测，若同一密封点连续三个周期检测无泄漏情况，则检测周期可延长一倍，但在后续监测中该检测点位一旦检测出现泄漏情况，则监测频次按原规定执行。

2. 根据环境影响评价文件及其批复，以及原料工艺等确定是否监测 GB 14554 中的其他恶臭污染物。

3.挥发性有机物监测的其他要求按 HJ 733 及其他国家挥发性有机物管理规定执行。

[a] 适用于生产装置的原料、排气中含卤代烃的情况。

[b] 对于仅含有合成树脂生产装置的排污单位，可不监测二甲苯、苯并[*a*]芘。

5.3 厂界环境噪声监测

厂界环境噪声监测点位设置应遵循 HJ 819 中的原则，主要考虑机泵电机、空冷电机、压缩电机、风机等噪声源在厂区内的分布情况。

厂界环境噪声每季度至少开展一次昼夜监测，监测指标为等效 A 声级。周边有敏感点的，应提高监测频次。

5.4 周边环境质量影响监测

5.4.1 其他环境管理政策，或环境影响评价文件及其批复［仅限 2015 年 1 月 1 日（含）后取得环境影响评价批复的排污单位］有明确要求的，按要求执行。

5.4.2 无明确要求的，若排污单位认为有必要的，可对周边水、土壤、环境空气质量开展监测。可按照 HJ 664、HJ/T 55、HJ/T 164、HJ/T 166、HJ/T 194 中相关规定设置环境空气、地下水、土壤监测点位，对于废水直接排入地表水、海水的排污单位，可按照 HJ/T 91、HJ 442 中相关规定设置周边地表水、海水监测点位，监测指标及最低监测频次可参照表 4 执行。

表 4 周边环境质量影响监测指标最低监测频次

企业类型	类别	监测指标	监测频次
石油化学工业	环境空气[a]	非甲烷总烃、颗粒物、氯化氢[b]、苯、甲苯、二甲苯、氨、硫化氢	半年
		苯并[a]芘、废气有机特征污染物等	年
	地表水	pH 值、悬浮物、化学需氧量、五日生化需氧量、氨氮、总氮、总磷、总有机碳、石油类、硫化物、氟化物、挥发酚、总钒、总铜、总锌、总氰化物、可吸附有机卤化物、总铅、总镉、总砷、总镍、总汞、总铬、六价铬	季度
		苯并[a]芘、烷基汞、废水有机特征污染物等	年
	地下水	pH 值、高锰酸盐指数、五日生化需氧量、氨氮、总氮、总磷、总有机碳、石油类、硫化物、氟化物、挥发酚、总钒、总铜、总锌、总氰化物、可吸附有机卤化物、苯并[a]芘、总铅、总镉、总砷、总镍、总汞、烷基汞、总铬、六价铬、废水有机特征污染物等	年

企业类型	类别	监测指标	监测频次
石油化学工业	海水	pH 值、悬浮物、化学需氧量、五日生化需氧量、氨氮、总氮、总磷、总有机碳、石油类、硫化物、氟化物、挥发酚、总钒、总铜、总锌、总氰化物、可吸附有机卤化物、总铅、总镉、总砷、总镍、总汞、总铬、六价铬	半年
		苯并[*a*]芘、烷基汞、废水有机特征污染物等	年
	土壤	pH 值、硫化物、苯并[*a*]芘、总铅、总镉、总砷、总镍、总汞、烷基汞、总铬、六价铬等	年
合成树脂工业	环境空气[a]	非甲烷总烃、颗粒物、氯化氢、苯、甲苯、氨、硫化氢	半年
		其他废气污染物[c]等	年
	地表水	pH 值、悬浮物、化学需氧量、五日生化需氧量、氨氮、总氮、总磷、总有机碳、可吸附有机卤化物、总铅、总镉、总砷、总镍、总汞、总铬、六价铬	季度
		烷基汞、其他废水污染物[d]等	年
	地下水	pH 值、高锰酸盐指数、五日生化需氧量、氨氮、总氮、总磷、总有机碳、可吸附有机卤化物、总铅、总镉、总砷、总镍、总汞、烷基汞、总铬、六价铬、其他废水污染物[d]等	年
	海水	pH 值、悬浮物、化学需氧量、五日生化需氧量、氨氮、总氮、总磷、总有机碳、可吸附有机卤化物、总铅、总镉、总砷、总镍、总汞、总铬、六价铬	半年
		烷基汞、其他废水污染物[d]等	年
	土壤	pH 值、总铅、总镉、总砷、总镍、总汞、烷基汞、总铬、六价铬等	年

注：[a]每次连测 3 天。

[b]适用于生产装置的原料、排气中含卤代烃的情况。

[c]指附录 D 中列举的其他废气污染物。

[d]指附录 C 中列举的其他废水污染物。

5.5 其他要求

5.5.1 除表 1～表 3 中的污染物指标外，5.5.1.1 和 5.5.1.2 中的污染物指标也应纳入监测指标范围，并参照表 1～表 3 和 HJ 819 确定监测频次。

5.5.1.1 排污许可证、所执行的污染物排放（控制）标准、环境影响评价文件及其批复［仅限 2015 年 1 月 1 日（含）后取得环境影响评价批复的排污单位］、相关环境管理规定明确要求的污染物指标。

5.5.1.2 排污单位根据生产过程的原辅用料、生产工艺、中间及最终产品类型、监测结果确定实际排放的，在相关有毒有害或优先控制污染物名录中的污染物指标，或其他有毒污染物指标。

5.5.2 各指标的监测频次在满足本标准的基础上，可根据 HJ 819 中监测频次的确定原则提高监测频次。

5.5.3 采样方法、监测分析方法、监测质量保证与质量控制等按照 HJ 819 执行。

5.5.4 监测方案的描述、变更按照 HJ 819 执行。

6 信息记录和报告

6.1 信息记录

6.1.1 监测信息记录

手工监测记录和自动监测运维记录按照 HJ 819 执行。

6.1.2 生产和污染治理设施运行状况记录要求

6.1.2.1 生产设施运行状况

a）主体设施

按班次记录正常工况各主要生产单元每套装置的运行状态、生产负荷，重点记录各装置的原料用量、辅料用量、主产品产量、副产品产量、取水量（新鲜水）、废水排放量、燃料消耗量、燃料含硫量、原料含硫量与各种金属类含量、运行时间等参数情况。

b）公辅设施

包括污水处理装置、储罐、火炬系统、动力站等，储罐包括设计规模、工艺参数（温度、液位、周转量）等，火炬系统应连续记录引燃设施和火炬工作状态（火炬气流量、火炬头温度、火种气流量、火种温度等）。

c）全厂运行情况

年生产时间分正常工况和非正常工况（生产装置或设施开停工、检维修）、原辅燃料使用量、主要产品产量等。辅料重点记录与污染治理设施和污染物排放相关的内容。

6.1.2.2 污染治理设施运行状况

污染治理设施运行管理信息应当包括设备运行校验关键参数，能充分反映生产设施及治理设施运行管理情况。

a）废水治理设施包括预处理设施和集中污水处理设施两部分，需每天记录废水处理量、回用水量、运行参数（包括运行工况等）、药剂使用量、投放频次、电耗、污泥产生量等。如出现设施停运、检维修、事故等异常情况，需进行记录。

b）有组织废气治理设施需记录污染治理设施运行时间、运行参数（包括运行工况等）、使用药剂、投放频次等。如出现设施停运、检维修、事故等异常情况，需进行记录。

c）无组织废气排放控制需记录措施执行情况，包括储罐、动静密封点、装卸的维护、保养、检查等运行管理情况。

6.1.3 一般工业固体废物和危险废物记录

记录一般工业固体废物的产生量、综合利用量、处置量、贮存量；按照危险废物管理的相关要求，按日记录危险废物的产生量、综合利用量、处置量、贮存量及其具体去向。原料或辅助工序中产生的其他危险废物的情况也应记录。一般工业固体废物及危险废物产生情况见表 5。

表 5 一般工业固体废物及危险废物来源

类别	废物名称
一般工业固体废物	灰渣、脱硫石膏、袋式（电袋）除尘器产生的破旧布袋
危险废物	废碱液、废酸液、废催化剂、含油污泥等

注：其他可能产生的危险废物应按照《国家危险废物名录》或国家规定的危险废物鉴别标准和鉴别方法认定。

6.2 信息报告、应急监测报告、信息公开

按照 HJ 819 执行。

7 其他

排污单位应如实记录手工监测期间的工况（包括生产负荷、污染治理设施运行情况等），确保监测数据具有代表性。

本标准规定的内容外，按照 HJ 819 执行。

附　录　A

（规范性附录）

废水有机特征污染物

序号	废水中有机特征污染物	序号	废水中有机特征污染物
1	一氯二溴甲烷	31	异丙苯
2	二氯一溴甲烷	32	多环芳烃
3	二氯甲烷	33	多氯联苯
4	1,2-二氯乙烷	34	甲醛
5	三氯甲烷	35	乙醛
6	1,1,1-三氯乙烷	36	丙烯醛
7	五氯丙烷	37	戊二醛
8	三溴甲烷	38	三氯乙醛
9	环氧氯丙烷	39	双酚 A
10	氯乙烯	40	β-萘酚
11	1,1-二氯乙烯	41	2,4-二氯酚
12	1,2-二氯乙烯	42	2,4,6-三氯酚
13	三氯乙烯	43	苯甲醚
14	四氯乙烯	44	丙烯腈
15	氯丁二烯	45	丙烯酸
16	六氯丁二烯	46	二氯乙酸
17	二溴乙烯	47	三氯乙酸
18	苯	48	环烷酸
19	甲苯	49	黄原酸丁酯
20	邻二甲苯	50	邻苯二甲酸二乙酯
21	间二甲苯	51	邻苯二甲酸二丁酯
22	对二甲苯	52	邻苯二甲酸二辛酯
23	乙苯	53	二（2-乙基己基）己二酸酯
24	苯乙烯	54	苯胺类
25	硝基苯类	55	丙烯酰胺
26	氯苯	56	水合肼
27	1,2-二氯苯	57	吡啶
28	1,4-二氯苯	58	四氯化碳
29	三氯苯	59	四乙基铅
30	四氯苯	60	二噁英类

注：无国家污染物监测方法标准的指标待国家污染物监测方法标准发布后实施。

附　录　B
（规范性附录）
废气有机特征污染物

序号	废气中有机特征污染物	序号	废气中有机特征污染物
1	正己烷	33	丙烯醛
2	环己烷	34	丙酮
3	氯甲烷	35	2-丁酮
4	二氯甲烷	36	异佛尔酮
5	三氯甲烷	37	酚类
6	四氯化碳	38	氯甲基甲醚
7	1,2-二氯乙烷	39	二氯甲基醚
8	1,2-二氯丙烷	40	氯乙酸
9	溴甲烷	41	丙烯酸
10	溴乙烷	42	邻苯二甲酸酐
11	1,3-丁二烯	43	马来酸酐
12	氯乙烯	44	乙酸乙烯酯
13	三氯乙烯	45	甲基丙烯酸甲酯
14	四氯乙烯	46	异氰酸甲酯
15	氯丙烯	47	甲苯二异氰酸酯
16	氯丁二烯	48	硫酸二甲酯
17	二氯乙炔	49	乙腈
18	环氧乙烷	50	丙烯腈
19	环氧丙烷	51	苯胺类
20	环氧氯丙烷	52	二甲基甲酰胺
21	苯	53	丙烯酰胺
22	甲苯	54	肼（联氨）
23	二甲苯	55	甲肼
24	乙苯	56	偏二甲肼
25	苯乙烯	57	吡啶
26	氯苯类	58	四氢呋喃
27	氯萘	59	光气
28	硝基苯类	60	氰化氢
29	甲醇	61	二硫化碳
30	乙二醇	62	苯并[a]芘
31	甲醛	63	多氯联苯
32	乙醛	64	二噁英类

注：无国家污染物监测方法标准的指标待国家污染物监测方法标准发布后实施。

附 录 C
（规范性附录）
不同合成树脂类型废水污染物

序号	废水污染物	适用合成树脂类型	序号	废水污染物	适用合成树脂类型
1	苯乙烯	聚苯乙烯树脂 ABS 树脂 不饱和聚酯树脂	9	总氰化物	丙烯酸树脂
2	丙烯腈	ABS 树脂	10	丙烯酸	丙烯酸树脂
3	环氧氯丙烷	环氧树脂 氨基树脂	11	苯	聚甲醛树脂
4	苯酚	酚醛树脂	12	甲苯	聚苯乙烯树脂 ABS 树脂 环氧树脂 有机硅树脂 聚砜树脂
5	双酚 A	环氧树脂 聚碳酸酯树脂 聚砜树脂	13	乙苯	聚苯乙烯树脂 ABS 树脂
6	甲醛	酚醛树脂 氨基树脂 聚甲醛树脂	14	氯苯	聚碳酸酯树脂
7	乙醛	热塑性聚酯树脂	15	1,4-二氯苯	聚苯硫醚树脂
8	氟化物	氟树脂	16	二氯甲烷	聚碳酸酯树脂

注：无国家污染物监测方法标准的指标待国家污染物监测方法标准发布后实施。

附　录　D

（规范性附录）

不同合成树脂类型废气污染物

序号	废气污染物	适用合成树脂类型	序号	废气污染物	适用合成树脂类型
1	苯乙烯	聚苯乙烯树脂 ABS 树脂 不饱和聚酯树脂	15	光气	光气法聚碳酸酯树脂
2	丙烯腈	ABS 树脂	16	二氧化硫	聚砜树脂 聚醚砜树脂 聚醚醚酮树脂
3	1,3-丁二烯	ABS 树脂	17	硫化氢	聚苯硫醚树脂
4	环氧氯丙烷	环氧树脂 氨基树脂	18	丙烯酸	丙烯酸树脂
5	酚类	酚醛树脂 环氧树脂 聚碳酸酯树脂 聚醚醚酮树脂	19	丙烯酸甲酯	丙烯酸树脂
6	甲醛	酚醛树脂 氨基树脂 聚甲醛树脂	20	丙烯酸丁酯	丙烯酸树脂
7	乙醛	热塑性聚酯树脂	21	甲基丙烯酸甲酯	丙烯酸树脂
8	甲苯二异氰酸酯（TDI）	聚氨酯树脂	22	苯	聚甲醛树脂
9	二苯基甲烷二异氰酸酯（MDI）	聚氨酯树脂	23	甲苯	聚苯乙烯树脂 ABS 树脂 环氧树脂 有机硅树脂 聚砜树脂
10	异佛尔酮二异氰酸酯（IPDI）	聚氨酯树脂	24	乙苯	聚苯乙烯树脂 ABS 树脂
11	多亚甲基多苯基异氰酸酯（PAPI）	聚氨酯树脂	25	氯苯类	聚碳酸酯树脂 聚苯硫醚树脂
12	氨	氨基树脂 聚酰胺树脂 聚酰亚胺树脂	26	二氯甲烷	聚碳酸酯树脂
13	氟化氢	氟树脂	27	四氢呋喃	聚对苯二甲酸丁二醇酯树脂
14	氯化氢	有机硅树脂	28	邻苯二甲酸酐	醇酸树脂

注：无国家污染物监测方法标准的指标待国家污染物监测方法标准发布后实施。

附 录 E

（资料性附录）

产生含金属废水的生产工艺及产品种类

产品	生产工艺	产品	生产工艺
产生含铅废水的生产工艺及产品种类			
醇酸树脂	缩合聚合	醇酸树脂	邻苯二甲酸酐+丙三醇+植物油酯，缩合聚合
二烷基二硫代氨基甲酸盐（金属盐）	二烷基胺+二硫化碳	秋兰姆（二甲基二硫代氨基甲酸盐）六硫化物	二甲基二硫代氨基甲酸盐+硫
三苯甲烷染料（甲基紫）	福尔马林+*N*-甲基苯胺+*N*,*N*-二甲基苯胺缩合反应，氧化其反应产物	4,4′-二-（*N*,*N*-二甲基苯胺）甲醇、迈克尔加成的二聚水分子	4,4′-亚甲基-二-（*N*,*N*-二甲基苯胺）在氧化铅条件下氧化
环烷酸盐、硬脂酸、金属盐	与金属碱中和		
产生含镍废水的生产工艺及产品种类			
乙酸盐、7，11-十六双烯-1-醇	偶合反应，低压加氢，酯化反应	乙酸盐、9-十二烯-1-醇	偶合反应，低压加氢，酯化反应
丙烯酸	丙烯经过丙烯醛氧化	丙烯腈	丙烯氨氧化
正构烷烃	C6-C22 α-烯烃（乙烯低聚物）加氢反应	己二腈	丁二烯直接氰化
烷基胺	醇类胺化	对氨基乙酰苯胺	对硝基乙酰苯胺加氢
苯-甲苯-二甲苯	石蜡（环己烷）加氢	氢化三联苯	以镍为催化剂，三联苯加氢
氢化双酚-A（双环己醇-A）	双酚-A 加氢	1,3-丁二烯	蒸馏提取 C4 的热裂解产物
正丁醇	将氧化合成的正丁醛加氢	1,3-丁二烯乙二醇	丁间醇醛加氢
1,4-丁二醇	1,4-丁炔二醇加氢	4-氯-2-氨基苯酚	4-氯-2-硝基苯酚
丁烯（混合物）	蒸馏 C4 的热裂解物	环烷烃	芳香烃在煤油中催化加氢
铃兰醛（羟基二氢香茅醛）	香茅醇水合氧化	环己酮	以环己醇为中间体，由苯酚经过加氢-脱氢
环己醇	苯酚蒸馏，催化加氢	乙胺	乙醇胺化还原
二烷基二硫代氨基甲酸盐（金属盐）	二烷基胺+二硫化碳	异丁子香酚（反式）	正、反式异丁子香酚混合物分离

产品	生产工艺	产品	生产工艺
乙胺类（一乙基胺、二乙基胺、三乙基胺）	乙醇的氨合物（氨+氢）还原	氢化脂肪酸	动物脂酸或椰油酸加氢
2-乙基己醇	正丁醛经过正丁醇醛缩合加氢	脂肪胺	动物脂肪腈或植物脂肪腈加氢
脂肪胺	脂肪腈加氢	11-十六碳醛	偶合反应，低压加氢
脲醛织物树脂	*N*-二（羟甲基）脲+*N*,*N'*-二羟乙基脲缩合	异丁醇	将氧化合成的异丁醛加氢
六氢苯酐	丁二烯或马来酸酐（Diels-Alder 反应）+氢，缩合反应	异丙基胺（异丙基一胺，异丙基二胺）	异丙醇氨基化（氨+氢）还原
二异丁基胺	异丁醇氨解	甲醇	天然气经过合成气高压合成
芳樟醇	2-蒎醇高温分解	甲醇	丁烷氧化
甲醇	天然气经过合成气低压合成	*N*-甲基吗啉	吗啉+甲醇
三（羟甲基）甲基胺	三（羟甲基）硝基甲烷加氢	2-甲基-7,8-环氧十八烷	偶合反应、低压加氢、环氧化作用
N-乙基吗啉	吗啉+乙醇	石油烃树脂氢化物	石油烃产品加氢
α-烯烃	乙烯低聚物&齐格勒－纳塔聚合	2-蒎醇	氢过氧化蒎烷还原
蒎烷	α-蒎烯加氢	哌嗪	乙醇胺氨基化还原（氨+氢，金属催化剂）
2-（*ρ*-辛基酚）硫镍盐	*ρ*-辛基酚+氯化硫（S_2Cl_2），用镍碱中和	聚氧化烯烃胺	聚氧化烯二醇+氨
N,*N*-二甲基哌嗪	哌嗪+福尔马林，加氢缩合	2-氨基-2-甲基-1-丙醇	2-硝基-2-甲基-1-丙醇加氢
聚氧丙烯二胺	聚丙烯乙二醇+氨	正丙胺	正丙醇氨基化还原（氨、氢）
3-甲氧基丙基胺	丙烯酰胺氨基化还原（甲醇、氢）	环丁砜	丁二烯+二氧化硫加氢缩合
山梨醇	糖加氢	甲苯二胺（混合物）	二硝基苯催化氧化
乙硫胺酯	异丙基黄酸盐+乙胺	甲基化乙二醛脲醛树脂	甲基化的脲醛树脂和乙二醛反应
甲基化脲醛树脂（纺织树脂）	脲醛树脂甲基化加和		

产品	生产工艺	产品	生产工艺
产生含铬废水的生产工艺及产品种类			
松香酸甲酯	松香酸（树脂）和甲醇酯化	丙烯酸	丙烯经过丙烯醛氧化
正丁醇	将氧化合成的正丁醛加氢	环己酮	以环己醇为中间体，由苯酚经过加氢-脱氢
脂肪胺	脂肪腈加氢	洋茉莉醛	以铬为催化剂，异黄樟素氧化
异丁醇	将氧化合成的异丁醛加氢	环己硫醇	环己醇+硫化氢
乙硫醇	乙醇+硫化氢	甲醇	天然气经过合成气 H.P. 合成
羰基醇（C_7～C_{11}）	C_6～C_{10}烯烃羰基合成和加氢	聚氧丙烯二胺	聚丙烯二醇+氨
正丙基醇	将氧化合成的丙醛加氢	SAN 树脂	悬浮聚合
苯乙烯	乙苯脱氢	苯乙烯	甲基苯甲醇脱水
1-四氢萘酚、1-四氢萘酮混合物	萘满（1,2,3,4-四氢化萘）氧化	3,3,3-三氟丙烯	氟化氢催化取代氯丙烷
乙烯基甲苯	乙基甲苯脱氢		

附录 4

自行监测质量控制相关模板和样表

附录 4-1　检测工作程序（样式）

1　目的

对检测任务的下达、检测方案的制定、采样器皿和试剂的准备，样品采集和现场检测，实验室内样品分析，以及测试原始积累的填写等各个环节实施有效的质量控制，保证检测结果的代表性、准确性。

2　适用范围

适用于本单位实施的检测工作。

3　职责

3.1　×××负责下达检测任务。

3.2　×××负责根据检测目的、排放标准、相关技术规范和管理要求制定检测方案（某些企业的检测方案是生态环境部门发放许可证时已经完成技术审查的，在一定时间段内执行即可，不必每一次检测任务均制定检测方案）。

3.3　×××负责实施需现场检测的项目，×××采集样品并记录采集样品的时间、地点、状态等参数，并做好样品的标识，×××负责样品流转过程中的质量控制，负责将样品移交给样品接收人员。

3.4　×××负责接收送检样品，在接收送检样品时，对样品的完整性和对应检测要求的适宜性进行验收，并将样品分发到相应分析任务承担人员（如果没有集中接样后再由接样人员分发样品到分析人员的制度设计，这一步骤可以省略）。

3.5 ×××负责本人承担项目样品的接收、保管和分析。

4 工作程序

4.1 方案制定

×××负责根据检测目的、排放标准、相关技术规范和环境管理要求，制定检测方案，明确检测内容、频次，各任务执行人，使用的检测方法、采用的检测仪器，以及采取的质控措施。经×××审核、×××批准后实施该检测方案。

4.2 现场检测和样品采集

×××采样人员根据检测方案要求，按国家有关的标准、规范到现场进行现场检测和样品采集，记录现场检测结果相关的信息，以及生产工况。样品采集后，按规定建立样品的唯一标识，填写采样过程质保单和采样记录。必要时，受检部门有关人员应在采样原始记录上签字认可。

4.3 样品的流转

采样人员送检样品时，由接样人员认真检查样品表观、编号、采样量等信息是否与采样记录相符合，确认样品量是否能满足检测项目要求，采样人员和接样人员双方签字认可（如果没有集中接样后再由接样人员分发样品到分析人员的制度设计，这一步骤可以省略）。

分析人员在接收样品时，应认真查看和验收样品表观、编号、采样量等信息是否与采样记录相符合，并核实样品交接记录，分析人员确认无误后在样品交接单上签字。

4.4 样品的管理

样品应妥善存放在专用且适宜的样品保存场所，分析人员应准确标识样品所处的实验状态，用“待测”“在测”和“测毕”标签加以区别。

分析人员在分析前如发现样品异常或对样品有任何疑问时，应立即查找原因，待符合分析要求后，再进行分析。

对要求在特定环境下保存的样品，分析人员应严格控制环境条件，按要求保存，保证样品在存放过程中不变质、不损坏。若发现样品在保存过程中出现异常情况，应及时向质量负责人汇报，查明原因及时采取措施。

4.5 样品的分析

分析人员按检测任务分工安排，严格按照方案中规定的方法标准/规范分析样品，及时填写分析原始记录、测试环境监控记录、仪器使用记录等相关记录并签字。

4.6 样品的处置

除特殊情况需留存的样品外，检测后的余样应送污水处理站进行处理。

5 相关程序文件

《异常情况处理程序》

6 相关记录表格

《废水采样原始记录表》

《废气检测原始记录表》

《内部样品交接单》

《样品留存记录表》

《pH 分析原始记录表》

《颗粒物监测原始记录》

《烟气黑度测试记录表》

《现场监测质控审核记录》

《废水流量监测记录（流速仪法）》

附录 4-2 ****（单位名称）废（污）水采样原始记录表

（检）字【　　】第　　号　　　　　　　　　　　　　　　　共　　页，第　　页

采样时间	排污口编号	样品编号	水温（℃）	pH	流量		监测项目	废（污）水表观描述	废（污）水主要来源	排放规律（以流速变化判断）
					（m^3/h）	（m^3/d）				
时　分										1. 连续稳定 2. 连续不稳定 3. 间断稳定 4. 间断不稳定
时　分										
时　分										
时　分										
时　分										
时　分										
时　分										
时　分										
时　分										

治理设施运行情况	治理设施类型及名称							新鲜用水量（t/d）	
	处理量（t/d）	设计		建设日期		COD 设计去除率		回用水量（t/d）	
		实际		处理规律		氨氮设计去除率		生产负荷	
	主要原料				主要产品				
备注	表观描述应包括颜色、气味、悬浮物含量情况等信息。回用水量不含设施循环水部分。								

检测人员：　　　　校对：　　　　审核：　　　　　　　　　　　　检测日期：　　年　月　日

附录 4-3　****（单位名称）内部样品交接单

（检）字【　　　】第　　号　　　　　　　　　　　　　　　　第　　页，共　　页

送样人		采样时间		接样人	接样时间	
样品名称及编号	样品类型	样品表观	样品数量	监测项目	质保措施	分析人员签字
备注	平行样品分析项目及编号： 加标样品分析项目及编号：					

填写人员：　　　　校对：　　　　审核：　　　　　　　　　　　　日期：　　年　月　日

***-JL-04-

附录 4-4 重量法分析原始记录表

环（监）【　　　】第　　　号　　　　　　　　　　　　　　　　　　第　　页，共　　页

<table>
<tr><td rowspan="2">分析项目</td><td rowspan="2" colspan="2"></td><td>仪器名称型号</td><td colspan="2"></td><td>方法名称</td><td></td><td>送样日期</td><td></td><td rowspan="2">环境条件</td><td>室温（℃）</td><td></td></tr>
<tr><td>仪器编号</td><td colspan="2"></td><td>方法依据</td><td></td><td>分析日期</td><td></td><td>湿度（%）</td><td></td></tr>
<tr><td>烘干/灼烧温度（℃）</td><td colspan="4"></td><td>烘干/灼烧时间（h）</td><td colspan="2"></td><td>恒重温度（℃）</td><td></td><td>恒重时间（h）</td><td colspan="2"></td></tr>
<tr><td rowspan="2">样品名称及编号</td><td rowspan="2">器皿编号</td><td rowspan="2">取样量（ ）</td><td colspan="3">初重（g）</td><td colspan="3">终重（g）</td><td>样重（g）</td><td rowspan="2">计算结果（　）</td><td rowspan="2">报出结果（　）</td><td rowspan="2">备 注</td></tr>
<tr><td>W_1</td><td>W_2</td><td>$W_{均}$</td><td>W_1</td><td>W_2</td><td>$W_{均}$</td><td>ΔW</td></tr>
<tr><td></td><td></td><td></td><td></td><td></td><td></td><td></td><td></td><td></td><td></td><td></td><td></td><td rowspan="8"></td></tr>
<tr><td></td><td></td><td></td><td></td><td></td><td></td><td></td><td></td><td></td><td></td><td></td><td></td></tr>
<tr><td></td><td></td><td></td><td></td><td></td><td></td><td></td><td></td><td></td><td></td><td></td><td></td></tr>
<tr><td></td><td></td><td></td><td></td><td></td><td></td><td></td><td></td><td></td><td></td><td></td><td></td></tr>
<tr><td></td><td></td><td></td><td></td><td></td><td></td><td></td><td></td><td></td><td></td><td></td><td></td></tr>
<tr><td></td><td></td><td></td><td></td><td></td><td></td><td></td><td></td><td></td><td></td><td></td><td></td></tr>
<tr><td></td><td></td><td></td><td></td><td></td><td></td><td></td><td></td><td></td><td></td><td></td><td></td></tr>
<tr><td></td><td></td><td></td><td></td><td></td><td></td><td></td><td></td><td></td><td></td><td></td><td></td></tr>
</table>

分析：　　　　　　校对：　　　　　　审核：　　　　　　　　　　　　　　报告日期：　　年　月　日

CQEMC-JL-04-监测-

附录 4-5　原子吸收分光光度法原始记录表

环（检）字【　　　】第　　　号　　　　　　　　　　第　　页，共　　页

测定项目		方法名称			送样日期		环境条件	温度（℃）	
仪器名称、型号		方法依据			分析日期			湿度（%）	
仪器编号		波长（nm）		狭缝（nm）		灯电流（mA）		火焰条件	
标准曲线	浓度系列（mg/L）								
	吸光度（A_i）								
	A_i-$A_{0\text{均值}}$	$A_{0\text{均值}}$=							
	回归方程	r=	a=		b=	$y=bx+a$			
样品前处理									

样品名称及编号	稀释方法	取样体积（ml）	查曲线值（mg/L）	计算结果（mg/L）	报出结果（mg/L）	备注

分析：　　　　校对：　　　　审核：　　　　　　　　报告日期：　　年　　月　　日

附录 4-6　容量法原始记录表

（检）字【　　】第　　号　　　　　　　　　　　　第　　页，共　　页

分析项目		接样时间		分析时间	
分析方法			方法依据		
标液名称		标液浓度		滴定管规格及编号	

样品前处理情况：

样品名称及编号	稀释方法	取样量（mL）	消耗标准溶液体积（mL）	计算结果（mg/L）	报出结果（mg/L）	备注

分析：　　校对：　　审核：　　　　　　　　报告日期：　　年　月　日

附录 4-7　pH 分析原始记录表

（检）字【　　】第　　号　　　　　　　　　　　　　第　　页，共　　页

采样日期					分析日期		
分析方法					仪器名称型号		
方法依据					仪器编号		
标准缓冲溶液温度（℃）		标准缓冲溶液定位值 I		标准缓冲溶液定位值 II		标准缓冲溶液定位值III	

样品名称及编号	水温（℃）	pH	备注

分析：　　校对：　　审核：　　　　　　　　　　　　　报告日期：　　年　月　日

附录 4-8　标准溶液配制及标定记录表

环（检）字【　　　】第　　号　　　　　　　　　　　　　　　第　　页，共　　页

基准试剂恒重	基准试剂			恒重日期		年　月　日	
	烘箱名称型号			烘箱编号			
	天平名称型号			天平编号			
	干燥次数	第一次		第二次		第三次	第四次
	干燥温度（℃）						
	干燥时间（h）						
	总量（g）						
基准溶液配制	基准试剂			配制日期		年　月　日	
	样品编号	$1^{\#}$		$2^{\#}$		$3^{\#}$	$4^{\#}$
	$W_{始}$（g）						
	$W_{末}$（g）						
	$W_{净}$（g）						
	定容体积 $V_{定}$（mL）						
	配制浓度 $C_{基}$（mol/L）						
标准溶液标定	待标溶液	滴定管规格及编号			标定日期		
	标定编号	空白 1	空白 2	$1^{\#}$	$2^{\#}$	$3^{\#}$	$4^{\#}$
	基准溶液体积 $V_{基}$（mL）						
	标准溶液消耗体积 $V_{标}$（mL）						
	计算浓度 $C_{标}$（mol/L）						
	平均浓度 $C_{标}$（mol/L）						
	相对偏差（%）						
基准溶液浓度计算： $C_{基}$（mol/L）$= 1\,000 * W_{净}/M/V_{定}$ 注：M——基准试剂摩尔质量				标准溶液浓度计算： $C_{标}$（mol/L）$= C_{基} * V_{基}/V_{标}$ 或 $C_{标}$（mol/L）$= 1\,000 * W_{净}/M/V_{定}$			
备注							

分析：　　　校对：　　　审核：　　　　　　　　　　　报告日期：　　年　　月　　日

附录 4-9 作业指导书样例（氮氧化物化学发光测试仪作业指导书）

1 概述

1.1 适用范围

本作业指导书适用于化学发光法测试仪测定固定源排气中氮氧化物。

1.2 方法依据

该方法依据《固定污染源排气中颗粒物测定与气态污染物采样方法》（GB/T 16157—1996）、《固定源废气监测技术规范》（HJ/T 397—2007）以及 USEPA Method 7E。

1.3 方法原理及操作概要

试样气体中的一氧化氮（NO）与臭氧（O_3）反应，生成二氧化氮（NO_2）。NO_2 变为激发态（NO_2^*）后在进入基态时会放射光，这一现象就是化学发光。

$$NO + O_3 \rightarrow NO_2^* + O_2$$

$$NO_2^* \rightarrow NO_2 + h\nu$$

这一反应非常快且只有 NO 参与，几乎不受其他共存气体的影响。NO 为低浓度时，发光光量与浓度成正比。

2 测试仪器

便携式氮氧化物化学发光法测试仪。

3 测试步骤

3.1 接通电源开关，让测试仪预热。

3.2 设置当次测试的日期及时间。

3.3 预热结束后，将量程设置为实际使用的量程，并进行校正。

从菜单中选择“校正”。进入校正画面后，自动切换成 NO 管路（不通过 NO_x

转换器的管路）。

3.3.1 量程气体浓度设置

1）按下后，设置量程气体浓度。

2）根据所使用的量程气体，变更浓度设置。

3）设置量程气体钢瓶的浓度，按下“Enter”。

4）按下“Back”键，决定变更内容后，返回到校正画面。

3.3.2 零点校正（校正时请先执行零点校正）

1）选择校正管路。进行零点校正的组分在校正类别中选择“zero”。

2）流入 N_2 后，等待稳定。

3）指示值稳定后按下。

4）按下“是”进行校正。完成零点校正。

3.3.3 量程校正

1）首先，为了进行 NO 的量程校正，NO 以外选择“----”，只有 NO 选择“span”。

2）校正类别中选择“span”的组分会显示窗口，用于确认校正量程和量程气体浓度。确认内容后，按下“OK”返回到校正画面。

3）流入 CO 后，等待稳定。

4）指示值稳定后按下。

5）按下“是”进行校正。

3.4 完成所有的校正后，按下返回到菜单画面、测量画面。

3.5 从测量画面按下每个组分的量程按钮，按组分设置测量浓度的量程。每个组分的测量值/换算值/滑动平均值/累计值量程及校正量程是通用的。变更任何一个值的量程，其他值的量程也会跟着变更。模拟输出的满刻度值也会同时变更。

3.5.1 选择想要变更的组分的量程。

3.5.2 选择想要变更的量程，按下“OK”决定。

3.6 测试过程数据记录保存

3.6.1 将有足够剩余空间且未 LOCK 的 SD 卡插入分析仪正面的 SD 卡插槽中。

3.6.2 从菜单 2/5 中选择“数据记录”。

3.6.3 选择“记录间隔”。

3.6.4 按下前进、后退键选择记录间隔，再按下“OK”决定。

3.6.5 选择保存文件夹。

3.6.6 选择保存文件夹后，按下。

3.6.7 确认开始记录时，按下“是”开始。

如果开始记录，记录状态就会从记录停止中变为记录中，同时 MEM LED 会亮黄灯。

3.6.8 停止记录时，请再次按下。确认停止记录时，按下“是”停止记录。

3.6.9 记录状态会再次从记录中变为记录停止中，同时 MEM LED 会熄灭。

4 测试结束

4.1 通过采样探头等吸入大气至读数降回到零点附近。

4.2 从菜单中选择测量结束。

4.3 按下“是”结束处理。

4.4 完成测量结束处理，显示关闭电源的信息后，请关闭电源开关。

附录 5

相关技术规范和技术标准列表

附录 5-1　污染物排放标准

标准类型	序号	排放标准名称及编号
废水	1	《石油炼制工业污染物排放标准》（GB 31570—2015）
	2	《石油化学工业污染物排放标准》（GB 31571—2015）
	3	《合成树脂工业污染物排放标准》（GB 31572—2015）
	4	《污水综合排放标准》（GB 8978—1996）
废气	1	《锅炉大气污染物排放标准》（GB 13271—2014）
	2	《火电厂大气污染物排放标准》（GB 13223—2011）
	3	《大气污染物综合排放标准》（GB 16297—1996）
	4	《恶臭污染物排放标准》（GB 14554—93）
	5	《危险废物焚烧污染控制标准》（GB 18484—2020）
	6	《挥发性有机物无组织排放控制标准》（GB 37822—2019）

注：标准统计截至 2020 年 12 月。

附录 5-2 我国现行与固定污染源排放监测相关的技术规范

分类	标准号	标准名称
废气监测技术规范类	GB/T 16157—1996	《固定污染源排气中颗粒物测定与气态污染物采样方法》
	HJ/T 55—2000	《大气污染物无组织排放监测技术导则》
	HJ 75—2017	《固定污染源烟气（SO_2、NO_x、颗粒物）排放连续监测技术规范》
	HJ 76—2017	《固定污染源烟气（SO_2、NO_x、颗粒物）排放连续监测系统技术要求及检测方法》
	HJ 1013—2018	《固定污染源废气非甲烷总烃连续监测系统技术要求及检测方法》
	HJ 653—2013	《环境空气颗粒物（PM_{10}和$PM_{2.5}$）连续自动监测系统技术要求及检测方法》
	HJ 655—2013	《环境空气颗粒物（PM_{10}和$PM_{2.5}$）连续自动监测系统安装和验收技术规范》
	HJ 817—2018	《环境空气颗粒物（PM_{10}和$PM_{2.5}$）连续自动监测系统运行和质控技术规范》
	HJ/T 397—2007	《固定源废气监测技术规范》
	HJ 733—2014	《泄漏和敞开液面排放的挥发性有机物检测技术导则》
	HJ 905—2017	《恶臭污染环境监测技术规范》
废水监测技术规范类	HJ 91.1—2019	《污水监测技术规范》
	HJ/T 91—2002	《地表水和污水监测技术规范》
	HJ/T 92—2002	《水污染物排放总量监测技术规范》
	HJ 353—2019	《水污染源在线监测系统（COD_{Cr}、NH_3-N 等）安装技术规范》
	HJ 354—2019	《水污染源在线监测系统（COD_{Cr}、NH_3-N 等）验收技术规范》
	HJ 355—2019	《水污染源在线监测系统（COD_{Cr}、NH_3-N 等）运行技术规范》
	HJ 356—2019	《水污染源在线监测系统（COD_{Cr}、NH_3-N 等）数据有效性判别技术规范》
	HJ 493—2009	《水质　样品的保存和管理技术规定》
	HJ 494—2009	《水质　采样技术指导》
	HJ 495—2009	《水质　采样方案设计技术规定》
	HJ 377—2019	《化学需氧量（COD_{Cr}）水质在线自动监测仪技术要求及检测方法》

分类	标准号	标准名称
废水监测技术规范类	HJ 101—2019	《氨氮水质在线自动监测仪技术要求及检测方法》
	HJ 609—2019	《六价铬水质自动在线监测仪技术要求及检测方法》
	HJ/T 102—2003	《总氮水质自动分析仪技术要求》
	HJ/T 103—2003	《总磷水质自动分析仪技术要求》
	HJ/T 104—2003	《总有机碳（TOC）水质自动分析仪技术要求》
	HJ 926—2017	《汞水质自动在线监测仪技术要求及检测方法》
	HJ 764—2015	《砷水质自动在线监测仪技术要求及检测方法》
	HJ 798—2016	《总铬水质自动在线监测仪技术要求及检测方法》
	HJ 212—2017	《污染物在线监控（监测）系统数据传输标准》
	HJ 477—2009	《污染源在线自动监控(监测)数据采集传输仪技术要求》
	HJ/T 15—2007	《环境保护产品技术要求 超声波明渠污水流量计》
噪声监测技术规范类	GB 12348—2008	《工业企业厂界环境噪声排放标准》
	HJ 706—2014	《环境噪声监测技术规范 噪声测量值修正》
其他监测技术规范类	HJ/T 166—2004	《土壤环境监测技术规范》
	HJ 164—2020	《地下水环境监测技术规范》
	HJ 194—2017	《环境空气质量手工监测技术规范》
	HJ 442—2020	《近岸海域环境监测技术规范》
	HJ 2.1—2016	《建设项目环境影响评价技术导则 总纲》
	HJ 2.2—2018	《环境影响评价技术导则 大气环境》
	HJ 2.3—2018	《环境影响评价技术导则 地表水环境》
	HJ 610—2016	《环境影响评价技术导则 地下水环境》
	HJ 964—2018	《环境影响评价技术导则 土壤环境（试行）》
	HJ 819—2017	《排污单位自行监测技术指南 总则》
	HJ 820—2017	《排污单位自行监测技术指南 火力发电及锅炉》
	HJ/T 373—2007	《固定污染源监测质量保证与质量控制技术规范(试行)》
	GB/T 27025—2019	《检测和校准实验室能力的通用要求》

注：标准统计截至 2020 年 12 月。

附录 5-3 适用于石油炼制、石油化学企业的水质常见方法标准

监测项目	标准方法
pH	《水质 pH 值的测定 电极法》(HJ 1147—2020)
	便携式 pH 计法《水和废水监测分析方法》(第四版)国家环保总局(2002) 3.1.6.2
色度	《水质 色度的测定》(GB 11903—1989)
悬浮物	《水质 悬浮物的测定 重量法》(GB 11901—1989)
石油类	《水质 石油类的测定 紫外分光光度法》(HJ 970—2018)
	《水质 石油类和动植物油类的测定 红外分光光度法》(HJ 637—2018)
化学需氧量	《水质 化学需氧量的测定 重铬酸盐法》(HJ 828—2017)
	《水质 化学需氧量的测定 快速消解分光光度法》(HJ/T 399—2007)
	《高氯废水 化学需氧量的测定 氯气校正法》(HJ/T 70—2001)
	《高氯废水 化学需氧量的测定 碘化钾碱性高锰酸钾法》(HJ/T 132—2003)
	《化学需氧量(COD_{Cr})水质在线自动监测仪技术要求及检测方法》(HJ 377—2019)
五日生化需氧量(BOD_5)	《水质 五日生化需氧量(BOD_5)的测定 稀释与接种法》(HJ 505—2009)
氨氮	《水质 氨氮的测定 气相分子吸收光谱法》(HJ/T 195—2005)
	《水质 氨氮的测定 蒸馏-中和滴定法》(HJ 537—2009)
	《水质 氨氮的测定 纳氏试剂分光光度法》(HJ 535—2009)
	《水质 氨氮的测定 水杨酸分光光度法》(HJ 536—2009)
	《水质 氨氮的测定 连续流动-水杨酸分光光度法》(HJ 665—2013)
	《水质 氨氮的测定 流动注射-水杨酸分光光度法》(HJ 666—2013)
	《氨氮水质在线自动监测仪技术要求及检测方法》(HJ 101—2019)
总氮	《水质 总氮的测定 碱性过硫酸钾消解紫外分光光度法》(HJ 636—2012)
	《水质 总氮的测定 连续流动-盐酸萘乙二胺分光光度法》(HJ 667—2013)
	《水质 总氮的测定 流动注射-盐酸萘乙二胺分光光度法》(HJ 668—2013)
	《总氮水质自动分析仪技术要求》(HJ/T 102—2003)
总磷	《水质 总磷的测定 钼酸铵分光光度法》(GB 11893—1989)
	《水质 总磷的测定 流动注射-钼酸铵分光光度法》(HJ 671—2013)
	《水质 磷酸盐和总磷的测定 连续流动-钼酸铵分光光度法》(HJ 670—2013)
	《总磷水质自动分析仪技术要求》(HJ/T 103—2003)
可吸附有机卤素(AOX)	《水质 可吸附有机卤素(AOX)的测定 微库仑法》(GB/T 15959—1995)
	《水质 可吸附有机卤素(AOX)的测定 离子色谱法》(HJ/T 83—2001)

监测项目	标准方法
硫化物	《水质　硫化物的测定　亚甲基蓝分光光度法》（GB/T 16489—1996）
	《水质　硫化物的测定　碘量法》（HJ/T 60—2000）
	《水质　硫化物的测定　流动注射-亚甲基蓝分光光度法》（HJ 824—2017）
	《水质　硫化物的测定　气相分子吸收光谱法》（HJ/T 200—2005）
氟化物	《水质　氟化物的测定　氟试剂分光光度法》（HJ 488—2009）
	《水质　氟化物的测定　茜素磺酸锆目视比色法》（HJ 487—2009）
	《水质　氟化物的测定　离子选择电极法》（GB 7484—87）
挥发酚	《水质　挥发酚的测定　4-氨基安替比林分光光度法》（HJ 503—2009）
	《水质　挥发酚的测定　流动注射-4-氨基安替比林分光光度法》（HJ 825—2017）
	《水质　挥发酚的测定　溴化容量法》（HJ 502—2009）
总钒	《水质　钒的测定　石墨炉原子吸收分光光度法》（HJ 673—2013）
	《水质　钒的测定　钽试剂（BPHA）萃取分光光度法》（GB/T 15503—1995）
	《水质　32 种元素的测定　电感耦合等离子体发射光谱法》（HJ 776—2015）
	《水质　65 种元素的测定　电感耦合等离子体质谱法》（HJ 700—2014）
苯、甲苯、乙苯、对-二甲苯、间-二甲苯、邻-二甲苯、苯乙烯、异丙苯	《水质　苯系物的测定　顶空/气相色谱法》（HJ 1067—2019）
	《水质　挥发性有机物的测定　顶空/气相色谱-质谱法》（HJ 810—2016）
	《水质　挥发性有机物的测定　吹扫捕集气相色谱法》（HJ 686—2014）
	《水质　挥发性有机物的测定　吹扫捕集/气相色谱-质谱法》（HJ 639—2012）
总氰化物	《水质　氰化物的测定　流动注射-分光光度法》（HJ 823—2017）
	《水质　氰化物等的测定　真空检测管-电子比色法》（HJ 659—2013）
	《水质　氰化物的测定　容量法和分光光度法》（HJ 484—2009）
苯并[*a*]芘	《水质　苯并[*a*]芘的测定　乙酰化滤纸层析荧光分光光度法》（GB 11895—89）
	《水质　多环芳烃的测定　液液萃取和固相萃取高效液相色谱法》（HJ 478—2009）
总汞	《水质　汞、砷、硒、铋和锑的测定　原子荧光法》（HJ 694—2014）
	《汞水质自动在线监测仪技术要求及检测方法》（HJ 926—2017）
	《水质　总汞的测定　冷原子吸收分光光度法》（HJ 597—2011）
	《水质　总汞的测定　高锰酸钾-过硫酸钾消解法 双硫腙分光光度法》（GB 7469—87）
烷基汞	《水质　烷基汞的测定　气相色谱法》（GB/T 14204—93）
	《水质　烷基汞的测定　吹扫捕集/气相色谱-冷原子荧光光谱法》（HJ 977—2018）

监测项目	标准方法
总砷	《水质　32种元素的测定　电感耦合等离子体发射光谱法》（HJ 776—2015）
	《水质　65种元素的测定　电感耦合等离子体质谱法》（HJ 700—2014）
	《水质　汞、砷、硒、铋和锑的测定　原子荧光法》（HJ 694—2014）
	《砷水质自动在线监测仪技术要求及检测方法》（HJ 764—2015）
	《水质　总砷的测定　二乙基二硫代氨基甲酸银分光光度法》（GB 7485—87）
总镍	《水质　32种元素的测定　电感耦合等离子体发射光谱法》（HJ 776—2015）
	《水质　65种元素的测定　电感耦合等离子体质谱法》（HJ 700—2014）
	《水质　镍的测定　火焰原子吸收分光光度法》（GB 11912—89）
	《水质　镍的测定　丁二酮肟分光光度法》（GB 11910—89）
总铅	《水质　32种元素的测定　电感耦合等离子体发射光谱法》（HJ 776—2015）
	《水质　65种元素的测定　电感耦合等离子体质谱法》（HJ 700—2014）
	《水质　铜、锌、铅、镉的测定　原子吸收分光光度法》（GB 7475—87）
	《水质　铅的测定　双硫腙分光光度法》（GB 7470—87）
总镉	《水质　32种元素的测定　电感耦合等离子体发射光谱法》（HJ 776—2015）
	《水质　65种元素的测定　电感耦合等离子体质谱法》（HJ 700—2014）
	《水质　铜、锌、铅、镉的测定　原子吸收分光光度法》（GB 7475—87）
	《水质　镉的测定　双硫腙分光光度法》（GB 7471—87）
总铬	《总铬水质自动在线监测仪技术要求及检测方法》（HJ 798—2016）
	《水质　铬的测定　火焰原子吸收分光光度法》（HJ 757—2015）
	《水质　总铬的测定》（GB 7466—87）
	《水质　32种元素的测定　电感耦合等离子体发射光谱法》（HJ 776—2015）
	《水质　65种元素的测定　电感耦合等离子体质谱法》（HJ 700—2014）
六价铬	《水质　六价铬的测定　二苯碳酰二肼分光光度法》（GB 7467—87）
	《水质　六价铬的测定　流动注射-二苯碳酰二肼光度法》（HJ 908—2017）
	《六价铬水质自动在线监测仪技术要求及检测方法》（HJ 609—2019）
高锰酸盐指数	《水质　高锰酸盐指数的测定》（GB 11892—89）
总铜	《水质　铜的测定 2,9-二甲基-1,10-菲啰啉分光光度法》（HJ 486—2009）
	《水质　铜、锌、铅、镉的测定　原子吸收分光光度法》（GB/T 7475—87）
	《水质　铜的测定　二乙基二硫代氨基甲酸钠分光光度法》（HJ 485—2009）
	《水质　32种元素的测定　电感耦合等离子体发射光谱法》（HJ 776—2015）
	《水质　65种元素的测定　电感耦合等离子体质谱法》（HJ 700—2014）
总锌	《水质　铜、锌、铅、镉的测定　原子吸收分光光度法》（GB 7475—87）
	《水质　锌的测定　双硫腙分光光度法》（GB 7472—87）
	《水质　32种元素的测定　电感耦合等离子体发射光谱法》（HJ 776—2015）
	《水质　65种元素的测定　电感耦合等离子体质谱法》（HJ 700—2014）

监测项目	标准方法
总有机碳	《水质　总有机碳的测定　燃烧氧化—非分散红外吸收法》（HJ 501—2009）
	《总有机碳（TOC）水质自动分析仪技术要求》（HJ/T 104—2003）
一氯二溴甲烷 二氯一溴甲烷	《水质　挥发性有机物的测定　吹扫捕集/气相色谱-质谱法》（HJ 639—2012）
	《水质　挥发性卤代烃的测定　顶空气相色谱法》（HJ 620—2011）
二氯甲烷 1,2-二氯乙烷 三氯甲烷 三溴甲烷 1,1-二氯乙烯 1,2-二氯乙烯 三氯乙烯 四氯乙烯 氯丁二烯 六氯丁二烯 四氯化碳	《水质　挥发性有机物的测定　吹扫捕集/气相色谱-质谱法》（HJ 639—2012）
	《水质　挥发性卤代烃的测定　顶空气相色谱法》（HJ 620—2011）
	《水质　挥发性有机物的测定　吹扫捕集气相色谱法》（HJ 686—2014）
1,1,1-三氯乙烷 氯乙烯	《水质　挥发性有机物的测定　吹扫捕集/气相色谱-质谱法》（HJ 639—2012）
环氧氯丙烷	《水质　挥发性有机物的测定　吹扫捕集/气相色谱-质谱法》（HJ 639—2012）
	《水质　挥发性有机物的测定　吹扫捕集气相色谱法》（HJ 686—2014）
硝基苯类	《水质　硝基苯类化合物的测定　液液萃取/固相萃取-气相色谱法》（HJ 648—2013）
	《水质　硝基苯类化合物的测定　气相色谱-质谱法》（HJ 716—2014）
	《水质　硝基苯类化合物的测定　气相色谱法》（HJ 592—2010）
氯苯	《水质　氯苯的测定　气相色谱法》（HJ/T 74—2001）
	《水质　氯苯类化合物的测定　气相色谱法》（HJ 621—2011）
	《水质　挥发性有机物的测定　吹扫捕集/气相色谱-质谱法》（HJ 639—2012）
1,2-二氯苯 1,4-二氯苯	《水质　氯苯类化合物的测定　气相色谱法》（HJ 621—2011）
	《水质　挥发性有机物的测定　吹扫捕集/气相色谱-质谱法》（HJ 639—2012）
三氯苯	《水质　氯苯类化合物的测定　气相色谱法》（HJ 621—2011）
	《水质　挥发性有机物的测定　吹扫捕集/气相色谱-质谱法》（HJ 639—2012）
	《水质　有机氯农药和氯苯类化合物的测定　气相色谱-质谱法》（HJ 699—2014）
四氯苯	《水质　氯苯类化合物的测定　气相色谱法》（HJ 621—2011）
	《水质　有机氯农药和氯苯类化合物的测定　气相色谱-质谱法》（HJ 699—2014）
多环芳烃	《水质　多环芳烃的测定　液液萃取和固相萃取高效液相色谱法》（HJ 478—2009）
多氯联苯	《水质　多氯联苯的测定　气相色谱-质谱法》（HJ 715—2014）
甲醛	《水质　甲醛的测定　乙酰丙酮分光光度法》（HJ 601—2011）
三氯乙醛	《水质　三氯乙醛的测定　吡啶啉酮分光光度法》（HJ/T 50—1999）

监测项目	标准方法
苯酚 2,4-二氯酚 2,4,6-三氯酚	《水质　酚类化合物的测定　液液萃取/气相色谱法》（HJ 676—2013）
	《水质　酚类化合物的测定　气相色谱-质谱法》（HJ 744—2015）
丙烯腈	《水质　丙烯腈的测定　气相色谱法》（HJ/T 73—2001）
	《水质　丙烯腈和丙烯醛的测定　吹扫捕集/气相色谱法》（HJ 806—2016）
邻苯二甲酸二丁酯 邻苯二甲酸二辛酯	《水质　邻苯二甲酸二甲（二丁、二辛）酯的测定　液相色谱法》（HJ/T 72—2001）
苯胺类	《水质　苯胺类化合物的测定 *N*-（1-萘基）乙二胺偶氮分光光度法》（GB/T 11889—1989）
	《水质　17 种苯胺类化合物的测定　液相色谱-三重四极杆质谱法》（HJ 1048—2019）
	《水质　苯胺类化合物的测定　气相色谱-质谱法》（HJ 822—2017）
丙烯酰胺	《水质　丙烯酰胺的测定　气相色谱法》（HJ 697—2014）
吡啶	《水质　吡啶的测定　顶空/气相色谱法》（HJ 1072—2019）
二噁英类	《水质　二噁英类的测定　同位素稀释高分辨气相色谱-高分辨质谱法》（HJ 77.1—2008）
乙醛	暂无
丙烯醛	《水质　丙烯腈和丙烯醛的测定　吹扫捕集/气相色谱法》（HJ 806—2016）
戊二醛	暂无
双酚 A	暂无
β-萘酚	《水质　萘酚的测定　高效液相色谱法》（HJ 1073—2019）
苯甲醚	暂无
丙烯酸	暂无
二氯乙酸 三氯乙酸	《水质　氯酸盐、亚氯酸盐、溴酸盐、二氯乙酸和三氯乙酸的测定　离子色谱法》（HJ 1050—2019）
	《水质　卤代乙酸类化合物的测定　气相色谱法》（HJ 758—2015）
环烷酸	暂无
黄原酸丁酯	暂无
邻苯二甲酸二乙酯	暂无
二（2-乙基己基）己二酸酯	暂无
水合肼	暂无
四乙基铅	《水质　四乙基铅的测定　顶空/气相色谱-质谱法》（HJ 959—2018）
石油烃（C_6～C_9）	《水质　挥发性石油烃（C_6～C_9）的测定　吹扫捕集/气相色谱法》（HJ 893—2017）
石油烃（C_{10}～C_{40}）	《水质　可萃取性石油烃（C_{10}～C_{40}）的测定　气相色谱法》（HJ 894—2017）

注：标准统计截至 2020 年 12 月。

附录 5-4　适用于石油炼制、石油化学企业的废气、环境空气常见方法标准

监测项目	标准方法
二氧化硫	《固定污染源废气　二氧化硫的测定　定电位电解法》（HJ 57—2017）
	《固定污染源废气　二氧化硫的测定　非分散红外吸收法》（HJ 629—2011）
	《固定污染源烟气（二氧化硫和氮氧化物）　便携式紫外吸收法测量仪器技术要求及检测方法》（HJ 1045—2019）
	《环境空气　二氧化硫的自动测定　紫外荧光法》（HJ 1044—2019）
	《环境空气　二氧化硫的测定　四氯汞盐吸收-副玫瑰苯胺分光光度法》（HJ 483—2009）
	《环境空气　二氧化硫的测定　甲醛吸收-副玫瑰苯胺分光光度法》（HJ 482—2009）
	《固定污染源排气中二氧化硫的测定　碘量法》（HJ/T 56—2000）
	《定电位电解法二氧化硫测定仪技术条件》（HJ/T 46—1999）
	《固定污染源烟气（SO_2、NO_x、颗粒物）排放连续监测系统技术要求及检测方法》（HJ 76—2017）
	《固定污染源烟气（SO_2、NO_x、颗粒物）排放连续监测技术规范》（HJ 75—2017）
	《固定污染源废气　二氧化硫的测定　便携式紫外吸收法》（HJ 1131—2020）
氮氧化物	《固定污染源烟气（SO_2、NO_x、颗粒物）排放连续监测系统技术要求及检测方法》（HJ 76—2017）
	《固定污染源烟气（SO_2、NO_x、颗粒物）排放连续监测技术规范》（HJ 75—2017）
	《固定污染源废气　氮氧化物的测定　定电位电解法》（HJ 693—2014）
	《固定污染源废气　氮氧化物的测定　非分散红外吸收法》（HJ 692—2014）
	《固定污染源烟气（二氧化硫和氮氧化物）便携式紫外吸收法测量仪器技术要求及检测方法》（HJ 1045—2019）
	《环境空气　氮氧化物的自动测定　化学发光法》（HJ 1043—2019）
	《固定污染源排气　氮氧化物的测定　酸碱滴定法》（HJ 675—2013）
	《环境空气　氮氧化物（一氧化氮和二氧化氮）的测定　盐酸萘乙二胺分光光度法》（HJ 479—2009）
	《固定污染源排气中氮氧化物的测定　盐酸萘乙二胺分光光度法》（HJ/T 43—1999）
	《固定污染源排气中氮氧化物的测定　紫外分光光度法》（HJ/T 42—1999）
	《固定污染源废气　氮氧化物的测定　便携式紫外吸收法》（HJ 1132—2020）

监测项目	标准方法
颗粒物	《固定污染源烟气（SO_2、NO_x、颗粒物）排放连续监测技术规范》（HJ 75—2017）
	《固定污染源烟气（SO_2、NO_x、颗粒物）排放连续监测系统技术要求及检测方法》（HJ 76—2017）
	《环境空气颗粒物（PM_{10}和$PM_{2.5}$）连续自动监测系统运行和质控技术规范》（HJ 817—2018）
	《环境空气颗粒物（PM_{10}和$PM_{2.5}$）连续自动监测系统安装和验收技术规范》（HJ 655—2013）
	《环境空气颗粒物（PM_{10}和$PM_{2.5}$）连续自动监测系统技术要求及检测方法》（HJ 653—2013）
	《环境空气颗粒物（$PM_{2.5}$）手工监测方法（重量法）技术规范》（HJ 656—2013）
	《环境空气颗粒物（PM_{10}和$PM_{2.5}$）采样器技术要求及检测方法》（HJ 93—2013）
	《环境空气　总悬浮颗粒物的测定　重量法》（GB/T 15432—1995）
	《固定污染源废气低浓度颗粒物的测定重量法》（HJ 836—2017）
	《固定污染源排气中颗粒物测定与气态污染物采样方法》（GB/T 16157—1996）
非甲烷总烃	《固定污染源废气非甲烷总烃连续监测系统技术要求及检测方法》（HJ 1013—2018）
	《环境空气和废气　总烃、甲烷和非甲烷总烃便携式监测仪技术要求及检测方法》（HJ 1012—2018）
	《固定污染源废气　总烃、甲烷和非甲烷总烃的测定　气相色谱法》（HJ 38—2017）
	《环境空气　总烃、甲烷和非甲烷总烃的测定　直接进样-气相色谱法》（HJ 604—2017）
氯化氢	《环境空气和废气　氯化氢的测定　离子色谱法》（HJ 549—2016）
	《固定污染源废气　氯化氢的测定　硝酸银容量法》（HJ 548—2016）
	《固定污染源排气中氯化氢的测定　硫氰酸汞分光光度法》（HJ/T 27—1999）
氟化氢	《固定污染源废气　氟化氢的测定　离子色谱法》（HJ 688—2019）
	《大气《固定污染源 氟化物的测定　离子选择电极法》（HJ/T 67—2001）
溴化氢	《固定污染源废气　溴化氢的测定　离子色谱法》（HJ 1040—2019）
氯气	《固定污染源废气　氯气的测定　碘量法》（HJ 547—2017）
	《环境空气　氯气等有毒有害气体的应急监测　比长式检测管法》（HJ 871—2017）
	《环境空气　氯气等有毒有害气体的应急监测　电化学传感器法》（HJ 872—2017）
	《固定污染源排气中氯气的测定　甲基橙分光光度法》（HJ/T 30—1999）
硫化氢	《空气质量 硫化氢、甲硫醇、甲硫醚和二甲二硫的测定　气相色谱法》（GB/T 14678—1993）
二氧化碳	《固定污染源废气　二氧化碳的测定　非分散红外吸收法》（HJ 870—2017）

监测项目	标准方法
一氧化碳	《固定污染源废气　一氧化碳的测定　定电位电解法》（HJ 973—2018）
	《环境空气　一氧化碳的自动测定　非分散红外法》（HJ 965—2018）
	《固定污染源排气中一氧化碳的测定　非色散红外吸收法》（HJ/T 44—1999）
黑度	《固定污染源排放烟气黑度的测定　林格曼烟气黑度图法》（HJ/T 398—2007）
汞及其化合物	《固定污染源废气　气态汞的测定　活性炭吸附/热裂解原子吸收分光光度法》（HJ 917—2017）
	《固定污染源废气　汞的测定　冷原子吸收分光光度法（暂行）》（HJ 543—2009）
镉及其化合物	《大气固定污染源　镉的测定　火焰原子吸收分光光度法》（HJ/T 64.1—2001）
	《大气固定污染源　镉的测定　石墨炉原子吸收分光光度法》（HJ/T 64.2—2001）
	《大气固定污染源　镉的测定　对-偶氮苯重氮氨基偶氮苯磺酸分光光度法》（HJ/T 64.3—2001）
	《空气和废气　颗粒物中金属元素的测定　电感耦合等离子体发射光谱法》（HJ 777—2015）
	《空气和废气　颗粒物中铅等金属元素的测定　电感耦合等离子体质谱法》（HJ 657—2013）
砷及其化合物	《空气和废气　颗粒物中金属元素的测定　电感耦合等离子体发射光谱法》（HJ 777—2015）
	《空气和废气　颗粒物中铅等金属元素的测定　电感耦合等离子体质谱法》（HJ 657—2013）
	《固定污染源废气　砷的测定　二乙基二硫代氨基甲酸银分光光度法》（HJ 540—2016）
镍及其化合物	《空气和废气　颗粒物中金属元素的测定　电感耦合等离子体发射光谱法》（HJ 777—2015）
	《空气和废气　颗粒物中铅等金属元素的测定　电感耦合等离子体质谱法》（HJ 657—2013）
	《大气固定污染源　镍的测定　火焰原子吸收分光光度法》（HJ/T 63.1—2001）
	《大气固定污染源　镍的测定　石墨炉原子吸收分光光度法》（HJ/T 63.2—2001）
	《大气固定污染源　镍的测定　丁二酮肟-正丁醇萃取分光光度法》（HJ/T 63.3—2001）
铅及其化合物	《空气和废气　颗粒物中金属元素的测定　电感耦合等离子体发射光谱法》（HJ 777—2015）
	《空气和废气　颗粒物中铅等金属元素的测定　电感耦合等离子体质谱法》（HJ 657—2013）
	《环境空气　铅的测定　石墨炉原子吸收分光光度法》（HJ 539—2015）
	《固定污染源废气　铅的测定　火焰原子吸收分光光度法》（HJ 685—2014）
	《环境空气　铅的测定　火焰原子吸收分光光度法》（GB/T 15264—94）

监测项目	标准方法
铬及其化合物	《空气和废气　颗粒物中金属元素的测定　电感耦合等离子体发射光谱法》（HJ 777—2015）
	《空气和废气　颗粒物中铅等金属元素的测定　电感耦合等离子体质谱法》（HJ 657—2013）
	《固定污染源排气中铬酸雾的测定　二苯基碳酰二肼分光光度法》（HJ/T 29—1999）
锡及其化合物	《空气和废气　颗粒物中金属元素的测定　电感耦合等离子体发射光谱法》（HJ 777—2015）
	《空气和废气　颗粒物中铅等金属元素的测定　电感耦合等离子体质谱法》（HJ 657—2013）
	《大气固定污染源　锡的测定　石墨炉原子吸收分光光度法》（HJ/T 65—2001）
锑及其化合物	《空气和废气　颗粒物中金属元素的测定　电感耦合等离子体发射光谱法》（HJ 777—2015）
	《空气和废气　颗粒物中铅等金属元素的测定　电感耦合等离子体质谱法》（HJ 657—2013）
铜及其化合物	《空气和废气　颗粒物中金属元素的测定　电感耦合等离子体发射光谱法》（HJ 777—2015）
	《空气和废气　颗粒物中铅等金属元素的测定　电感耦合等离子体质谱法》（HJ 657—2013）
锰及其化合物	《空气和废气　颗粒物中金属元素的测定　电感耦合等离子体发射光谱法》（HJ 777—2015）
	《空气和废气　颗粒物中铅等金属元素的测定　电感耦合等离子体质谱法》（HJ 657—2013）
二噁英类	《环境二噁英类监测技术规范》（HJ 916—2017）
	《环境空气和废气　二噁英类的测定　同位素稀释高分辨气相色谱－高分辨质谱法》（HJ 77.2—2008）
臭气	《空气质量　恶臭的测定　三点比较式臭袋法》（GB/T 14675—93）
氨	《空气质量　氨的测定　离子选择电极法》（GB/T 14669—93）
	《环境空气　氨、甲胺、二甲胺和三甲胺的测定　离子色谱法》（HJ 1076—2019）
	《环境空气和废气　氨的测定　纳氏试剂分光光度法》（HJ 533—2009）
	《环境空气　氨的测定　次氯酸钠-水杨酸分光光度法》（HJ 534—2009）
苯、甲苯、二甲苯	《环境空气　苯系物的测定　活性炭吸附/二硫化碳解吸-气相色谱法》（HJ 584—2010）
	《环境空气　苯系物的测定　固体吸附/热脱附-气相色谱法》（HJ 583—2010）
	《环境空气　挥发性有机物的测定　罐采样/气相色谱-质谱法》（HJ 759—2015）
	《固定污染源废气　挥发性有机物的测定　固相吸附-热脱附/气相色谱-质谱法》（HJ 734—2014）
	《固定污染源废气　挥发性有机物的采样　气袋法》（HJ 732—2014）
	《环境空气　挥发性有机物的测定　吸附管采样-热脱附/气相色谱-质谱法》（HJ 644—2013）

监测项目	标准方法
挥发性有机物	《环境空气　挥发性有机物的测定　罐采样/气相色谱-质谱法》（HJ 759—2015）
	《泄漏和敞开液面排放的挥发性有机物检测技术导则》（HJ 733—2014）
	《固定污染源废气　挥发性有机物的测定　固相吸附-热脱附/气相色谱-质谱法》（HJ 734—2014）
	《固定污染源废气　挥发性有机物的采样　气袋法》（HJ 732—2014）
	《环境空气　挥发性有机物的测定　吸附管采样-热脱附/气相色谱-质谱法》（HJ 644—2013）
硫酸雾	《固定污染源废气　硫酸雾的测定　离子色谱法》（HJ 544—2016）
沥青烟	《固定污染源排气中沥青烟的测定　重量法》（HJ/T 45—1999）
苯并[a]芘	《环境空气　苯并[a]芘的测定　高效液相色谱法》（HJ 956—2018）
	《固定污染源排气中苯并[a]芘的测定　高效液相色谱法》（HJ/T 40—1999）
	《环境空气和废气　气相和颗粒物中多环芳烃的测定　高效液相色谱法》（HJ 647—2013）
	《环境空气和废气　气相和颗粒物中多环芳烃的测定　气相色谱-质谱法》（HJ 646—2013）
正己烷	《固定污染源废气　挥发性有机物的测定　固相吸附-热脱附/气相色谱-质谱法》（HJ 734—2014）
环己烷	暂无
氯甲烷	《固定污染源废气　挥发性卤代烃的测定　气袋采样-气相色谱法》（HJ 1006—2018）
二氯甲烷	《固定污染源废气　挥发性卤代烃的测定　气袋采样-气相色谱法》（HJ 1006—2018）
三氯甲烷	《固定污染源废气　挥发性卤代烃的测定　气袋采样-气相色谱法》（HJ 1006—2018）
四氯化碳	《固定污染源废气　挥发性卤代烃的测定　气袋采样-气相色谱法》（HJ 1006—2018）
1,2-二氯乙烷	《固定污染源废气　挥发性卤代烃的测定　气袋采样-气相色谱法》（HJ 1006—2018）
1,2-二氯丙烷	《固定污染源废气　挥发性卤代烃的测定　气袋采样-气相色谱法》（HJ 1006—2018）
溴甲烷	《固定污染源废气　挥发性卤代烃的测定　气袋采样-气相色谱法》（HJ 1006—2018）
溴乙烷	《固定污染源废气　挥发性卤代烃的测定　气袋采样-气相色谱法》（HJ 1006—2018）
1,3-丁二烯	暂无
氯乙烯	《固定污染源排气　中氯乙烯的测定　气相色谱法》（HJ/T 34—1999）
	《固定污染源废气　挥发性卤代烃的测定　气袋采样-气相色谱法》（HJ 1006—2018）
三氯乙烯	《固定污染源废气　挥发性卤代烃的测定　气袋采样-气相色谱法》（HJ 1006—2018）
四氯乙烯	《固定污染源废气　挥发性卤代烃的测定　气袋采样-气相色谱法》（HJ 1006—2018）
氯丙烯	《固定污染源废气　挥发性卤代烃的测定　气袋采样-气相色谱法》（HJ 1006—2018）

监测项目	标准方法
氯丁二烯	《固定污染源废气　挥发性卤代烃的测定　气袋采样-气相色谱法》（HJ 1006—2018）
二氯乙炔	暂无
环氧乙烷	暂无
环氧丙烷	暂无
环氧氯丙烷	《固定污染源废气　挥发性卤代烃的测定　气袋采样-气相色谱法》（HJ 1006—2018）
乙苯 苯乙烯	《固定污染源废气　挥发性有机物的测定　固相吸附-热脱附/气相色谱-质谱法》（HJ 734—2014）
氯苯类	《固定污染源废气　氯苯类化合物的测定　气相色谱法》（HJ 1079—2019）
氯萘	暂无
硝基苯类	《空气质量　硝基苯类（一硝基和二硝基化合物）的测定　锌还原-盐酸萘乙二胺分光光度法》（GB/T 15501—1995）
甲醇	《固定污染源排气中甲醇的测定　气相色谱法》（HJ/T 33—1999）
乙二醇	暂无
甲醛	《空气质量　甲醛的测定　乙酰丙酮分光光度法》（GB/T 15516—1995）
乙醛	《固定污染源排气中乙醛的测定　气相色谱法》（HJ/T 35—1999）
丙烯醛	《固定污染源排气中丙烯醛的测定　气相色谱法》（HJ/T 36—1999）
丙酮	《固定污染源废气　挥发性有机物的测定　固相吸附-热脱附/气相色谱-质谱法》（HJ 734—2014）
2-丁酮	暂无
异佛尔酮	暂无
酚类	《固定污染源排气中酚类化合物的测定　4-氨基安替比林分光光度法》（HJ/T 32—1999）
氯甲基甲醚	暂无
二氯甲基醚	暂无
氯乙酸	暂无
丙烯酸	暂无
邻苯二甲酸酐	暂无
马来酸酐	暂无
乙酸乙烯酯	暂无
甲基丙烯酸甲酯	暂无
异氰酸甲酯	暂无
甲苯二异氰酸酯	暂无

监测项目	标准方法
硫酸二甲酯	暂无
乙腈	暂无
丙烯腈	《固定污染源排气中丙烯腈的测定　气相色谱法》（HJ/T 37—1999）
苯胺类	《大气固定污染源　苯胺类的测定　气相色谱法》（HJ/T 68—2001）
	《空气质量　苯胺类的测定　盐酸萘乙二胺分光光度法》（GB/T 15502—1995）
二甲基甲酰胺	《环境空气和废气　酰胺类化合物的测定　液相色谱法》（HJ 801—2016）
丙烯酰胺	《环境空气和废气　酰胺类化合物的测定　液相色谱法》（HJ 801—2016）
肼（联氨）	暂无
甲肼	暂无
偏二甲肼	暂无
吡啶	暂无
四氢呋喃	暂无
光气	《固定污染源排气中光气的测定　苯胺紫外分光光度法》（HJ/T 31—1999）
氰化氢	《固定污染源排气中氰化氢的测定　异烟酸-吡唑啉酮分光光度法》（HJ/T 28—1999）
二硫化碳	《固定污染源废气　甲硫醇等8种含硫有机化合物的测定　气袋采样-预浓缩/气相色谱-质谱法》（HJ 1078—2019）
多氯联苯	暂无
其他	《大气污染物综合排放标准》（GB 16297—1996）

注：标准统计截至2020年12月。

附录 5-5 适用于石油炼制、石油化学企业的土壤常见方法标准

监测项目	标准方法
pH	《土壤 pH 值的测定 电位法》（HJ 962—2018）
总铅	《土壤和沉积物 铜、锌、铅、镍、铬的测定 火焰原子吸收分光光度法》（HJ 491—2019）
	《土壤和沉积物 12 种金属元素的测定 王水提取-电感耦合等离子体质谱法》（HJ 803—2016）
	《土壤和沉积物 无机元素的测定 波长色散 X 射线荧光光谱法》（HJ 780—2015）
	《土壤质量 铅、镉的测定 石墨炉原子吸收分光光度法》（GB/T 17141—1997）
总镉	《土壤和沉积物 12 种金属元素的测定 王水提取-电感耦合等离子体质谱法》（HJ 803—2016）
	《土壤质量 铅、镉的测定 石墨炉原子吸收分光光度法》（GB/T 17141—1997）
总铬	《土壤和沉积物 铜、锌、铅、镍、铬的测定 火焰原子吸收分光光度法》（HJ 491—2019）
	《土壤和沉积物 无机元素的测定 波长色散 X 射线荧光光谱法》（HJ 780—2015）
	《土壤和沉积物 12 种金属元素的测定 王水提取-电感耦合等离子体质谱法》（HJ 803—2016）
总砷	《土壤质量 总汞、总砷、总铅的测定 原子荧光法 第 2 部分：土壤中总砷的测定》（GB/T 22105.2—2008）
	《土壤和沉积物 汞、砷、硒、铋、锑的测定 微波消解/原子荧光法》（HJ 680—2013）
	《土壤和沉积物 无机元素的测定 波长色散 X 射线荧光光谱法》（HJ 780—2015）
	《土壤和沉积物 12 种金属元素的测定 王水提取-电感耦合等离子体质谱法》（HJ 803—2016）
总镍	《土壤和沉积物 铜、锌、铅、镍、铬的测定 火焰原子吸收分光光度法》（HJ 491—2019）
	《土壤和沉积物 12 种金属元素的测定 王水提取-电感耦合等离子体质谱法》（HJ 803—2016）
	《土壤和沉积物 无机元素的测定 波长色散 X 射线荧光光谱法》（HJ 780—2015）

监测项目	标准方法
总汞	《土壤质量　总汞、总砷、总铅的测定　原子荧光法 第1部分：土壤中总汞的测定》（GB/T 22105.1—2008）
	《土壤和沉积物　汞、砷、硒、铋、锑的测定　微波消解/原子荧光法》（HJ 680—2013）
	《土壤和沉积物　总汞的测定　催化热解-冷原子吸收分光光度法》（HJ 923—2017）
六价铬	《土壤和沉积物　六价铬的测定　碱溶液提取-火焰原子吸收分光光度法》（HJ 1082—2019）
烷基汞	暂无
硫化物	《土壤和沉积物　硫化物的测定　亚甲基蓝分光光度法》（HJ 833—2017）
多环芳烃	《土壤和沉积物　多环芳烃的测定　气相色谱-质谱法》（HJ 805—2016）
	《土壤和沉积物　多环芳烃的测定　高效液相色谱法》（HJ 784—2016）
	《土壤和沉积物　半挥发性有机物的测定　气相色谱-质谱法》（HJ 834—2017）
挥发性有机物	《土壤和沉积物　挥发性有机物的测定　吹扫捕集/气相色谱-质谱法》（HJ 605—2011）
	《土壤和沉积物　挥发性有机物的测定　顶空/气相色谱-质谱法》（HJ 642—2013）
	《土壤和沉积物　挥发性有机物的测定　顶空/气相色谱法》（HJ 741—2015）
石油烃（C_6-C_9）	《土壤和沉积物　石油烃（C_6～C_9）的测定　吹扫捕集/气相色谱法》（HJ 1020—2019）
石油烃（C_{10}-C_{40}）	《土壤和沉积物　石油烃（C_{10}～C_{40}）的测定　气相色谱法》（HJ 1021—2019）
石油类	《土壤　石油类的测定　红外光度法》（HJ 1051—2019）

注：标准统计截至2020年12月。

附录 6

自行监测方案参考模板

模板 1

××××有限公司
自行监测方案

企业名称：×××× 有限公司

编制时间：2020 年 2 月

一、企业概况

（一）基本情况

主要介绍排污单位的地理位置、生产规模、产品生产情况、人员等基本信息。如：××公司位于××市××路××号，成立于1966年1月，2005年5月，××集团整体上市后，成立新的××股份公司，××公司成为××股份的子公司。公司占地面积为××××m^2，现有员工××余名。公司目前主要产品有：×××××、×××××、……，年产量分别为×××××、×××××、……。

根据《排污单位自行监测技术指南　总则》（HJ 819—2017）及《排污单位自行监测技术指南　石油炼制工业》（HJ 880—2017）要求，公司根据实际生产情况，查清本单位的污染源、污染物指标及潜在的环境影响，制定了本公司环境自行监测方案。

（二）排污及治理情况

主要介绍排污单位生产的工业流程，并分析产排污节点及污染治理的情况。如：××厂区主要生产工序包括烃重组、硫磺回收、加氢精制、催化裂化、常减压蒸馏、液化气脱硫、烷基化、连续重整、芳烃抽提、延迟焦化、二甲苯生产、干气脱硫、存储系统、装载系统、火炬系统等生产过程。

1. 废水污染物产生的主要环节是催化脱硫洗涤塔废水、硫磺酸性水汽提塔废水、延迟焦化焦炭塔废水、生活污水、含油废水、污染雨水、含碱废水、含盐废水、含硫含氨酸性水、循环冷却水排污水、化学制水排污水、余热锅炉排污水等。这些环节产生的废水经过管道集中送入污水处理站集中处理，处理达到《石油炼制工业污染物排放标准》（GB 31570—2015）排放标准后，排入××河。在污水治理方面，我公司投资近××亿元，采用“气浮、隔油池、曝气生物滤池（BAF）、混凝沉淀池、格栅、沉砂池、污泥池、污油罐、均质池”工艺。

2．废气污染物产生的主要环节是常减压蒸馏、连续重整、芳烃抽提、供排水系统、二甲苯生产、烃重组、汽油加氢、硫磺回收、延迟焦化、催化裂化、加氢精制、存储系统、装载系统等过程，还有污水处理系统的生化处理阶段。主要污染物有：颗粒物、二氧化硫、氮氧化物、非甲烷总烃、烟气黑度、甲苯、苯、二甲苯、硫化氢、镍及其化合物、氯化氢、氨、苯并[*a*]芘。我公司采用湿法脱硫、选择性催化还原法（SCR）脱硝、低氮燃烧、油气回收等工艺，建成配套完善的异味治理设施。

3．噪声主要由机泵电机、空冷电机、压缩电机、风机等高噪声机械产生。我公司尽量选择性能优良的设备、加强设备维修、合理布局、弹性减振等措施降低噪声影响。

4．固体废物产生的主要环节是生产过程产生灰渣、脱硫石膏、袋式（电袋）除尘器产生的破旧布袋、废碱液、废酸液、废催化剂、含油污泥。这些固体废物根据《国家危险废物名录》或国家规定的危险废物鉴别标准和鉴别方法进行分类管理，属于危险废物的委托有资质的××公司进行处理，按照危险废物管理程序进行申报、记录、处理。

二、企业自行监测开展情况说明

主要介绍排污单位废水、废气、噪声等开展的监测项目、采取的监测方式等的总体概况。如公司自行监测手段采用手动监测和自动监测相结合的方式，监测分析采取自主监测和委托第三方检测机构相结合的方式。

通过梳理公司相关项目的环评及批复、排污许可证及废水、废气、噪声执行的相关标准，对照单位生产及产排污情况，确定自行监测应开展的监测点位、监测指标、采用的监测分析方法及监测过程中应采取的质量控制和保证措施。

延迟焦化装置冷焦水、切焦水废水排放口监测苯并[*a*]芘，常减压蒸馏装置电脱盐废水排放口监测总汞、烷基汞，酸性水汽提装置废水排放口监测总砷、催化裂化装置废水排放口、催化汽油吸附脱硫装置烟气脱硫废水排放口监测总镍，雨水排放口监测 pH、化学需氧量（COD_{Cr}）、氨氮（NH_3-N）、石油类、悬浮物。各工序废水经预处理后进入公司污水处理厂进行集中处理，处理达标后排入××河，属于间接排放，监测点位主要为公司废水总排放口，涉及的主要监测指标有pH、石油类、悬浮物、总氮、总磷、硫化物、挥发酚、五日生化需氧量、总有机碳、总钒、苯、甲苯、二甲苯、乙苯、总氰化物。其中化学需氧量（COD_{Cr}）、氨氮（NH_3-N）和流量采取自动监测，并与省、市环境部门联网，委托××环境科技工程有限公司运维，其他项目采取手工监测方式，××委托××环境监测有限公司监测。

废气监测主要污染物有颗粒物、二氧化硫、氮氧化物、硫化氢、镍及化合物、硫酸雾、苯并[*a*]芘、苯、甲苯、二甲苯、非甲烷总烃。××、××、××、××委托××××环境监测有限公司监测。

通过对现场生产设备进行梳理，根据设备在厂区的布置情况，在厂区的东、西、南、北 4 个边界和 1 个环境敏感点布置噪声监测点位，每季度 1 次，昼夜各 1 次。

三、监测方案

本部分是排污单位自行监测方案的核心部分，是自行监测内容的具体化、细化。按照废水、废气、噪声等不同污染类型以不同监测点位分别列出各监测指标的监测频次、监测方法、执行标准等监测要求。

（一）有组织废气监测方案

1. 有组织废气监测点位、监测项目及监测频次见表 1。

表 1 有组织废气监测内容一览表

类型	排放源	监测项目	监测点位	监测频次	监测方式	自动监测是否联网
废气有组织排放	废水处理有机废气收集处理装置	苯	排气筒	季度	手工监测	—
		甲苯	排气筒	季度	手工监测	—
		二甲苯	排气筒	季度	手工监测	—
		硫化氢	排气筒	月	手工监测	—
		非甲烷总烃	排气筒	月	手工监测	—
	催化裂化催化剂再生烟气	二氧化硫	排气筒	自动监测	自动监测	是
		氮氧化物	排气筒	自动监测	自动监测	是
		颗粒物（烟尘）	排气筒	自动监测	自动监测	是
		镍及其化合物	排气筒	季度	手工监测	—
	重整催化剂再生烟气	非甲烷总烃	排气筒	月	手工监测	—
		氯化氢	排气筒	季度	手工监测	—
	催化脱硫再生烟气	颗粒物	排气筒	自动监测	自动监测	是
		二氧化硫	排气筒	自动监测	自动监测	是
……	……	……	……	……	……	……
注：同步监测烟气参数（动压、静压、烟温、氧含量及湿度）						

2．有组织废气排放监测方法及依据见表 2。

表 2 有组织废气排放监测方法及依据一览表

序号	监测项目	监测方法及依据	分析仪器
1	颗粒物	《固定污染源排气中颗粒物测定与气态污染物采样方法》（GB/T 16157—1996）、《固定污染源废气中低浓度颗粒物的测定 重量法》（HJ 836—2017）	智能烟尘平行采样仪电子分析天平
2	非甲烷总烃	《固定污染源废气 总烃、甲烷和非甲烷总烃的测定 气相色谱法》（HJ 38—2017）	气相色谱仪
3	臭气浓度	《恶臭污染源环境监测技术规范》（HJ 905—2017）、《空气质量 恶臭的测定 三点比较式臭袋法》（GB/T 14675—93）	真空瓶或气袋
4	氨	《环境空气和废气 氨的测定 纳氏试剂分光光度法》（HJ 533—2009）	分光光度计
5	硫化氢	《固定污染源排气中颗粒物测定与气态污染物采样方法》（GB/T 16157—1996）、《空气质量 硫化氢、甲硫醇、甲硫醚和二甲二硫的测定 气相色谱法》（GB/T 14678—93）	气相色谱仪
6	苯	《固定污染源废气 挥发性有机物的测定 固相吸附-热脱附/气相色谱-质谱法》（HJ 734—2014）	气相色谱仪
7	甲苯		
8	二甲苯		
……	……	……	……

3．废气有组织排放监测结果执行标准见表3。

表3 有组织废气排放监测结果执行标准

单位：mg/m^3

序号	监测点位	监测项目	执行标准限值	执行标准
1	工艺加热炉	颗粒物	20	《石油炼制工业污染物排放标准》（GB 31570—2015）
2		二氧化硫	50	
3		氮氧化物	100	
4	催化裂化催化剂再生烟气	颗粒物	30	
5		二氧化硫	50	
6		氮氧化物	100	
7		镍及其化合物	0.3	
8	废水处理有机废气收集处理装置	非甲烷总烃	120	
9		苯	4	
10		甲苯	15	
11		二甲苯	20	
……	……	……	……	……

（二）无组织废气排放监测方案

1．无组织废气监测项目及监测频次见表4，监测项目是在梳理有组织废气排放污染物的基础上确定的。

表4 无组织废气污染源监测内容一览表

类型	监测点位	监测项目	监测频次	监测方式	自主/委托
无组织废气排放	泵、压缩机、阀门、开口阀或开口管线、气体/蒸气泄压设备、取样连接系统	挥发性有机物	季度	手工	委托
无组织废气排放	法兰及其他连接件、其他密封设备	挥发性有机物	半年	手工	委托

类型	监测点位	监测项目	监测频次	监测方式	自主/委托
无组织废气排放	厂界	硫化氢	季度	手工	委托
		苯		手工	委托
		甲苯		手工	委托
		二甲苯		手工	委托
		颗粒物		手工	委托
		氨		手工	委托
		臭气浓度		手工	委托
		氯化氢		手工	委托
		苯并[a]芘		手工	委托
		非甲烷总烃		手工	委托
……	……	……	……	……	……

2．无组织废气排放监测方法及依据见表 5。

表 5　无组织废气排放监测方法及依据一览表

序号	监测项目	监测方法及依据	分析仪器
1	臭气浓度	《空气质量　恶臭的测定　三点比较式臭袋法》（GB/T 14675—93）	真空瓶或气袋
2	氨	《环境空气和废气　氨的测定　纳氏试剂分光光度法》（HJ 533—2009）	分光光度计
3	硫化氢	《空气质量　硫化氢、甲硫醇、甲硫醚和二甲二硫的测定　气相色谱法》（GB/T 14678—93）	气相色谱仪
4	非甲烷总烃	《环境空气　总烃、甲烷和非甲烷总烃的测定直接进样-气相色谱法》（HJ 604—2017）	气相色谱仪
5	颗粒物	《环境空气总悬浮颗粒物的测定　重量法》（GB/T 15432—1995）	智能烟尘平行采样仪电子分析天平
6	苯	《环境空气　挥发性有机物的测定　罐采样/气相色谱-质谱法》（HJ 759—2015）	气相色谱仪
7	甲苯		
8	二甲苯		
……	……	……	……

3．无组织废气排放监测结果执行标准见表 6。

表 6 无组织废气排放监测结果执行标准

单位：mg/m^3 臭气浓度：无量纲

序号	监测项目	执行标准名称	标准限值
1	臭气浓度	《恶臭污染物排放标准》（GB 14554—93）	20
2	氨	《恶臭污染物排放标准》（GB 14554—93）	1.5
3	硫化氢	《恶臭污染物排放标准》（GB 14554—93）	0.06
4	非甲烷总烃	《石油炼制工业污染物排放标准》（GB 31570—2015）	4
5	苯	《石油炼制工业污染物排放标准》（GB 31570—2015）	0.4
6	甲苯		0.8
7	二甲苯		0.8
……	……	……	……

（三）废水监测方案

1．废水监测项目及监测频次见表 7。

表 7 废水污染源监测内容一览表

序号	监测点位	监测项目	监测频次	监测方式	自主/委托
1	废水总排放口	流量、pH	连续	自动	委托
2		化学需氧量、氨氮、总氮	连续	自动	委托
3		悬浮物、总氮、硫化物、石油类、挥发酚、总磷	1 次/月	手工	自主
4		五日生化需氧量、总有机碳、总钒、苯、甲苯、邻二甲苯、对二甲苯、间二甲苯、乙苯、总氰化物	1 次/季度	手工	自主
5	常减压蒸馏装置	总汞	1 次/月	手工	自主
6		烷基汞	1 次/半年	手工	委托
7	催化裂化装置	总镍	1 次/月	手工	自主
8	雨水排放口	化学需氧量、悬浮物、氨氮、石油类、pH	1 次/日（排放期间）	手工	自主
……	……	……	……	……	……

2．废水污染物监测方法及依据情况见表 8。

表 8　废水污染物监测方法及依据一览表

序号	监测项目	监测方法及依据	分析仪器
1	pH	《水质　pH 值的测定　玻璃电极法》（GB 6920—86）	pH 计
2	化学需氧量（COD_{Cr}）	《水质　化学需氧量的测定　快速消解分光光度法》（HJ/T 399—2007）、《高氯废水　化学需氧量的测定　碘化钾碱性高锰酸钾法》（HJ/T 132—2003）、《高氯废水　化学需氧量的测定　氯气校正法》（HJ/T 70—2001）、《水质　化学需氧量的测定　重铬酸盐法》（HJ 828—2017）	消解器、分光光度计
3	氨氮（NH_3-N）	《水质　氨氮的测定　纳氏试剂分光光度法》（HJ 535—2009）、《水质　氨氮的测定　水杨酸分光光度法》（HJ 536—2009）、《水质　氨氮的测定　连续流动-水杨酸分光光度法》（HJ 665—2013）	分光光度计
4	悬浮物	《水质　悬浮物的测定　重量法》（GB 11901—89）	电子天平
5	五日生化需氧量（BOD_5）	《水质　五日生化需氧量（BOD_5）的测定　稀释与接种法》（HJ 505—2009）	溶解氧仪
6	总磷（以 P 计）	《水质　总磷的测定　流动注射-钼酸铵分光光度法》（HJ 671—2013）、《水质　磷酸盐和总磷的测定　连续流动-钼酸铵分光光度法》（HJ 670—2013）、《水质　总磷的测定　钼酸铵分光光度法》（GB 11893—89）	分光光度计
7	总氮（以 N 计）	《水质　总氮的测定　流动注射-盐酸萘乙二胺分光光度法》（HJ 668—2013）、《水质　总氮的测定　连续流动-盐酸萘乙二胺分光光度法》（HJ 667—2013）、《水质　总氮的测定　碱性过硫酸钾消解紫外分光光度法》（HJ 636—2012）、《水质　总氮的测定　气相分子吸收光谱法》（HJ/T 199—2005）	分光光度计
……	……	……	……
11	石油类	《水质　石油类和动植物油类的测定　红外分光光度法》（HJ 637—2018）	红外分光光度计
……	……	……	……

3．废水污染物监测结果评价标准见表 9。

表 9　废水污染物排放执行标准

单位：mg/L（pH 除外）

序号	监测点位	污染物种类	执行标准	标准限值
1	废水总排放口	pH	《石油炼制工业污染物排放标准》（GB 31570—2015）	6～9
2		悬浮物		70
3		化学需氧量		60
4		五日生化需氧量		20
5		氨氮		8.0
6		总氮		40
7		总磷		1.0
8		总有机碳		20
9		石油类		20
10		硫化物		1.0
11		挥发酚		0.5
12		总钒		1.0
13		苯		0.2
14		甲苯		0.1
15		邻二甲苯		0.4
16		间二甲苯		0.4
17		对二甲苯		0.4
18		乙苯		0.4
19		总氰化物		0.5
20	车间或生产设施废水排放口	苯并[*a*]芘		0.00003
21		总铅		1.0
22		总砷		0.5
23		总镍		1.0
24		总汞		0.05
25		烷基汞		不得检出

四、监测点位示意图

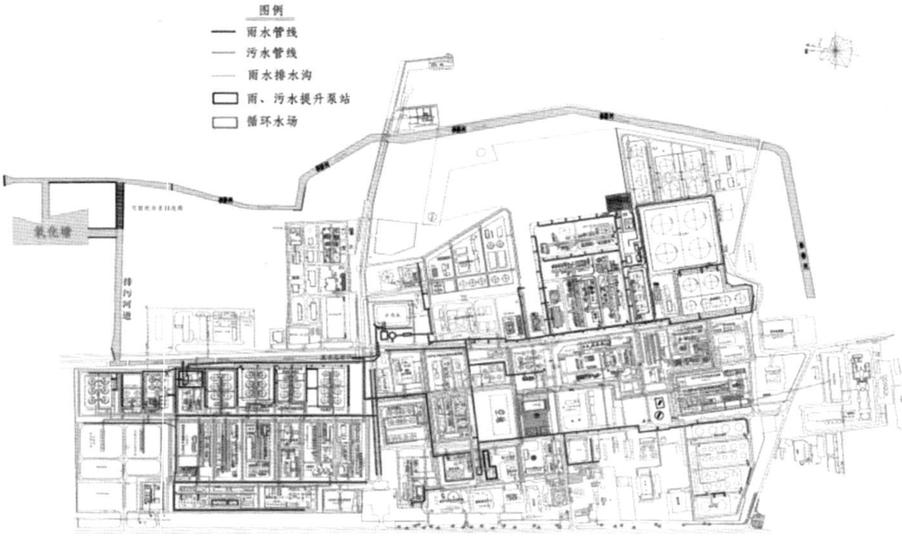

图 1　××有限公司××生产区示意图

五、质量控制措施

主要从内部、外部对监测人员、实验室能力、监测技术规范、仪器设备、记录等质控管理提出适合本单位的质控管理措施。例如：

××公司自配有环境监测中心，中心实验室依据 CNAS-CL01：2006《检测和校准实验室能力认可准则》及化学检测领域应用说明建立质量管理体系，与所从事的环境监测活动类型、范围和工作量相适应，规范环境监测人、机、物、料、环、法的管理，满足认可体系共计 25 类质量和技术要素，实现了监测数据的“五性”目标。

监测中心制定《质量手册》《质量保证工作制度》《质量监督（员）管理制度》

《监测结果质量控制程序》《监测数据控制与管理程序》《监测报告管理程序》，并依据管理制度每年制定“年度实验室质量控制计划”，得到有效实施。

质控分内部和外部两种形式，外部是每年组织参加由CNAS及CNAS承认的能力验证提供者（如原环保部标准物质研究所）组织的能力验证、测量审核，并对结果分析和有效性评价，得出仪器设备的性能状况和人员水平的结论。

内部质控使用有证标样、加标回收、平行双样和空白值测试等方式，定期对结果进行统计分析，形成质量分析报告。

1．人员持证上岗

××环境监测中心现有监测岗位人员共计人员××名，其中管理人员××名，技术人员××名、监测人员××名、其他辅助人员××名。中心建立执行《人员培训管理程序》，对内部监测人员上岗资质执行上岗前的技术能力确认和上岗后技术能力持续评价。实行上岗证（中心发公司认可的上岗证）和国家环境保护监察员技能等级证（发证单位是人力资源和社会保障部）双证管理模式。

运维单位负责污染源在线监控系统运行和维护的人员均取得了“污染源在线监测设备运行维护”资格证书，分为废水和废气项目，并按照相关法规要求，定期安排运维人员进行运维知识和技能培训。每年与运维单位签订污染源在线监控系统运维委托协议，明确运行维护工作内容、职责及考核细则。

2．实验室能力认定

××有限公司监测分自行监测和委托第三方检测机构检测两种模式。

委外监测的主要指标有：废水中的××××、××××；废气中的××××、××××、××××和××××。

中心实验室按照国家实验室认可准则开展监测，对资质认定许可范围内的监测项目进行监测。

委外监测的××××工业技术服务有限公司也是通过国家计量认定的实验室，取得CMA检测资质证书，编号为××××。所委托监测项目，该公司均具备监测能力，如有方法出现变更等监测能力发生变化时，该公司应及时向我单位提供最新监测能力表。

3．监测技术规范性

××环境监测中心建立执行《监测方法及方法确认程序》。自行监测遵守国家环境监测技术规范和方法，每年开展标准查新工作和编制“标准方法现行有效性核查报告”。监测项目依据的标准均为现行有效的国家标准和行业标准，不使用非标准方法。

4．仪器要求

监测中心建立执行《仪器设备管理程序》《量值溯源程序》《期间核查程序》等制度用于仪器、环境监控设备的配置、使用、维护、标识、档案管理等。

中心配备了满足监测工作所需的重要仪器设备有：烟尘采样仪××台、定电位电解法烟气分析仪××台、非分散红外烟气分析仪××台、常规空气采样器××台、紫外/可见分光光度计××台、离子色谱仪××台、吹扫捕集-气相色谱仪××台、原子吸收光谱仪（火焰、石墨炉）各××台、红外油分仪××台、pH 计××台，以及其他若干实验室辅助设备等，性能状况良好，都能够满足现有监测任务的要求。

所有主要仪器均单建设备档案并信息完整，均能按照量值溯源要求制定仪器设备计量检定/校准计划并实施，并在有效期内使用。中心对主要监测设备开展检定/校准结果技术确认工作，并定期实施关键参数性能期间核查，以确保仪器的技术性能处于稳定状体。

委外监测中，××××工业技术服务有限公司测量仪器有智能烟尘平行采样仪、电子分析天平、高分辨率气质谱联用仪、气相色谱/质谱联用仪，所有仪器设备也均应经过计量检定。

5．记录要求

监测中心建立执行《记录控制程序》《检测物品管理程序》《监测数据控制与管理程序》《监测报告管理程序》。对监测记录进行全过程控制，确保所有记录客观、及时、真实、准确、清晰、完整、可溯源，为监测活动提供客观证据。

中心记录分管理和技术两大类，其中主要技术类包括原始记录、采样单、样品接收单、分析记录、仪器检定/校准、期间核查、数据审核、质量统计分析、监测报告等。

对原始记录的填写、修改方式、保存、用笔规定、记录人员（采样、检测分析、复核、审核）标识做出明确规定。

自动监测设备应保存仪器校验记录。校验记录根据××××市生态环境局在线监测科要求，按照规范进行，记录内容需完整准确，各类原始记录内容应完整，不得随意涂改，并由相关人员签字。

手动监测记录必须提供原始采样记录，采样记录的内容须准确完整，至少 2 人共同采样和签字，规范修改；采样必须按照《固定源废气监测技术规范》（HJ/T 397—2007）和《固定污染源监测质量保证与质量控制技术规范》（HJ/T 373—2007）中的要求进行；样品交接记录内容需完整、规范。

6．环境管理体系

公司建立了完善的环境管理体系，2007 年 1 月，通过了 ISO 14001 环境管理体系认证，每年由 BSI 对环境管理体系进行监督审核。

公司制定了《环保设施运行管理办法》《环境监测管理办法》等一系列的环保管理制度，明确了各部门环保管理职责和管理要求。多年来，公司按照体系化要求开展环保管理及环境监测工作，日常工作贯彻“体系工作日常化，日常工作体系化”的原则。

公司设立环境监测中心，全面负责污染治理设施、污染物排放监测，实验室通过 CNAS 认可。年初，公司制定、下发的环境监测计划，其中包括对废水、废气等污染源的监测要求，监测中心按照计划确定监测点位和监测时间，并组织环境监测采样、分析，对监测结果进行审核，为环保管理提供依据。

监测中心以 CNAS-CL-01-2006《检测和校准实验室能力认可准则》为依据，建立和运行实验室质量管理体系，建立了质量手册和程序文件等体系文件，规范环境监测人、机、物、料、环、法等一系列质量和技术要素的日常管理，强化了环境监测的质量管理。

根据CNAS质量管理体系要求，围绕人员、设施和环境条件、检测和校准方法及方法的确认、设备、测量溯源性、抽样、检测和校准物品的处置、检测和校准结果质量的保证、结果报告等技术要素编制的程序文件；制定了监测流程、质量保证管理制度，规范了环境监测从采样、分析到报告的流程，编制了质量控制计划及控制指标，通过平行测定、加标回收、标准物质验证、仪器期间核查等手段使用质控图对质量数据进行把关，确保监测过程可控、监测结果及时、准确。采样和样品保存方法按照每个项目相应标准方法进行。

自动监控系统的运行过程中，对日常巡检、维护保养以及设备的校准和校验都作出了明确的规定，对于系统运行中出现的故障，做到了及时现场检查、处理，并按要求快速修复设备，确保了系统持续正常运行。

六、信息记录和报告

（一）信息记录

1．监测和运维记录

手工监测和自动监测的记录均按照《排污单位自行监测技术指南　石油炼制工业》要求执行。

（1）现场采样时，记录采样点位、采样日期、监测指标、采样方法、采样人姓名、保存方式等采样信息，并记录废水水温、流量、色嗅等感官指标。

（2）实验室分析时，记录分析日期、样品点位、监测指标、样品处理方式、分析方法、测定结果、质控措施、分析人员等。

（3）自动设备运行台账应记录自动监控设备名称、运维单位、巡检、校验日期、校验结果、标准样品浓度、有效期、运维人员等信息。

2．生产和污染治理设施运行状况记录

（1）主体设施

按班次记录正常工况各主要生产单元每套装置的运行状态、生产负荷，重点记录各装置的原料用量、辅料用量、主产品产量、副产品产量、取水量（新鲜水）、废水排放量、燃料消耗量、燃料含硫量、原料含硫量与各种金属类含量、运行时间等参数情况。催化裂化装置还应记录新催化剂主要成分及用量、废催化剂排放量、再生催化剂循环量等。

（2）公辅设施

包括污水处理装置、储罐、火炬系统、动力站等，储罐包括设计规模、工艺参数（温度、液位、周转量）等，火炬系统应连续记录引燃设施和火炬工作状态（火炬气流量、火炬头温度、火种气流量、火种温度等）。

（3）全厂运行情况

年生产时间分正常工况和非正常工况（生产装置或设施开停工、检维修）、原辅燃料使用量、主要产品产量等。辅料重点记录与污染治理设施和污染物排放相关的内容。

（4）废水治理设施包括预处理设施和集中污水处理设施两部分，需每天记录废水处理量、回用水量、运行参数（包括运行工况等）、药剂使用量、投放频次、电耗、污泥产生量等。如出现设施停运、检维修、事故等异常情况，需进行记录。

（5）有组织废气治理设施需记录污染治理设施运行时间、运行参数（包括运行工况等）、使用药剂、投放频次等。如出现设施停运、检维修、事故等异常情况，需进行记录。

3．固体废物信息记录

记录一般工业固体废物的产生量、综合利用量、处置量、贮存量；按照危险废物管理的相关要求，按日记录危险废物的产生量、综合利用量、处置量、贮存量及其具体去向。原料或辅助工序中产生的其他危险废物的情况也应记录。所有记录均保存完整，以备检查。台账保存期限三年以上。

（二）信息报告

每年年底编写第二年的自行监测方案。自行监测方案包含以下内容：

1．监测方案的调整变化情况及变更原因。

2．企业及各主要生产设施（至少涵盖废气主要污染源相关生产设施）全年运行天数，各监测点、各监测指标全年监测次数、超标情况、浓度分布情况。

3．自行监测开展的其他情况说明。

4．实现达标排放所采取的主要措施。

（三）应急报告

1．当监测结果超标时，我公司对超标的项目增加监测频次，并检查超标原因。

2．若短期内无法实现稳定达标排放的，公司应向生态环境局提交事故分析报告，说明事故发生的原因，采取减轻或防止污染的措施，以及今后的预防及改进措施。

七、自行监测信息公布

（一）公布方式

自动监测和手动监测分别在××省重点监控企业自行监测信息发布平台（网址：×××××）、百度云盘进行信息公开。

（二）公布内容

1．基础信息，包括单位名称、组织机构代码、法定代表人、生产地址、联系方式，以及生产经营和管理服务的主要内容、产品及规模。

2．排污信息，包括主要污染物及特征污染物的名称、排放方式、排放口数量和分布情况、排放浓度和总量、超标情况，以及执行的污染物排放标准、核定的排放总量。

3．防治污染设施的建设和运行情况。

4．建设项目环境影响评价及其他环境保护行政许可情况。

5. 公司自行监测方案。

6. 未开展自行监测的原因。

7. 自行监测年度报告。

8. 突发环境事件应急预案。

（三）公布时限

1. 企业基础信息随监测数据一并公布，基础信息、自行监测方案一经审核备案，一年内不得更改。

2. 手动监测数据根据监测频次按时公布。

3. 自动监测数据实时公布，废气自动监测设备产生的数据为时均值。

4. 每年 1 月底前公布上年度自行监测年度报告。

自行监测方案参考模板

模板 2

××××有限公司
自行监测方案

企业名称：××××　有限公司

编制时间：　　2020 年 2 月　

一、企业概况

（一）基本情况

主要介绍排污单位的地理位置、生产规模、产品生产情况、人员等基本信息。如：××有限公司乙烯厂位于××市××路××号，成立于1986年1月，2005年5月，××集团整体上市后，成立新的××股份公司，××公司成为××股份的子公司。公司用地面积为××m^2，现有员工××余名。公司目前主要产品有：×××××、××××××、……，年产量分别为××××××、××××××、……。

根据《排污单位自行监测技术指南 总则》（HJ 819—2017）及《排污单位自行监测技术指南 石油化学工业》（HJ 947—2018）要求，公司根据实际生产情况，查清本单位的污染源、污染物指标及潜在的环境影响，制定了本公司环境自行监测方案。

（二）排污及治理情况

主要介绍排污单位生产的工业流程，并分析产排污节点及污染治理的情况。如：××厂区主要生产工序包括乙烯生产装置、供排水系统、储存系统、动力系统、火炬系统、聚乙烯装置、装载系统等生产过程。

1. 废水污染物产生的主要环节是乙烯装置、供排水系统、动力系统、聚乙烯装置等。这些环节产生的废水经过管道集中送入污水处理站集中处理，处理达到《石油化学工业污染物排放标准》（GB 31571—2015）排放标准后，排入××河。在污水治理方面，我公司投资近××亿元，采用“气浮、隔油池、曝气生物滤池（BAF）、混凝沉淀池、格栅、沉砂池、污泥池、污油罐、均质池”工艺。

2. 废气污染物产生的主要环节是乙烯装置、装卸车间、动力系统、供排水系统、聚乙烯装置等过程，还有污水处理系统的生化处理阶段。主要污染物有：颗粒物、二氧化硫、氮氧化物、非甲烷总烃、烟气黑度、甲苯、苯、二甲苯、硫化氢、镍及其化合物、氯化氢、氨、苯并[*a*]芘、挥发性有机物等。我公司采用湿法脱硫、选择性催化还原法（SCR）脱硝、低氮燃烧、油气回收等工艺，建成配套完善的异味治理设施。

3．噪声主要由机泵电机、空冷电机、压缩电机、风机等高噪声机械产生。我公司尽量选择性能优良的设备、加强设备维修、合理布局、弹性减振等措施降低噪声影响。

4．固体废物产生的主要环节是生产过程产生灰渣、脱硫石膏、袋式（电袋）除尘器产生的破旧布袋、废碱液、废酸液、废催化剂、含油污泥。这些固体废物根据《国家危险废物名录》或国家规定的危险废物鉴别标准和鉴别方法进行分类管理，属于危险废物的委托有资质的××公司进行处理，按照危险废物管理程序进行申报、记录、处理。

二、企业自行监测开展情况说明

主要介绍排污单位废水、废气、噪声等开展的监测项目、采取的监测方式等的总体概况。如公司自行监测手段采用手动监测和自动监测相结合的方式，监测分析采取自主监测和委托第三方检测机构相结合的方式。

通过梳理公司相关项目的环评及批复、排污许可证及废水、废气、噪声执行的相关标准，对照单位生产及产排污情况，确定自行监测应开展的监测点位、监测指标、采用的监测分析方法及监测过程中应采取的质量控制和保证措施。

各工序废水经预处理后进入公司污水处理厂进行集中处理，处理达标后排入××河，属于间接排放，监测点位主要为公司废水总排放口，涉及的主要监测指标有pH、石油类、悬浮物、总氮、总磷、硫化物、挥发酚、五日生化需氧量、总有机碳、总钒、苯、甲苯、二甲苯、乙苯、总氰化物。其中化学需氧量（COD_{Cr}）、氨氮（NH_3-N）和流量采取自动监测，并与省、市环境部门联网，委托××环境科技工程有限公司运维，其他项目采取手工监测方式，××委托××××环境监测有限公司监测。

废气监测主要污染物有颗粒物、二氧化硫、氮氧化物、硫化氢、林格曼黑度、挥发性有机物、苯并[*a*]芘、苯、甲苯、二甲苯、非甲烷总烃。××、××、××、

××委托××××环境监测有限公司监测。

通过对现场生产设备进行梳理，根据设备在厂区的布置情况，在厂区的东、西、南、北 4 个边界和 1 个环境敏感点布置噪声监测点位，每季度 1 次，昼夜各 1 次。

三、监测方案

本部分是排污单位自行监测方案的核心部分，是自行监测内容的具体化、细化。按照废水、废气、噪声等不同污染类型以不同监测点位分别列出各监测指标的监测频次、监测方法、执行标准等监测要求。

（一）有组织废气监测方案

1．有组织废气监测点位、监测项目及监测频次见表 1。

表 1 有组织废气监测内容一览表

类型	排放源	监测项目	监测点位	监测频次	监测方式	自动监测是否联网
废气有组织排放	乙烯装置裂解炉	氮氧化物	排气筒	月	手工监测	—
		颗粒物	排气筒	月	手工监测	—
		二氧化硫	排气筒	月	手工监测	—
		非甲烷总烃	排气筒	月	手工监测	—
	装载车间排气出口	非甲烷总烃	排气筒	月	手工监测	—
		颗粒物	排气筒	月	手工监测	—
	高密料位仓	非甲烷总烃	排气筒	月	手工监测	—
		颗粒物	排气筒	月	手工监测	—
	成品粒料仓	非甲烷总烃	排气筒	月	手工监测	—
		颗粒物	排气筒	月	手工监测	—
	动力锅炉排放口	氮氧化物	排气筒	自动监测	自动监测	是
		颗粒物	排气筒	自动监测	自动监测	是
		二氧化硫	排气筒	自动监测	自动监测	是
		林格曼黑度	排气筒	月	手工监测	—
……	……	……	……	……	……	……

注：同步监测烟气参数（动压、静压、烟温、氧含量及湿度）

2．有组织废气排放监测方法及依据见表 2。

表 2　有组织废气排放监测方法及依据一览表

序号	监测项目	监测方法及依据	分析仪器
1	颗粒物	《固定污染源排气中颗粒物测定与气态污染物采样方法》（GB/T 16157—1996）、《固定污染源废气中低浓度颗粒物的测定　重量法》（HJ 836—2017）	智能烟尘平行采样仪电子分析天平
2	非甲烷总烃	《固定污染源废气总烃、甲烷和非甲烷总烃的测定　气相色谱法》（HJ 38—2017）	气相色谱仪
3	臭气浓度	《恶臭污染源环境监测技术规范》（HJ 905—2017）、《空气质量　恶臭的测定　三点比较式臭袋法》（GB/T 14675—1993）	真空瓶或气袋
4	氨	《环境空气和废气　氨的测定　纳氏试剂分光光度法》（HJ533—2009）	分光光度计
5	硫化氢	《固定污染源排气中颗粒物测定与气态污染物采样方法》（GB/T 16157—1996）、《空气质量　硫化氢、甲硫醇、甲硫醚和二甲二硫的测定　气相色谱法》（GB/T 14678—1993）	气相色谱仪
6	苯	《固定污染源废气　挥发性有机物的测定　固相吸附-热脱附　气相色谱-质谱法》（HJ 734—2014）	气相色谱仪
7	甲苯		
8	二甲苯		
……	……	……	……

3．废气有组织排放监测结果执行标准见表 3。

表 3　有组织废气排放监测结果执行标准

单位：mg/m^3

序号	监测点位	监测项目	执行标准限值	执行标准
1	工艺加热炉	颗粒物	20	石油化学工业污染物排放标准（GB 31571—2015）
2		二氧化硫	50	
3		氮氧化物	100	
4	废水处理有机废气收集处理装置	非甲烷总烃	120	
5		苯	4	
6		甲苯	15	
7		乙苯	100	
8		二甲苯	20	
……	……	……	……	……

（二）无组织废气排放监测方案

1．无组织废气监测项目及监测频次见表4，监测项目是在梳理有组织废气排放污染物的基础上确定的。

表4　无组织废气污染源监测内容一览表

类型	监测点位	监测项目	监测频次	监测方式	自主/委托
无组织废气排放	泵、压缩机、阀门、开口阀或开口管线、气体/蒸气泄压设备、取样连接系统	挥发性有机物	季度	手工	委托
无组织废气排放	法兰及其他连接件、其他密封设备	挥发性有机物	半年	手工	委托
无组织废气排放	厂界	苯	季度	手工	委托
		甲苯		手工	委托
		二甲苯		手工	委托
		颗粒物		手工	委托
		氨		手工	委托
		臭气浓度		手工	委托
		氯化氢		手工	委托
		苯并[a]芘		手工	委托
		非甲烷总烃		手工	委托
……	……	……	……	……	……

2．无组织废气排放监测方法及依据见表 5。

表 5　无组织废气排放监测方法及依据一览表

序号	监测项目	监测方法及依据	分析仪器
1	臭气浓度	《空气质量　恶臭的测定　三点比较式臭袋法》（GB/T 14675—1993）	真空瓶或气袋
2	氨	《环境空气和废气　氨的测定　纳氏试剂分光光度法》（HJ 533—2009）	分光光度计
3	硫化氢	《空气质量　硫化氢、甲硫醇、甲硫醚和二甲二硫的测定　气相色谱法》（GB/T 14678—1993）	气相色谱仪
4	非甲烷总烃	《环境空气　总烃、甲烷和非甲烷总烃的测定　直接进样-气相色谱法》（HJ 604—2017）	气相色谱仪
5	颗粒物	《环境空气总悬浮颗粒物的测定　重量法》（GB/T 15432—1995）	智能烟尘平行采样仪电子分析天平
6	苯	《环境空气　挥发性有机物　罐采样　气相色谱-质谱法》（HJ 759—2015）	气相色谱仪
7	甲苯		
8	二甲苯		
……	……	……	……

3．无组织废气排放监测结果执行标准见表 6。

表 6　无组织废气排放监测结果执行标准

单位：mg/m^3

序号	监测项目	执行标准名称	标准限值
1	非甲烷总烃	石油化学工业污染物排放标准（GB 31571—2015）	4.0
2	苯		0.4
3	甲苯		0.8
4	二甲苯		0.8
5	颗粒物		1.0
6	氯化氢		0.2
7	苯并[*a*]芘		0.000008
……	……	……	……

（三）废水监测方案

1．废水监测项目及监测频次见表 7。

表 7　废水污染源监测内容一览表

序号	监测点位	监测项目	监测频次	监测方式	自主/委托
1	废水总排放口	流量、pH	连续	自动	委托
2		化学需氧量、氨氮	连续	自动	委托
3		悬浮物、总氮、硫化物、石油类、挥发酚、总磷	1 次/月	手工	自主
4		五日生化需氧量、总有机碳、氟化物、总钒、总铜、总锌、总氰化物、可吸附有机卤化物、苯、甲苯、二甲苯、乙苯	1 次/季度	手工	自主
5	雨水排放口	化学需氧量、悬浮物、氨氮、石油类、pH	1 次/日（排放期间）	手工	自主
……	……	……	……	……	……

2．废水污染物监测方法及依据情况见表 8。

表 8　废水污染物监测方法及依据一览表

序号	监测项目	监测方法及依据	分析仪器
1	pH	《水质　pH 的测定　玻璃电极法》（GB/T 6920—1986）	pH 计
2	化学需氧量（COD_{Cr}）	《水质　化学需氧量的测定　快速消解分光光度法》（HJ/T 399—2007）、《高氯废水　化学需氧量的测定　碘化钾碱性高锰酸钾法》（HJ/T 132—2003）、《高氯废水　化学需氧量的测定　氯气校正法》（HJ/T 70—2001）、《水质　化学需氧量的测定　重铬酸盐法》（HJ 828—2017）	消解器、分光光度计
3	氨氮（NH_3-N）	《水质　氨氮的测定　纳氏试剂分光光度法》（HJ 535—2009）、《水质　氨氮的测定　水杨酸分光光度法》（HJ 536—2009）、《水质　氨氮的测定　连续流动-水杨酸分光光度法》（HJ 665—2013）	分光光度计

序号	监测项目	监测方法及依据	分析仪器
4	悬浮物	《水质　悬浮物的测定　重量法》（GB 11901—1989）	电子天平
5	五日生化需氧量（BOD_5）	《水质　五日生化需氧量（BOD_5）的测定　稀释与接种法》（HJ 505—2009）	溶解氧仪
6	总磷（以 P 计）	《水质　总磷的测定　流动注射-钼酸铵分光光度法》（HJ 671—2013）、《水质　磷酸盐和总磷的测定　连续流动-钼酸铵分光光度法》（HJ 670—2013）、《水质　总磷的测定　钼酸铵分光光度法》（GB 11893—1989）	分光光度计
7	总氮（以 N 计）	《水质　总氮的测定　流动注射-盐酸萘乙二胺分光光度法》（HJ 668—2013）、《水质　总氮的测定　连续流动-盐酸萘乙二胺分光光度法》（HJ 667—2013）、《水质　总氮的测定　碱性过硫酸钾消解紫外分光光度法》（HJ 636—2012）、《水质　总氮的测定　气相分子吸收光谱法》（HJ/T 199—2005）	分光光度计
……	……	……	……
11	石油类	《水质　石油类和动植物油类的测定　红外分光光度法》（HJ 637—2018）	红外分光光度计
……	……	……	……

3．废水污染物监测结果评价标准见表 9。

表 9　废水污染物排放执行标准

单位：mg/L（pH 除外）

序号	监测点位	污染物种类	执行标准	标准限值
1	废水总排放口	pH	石油化学工业污染物排放标准（GB 31571—2015）	6～9
2		悬浮物		50
3		化学需氧量		50
4		五日生化需氧量		10
5		氨氮		5
6		总氮		30
7		总磷		0.5
8		总有机碳		15
9		石油类		15
10		硫化物		10
11		氟化物		15

序号	监测点位	污染物种类	执行标准	标准限值
12	废水总排放口	挥发酚	石油化学工业污染物排放标准（GB 31571—2015）	0.5
13		总钒		1.0
14		总铜		0.5
15		总锌		2.0
16		苯		0.1
17		甲苯		0.1
18		二甲苯		0.4
19		乙苯		0.4
20		总氰化物		0.5
21		可吸附有机卤化物		5.0
……	……	……	……	……

四、监测点位示意图

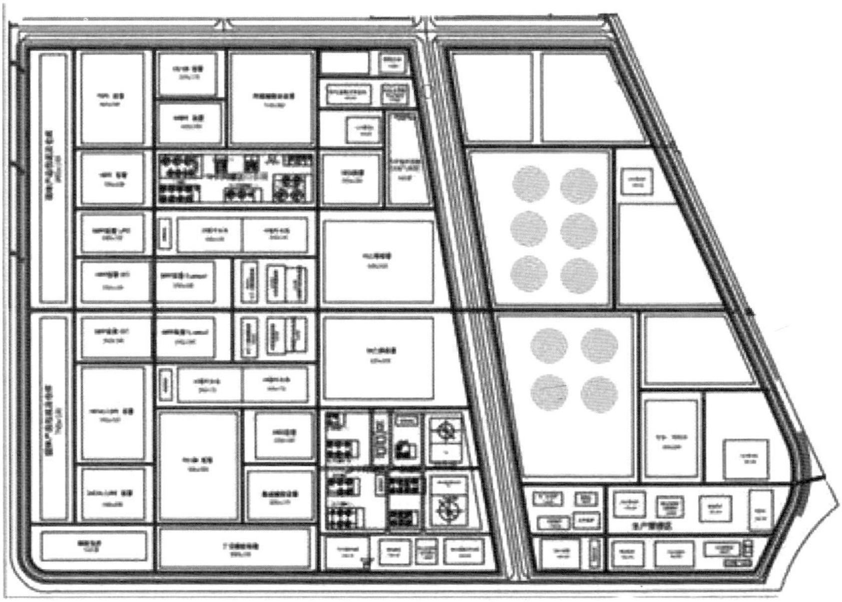

图 1 ×××××有限公司×××××生产区示意图

五、质量控制措施

主要从内部、外部对监测人员、实验室能力、监测技术规范、仪器设备、记录等质控管理提出适合本单位的质控管理措施。例如：

××公司自配有环境监测中心，中心实验室依据CNAS-CL01：2006《检测和校准实验室能力认可准则》及化学检测领域应用说明建立质量管理体系，与所从事的环境监测活动类型、范围和工作量相适应，规范环境监测人、机、物、料、环、法的管理，满足认可体系共计25类质量和技术要素，实现了监测数据的“五性”目标。

监测中心制定《质量手册》《质量保证工作制度》《质量监督（员）管理制度》《监测结果质量控制程序》《监测数据控制与管理程序》《监测报告管理程序》，并依据管理制度每年制定“年度实验室质量控制计划”，得到有效实施。

质控分内部和外部两种形式，外部是每年组织参加由CNAS及CNAS承认的能力验证提供者（如原环保部标准物质研究所）组织的能力验证、测量审核，并对结果分析和有效性评价，得出仪器设备的性能状况和人员水平的结论。

内部质控使用有证标样、加标回收、平行双样和空白值测试等方式，定期对结果进行统计分析，形成质量分析报告。

1. 人员持证上岗

××环境监测中心现有监测岗位人员共计人员××名，其中管理人员××名，技术人员××名、监测人员××名。中心建立执行《人员培训管理程序》，对内部监测人员上岗资质执行上岗前的技术能力确认和上岗后技术能力持续评价。实行上岗证（中心发公司认可的上岗证）和国家环境保护监察员技能等级证（发证单位是人力资源和社会保障部）双证管理模式。

运维单位负责污染源在线监控系统运行和维护的人员均取得了“污染源在线监测设备运行维护”资格证书，分为废水和废气项目，并按照相关法规要求，定期安排运维人员进行运维知识和技能培训。每年与运维单位签订污染源在线监控系统运维委托协议，明确运行维护工作内容、职责及考核细则。

2．实验室能力认定

××有限公司监测分自行监测和委托第三方检测机构检测两种模式。

委外监测的主要指标有：废水中的××××、××××；废气中的××××、××××、××××和××××。

中心实验室按照国家实验室认可准则开展监测，对资质认定许可范围内的监测项目进行监测。

委外监测的××工业技术服务有限公司也是通过国家计量认定的实验室，取得 CMA 检测资质证书，编号为××××。所委托监测项目，该公司均具备监测能力，如有方法出现变更等监测能力发生变化时，该公司应及时向我单位提供最新监测能力表。

3．监测技术规范性

×××××××环境监测中心建立执行《监测方法及方法确认程序》。自行监测遵守国家环境监测技术规范和方法，每年开展标准查新工作和编制“标准方法现行有效性核查报告”。监测项目依据的标准均为现行有效的国家标准和行业标准，不使用非标准方法。

4．仪器要求

监测中心建立执行《仪器设备管理程序》《量值溯源程序》《期间核查程序》等制度用于仪器、环境监控设备的配置、使用、维护、标识、档案管理等。

中心配备了满足监测工作所需的重要仪器设备有：烟尘采样仪××台、定电位电解法烟气分析仪××台、非分散红外烟气分析仪××台、常规空气采样器××台、紫外/可见分光光度计××台、离子色谱仪××台、吹扫捕集-气相色谱仪××台、原子吸收光谱仪（火焰、石墨炉）各××台、红外油分仪××台、pH 计××台，以及其他若干实验室辅助设备等，性能状况良好，都能够满足现有监测任务的要求。

所有主要仪器均单建设备档案并信息完整，均能按照量值溯源要求制定仪器设备计量检定/校准计划并实施，并在有效期内使用。中心对主要监测设备开展检定/校准结果技术确认工作，并定期实施关键参数性能期间核查，以确保仪器的技术性能处于稳定状体。

委外监测中，××工业技术服务有限公司测量仪器有智能烟尘平行采样仪、电子分析天平、高分辨率气质谱联用仪、气相色谱/质谱联用仪，所有仪器设备也均应经过计量检定。

5．记录要求

监测中心建立执行《记录控制程序》《检测物品管理程序》《监测数据控制与管理程序》《监测报告管理程序》。对监测记录进行全过程控制，确保所有记录客观、及时、真实、准确、清晰、完整、可溯源，为监测活动提供客观证据。

中心记录分管理和技术两大类，其中主要技术类包括原始记录、采样单、样品接收单、分析记录、仪器检定/校准、期间核查、数据审核、质量统计分析、监测报告等。

对原始记录的填写、修改方式、保存、用笔规定、记录人员（采样、检测分析、复核、审核）标识做出明确规定。

自动监测设备应保存仪器校验记录。校验记录根据××市生态环境局在线监测科要求，按照规范进行，记录内容需完整准确，各类原始记录内容应完整，不得随意涂改，并由相关人员签字。

手动监测记录必须提供原始采样记录，采样记录的内容须准确完整，至少2人共同采样和签字，规范修改；采样必须按照《固定源废气监测技术规范》（HJ/T 397—2007）和《固定污染源监测质量保证与质量控制技术规范》（HJ/T 373—2007）中的要求进行；样品交接记录内容需完整、规范。

6．环境管理体系

公司建立了完善的环境管理体系，2007年1月，通过了ISO 14001环境管理体系认证，每年由BSI对环境管理体系进行监督审核。

公司制定了《环保设施运行管理办法》《环境监测管理办法》等一系列的环保管理

制度，明确了各部门环保管理职责和管理要求。多年来，公司按照体系化要求开展环保管理及环境监测工作，日常工作贯彻“体系工作日常化，日常工作体系化”的原则。

公司设立环境监测中心，全面负责污染治理设施、污染物排放监测，实验室通过 CNAS 认可。年初，公司制定、下发的环境监测计划，其中包括对废水、废气等污染源的监测要求，监测中心按照计划确定监测点位和监测时间，并组织环境监测采样、分析，对监测结果进行审核，为环保管理提供依据。

监测中心以 CNAS-CL-01-2006《检测和校准实验室能力认可准则》为依据，建立和运行实验室质量管理体系，建立了质量手册和程序文件等体系文件，规范环境监测人、机、物、料、环、法等一系列质量和技术要素的日常管理，强化了环境监测的质量管理。

根据 CNAS 质量管理体系要求，围绕人员、设施和环境条件、检测和校准方法及方法的确认、设备、测量溯源性、抽样、检测和校准物品的处置、检测和校准结果质量的保证、结果报告等技术要素编制的程序文件；制定了监测流程、质量保证管理制度，规范了环境监测从采样、分析到报告的流程，编制了质量控制计划及控制指标，通过平行测定、加标回收、标准物质验证、仪器期间核查等手段使用质控图对质量数据进行把关，确保监测过程可控、监测结果及时、准确。采样和样品保存方法按照每个项目相应标准方法进行。

自动监控系统的运行过程中，对日常巡检、维护保养以及设备的校准和校验都作出了明确的规定，对于系统运行中出现的故障，做到了及时现场检查、处理，并按要求快速修复设备，确保了系统持续正常运行。

六、信息记录和报告

（一）信息记录

1．监测和运维记录

手工监测和自动监测的记录均按照《排污单位自行监测技术指南 石油化学

工业》要求执行。

（1）现场采样时，记录采样点位、采样日期、监测指标、采样方法、采样人姓名、保存方式等采样信息，并记录废水水温、流量、色嗅等感官指标。

（2）实验室分析时，记录分析日期、样品点位、监测指标、样品处理方式、分析方法、测定结果、质控措施、分析人员等。

（3）自动设备运行台账应记录自动监控设备名称、运维单位、巡检、校验日期、校验结果、标准样品浓度、有效期、运维人员等信息。

2．生产和污染治理设施运行状况记录

（1）主体设施

按班次记录正常工况各主要生产单元每套装置的运行状态、生产负荷，重点记录各装置的原料用量、辅料用量、主产品产量、副产品产量、取水量（新鲜水）、废水排放量、燃料消耗量、燃料含硫量、原料含硫量与各种金属类含量、运行时间等参数情况。催化裂化装置还应记录新催化剂主要成分及用量、废催化剂排放量、再生催化剂循环量等。

（2）公辅设施

包括污水处理装置、储罐、火炬系统、动力站等，储罐包括设计规模、工艺参数（温度、液位、周转量）等，火炬系统应连续记录引燃设施和火炬工作状态（火炬气流量、火炬头温度、火种气流量、火种温度等）。

（3）全厂运行情况

年生产时间分正常工况和非正常工况（生产装置或设施开停工、检维修）、原辅燃料使用量、主要产品产量等。辅料重点记录与污染治理设施和污染物排放相关的内容。

（4）废水治理设施包括预处理设施和集中污水处理设施两部分，需每天记录废水处理量、回用水量、运行参数（包括运行工况等）、药剂使用量、投放频次、电耗、污泥产生量等。如出现设施停运、检维修、事故等异常情况，需进行记录。

（5）有组织废气治理设施需记录污染治理设施运行时间、运行参数（包括运行工况等）、使用药剂、投放频次等。如出现设施停运、检维修、事故等异常情况，需进行记录。

3．固体废物信息记录

记录一般工业固体废物的产生量、综合利用量、处置量、贮存量；按照危险废物管理的相关要求，按日记录危险废物的产生量、综合利用量、处置量、贮存量及其具体去向。原料或辅助工序中产生的其他危险废物的情况也应记录。所有记录均保存完整，以备检查。台账保存期限三年以上。

（二）信息报告

每年年底编写第二年的自行监测方案。自行监测方案包含以下内容：

1．监测方案的调整变化情况及变更原因。

2．企业及各主要生产设施（至少涵盖废气主要污染源相关生产设施）全年运行天数，各监测点、各监测指标全年监测次数、超标情况、浓度分布情况。

3．自行监测开展的其他情况说明。

4．实现达标排放所采取的主要措施。

（三）应急报告

1．当监测结果超标时，我公司对超标的项目增加监测频次，并检查超标原因。

2．若短期内无法实现稳定达标排放的，公司应向生态环境局提交事故分析报告，说明事故发生的原因，采取减轻或防止污染的措施，以及今后的预防及改进措施。

七、自行监测信息公布

（一）公布方式

自动监测和手动监测分别在××省重点监控企业自行监测信息发布平台（网

址：×××××）、百度云盘进行信息公开。

（二）公布内容

1. 基础信息，包括单位名称、组织机构代码、法定代表人、生产地址、联系方式，以及生产经营和管理服务的主要内容、产品及规模。

2. 排污信息，包括主要污染物及特征污染物的名称、排放方式、排放口数量和分布情况、排放浓度和总量、超标情况，以及执行的污染物排放标准、核定的排放总量。

3. 防治污染设施的建设和运行情况。

4. 建设项目环境影响评价及其他环境保护行政许可情况。

5. 公司自行监测方案。

6. 未开展自行监测的原因。

7. 自行监测年度报告。

8. 突发环境事件应急预案。

（三）公布时限

1. 企业基础信息随监测数据一并公布，基础信息、自行监测方案一经审核备案，一年内不得更改。

2. 手动监测数据根据监测频次按时公布。

3. 自动监测数据实时公布，废气自动监测设备产生的数据为时均值。

4. 每年 1 月底前公布上年度自行监测年度报告。

参考文献

[1] 中华人民共和国环境保护行业保准. 排污单位自行监测技术指南　石油炼制工业：HJ 880-2017[S]. 北京：生态环境部，2017.

[2] 中华人民共和国环境保护部.排污单位自行监测技术指南　石油炼制工业编制说明[R]. 北京，2017.

[3] 王璐璐. 我国石油炼制行业发展现状及展望[EB/OL]. http：//www.dagongcredit.com/index.php? m=content&c=index&a=show&catid=20&id=5372.

[4] 中国石油化工集团公司安全环保局. 石油石化环境保护技术[M]. 北京：中国石化出版社，2006.

[5] 中华人民共和国环境保护部. 石油炼制废水治理工程技术规范（征求意见稿）编制说明[R]. 北京，2013.

[6] 中华人民共和国生态环境部. 石油炼制废气治理工程技术规范（征求意见稿）编制说明[R]. 北京，2018.

[7] 中华人民共和国环境保护行业保准. 石油炼制工业废气治理工程技术规范（HJ 1094—2020）[S]. 北京：生态环境部，2020.

[8] 中国石化出版社. 中国油气产业发展分析与展望报告蓝皮书（2019—2020）[M]. 北京：中国石化出版社，2020.

[9] 石油化工产业链概述[EB/OL]. https：//wenku.baidu.com/view/8e03f263783e0912a2162a34.html.

[10] 中华人民共和国工业和信息化部. 石化和化学工业发展规划（2016—2020 年）[R]. 北京，

2016.
[11] 朱波. 浅议我国石油化工行业的环保现状及治理技术[J]. 中国石油和化工标准与质量，2018，38（21）：184-185.
[12] 中国石油化工集团公司安全环保局. 石油石化环境保护技术[M]. 北京：中国石化出版社，2006.
[13] 常杪，冯雁，郭培坤，等. 环境大数据概念、特征及在环境管理中的应用[J]. 中国环境管理，2015，7（6）：26-30.
[14] 环境保护部. 关于印发《国家监控企业污染源自动监测数据有效性审核办法》和《国家重点监控企业污染源自动监测设备监督考核规程》的通知[EB/OL].［2018-02-12］. http：//www.zhb.gov.cn/gkml/hbb/bwj/200910/t20091022_174629.htm.
[15] 刘炳江，吴险峰，王淑兰，等. 借鉴欧洲经验加快我国大气污染防治工作步伐——环境保护部大气污染防治欧洲考察报告之一[J]. 环境与可持续发展，2013（5）：5-7.
[16] 罗毅. 环境监测能力建设与仪器支撑[J]. 中国环境监测，2012，28（2）：1-4.
[17] 罗毅. 推进企业自行监测 加强监测信息公开[J]. 环境保护，2013，41（17）：13-15.
[18] 钱文涛. 中国大气固定源排污许可证制度设计研究[D]. 北京：中国人民大学，2014.
[19] 曲格平. 中国环境保护四十年回顾及思考（回顾篇）[J]. 环境保护，2013，41（10）：10-17.
[20] 宋国君，赵英煚. 美国空气固定源排污许可证中关于监测的规定及启示[J]. 中国环境监测，2015，31（6）：15-21.
[21] 孙强，王越，于爱敏，等. 国控企业开展环境自行监测存在的问题与建议[J]. 环境与发展，2016，28（5）：68-71.
[22] 谭斌，王丛霞. 多元共治的环境治理体系探析[J]. 宁夏社会科学，2017（6）：101-103.
[23] 王军霞，陈敏敏，穆合塔尔·古丽娜孜，等. 美国废水污染源自行监测制度及对我国的借鉴[J]. 环境监测管理与技术，2016，28（2）：1-5.
[24] 王军霞，陈敏敏，唐桂刚，等. 我国污染源监测制度改革探讨[J]. 环境保护，2014，42（21）：24-27.
[25] 王军霞，陈敏敏，唐桂刚，等. 污染源，监测与监管如何衔接——国际排污许可证制度及

污染源监测管理八大经验[J]. 环境经济，2015（Z7）：24.

[26] 王军霞，唐桂刚，景立新，等. 水污染源五级监测管理体制机制研究[J]. 生态经济，2014，30（1）：162-164，167.

[27] 王军霞，唐桂刚. 解决自行监测“测”“查”“用”三大核心问题[J]. 环境经济，2017（8）：32-33.

[28] 薛澜，张慧勇. 第四次工业革命对环境治理体系建设的影响与挑战[J]. 中国人口·资源与环境，2017，27（9）：1-5.

[29] 张紧跟，庄文嘉. 从行政性治理到多元共治：当代中国环境治理的转型思考[J]. 中共宁波市委党校学报，2008，30（6）：93-99.

[30] 张秀荣. 企业的环境责任研究[D]. 北京：中国地质大学，2006：21-26.

[31] 赵吉睿，刘佳泓，张莹，等. 污染源 COD 水质自动监测仪干扰因素研究[J]. 环境科学与技术，2016，39（S1）：299-301，314.

[32] 左航，杨勇，贺鹏，等. 颗粒物对污染源 COD 水质在线监测仪比对监测的影响[J]. 中国环境监测，2014，30（5）：141-144.

[33] 王军霞，唐桂刚，赵春丽. 企业污染物排放自行监测方案设计研究——以造纸行业为例[J]. 环境保护，2016，44（23）：45-48.

[34] 张静，王华. 火电厂自行监测关键问题研究[J]. 环境监测管理与技术，2017，29（3）：5-7.

[35] 王娟，余勇，张洋，等. 精细化工固定源废气采样时机的选择探讨[J]. 环境监测管理与技术，2017，29（6）：58-60.

[36] 尹卫萍. 浅谈加强环境现场监测规范化建设[J]. 环境监测管理与技术，2013，25（2）：1-3.

[37] 环境保护部环境工程评估中心. 化工石化及医药类环境影响评价[M]. 北京：中国环境科学出版社，2012：486-487.

[38] 成钢. 重点工业行业建设项目环境监理技术指南[M]. 北京：化学工业出版社，2016：442-443.

[39] 杨驰宇，滕洪辉，于凯，等. 浅论企业自行监测方案中执行排放标准的审核[J]. 环境监测管理与技术，2017，29（4）：5-8.

[40] 王亘，耿静，冯本利，等. 天津市恶臭投诉现状与对策建议[J]. 环境科学与管理，2008，33（9）：49-52.

[41] 邬坚平，钱华. 上海市恶臭污染投诉的调查分析[J]. 上海环境科学，2003（增刊）：85-189.

[42] 张旭东. 工业有机废气污染治理技术及其进展探讨[J]. 环境研究与监测，2005，18（1）：24-26.

[43] 王宝庆，马广大，陈剑宁. 挥发性有机废气净化技术研究进展[J]. 环境污染治理技术与设备，2003，4（5）：47-51.

[44] 陈平，陈俊. 挥发性有机化合物的污染控制[J]. 石油化工环境保护，2006，29（3）：20-23.

[45] 吕唤春，潘洪明，陈英旭. 低浓度挥发性有机废气的处理进展[J]. 化工环保，2001，21（6）：324-327.